普通高等教育"十一五"国家级规划教材
"十二五"普通高等教育本科国家级规划教材
普通高等教育农业农村部"十三五"规划教材
全国高等农林院校教材经典系列

兽医外科手术学

第 五 版

林德贵　主编

中国农业出版社

第五版编审者

主　编　林德贵　中国农业大学

副主编　侯加法　南京农业大学

参　编　（按姓名笔画排序）

丁明星　华中农业大学

刘　云　东北农业大学

李守军　华南农业大学

李宏全　山西农业大学

李建基　扬州大学

金艺鹏　中国农业大学

周庆国　佛山科技学院

彭广能　四川农业大学

潘庆山　中国农业大学

主　审　温代如　中国农业大学

审　稿　郭　铁　中国农业大学

董悦农　中国农业大学

第四版编审者

主　编　　林德贵　中国农业大学

副主编　　侯加法　南京农业大学

编　者　　（按姓氏笔画排序）

丁明星　华中农业大学

王洪斌　东北农业大学

齐长明　中国农业大学

李宏全　山西农业大学

李建基　山东农业大学

林德贵　中国农业大学

周庆国　佛山科技学院

侯加法　南京农业大学

熊惠军　华南农业大学

潘庆山　中国农业大学

审　稿　　温代如　中国农业大学

第三版编写者

主 编 中国农业大学 郭 铁
编 者 （按姓氏笔画排序）
　　　　　中国农业大学 万宝璠
　　　　　东北农业大学 王林安
　　　　　山东农业大学 王春璈
　　　　　南京农业大学 侯加法
　　　　　中国农业大学 郭 铁

第一版编写者

主　编　北京农业大学　郭　铁

　　　　东北农学院　　汪世昌

编　者　北京农业大学　陈家璞　卢正兴

　　　　东北农学院　　王云鹤

　　　　八一农学院　　邹万荣

　　　　山东农学院　　赵国荣

　　　　长春兽医大学　吴清源等

　　　　甘肃农业大学　秦和生

　　　　江苏农学院　　朱祖德

　　　　华南农学院　　叶　浩

　　　　贵州农学院　　王光华

　　　　南京农学院　　张幼成

第 五 版 说 明

随着我国兽医领域的科学研究和临床实践的发展，尤其近年来小动物诊疗业和赛马行业的兴起，社会对高水平的临床兽医师的需求不断增加，尤其需要能够熟练进行外科手术治疗的兽医师。因此，兽医临床教学的课程内容和指导方向应当以社会需求为基础，培养掌握良好外科手术技术的学生。在农业部组织的全国执业兽医资格考试中，外科麻醉与手术技术已经成为重点考核内容之一。

《兽医外科手术学》（第五版）是《兽医外科手术学》（第四版）的修订版，被教育部批准为"普通高等教育'十一五'国家级规划教材"。此次修订的宗旨是科学、先进、严谨、实用。修订过程中，在继承前几版的基本结构和基本内容的基础上，结合临床与教学实践的体会，并参考国外的先进经验，对大多数内容进行了修改和增补；对部分章节内容进行了调整，如第十一章删去了人工培植牛黄和熊活体采集胆汁的手术，将阉割术并入泌尿系统手术；增加了脊椎外科和试验外科手术两章。

本书具体编写分工如下：林德贵，第一章、第四章和第十七章的部分内容；侯加法，第五章和第十四章部分内容；彭广能，第二章、第七章、第十五章和第十七章的部分内容；潘庆山，第六章和第十章；刘云，第三章、第十六章和第十七章的部分内容；李守军，第八章；周庆国，第九章和第十三章；李建基，第十一章部分内容和第十七章部分内容；丁明星，第十一章部分内容和第十四章部分内容；李宏全，第十二章；金艺鹏，第七章和第十七章的部分内容以及全书的图片处理。袁占奎博士和姚海峰博士也参与了本书的编写工作。中国农业大学温代如教授（前兽医外科学分会理事长）和郭铁教授（本书前三版主编）、董悦农对书稿进行了认真审阅。

在本书的编写过程中，我们得到了不少同行的帮助和前辈的关怀，在此一并致以诚挚的感谢！

由于编者的水平和经验有限，书中的不当之处在所难免，敬请读者批评指正。

编　者

2011 年 3 月

注：本教材于 2017 年 12 月被列入普通高等教育农业部（现更名为农业农村部）"十三五"规划教材［农科（教育）函〔2017〕第 379 号］。

第 四 版 说 明

　　《兽医外科手术学》（第四版）是《家畜外科手术学》（第三版）的修订版，是经教育部批准的高等教育"面向 21 世纪课程教材"。考虑到随着我国兽医行业和畜牧业的发展，在兽医临床诊疗中外科手术的对象已不仅仅是家畜，相当一部分是伴侣动物、珍稀动物等，同时和其他课程的统一性，经全体编写者讨论研究决定将教材名称改为《兽医外科手术学》，以适应当前兽医本科教育的需要。

　　本次修订，保持前一版的基本框架不变，以科学、先进和实用为原则，在内容上做了部分调整，增加了一些近几年的新成果、新技术，删去一些现今在临床上很少见的手术和技术，目的在于反映国内外兽医外科手术的最新、最有效的技术，提高学生的实践能力和适应能力。

　　参加本次修订的编者都是从事兽医临床教学和科研的中青年教师，都具有丰富的教学、实践经验和较高的科研水平。具体的编写分工如下：

第一章，林德贵；　　　　　　　　　第九章，丁明星；

第二章，王洪斌；　　　　　　　　　第十章，齐长明；

第三章，侯加法；　　　　　　　　　第十一章，齐长明，李建基；

第四章，林德贵，熊惠军；　　　　　第十二章，林德贵；

第五章，王洪斌；　　　　　　　　　第十三章，李宏全；

第六章，侯加法；　　　　　　　　　第十四章，侯加法，齐长明，熊惠军；

第七章，齐长明，周庆国；　　　　　第十五章，丁明星；

第八章，李宏全；　　　　　　　　　第十六章，潘庆山。

　　在本书的编写过程中，得到了《家畜外科手术学》前主编郭铁教授、中国畜牧兽医学会兽医外科学分会前理事长温代如教授和现任理事长王春璈教授的关心和帮助，汪世昌教授生前为本书的编写提出了宝贵的意见，在此一并表示衷心的感谢。

　　由于我们的水平有限，书中不当之处恳请读者批评、指正。

编　者
2004.5

第 三 版 说 明

《家畜外科手术学》从第一版（1980）到现在已有 17 个年头，虽然在第二版（1986）时作了某些增减，但仅仅是很小部分的变动。在这十几年里，国内外的兽医临床都有很大的发展，外科手术技术作为外科的主要治疗方法更显得突出，其中小动物的进步更为明显，故原教材不论从教学上，还是生产上都远远不能满足客观发展的需求。

本书这次的修改，考虑到我国多年来在教学上的习惯，仍保留原教材的框架。在内容方面采取大小动物兼顾，重视手术的基本理论知识和包括马、牛、羊、猪和犬、猫在内的必要的手术操作技术。对原教材中在教学和生产中起着良好作用的部分仍保留。尽可能地增加能反映 80 年代末和 90 年代初的国内外新的、有效的技术，目的在于拓宽读者的知识面，提高实践能力。

参加这次编写的有东北农业大学王林安（三、十一、十三章），山东农业大学王春璈（十一、十二、十五章），南京农业大学侯加法（六、七、八、九、十六章），中国农业大学万宝璠（四、五章）和郭铁（一、二、十、十四章）。

王云鹤、卢正兴两位教授，对本教材进行了审查并提出宝贵意见，在此表示感谢！

参加绘图的有中国农业大学雷克敬、山东农业大学闫青等。

本书为兽医专业本科生必读教材，又可作为大专和中专的参考书，还可作为临床兽医自学的读物。

由于我们的知识水平有限，取材和编写内容不成熟的地方和错误在所难免，希望读者指正。

编　者
1997.5

第二版说明

　　家畜外科手术学是兽医外科学的基础，也是为其他各门临床学科服务的。本书第一版附在兽医外科学中，分为上、下两册出版。近年来，农业高等院校的兽医专业都把兽医外科手术作为独立的一门课程开设。为了顺乎实际情况，再版时把兽医外科学与兽医外科手术学分开出版。鉴于我国乳牛业迅速发展，在修改时增加了乳房和乳头手术一章。把注射法也列为一章。在麻醉中增加了激光麻醉。其他各章节都作了不同程度的更改。

　　参加再版修改的有（按姓氏笔画为序）：

　　　　王云鹤（东北农学院）

　　　　王光华（贵州农学院）

　　　　叶　浩（华南农业大学）

　　　　邹万荣（新疆八一农学院）

　　　　陈家璞（北京农业大学）

　　　　赵国荣（山东农业大学）

　　　　郭　铁（北京农业大学）

　　参加定稿的有：

　　　　新疆八一农学院（邹万荣）

　　　　东北农学院（王云鹤、汪世昌）

　　　　北京农业大学（陈家璞、郭　铁）

　　　　华南农业大学（叶　浩）

　　　　南京农业大学（张幼成）

　　绘图：雷克敬（北京农业大学）

　　本书虽然经过再版，内容仍不免存在缺点和问题，敬希读者提出宝贵意见。

编　者

1986.10

第 一 版 说 明

《家畜外科学》是高等农业院校兽医专业教材。全书分手术与外科两大篇，共三十四章，分为上、下两册。本书由北京农业大学、东北农学院主编。参加编写的有：新疆八一农学院、山东农学院、解放军兽医大学、江苏农学院、华南农学院、甘肃农业大学、南京农学院、贵州农学院共十三人。经新疆八一农学院、山东农学院、解放军兽医大学、四川农学院、东北农学院、北京农业大学、内蒙古农牧学院、甘肃农业大学、西北农学院、江西共产主义劳动大学、江苏农学院、华中农学院、华南农学院、沈阳农学院、南京农学院、浙江农业大学、贵州农学院、湖南农学院等十八个院校的同志审查。最后由北京农业大学、东北农学院、华南农学院、新疆八一农学院定稿。

本书编写的具体分工是：

王云鹤　15、19、21、24 章及 31 章（5、6、7、8、9、10 节）

王光华　5、6、30 章

叶　浩　1、3、4 章

卢正兴　18 章

张幼成　23、26、27、29 章

汪世昌　33 章（2、4、5、6 节）

朱祖德　31 章（1、2、3、4 节）、33 章（1 节）

吴清源等　20、28 章

陈家璞　2、7、32 章

赵国荣　12、13、16 章

郭　铁　绪言、9、10、11、14、22 章

秦和生　33 章（3、7 节）、34 章

邹万荣　8、17、25 章

参加绘图的有北京农业大学雷克敬、江苏农学院潘瑞荣等。

本书由于编写时间仓促，我们的水平有限，内容不成熟的地方和错误在所难免，希望读者多提出意见，以备今后修正。

编　者
1979.3.25

目　　录

第五版说明

第四版说明

第三版说明

第二版说明

第一版说明

第一章　外科手术概述 ··· 1
　第一节　手术的基本认识 ··· 1
　第二节　术前准备 ·· 2
　第三节　术后管理 ·· 5
第二章　动物保定 ··· 7
　第一节　马的保定 ·· 7
　第二节　牛的保定 ··· 15
　第三节　猪的保定 ··· 18
　第四节　羊的保定 ··· 19
　第五节　犬的保定 ··· 19
　第六节　猫的保定 ··· 21
　第七节　灵长类动物的捕捉与保定 ··· 21
　第八节　鸟的保定 ··· 22
第三章　无菌术 ··· 25
　第一节　手术器械、敷料等用品的准备、灭菌与消毒 ···························· 25
　　一、手术器械和物品的准备 ··· 26
　　二、手术器械、手术用品的灭菌与消毒方法 ···································· 27
　第二节　手术人员的准备与消毒 ··· 30
　第三节　手术动物和术部的准备与消毒 ·· 33
　第四节　手术室设施和手术室的消毒及手术室常规 ······························ 36
　　一、手术室的基本要求 ··· 36
　　二、手术室工作常规 ··· 37
　　三、手术室的消毒 ··· 37
　　四、临时性手术场所的选择及其消毒 ··· 38
第四章　麻醉 ··· 40

第一节　局部麻醉 ………………………………………………… 40

第二节　全身麻醉 ………………………………………………… 41

一、麻醉前给药 …………………………………………………… 41

二、吸入性全身麻醉 ……………………………………………… 42

三、非吸入性全身麻醉 …………………………………………… 42

四、其他麻醉方法 ………………………………………………… 60

五、全麻手术动物的监护与急救 ………………………………… 66

第五章　手术基本操作 ……………………………………………… 71

第一节　常用外科手术器械及其使用 …………………………… 71

第二节　打开手术通路 …………………………………………… 78

一、组织切开 ……………………………………………………… 78

二、组织分离 ……………………………………………………… 79

第三节　止血 ……………………………………………………… 83

一、出血的种类 …………………………………………………… 83

二、术中失血量的推算 …………………………………………… 84

三、常用的止血方法 ……………………………………………… 85

四、输血疗法 ……………………………………………………… 88

五、激光手术刀和高频电刀的使用 ……………………………… 88

第四节　缝合 ……………………………………………………… 91

一、缝合的基本原则 ……………………………………………… 91

二、缝合材料 ……………………………………………………… 92

三、打结 …………………………………………………………… 95

四、软组织的缝合 ………………………………………………… 98

五、各种软组织的缝合技术 …………………………………… 103

六、骨缝合 ……………………………………………………… 107

七、组织缝合注意事项 ………………………………………… 108

第五节　拆线 …………………………………………………… 108

第六节　引流 …………………………………………………… 108

第六章　包扎法 …………………………………………………… 111

第一节　包扎法的概念 ………………………………………… 111

第二节　卷轴绷带 ……………………………………………… 112

第三节　复绷带和结系绷带 …………………………………… 115

第四节　夹板绷带和支架绷带 ………………………………… 116

第五节　硬化绷带 ……………………………………………… 117

第七章　眼部手术 ………………………………………………… 121

第一节　眼睑内翻矫正术 ……………………………………… 121

第二节　眼睑外翻矫正术 ……………………………………… 122

第三节　瞬膜腺摘除与复位术 ………………………………… 123

第四节　角膜损伤治疗术 ……………………………………… 125

第五节　白内障手术——晶体囊外摘除术 …………………………………………… 126
第六节　抗青光眼手术 …………………………………………………………………… 128
第七节　眼球摘除术 ……………………………………………………………………… 130

第八章　头部手术 ……………………………………………………………………… 132
第一节　牛断角术 ………………………………………………………………………… 132
第二节　犬耳成形术 ……………………………………………………………………… 134
第三节　犬耳矫形术 ……………………………………………………………………… 136
第四节　犬外耳道外侧壁切除术 ………………………………………………………… 137
第五节　马鼻旁窦圆锯术 ………………………………………………………………… 138
第六节　羊多头蚴孢囊摘除术 …………………………………………………………… 140
第七节　鼻切开术 ………………………………………………………………………… 143
第八节　犬颌下腺及舌下腺摘除术 ……………………………………………………… 145
第九节　牙齿手术 ………………………………………………………………………… 146
　　一、锉牙术 …………………………………………………………………………… 147
　　二、牙截断术 ………………………………………………………………………… 148
　　三、拔牙术 …………………………………………………………………………… 149

第九章　颈部手术 ……………………………………………………………………… 151
第一节　马喉囊切开术 …………………………………………………………………… 151
第二节　马喉小囊摘除术 ………………………………………………………………… 153
第三节　犬消声术 ………………………………………………………………………… 156
第四节　气管切开术 ……………………………………………………………………… 158
第五节　食管切开术 ……………………………………………………………………… 161

第十章　胸部手术 ……………………………………………………………………… 164
第一节　开胸术 …………………………………………………………………………… 164
　　一、犬的开胸术 ……………………………………………………………………… 164
　　二、大家畜的开胸术 ………………………………………………………………… 166
第二节　肋骨切除术 ……………………………………………………………………… 168
第三节　牛的心包切开术 ………………………………………………………………… 170
第四节　胸部食管切开术 ………………………………………………………………… 172
第五节　胸腔导液 ………………………………………………………………………… 173

第十一章　腹部手术 …………………………………………………………………… 175
第一节　腹部手术概述 …………………………………………………………………… 175
第二节　腹壁和腹腔的局部解剖 ………………………………………………………… 176
第三节　腹腔手术通路 …………………………………………………………………… 178
　　一、肷部切口 ………………………………………………………………………… 178
　　二、肋弓下斜切口 …………………………………………………………………… 181
　　三、腹中线切口 ……………………………………………………………………… 182
　　四、中线旁切口 ……………………………………………………………………… 183

第四节 小肠切开术 …………………………………………………………… 184

第五节 小肠部分切除术 ……………………………………………………… 187

第六节 肠套叠整复术 ………………………………………………………… 193

第七节 大肠切开术 …………………………………………………………… 195

第八节 剖腹产手术 …………………………………………………………… 197

第九节 瘤胃切开术 …………………………………………………………… 200

第十节 牛皱胃切开术 ………………………………………………………… 205

第十一节 牛皱胃左方变位整复术 …………………………………………… 206

第十二节 犬胃切开术 ………………………………………………………… 208

第十三节 犬幽门肌切开术 …………………………………………………… 209

第十四节 犬幽门肌成形术 …………………………………………………… 211

第十五节 膈疝修补术 ………………………………………………………… 212

第十二章 泌尿和生殖系统手术 ……………………………………… 214

第一节 犬肾切除术 …………………………………………………………… 214

第二节 犬肾切开术 …………………………………………………………… 215

第三节 输尿管吻合术 ………………………………………………………… 215

第四节 犬、猫膀胱切开术 …………………………………………………… 216

第五节 犬、猫膀胱破裂修补术 ……………………………………………… 217

第六节 公犬的尿道切开术 …………………………………………………… 218

第七节 公猫的尿道切开术 …………………………………………………… 219

第八节 大动物尿道切开术 …………………………………………………… 220

第九节 大动物尿道造口术 …………………………………………………… 223

第十节 犬、猫尿道造口术 …………………………………………………… 223

第十一节 阴茎截除术 ………………………………………………………… 224

第十二节 雄性动物去势术 …………………………………………………… 225

　一、阴囊、睾丸的局部解剖 ……………………………………………… 225

　二、公马去势术 …………………………………………………………… 227

　三、公牛、公羊去势术 …………………………………………………… 229

　四、公猪去势术 …………………………………………………………… 231

　五、公犬、公猫去势术 …………………………………………………… 231

　六、隐睾去势术 …………………………………………………………… 233

第十三节 卵巢、子宫摘除术 ………………………………………………… 236

　一、卵巢、子宫的局部解剖 ……………………………………………… 237

　二、猪的卵巢摘除术 ……………………………………………………… 238

　三、犬的卵巢、子宫切除术 ……………………………………………… 240

　四、猫的卵巢、子宫切除术 ……………………………………………… 242

第十四节 犬前列腺摘除术 …………………………………………………… 242

第十三章 乳腺手术 …………………………………………………… 244

第一节 牛的乳腺及乳头手术 ………………………………………………… 244

一、牛的乳腺解剖 ·········· 244
二、乳房及乳头损伤处理 ·········· 245
三、乳头管和乳池狭窄与闭锁治疗手术 ·········· 246
四、乳腺切除术 ·········· 247
第二节　犬、猫乳腺切除术 ·········· 248

第十四章　四肢手术 250
第一节　骨折的整复与固定 ·········· 250
一、骨折的整复 ·········· 250
二、外固定 ·········· 252
三、内固定 ·········· 252
四、骨外固定支架固定技术 ·········· 257
第二节　髋关节开放性整复与关节囊缝合固定 ·········· 259
第三节　髋关节成形术 ·········· 260
第四节　股骨干骨折内固定术 ·········· 262
第五节　膝内侧直韧带切断术 ·········· 264
第六节　膝关节外侧支持带重叠术 ·········· 264
第七节　胫骨近端骨折内固定术 ·········· 265
第八节　胫骨干骨折固定术 ·········· 266
第九节　四肢黏液囊手术 ·········· 267
第十节　楔状腱切断术 ·········· 268
第十一节　趾外侧伸肌腱切除术 ·········· 269
第十二节　腕间关节切开术 ·········· 270
第十三节　下翼状韧带切断术 ·········· 271
第十四节　指浅屈肌腱切断术 ·········· 272
第十五节　球节切开和籽骨顶端骨折片摘除术 ·········· 273
第十六节　牛截指术 ·········· 274
第十七节　猫截爪术 ·········· 275
第十八节　悬指（趾）切断术 ·········· 275

第十五章　脊椎外科 277
第一节　概述 ·········· 277
第二节　颈椎间盘腹侧开窗术 ·········· 280
第三节　颈椎间盘腹侧开槽术 ·········· 283
第四节　颈椎背侧椎板切除术 ·········· 284
第五节　胸腰椎间盘半椎板切除术 ·········· 286

第十六章　臀尾部手术 289
第一节　犬断尾术 ·········· 289
第二节　犬尾肌部分切除术 ·········· 289
第三节　犬肛门囊摘除术 ·········· 290

第十七章　试验外科手术 …………………………………………………… 292

第一节　犬肾移植术 ……………………………………………………… 292

第二节　血管插管技术 …………………………………………………… 294

第三节　胃肠瘘管手术 …………………………………………………… 298

第四节　腹腔镜技术 ……………………………………………………… 301

第五节　人工培植牛黄手术 ……………………………………………… 303

主要参考文献 …………………………………………………………………… 307

第一章 外科手术概述

第一节 手术的基本认识

（一）外科手术的意义和任务

手术是外科治疗和诊断的技术，是外科学的重要组成部分。对动物实施外科手术的任务是：

（1）借助于手和器械进行动物疾病的治疗。

（2）也可作为动物疾病的诊断手段，如肿物的穿刺术、剖腹探查术等。

（3）利用手术方法提高役畜的使用能力和保护人畜安全，如截角术。

（4）改善和提高肉产品的质量和数量，如阉割术；限制劣种繁殖，如去势术。

（5）以经济为目的，利用手术技术创造财富，满足人类生活需要，如牛黄培植手术等。

（6）给宠物进行整容手术和生理手术，如倒睫整形手术、立耳手术、断尾手术、绝育手术等。

（7）作为医学和生物学的实验手段，如试验手术中的脏器移植手术、腺体摘除手术等。

（二）外科手术学的基础

外科手术学是建立在动物解剖学、生理学、病理学、药理学和微生物学等基础之上的学科。掌握并应用解剖学知识有助于科学地选择手术通路，合理地除去病变组织，保护健康组织，使手术取得最大限度的成功；掌握并运用生理学知识是全面认识动物机体机能、确保手术合理和加快术后愈合的基础之一；病理学和微生物学知识告诉手术人员病患对动物机体的影响，有助于判断疾病的预后；对炎症和创伤愈合的认识，是手术人员必备的知识，无菌和无痛是外科手术的基本组成，无菌术和麻醉技术的发展和成就不断推动手术的前进与发展，没有无菌术和镇痛就没有现代的外科手术学。而手术的进步同样推动其他生物学和医学学科的发展。

（三）外科手术的学习方法

外科手术是一门实践性极强的学科，只靠理论学习还不能真正掌握。所以要求学习者多接触病例，不断参加实践才能有所收获。但在实践时决不要靠单纯的"经验"，因为并不是所有的人都能从实践中获得有益的经验。如果只是简单地参加实践，仅能成为一名熟练的技师，有技术能力但缺乏理论基础。正确的学习，应该是使理论与实践紧密结合，在理论的指导下去实践，才有可能不断培养外科手术技术和综合判断能力。只有这样，对临床上遇到的问题才会做出较为可靠的判断，并能提出合理的手术方法，创造条件付诸行动。即使出现解决不了的难题，也能提出探索途径，并设法推动学科的发展。

外科手术的学习应注意"基本功"的训练。所谓基本功，是指对手术基本操作的熟练程度和对手术技巧的精通程度。这两个基本功都需以外科素养（无菌素养、对待组织的素养、对待器械的素养）作为前提。练好基本功的基本条件是术者必须有正常的生理功能（包括体力、眼力及正常的神经活动）和强健的体魄。作为外科医生，除了身体条件和医学知识水平之外，医德显得更为重要。一个执意追求科学的人，必定具备勇往直前、艰苦奋斗的精神，敢于在困难环境中锻炼自身，能在艰苦条件下完成任务。"熟能生巧"是表示反复操作与精通之间的关系，通过多次反复操作，不仅能提高对疾病的认识，也能不断增加动手的臂力、速度、耐力和灵活性，使手臂肌肉的协同作用加强，手指对外界的敏感性增加，这些都是顺利完成手术的重要基础。

（四）完成手术的一般认识

动物手术的发展，受到若干客观因素的束缚或制约，给兽医手术的实施带来一定的困难，如动物的被毛长，术前完全清拭往往很难做到，结果增加了术中或术后的污染机会；术后的患病动物不能自觉地保持相对安静，使骨折的整复等术后治疗出现麻烦；患病动物不能很好地与术者配合，增加术中操作和术后护理的难度等。这类问题术者在术前要做充分估计，创造条件把问题解决在术前。另外，给动物做手术应有经济观点，与人医相比，经济价值是兽医的特点之一。对极为名贵的家畜品种的保存，与畜主有深厚感情的宠物的处置，则属于另外的范围。

一般动物的手术治疗，先要进行疾病的诊断，尽可能了解患病动物的症状，经检查认为有进行手术治疗的必要时，还应进行各种深入检查，判定患病动物情况是否适合手术，手术的目的是救治患病动物生命，应避免在术中或手术后死亡。对手术的必要性和动物对手术的耐受力要有基本的判定。此外，对麻醉的方法及其产生的影响也应认真考虑。手术前的临床体检、血液常规检查、血液生化检查、血气检查和凝血时间检测是必要的，抗生素和止痛药物的使用是术前必须考虑和完成的重要事宜；手术中的输液和麻醉监护，也是现代手术中的基本内容。

最后，手术应得到动物主人的同意，对于复杂的手术，手术前术者有必要向动物主人介绍手术的复杂性和危险性，并在手术前签订手术协议书。

第二节　术前准备

术前准备常包括术者的准备、患病动物的准备和手术器械及用品的准备。

（一）术者的准备

术者准备最为重要的是建立信心，手术能否成功取决于自身的能力和信心。为了树立信心，术者要在以往检查的基础上，再进行一次复查，核实病情，做到心中有数，对初学者更应如此。精神上有了准备能给战胜困难增加力量。当择期手术时能有时间去看书、查阅个人笔记和复习局部解剖等，借以认识患病区域的微细情况，加深了解或增强记忆。手术的信心往往来自科学的知识及对其理解的深度。紧急手术需要马上进行，没有更多的准备时间，手术知识的准备只能靠平时积累和认识。其次，术者的体力对顺利完成手术也十分重要。当做大的或复杂的手术时，术者在术前应休息好，精力充沛，精神集中，技术才能充分发挥，顺利达到预期效果。第三，为了防止术中污染术部，除按常规无菌操作外，要求术者在大手术的前一天，不得做直肠检查、剥离胎衣和腐蹄处理等操作，以减少污染机会。

1. 手术计划　手术计划的拟订也是术前的必备工作，根据全身检查的结果，订出手术实施方案。手术计划是外科医生判断力的综合体现，也是检查判断力的依据。在手术进行中，有计划和有秩序的工作，可以减少手术中失误，即使出现某些意外，也能设法应付，不致出现慌乱，造成贻误，对初学者尤为重要。手术计划可根据每个人的习惯制订，但一般应包括如下内容：

（1）手术人员的分工。

（2）保定方法和麻醉种类的选择（包括麻前给药）。

（3）手术通路及手术进程。

（4）术前体检，术前还应做的事项，如禁食、导尿、胃肠减压等。

（5）手术方法及术中应注意的事项。

（6）可能发生的手术并发症以及预防和急救措施，如虚脱、休克、窒息、大出血等。

（7）特殊药品和器械的准备。

（8）术后护理、治疗和饲养管理。

2. 手术分工　外科手术是一项集体活动，术前要有良好的分工，以便在手术期间各尽其职，有条不紊地工作。术者和手术人员在手术时要了解每个人的职责，切实做好准备工作。一般可做如下分工：

（1）术者：手术时执刀的人。术者是手术主要操作者，是手术的组织者。

（2）助手：协助术者进行手术。视具体情况可设1～3人。第一助手负责局部麻醉、术部消毒、手术术部隔离及配合术者进行切开、止血、结扎、缝合、清理术部和显露术部等。助手必须经常留意，不断给术者创造操作条件并及时给予配合。当术者因故不能继续进行手术时，第一助手将顶替术者把手术完成。第一助手的位置一般设在术者的对面，柱栏内站立保定手术，通常设在术者的左侧。第二、三助手的职责，主要是补充第一助手的不足，如牵拉创钩、显露深部组织、清理术部或协助器械助手准备缝线、传递器械等项工作。其位置可根据手术需要设在术者的对面或近旁。

（3）麻醉助手：负责麻前给药和给予麻醉药，在手术过程中要正确掌握麻醉的进程；与术者配合根据手术的需要调整麻醉深度，确保手术的顺利进行；同时在动物麻醉过程中，连续监视患病动物的呼吸、循环、体温以及动物各种反射变化；评价动物供氧和二氧化碳排除的状态及水和电解质的稳定情况。发现异常要尽快找出原因并加以纠正，使患病动物能在相对的正常生理范围内耐受手术。吸入麻醉需要专门的麻醉师监控麻醉状况。

（4）器械助手：负责器械及敷料的供应和传递。因此，器械助手事先必须掌握手术操作及进程，能敏捷地配合手术的需要，传递默契。还要利用手术的空隙时间经常维持器械台的整齐和清洁，随时清除剩余线头、血迹、归类放置器械，使工作完全处于有条不紊的状态。在闭合胸、腹之前，要清点敷料和器械的数目。术后负责器械的清洁和整理。

（5）保定助手：负责手术过程中的动物保定。人数要根据手术的性质、麻醉的方法等确定。

上述的分工，对不同的手术不是相同的，要根据手术的大小和繁简、患病动物的种类、疾病的程度等决定。原则是既不浪费人力，又要有利于手术的进行。

（二）患病动物的准备

患病动物准备是外科手术的重要组成部分。患病动物术前准备工作的任务，是尽可能使手术动物处于正常生理状态，各项生理指标接近于正常，从而提高动物对手术的耐受力。因此可以认为，术前准备得如何，直接或间接影响手术的效果和并发症的发生率。

手术前准备的时间视疾病情况而分为紧急手术、择期手术和限期手术3种。紧急手术如大创伤、大出血、胃肠穿孔和肠胃阻塞等，手术前准备要求迅速和及时，绝不能因为准备而延误手术时机。择期手术是指手术时间的早与晚可以选择，又不致影响治疗效果，如十二指肠溃疡的胃切除手术和慢性瘤胃食滞的胃切开手术等，有充分时间做准备。限期手术如恶性肿瘤的摘除，当确诊之后应积极做好术前准备，又不得拖延。

通常患病动物的术前准备是：

1. 禁食 有许多手术术前要求禁食，如开腹术，充满腹腔的肠管形成机械障碍，会影响手术操作。饱腹为动物麻醉后的反胃增加机会，特别是反刍动物更为严重。禁食时间不是一成不变的，要根据动物患病的性质和动物身体状况而决定，禁食时间也属于外科判断力的一个部分。多数病例以禁食24h为宜，禁水不超过12h即可满足手术要求。因为小动物消化管比大动物短，容易将肠内容物排空，故禁食一般不要超过12h，反刍动物瘤胃内蓄积很多，有时要超过24h。禁食可使肝脏降低糖原的贮备，过长的禁食是不适宜的。临床上有时为了缩短禁食时间而采用缓泻剂，但激烈的泻剂能造成动物脱水，一般不使用。经验证明，马去势之前较长时间的禁食，使肠管过度空虚，容易造成肠管进入腹股沟管，形成肠的嵌闭，反之若肠内有粪块存在则可避免。当肛门或阴门手术时，为防止粪便污染，术前要求直肠排空，在大家畜可令助手从直肠掏出蓄粪，而小动物则可将肛门做假缝合或行灌肠术，以截断排泄，可大大减少污染。

2. 营养 动物在手术之前，由于慢性病或禁食时间过长、大创伤、大出血等造成营养低下或水、电解质失衡，从而增加手术的危险性和术后并发症的发生率。蛋白质是动物生长和组织修复不可缺少的物质，是维持代谢功能和血浆渗透压的重要因素。术前宜注意检查，如果100mL血液中马血清蛋白（TP）低于6.0%，可出现严重的蛋白缺乏征象，应给予紧急补充，以维持氮平衡状态。同时也要注意碳水化合物、维生素的补充。

3. 保持安静 为了使患病动物平稳地进入麻醉状态，术前要减少动物的紧张与恐惧。麻醉前最好有畜主伴随，或者麻醉人员要多和患病动物接触，以消除其紧张情绪。根据临床观察，环境变化对马和犬的影响较大，牛则较为迟钝，而猪对环境变化的影响相当敏感。长时间运输的患病动物，应留出松弛时间（急腹症的除外）。尽量减少麻醉和手术给动物造成的应激、代谢紊乱和水电解质平衡失调，要注意术前补液，特别是休克动物。一般情况下，用大剂量输液，能使心血管增加负担，血管扩张，对动物机体也十分不利。

4. 特殊准备 对不同器官的功能不全，术前应做出预测和准备，如肺部疾病，要做特殊的肺部检查。因为麻醉、手术和动物的体位变化均能影响肺的通气量，如果肺通气量减少到85%以下，并发感染的可能性增加，故宜早些采取措施；肝功能不良的患病动物应检查肝功能，评价其对手术的耐受力；肾功能不全直接影响体内代谢产物的排泄，而且肾是调节水、电解质和维持酸碱平衡的重要器官，若发现异常，在术前要进行纠正，补充血容量。此外，在术前和术后避免应用对肾脏有明显损害的药物，如卡那霉素、多黏菌素、磺胺类药物等。有些对肾血管产生强烈收缩的药物，如去甲肾上腺素等也应避免使用。

如今，小动物手术越来越多的采用吸入麻醉技术，安全高效。手术当日需要做血液常规检查、血液生化检查、凝血时间检测和血气检查。给予止痛药和抗生素的同时，麻醉中需要进行静脉输液。手术中的麻醉监护已被广泛应用，负压手术室是发展方向。

（三）器械及敷料准备

详细内容参见第三章。

第三节 术后管理

术前准备、手术治疗和术后管理是手术医疗的三个环节，缺一不可。俗话说"三分治疗、七分护理"，表明术后管理的重要性。对于这一点，不仅医护人员应有明确的认识，而且饲养人员也应有正确的理解，否则一时一事的疏忽都可造成严重的后果和不应有的损失。

术后管理常包括下列内容。

（一）一般护理

1. 麻醉苏醒 全身麻醉的动物，手术后宜尽快苏醒，过多拖延时间，可能导致发生某些并发症，特别是大动物，由于体位的变化，会影响呼吸和循环等，尤应注意。在全身麻醉未苏醒之前，设专人看管，苏醒后辅助站立，避免撞碰和摔伤。在吞咽功能未完全恢复之前，绝对禁止饮水、喂饲，以防止误咽。

2. 保温 全身麻醉后的动物体温降低，应披上毯子或棉被，注意保温，防止感冒。

3. 监护 术后24h内严密观察动物的体温、呼吸和心血管的变化，若发现异常，要尽快找出原因。对较大的手术也要注意评价患病动物的水和电解质变化，若有失调，及时给予纠正。

4. 术后并发症 手术后注意早期休克、出血、窒息等严重并发症，有针对性地给予处理。

5. 安静和活动 术后要保持安静。能活动的患病动物，2～3d后就可以进行户外活动，开始时时间宜短，而后逐步增多，以改善血液循环，促进功能恢复，并可促进代谢，增加食欲。虚弱的患病动物不得过早、过量运动，以免导致术后出血，缝线断裂，反而影响愈合。重症起立困难的动物应多加垫草，对大动物要帮助翻身，每日2～4次，防止发生褥疮。吊带对持久站立困难的大动物（主要是马）有良好的功效。四肢骨折、腱和韧带的手术，开始宜限制活动，以后要根据情况适度增加练习。犬和猫的关节手术，在术后一定时期内进行强制人工被动关节活动。四肢骨折内固定手术后，应当做外固定，以确保制动。

（二）预防和控制感染

手术创的感染决定于无菌技术的执行和患病动物对感染的抵抗能力。而术后的护理不当也是发生继发感染的重要原因，为此要保持病房干燥，勤换垫料，清除粪便，尽一切努力保持清洁，尽可能减少继发感染。对蚊蝇孳生季节和多发地区，要杀蝇灭蚊。对大面积或深创也要预防破伤风感染。防止动物自伤、咬、啃、舔、摩擦，采用颈环、颈圈、侧杆等保定方法施行保护。

抗生素和磺胺类药物，对预防和控制术后感染，提高手术的治愈率，有良好效果。在大多数"清洁"手术病例中，污染多发生在手术期间，所以在手术结束后，全身应用抗生素不能产生预防作用，因为感染早已开始。如在术前使用，手术时血液中含有足够量的抗生素，并可保持一段时间。抗生素的治疗，首先对病原菌进行了解，在没有做药物敏感试验的条件下，使用广谱抗生素是合理的。抗生素绝不可滥用，对严格执行无菌操作的手术，不一定要用抗生素。这不只是为了减少浪费，还可避免周围环境中具有抗菌性菌株增加，如果发生，则很难控制。

（三）患病动物的术后饲养与管理

手术后的动物要求适量的营养，所以不论在术前或术后都应注意食物的摄取。而在实际情况中，食物的摄取量在患病期间往往是减少的。当损伤、感染、应激和疼痛时对营养的需求将会增加，如人在腹外科手术时对能量和蛋白质的需求比平时大 20%，严重的感染和大外伤需要程度就更高。

动物维持生存所需要的营养物质包括水、糖、脂肪、蛋白质、维生素和矿物质（电解质），不论健康动物或是患病动物，要求每天提供适当的营养，才能使获得量和丢失量保持平衡。

水是最为重要的物质，哺乳动物水的日需要量为 25～40mL/kg，临床上的给水量是根据血比容的测定而决定。而粗略估算的方法是：30mL/kg×体重（kg）＝水的需求（mL），450kg 的健康马日需水量为 13～15L，4kg 的猫日需水量为 300mL。健康动物可饮足够量的新鲜水，由于体弱不能摄取的，要强迫给水，其中包括人工饲喂或通过其他非消化道途径进行补给。

蛋白质是成年动物组织损伤修补、免疫球蛋白产生和酶合成的来源，蛋白质供应不足，使免疫功能减弱，愈合减慢，肌肉张力减少。其主要来源是肉、鱼、蛋、乳制品和豆类植物。

能量是从摄入的营养物质如碳水化合物、脂肪和蛋白质中获得的。葡萄糖是基本能源。

维生素和矿物质对患病动物机体的调整都不可缺少。维生素 C 和维生素 B 在手术时都常常应用。

对于犬、猫等伴侣动物，手术后有适合于动物恢复体能的术后食品可供选择，食疗是小动物临床上常用的手段之一。

大家畜的消化道手术，术后 1～3d 禁止饲喂草料，静脉内输入葡萄糖。也可根据情况，给半流体或流体食物。犬和猫的消化道手术，一般于禁食 24～48h 后，给予半流体食物，再逐步转变为日常饲喂。牛的瘤胃手术一般不需要禁食，可适当减量。

对非消化道手术，术后食欲良好者，一般不限制饮食，但一定要防止暴饮暴食，应根据病情逐步恢复到日常用量。

第二章 动物保定

动物保定（restraint animals）是指根据人的意愿对动物实行控制的方法，从简单地用缰绳牵引动物，直到对动物的卧倒、捆绑都应列入保定的内容。近几十年采用药物方法控制动物，称为化学保定，是传统机械保定的发展。

兽医临床工作要与多种动物接触，为了更有效地对动物实行控制，首先应懂得各类动物的习性，和与动物相处的有关知识。一般动物与不熟悉的人接近，往往产生不安、戒备、逃跑或攻击等的行为，是动物自身防御的本能。从这个基本认识出发，当与动物靠近时，应注意消除其紧张和不安，表现出善意和耐心，争取合作。粗暴的心态或不适当的控制手段，不仅完不成保定的任务，还容易出现意外的事故。

因此，了解动物的习性、行为、驾驭手段和合理的保定方法等，应成为临床工作的重要组成部分。

兽医临床的保定有两个基本要求：一是方便诊疗或手术的进行，二是确保人畜安全。其内容应包括下列几点：

（1）对动物实行有效的控制（包括机械的或化学的），能为诊断或治疗提供安定条件，有利于外科手术技术的发挥。

（2）手术部位的显露有赖于保定技术和方法，有的手术要求体位变化，有的手术需要体肢的转位，没有这些手术将无法进行。

（3）防止动物的自我损伤（咬、舔、抓）也是保定的内容。自身损伤破坏机体组织和医疗措施，使手术创变得复杂。临床用的犬颈环、马的侧杆等，是为了预防病畜咬断缝线，撕碎绷带，损伤局部组织，保证创伤愈合，以提高医疗效果。

（4）对动物的束缚本身包含对手术人员安全的保障。术者或手术成员在手术过程中负伤，小则直接影响手术进程，大则造成极为严重的后果。

保定的最终目的，是在保证完成诊疗的同时，保护人和畜的健康。每种手术都有常规的保定方法，不合理的保定技术或对保定技术中的某些细节的疏忽，都可能给动物造成伤害，如骨折、腱和韧带撕裂、脱臼、神经麻痹，甚至内脏损伤等。

临床医生，除了要通晓各种动物的习性、攻击的手段之外，在兽医临床实践中要确实执行各种手术保定技术的规定。

第一节 马的保定

（一）马的行为及有关注意事项

一般认为有笼头的马比较容易控制，而要想抓住自由活动的马，则往往比较困难。马不愿意与生人接近，莽撞行事，马将会逃跑，甚至对来人进行伤害。向马靠近之前，要先给信号，让马意识到人的存在，使其不感到突然或吃惊，如说话、打口哨等。再用草或饲料桶诱引，使其自动向人靠近。根据实际观察，马躲避、出现逃跑的距离为6～15m，超出这个距离，躲避行为将会变小。

接近马时，禁止或避免从马的后躯方向靠近，马有向后方踢的防御能力，故要求从前面或两侧接近。当从旁侧临近时，也得警惕马后躯的"急转弯"之后的踢动作。据测算，马的上述转动，需1.5s，人可利用这段时间迅速躲开。

马向后踢的距离为1.8～2.5m，其伸出最远的距离是马的蹄踵部，可对人的头部构成潜在性的威胁。为了防止马向后踢伤人，当人需要在马后侧工作时，应与马后躯保持一定距离，安全区应在3.0～3.5m之外。

有的马后肢除了有后踢的功能之外，还有向前、外侧"弹"的能力，"弹"的动作与后踢不同，是单肢的活动，伤害的范围只在半径几十厘米之内。

临床实践中，事先揪住马尾末端，并将尾高举，能使马失去后踢的信心，操作者可利用这一状态进行马后躯的观察。这种技术不是对任何马匹都有可行性，若举尾的高度低于人的体高，还会有危险。

正确的与马接近，应从前侧或左前侧开始，在马眼的直视下，从容走向马的头部。左侧在骑手或驭手称作"里手"，传统的牵马位置在马的左侧，骑手面向前方，用右手牵马。相反的一侧称为"外手"，在左侧牵马便于左转弯（向里手转），对马和人都很习惯。

接近马头部后迅速抓住笼头，然后用左手牵马，右手抚摸马的颈侧，表示安慰。轻拍对马是禁忌的，这样能使马受惊。马出现竖耳、响鼻和紧张气氛，是马吃惊的表现，此时要格外谨慎小心。

马的体格大，又有气力，动作敏捷，是有一定潜在危险的动物。保定者不宜单靠力气去强行控制，而应利用其自身的特点，有策略的施行。

（二）保定用具

笼头、缰绳和水勒在日常对马的训练或使役中都广泛应用，而鼻捻子和耳夹子主要用于兽医临床。鼻捻子是种古老的有转移疼痛作用的一种保定方法。尽管鼻捻子种类很多，样式各异，其组成都是由一木制（或金属制）杆和一绳制（或金属链）的环形套组成。将环形套装在马的上唇，捻动棒杆，使绳套勒紧。由于刺激感觉神经，引起疼痛转移。

装鼻捻子时，操作者先将左手的四个手指放入套内，只留食指在套外，绳环夹在第二指和第三指之间，以防止绳套下滑到腕部。然后将左手放在马前额，边抚摸边向下滑动，当手移至鼻端时，一次抓住马唇，把绳套装在上唇，右手捻动棒杆，使绳勒紧，再用手保持之（图2-1）。

图2-1 鼻捻子及其使用
（1、2为操作顺序）

耳夹子是一个长形夹，夹在马的耳根部，其作用与鼻捻子类似。操作时，拇指和食指控制夹的闭合，中指和无名指使夹张开。左手在马颈侧抚摸和逐次向上，将至耳根时，突然将耳抓住，右手持夹将夹开张，把夹装在耳根部并夹紧，左手把耳松开，协助右手保持耳夹在紧闭状态（图2-2）。

使用鼻捻子和耳夹子操作时，时间不能过长，长时间压迫能使神经敏感性降低，因而也就失去疼痛转移的效果。

开口器是口腔保定用具，用于口腔和牙齿疾病治疗时的保定。常用的开口器有扇式、单手式、英式和楔状开口器（图2-3）。

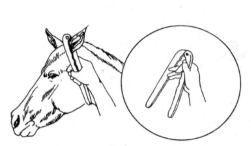

图2-2　耳夹子及其使用

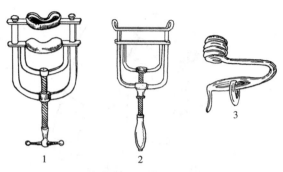

图2-3　开口器

1. 扇式开口器　2. 英式开口器　3. 单手开口器

颈圈和侧杆是为了防止动物自身伤害，能限制头颈等部位的活动范围。

吊马器是用吊带将马吊起的一种装置。因为大动物体重大，长期倒卧易发生褥疮，对呼吸、循环都有不良影响，将马吊起后可减轻四肢负担（图2-4）。

（三）四肢的保定

马的四肢保定可分为徒手提举、机械提举和后肢固定3种。

1. 徒手提举　主要应用于四肢的检查和治疗，装蹄时也要进行肢的提举或固定。前肢提举时，保定者由马头开始逐步接近前肢，面向后以一手抵鬐甲或肩部作为支点，另手沿马前臂向下抚摸

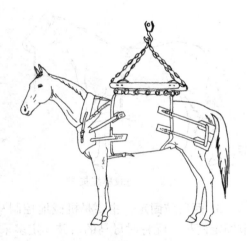

图2-4　吊马器及其应用

直达系部。以支点手推动马躯体，使马体重心移向对侧肢，另一手握系和提起腿，使关节屈曲。保定者的内侧肢向前半步，将马腕关节放在保定者内侧肢的膝部，再以双手固定系部（图2-5）。

后肢提举时，保定者从马头部开始。经颈、胸、腰靠近后肢，面向后以内侧手抵于髋结节作为支点，另一手顺小腿向下抚摸，直达系部。作支点的手用力推动躯体，使马体重心外移，另手用力将肢向前牵拉，使各关节屈曲。之后保定者向前迈一步，并将后肢托起，把球节放置在保定者内侧的膝部，并用双手固定系部和保持之（图2-6）。

2. 单绳提举　用绳代替徒手，可增加机械力，节省人力。一前肢提举时，将绳的一端拴在肢的系部，游离端绕过鬐甲，将肢拉起，令助手保持（图2-7）。后肢提举与前肢基本相同，先拴好系部的保定绳，游离端向前通过胸下两前肢之间，伸延到颈部，做环打结和固定（图2-8）。

图 2-5　前肢徒手提举

图 2-6　后肢徒手提举

图 2-7　前肢单绳提举

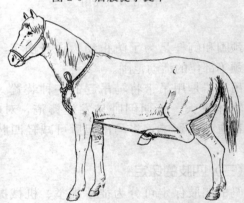

图 2-8　后肢单绳提举

3. 两后肢固定　主要是机械地控制马的后肢，防止后踢。其方法分为胫部固定和跗关节固定两种。配种时母马的后肢固定多采用胫部固定（图 2-9 和图 2-10）。

图 2-9　两后肢系部固定

图 2-10　两后肢胫部固定

（四）柱栏保定

柱栏是能控制马向前、后、左、右活动的长期固定设备。常用的有六柱栏、四柱栏、二柱栏，还有单柱保定。

1. 六柱栏保定　六柱栏基本结构为 6 根柱子，有木制和铁制的两种。两个门柱用于固定头颈部，前柱和后柱中间有横梁相连，用于固定体躯和四肢，同侧前后柱间的上梁和下梁，用于装吊胸、腹带。

保定时先将柱栏的胸带（前带）装好，由后柱间将马牵入，立刻装上尾带（后带），并把缰绳拴在门柱的金属环上。这样马既不能前进，也不能后退。为了防止马跳起，可装扁绳压在鬐甲前部。防止动物卧倒可加上腹带。有时在尾柱间的横梁上装有铁环，是固定马尾、拴尾绳的地方（图 2-11）。

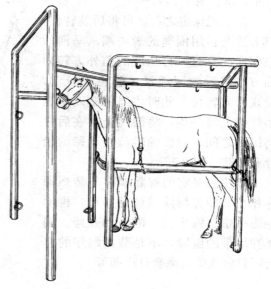

图 2-11　六柱栏保定

保定毕，解除背带和腹带，解开缰和胸带，马自前柱间离开。

2. 四柱栏保定　四柱栏从结构上少两个门柱，从两侧前柱各向前伸出两个臂，臂上备有铁环，供拴马缰绳用。保定方法同六柱栏（图 2-12）。

3. 二柱栏保定　是我国民间传统的保定法，用于装蹄和治疗。两柱间设有横梁，另有颈绳、围绳和吊带等辅助用具。

保定时将马牵近二柱栏前柱，缰绳拴在横梁前环上，用单柱保定法，将颈部固定在前柱的左侧。

取长约 9m 的围绳，将马围在柱间。其方法是：把围绳一端的铁环挂在后柱钩上，游离端的绳从右向左绕两柱一周，将马围在

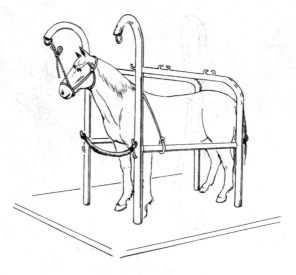

图 2-12　四柱栏保定

两侧绳之间，在后柱挂钩上绕半周，反折再由左向右围马一周，在后柱钩上绕半周，并将绳夹在后柱和所绕围绳之间。然后再装吊带。

吊带是两条特制的扁绳，有胸吊带和腹吊带两条，每条带的一端装有一铁钩。装吊带时先装胸吊带，再装腹吊带。其装法是保定者站在动物的左侧，先将吊带的铁钩端从横梁上方传到对侧，在对侧助手的协助下，从马胸下到左侧，将铁钩挂在原扁绳上。再把绳的游离端从横梁上再送到对侧，由助手拉紧并保持。此时保定者抓住铁钩向下拉，使吊带绷紧，接着助手将绳的游离端从胸下递给保定者，保定者将绳在鬐甲直上打结固定。本法使用绳与钩连接，易将吊带拉紧，又便于吊绳的解除。用同样的方法装置腹吊带

（图 2-13、图 2-14）。

二柱栏保定之后，可将后肢转位，其方法是：用围绳的游离端从马两后肢间向前穿过，再从肢的前外方转向后方，然后收紧绳子，肢将被拉起，呈现后方转位。此时将绳的游离端在后柱钩上绕一周，将游离绳夹在后柱与围绳之间。后肢的转位用于蹄的治疗和装蹄（图 2-15）。

二柱栏保定的解除顺序与装绳顺序相反，即先解除转位的后肢，再解除腹吊带、胸吊带、围绳和颈绳。围绳和吊带的解除，不是装绳顺序的逆行，只将铁钩与绳套分离即可。

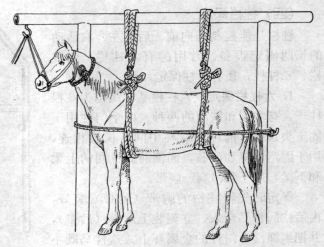

图 2-13　二柱栏保定

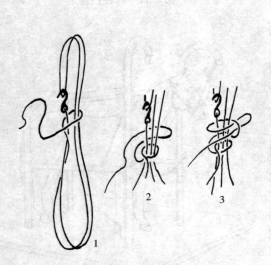

图 2-14　吊绳操作技术
（1～3 为操作顺序）

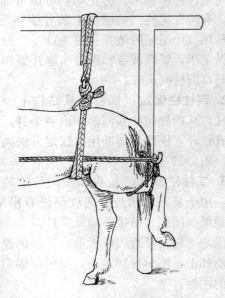

图 2-15　二柱栏转位

4. 单柱保定　只是一单柱，没有栏，用一条绳将马的颈部捆于单柱或树上，能限制马的活动，方法简单，又非常实用。颈部的保定绳必须打活结，以便在马异常骚动时能迅速将绳解开（图 2-16）。本法可与两后肢固定配合应用。

（五）倒马法

许多手术和外科处置要求把马放倒，行侧卧、半仰卧和仰卧保定，能得到需要和宽敞的手术通路。为了方便手

图 2-16　单柱保定

术，在倒马之后还要做肢的转位。倒马的方法很多，现将常用的介绍如下：

1. 双抽筋倒马　是我国民间使用最多的一种方法之一。取长而柔软的圆绳，长 15m，将绳双折在中间做一双套结，形成一长和一短的两个绳套，每个套各穿上一直径为 10cm 的铁环。将绳套用木棒固定在马的颈基部，放在倒卧的对侧。由两名助手各执一游离端，向后牵引，通过两前肢间和两后肢间，分别从两后肢跗关节上方，由内向外反折向前，与前绳作一交叉（目的是防止绳套滑落）。两游离端分别穿入前面放置的金属环内，再反折向后拉紧。把跗关节的绳套移到系部后，两助手向后牵引两游离端。与此同时，牵马的助手向前拉马，马在运步过程中，拉绳的助手迅速收紧绳索，最后由于动物身体失衡而倒卧在地。马一般倒向绳索力量大的一侧，牵马助手积极配合，将马头摆向倒卧的对侧（图 2-17）。

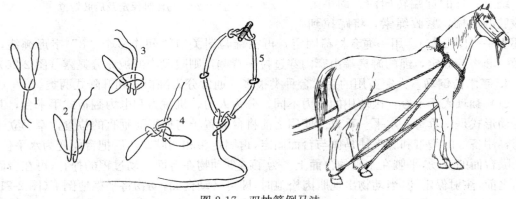

图 2-17　双抽筋倒马法
（1～5 为颈部绳套的制作顺序）

马卧倒后，头部助手用膝部压在马的颈背部，双手握住笼头，使马枕部着地，口端斜向上方保持之。头颈部的固定和保定者的姿势，对控制马的挣扎起到重要作用。其后进行肢的捆绑和转位。也可以转为仰卧保定（图 2-18）。

2. 足枷倒马　足枷是革制的，共有 4 个，分别装在四肢的系部。其中有一主足枷附带链锁和长绳，装在倒卧的对侧前肢。将主足枷链索游离端按顺序穿过另 3 个足枷上的金属环，最后回到主足枷的环（图 2-19）。倒马时强拉链索，使马的四肢集中于腹下，同时牵拉放置在前肢拉向鬐甲的背带，马迅速侧卧倒下。

图 2-18　马的仰卧保定

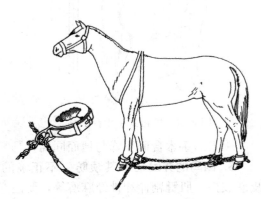

图 2-19　足枷倒马

足枷倒马要求有厚的垫子或铺上厚的褥草，以防摔伤。主足枷上备有锁的装置，链索拉紧后，不会自动松开，不要用绳捆绑。

3. 后肢转位　在倒马的基础上，进行后肢转位。取6～7m的长绳，一端拴在后肢的系部，绳的游离端斜向走向肩部，从鬐甲反转绕到颈下部，再转到上侧的肘头水平，持续向后伸延，绕过胫骨的远端转向前。助手解开该肢的足枷，紧收绳索，将蹄拉到

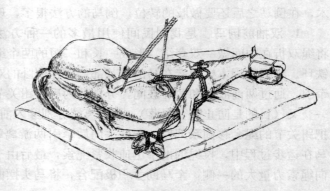

图 2-20　马侧卧保定及后肢转位

肘部水平（图2-20）。用一绳套将蹄固定，再在蹄与跗关节之间作多个"8"字形缠绕，最后做一套将蹄固定，绳的游离端由套内穿过拉向背侧，则腹股沟部被充分显露（图2-20）。

4. 手术台倒马　大家畜用的手术台种类很多，通常分为翻板式和升降式两类。

（1）翻板式手术台：因使用的动力不同，分为人力、机械力和电力翻板式手术台，其基本运动形式是：垂直—水平—垂直。使用之前将台面置于与地平面垂直的位置，牵马立于台面前，用备好的胸带和腹带使马体与台面固定，再固定头和四肢。然后把台面变为水平位置，动物随台面的变动，平躺在水平的台面上。为了减少动物在台面运动过程的挣扎，可在台面未翻动之前，注射保定药，当动物出现肌肉松弛时，即可转动台面，动物将平稳地倒下（图2-21）。

（2）升降式手术台：台面能水平升降，使用时将台面降至地平面。用倒马药如硫喷妥钠、愈创木酚甘油醚等使动物自行卧倒，然后把马拖到手术台面上。施气管内插管，接吸入麻醉机，进行吸入麻醉，并将手术台面和马提升到需要的高度。升降式手术台除具有升降功能之外，还能向不同方位倾斜，方便手术操作（图2-22）。

图 2-21　翻板式手术台倒马

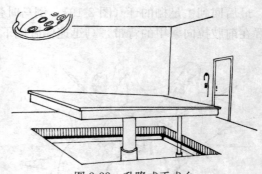

图 2-22　升降式手术台

手术后手术台面下降与地面同高，马复苏后可自行站立。

5. 倒马的并发症及其预防　不正确的倒马能引起各样的并发症，如骨折、内脏损伤、皮肤破损、肌腱剧伸和神经麻痹等，要注意预防。

倒马前要禁食12h以上，防止由于胃肠充满而引起破裂。选择倒马场地，熟练倒马技

术，不应强力将马摔倒，而应是在人造失衡的状态下使其自行卧倒，否则易造成骨折、肌肉剧伸等事故。马长时期倒卧，应垫上软垫或褥草，防止压迫性神经麻痹或皮肤损伤。

在手术台上保定时也应注意卧倒后的姿势，建议将下侧的前肢向前拖拉，使体重落到臂三头肌上，或加垫气垫，对预防皮肤水肿或神经麻痹都能起到良好的作用。将后肢上侧肢抬高，减少对隐静脉的压迫，可改善后肢的血液循环。

实验表明，马侧卧或仰卧都能减少通气量、每分钟潮气量、功能残气量和摄氧量。倒卧保定时，马体的后躯高于前躯或四肢集中捆绑，也都影响氧的供给。卧倒的马不宜压迫胸廓，否则有碍呼吸。对有呼吸困难的病马，禁止倒马。

第二节　牛的保定

（一）牛的行为及有关注意事项

抓牛的困难比马小，但也不是件容易的事。牛是群体性动物，若有头牛带领则容易控制。根据牛的这一特点，在草原上或长途运输中，常利用狭栏控制牛群和捕捉牛只。这种方法对多数牛有效果，比较安全。当用狭栏驱赶牛群时，要防止牛跌倒，狭栏不宜设弯曲，不得高声喊叫，否则易造成牛群的拥挤或混乱。

牛有惊人的听力，当驱赶牛群时，如后方大声催逼，会致使牛爬到前方牛背上，增加相互受伤的机会。因为牛的识别力不如马，容易碰撞或践踏致伤。

乳牛在自然培育中，有时变得令人很难理解，在野外或运动场，见到有人来，牛站立不动或贪婪地注视，并逐步向前靠近。当与牛距离9～12m时，突然出现逃避行为，摇头并快跑。而当站立在饲槽旁，则变得顺从。

牛对陌生的环境反应比马小，但当牵进房门时，会出现畏缩不前，或脱缰逃跑，特别是小牛更为明显。

公牛十分强悍，随时都带有挑衅的隐患，任何时候对公牛过于信赖都是错误的，对公牛的保定要分外小心。对于难控制的公牛，应用化学保定剂或镇静剂效果较好。

（二）头的保定

笼头主要用于控制牛头，对温顺的牛只用笼头或鼻钳，就能完成静脉注射。

鼻钳是一个钳形器械(图2-23)，将鼻钳装在鼻中隔的两侧,能转移牛的注意力(图2-24)。

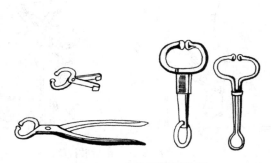

图 2-23　牛鼻钳及其类型　　　　　　　图 2-24　牛鼻钳的使用

在没有鼻钳的情况下，用拇指和食指代替鼻钳，抓住牛鼻中隔，抬高和转动牛头，牛将变得驯服。

（三）肢蹄保定

检查乳房或治疗乳房疾病时，为了防止牛的骚动和不安，需将两后肢固定。方法是选柔软的小绳在跗关节上方做"8"字形固定或用绳套固定，该方法被挤奶工人和临床广泛使用（图2-25、图2-26）。

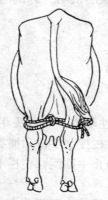

图 2-25　两后肢绳套固定　　　　　　　　图 2-26　两后肢"8"字形缠绕固定

徒手或机械提举牛的一前肢或一后肢，其方法与马基本相同，只是牛要比马困难得多。牛三肢站立的稳定性极差，除非特殊情况，一般应借助于柱栏。

1. 前肢的提举和固定　将牛放在柱栏内，绳的一端绑在牛的前肢系部，游离端从前柱由外向内绕过保定架的横梁，向前下兜住牛的掌部，收紧绳索，把前肢拉到前柱的外侧。再将绳的游离端绕过牛的掌部，与立柱一起缠两圈，则提起的前肢被牢固地固定于前柱之上（图2-27）。

2. 后肢的提举和固定　将牛放在柱栏内，绳的一端绑在牛的后肢系部，游离端从后肢的外侧面，由外向内绕过横梁，再从后柱外侧兜住后肢跗部，用力收紧绳索，使跗背侧面靠近后柱，将跗部与后柱多缠几圈，则后肢被固定在后柱上（图2-28）。

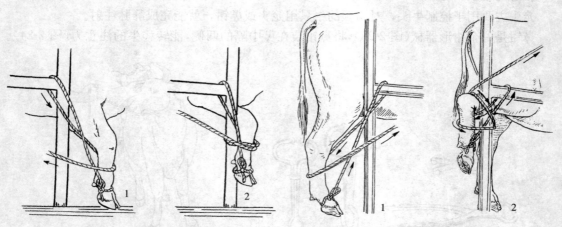

图 2-27　牛前肢提举前柱的外侧　　　　　　图 2-28　牛后肢提举
　（1、2为操作顺序）　　　　　　　　　　　　（1、2为操作顺序）

（四）尾保定

将牛尾直向前上背曲，是转移牛注意力的简单而又有效的方法，能避免牛体前后左右摇晃。如果与牛鼻钳结合，可作为各种小手术的保定方法。但牛尾不如马尾坚固，用力屈曲，有可能造成尾椎骨折（图2-29）。

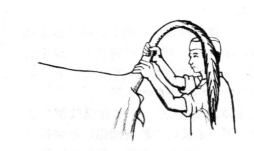

图2-29　尾固定

（五）柱栏保定

牛的柱栏保定分四柱栏、五柱栏和六柱栏。四柱栏和六柱栏的结构与马的相同。五柱栏的结构是在四柱栏的正前方设一单柱，用于牛头的固定。柱栏保定方法同马。

当没有保定栏或狭栏时，用一单绳将牛围在栅栏旁边，牛头绑在坚固的柱子上，做一不滑动的绳套装在牛的颈基部，绳的游离端沿牛体向后，绕过后肢，绑在后方的另一柱上。为

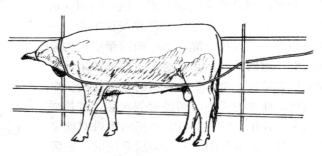

图2-30　栅栏旁保定

了防止牛摆动，在髋结前做一围绳，把牛体和栅栏的横梁捆在一起（图2-30）。

（六）倒牛法

牛比马容易放倒，用机械方法也很少挣扎。倒牛的方法也很多，常用的有以下两种：

1. 一条绳倒牛法　该方法操作省力、安全。其方法是：选一长绳，一端拴在牛的角根或做一死套放在颈基部，绳的另端向后牵引。在肩胛骨的后角，以半结做一胸环，将胸围缠。再在髋结前做一与前边相同的绳环，围缠后腹部，绳的游离端向后牵引，并沉稳用力。同时牵牛者向前拉牛，要坚持2～3min，牛极少挣扎，之后平稳地卧倒（图2-31）。

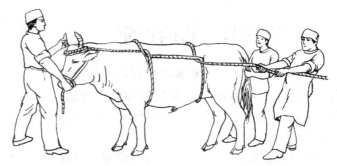

图2-31　一条绳倒牛法

牛倒卧后将两前肢和两后肢分别捆绑，向前后牵引和固定。

大公牛或贵重的乳牛，用一条绳倒牛时，要注意绳的腹环对阴茎或乳房、乳静脉的压迫和损伤，也可用其他方法代替。常用的方法是：取一长绳双折，将绳的中间部分横置于牛肩峰位置，两游离端向下通过两前肢之间，在胸下交叉后返回到背上，再一次交叉，两游离端向下，在两后肢内侧和阴囊或乳房之间向后穿过。两绳保持平稳的拉力向后，直至牛倒下。

这种方法倒牛，后肢的固定比一条绳倒牛法略有困难（图 2-32）。

　　小牛的卧倒比较容易，把牛缰绳的游离端向后牵引，在跗关节绕过，反折向前。保定者站在牛的一侧握住绳索，拉转牛头，牵动后肢，牛由于失去平衡而自然卧倒。

　　2. 二龙戏珠倒牛法　　也称为提肢倒牛法（图 2-33）。用一条长而柔软的圆绳，把绳折成一长一短，在折转处做一套结，套在倒卧侧的前肢系部，将短绳从胸下由对侧向上绕过肩峰部，长绳由倒卧侧绕腹部一周，扭一结而向后拉。倒牛时，一人牵住牛缰绳并按住牛角，一人拉短绳，二人拉长绳，将牛向前牵引。当系绳的倒卧侧的前肢抬起来时，立即抽紧短绳并向下压肩峰部，牵牛头的人用力使牛头向倒卧对侧弯，使牛的重心向倒卧对侧转移，拉长绳的二人一并用力向后牵引，并稍向倒卧对侧牵拉，此时牛的前肢即跪下，而后系绳的一侧卧倒。牛卧倒后注意保护头部，用力按牛角，拉短绳的人用力抽紧短绳，并压住肩蜂部，拉长绳的人压住臀部，另一人将腰部的绳套放松并通过臀、尾部拉至跖部收紧，根据手术需要捆绑前、后肢。

图 2-32　一条绳倒牛的变法

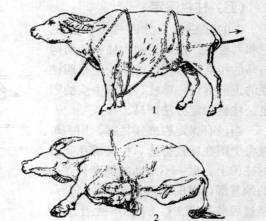

图 2-33　二龙戏珠倒牛法
（1、2 表示操作步骤）

第三节　猪的保定

　　初生仔猪的断齿、断脐或打耳号都需要保定，抓住小猪的后肢是一种较为方便的方法。有人喜欢抓尾巴，虽然能达到目的，但时间不宜过长。

　　仔猪保定时，握住两后肢的小腿部，用双手提举是最为常用的方法（图 2-34）。仔猪也可侧卧、半仰卧，其技术操作详见猪的阉割术。"V"形手术架能很好地做仰卧保定和四肢的固定（图 2-35）。

　　公猪或成年猪，浑身溜圆，气力又大，缺少控制部位，加上猪本能的尖叫，令保定者心烦急躁。公猪有犬齿，很容易给人造成伤害，要注意预防。

图 2-34　猪倒立保定

大猪的控制选用口吻绳和鼻捻棒，对猪的头颈控制可起到良好效果。其方法是将一绳套装置于猪的上颌，位置在犬齿的后方，拉紧之后能起到好的保定作用（图 2-36 之 1）。长柄捉猪钳，是抓大猪的保定器械，将钳夹在猪耳后颈部或跗关节上方，效果都很好（图 2-36 之 2）。

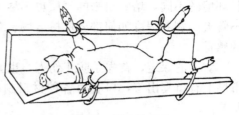

图 2-35　猪仰卧保定

使猪倒卧可利用双抽筋倒马法或足枷倒马法。给予安定剂或化学保定剂，可给机械倒猪带来很大的方便。猪也可以利用翻板式手术台保定。

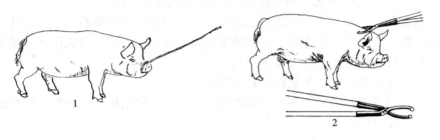

图 2-36　猪口吻绳和捉猪钳保定
1. 口吻绳保定　2. 捉猪钳保定

第四节　羊的保定

羊的性情温顺，保定也很容易，很少对人造成伤害。在草场和牧场抓羊也应了解羊的习性，才能方便工作。羊有"聚堆"的习性，为捉捕羊的后肢造成有利的条件。在羊群中捉羊时，可抓住一后肢的跗关节或跗前部，羊即被控制。

保定者抓住羊的角，骑在羊背部上，作为静脉注射或采血等操作时的保定。又可面向尾侧骑在羊身上，抓紧两侧后肢膝褶，将羊倒提起，然后再将手移到跗前部并保持之。

使体格较大的羊卧倒时，可右手提起羊的右后肢，左手抓在羊的右侧膝皱襞，保定者用膝抵在羊的臀部。左手用力提拉羊的膝褶，在右手的配合下将羊放倒，然后捆住四肢（图 2-37）。

图 2-37　倒羊法

第五节　犬的保定

犬的种类多，体型差异很大，从 1kg 的伴侣动物到几十千克的大型犬都有。又由于生长环境的不同，培养出来的气质也不尽同，所以每个犬的表现有极大的差异。故在临床上，不管犬的驯养程度如何都要保持警惕，对极端驯教不良的犬，也要有耐心，不得给犬以粗暴的感觉。

对犬的保定，首先是防止伤人，也要重视犬的自身损伤。为防止犬咬人，常用扎口法。市场上有口套出售，口套由各种材料制成，购买时应选择适合的大小，因为口套一般不能调节。

用绷带扎口最常应用。取绷带一段，先以半结作成套，置于犬的上、下颌，迅速扎紧，另个半结在下颌腹侧，接着将游离端顺下颌骨后缘，绕到颈部打结（图 2-38）。

短口吻的犬，捆嘴有困难，极易滑脱。可在前述扎口法的基础上，再将两绳的游离端经额鼻自上向下，与扎口的半结环相交和打结，有固定的加强效果。

犬的自身损伤比大家畜严重，宜设法防止。犬自身损伤的预防技术，分为化学性保定和机械性保定两种。在化学保定中除了常用的安定剂之外，也可用有令人厌恶气味的物质涂抹于患部（包括苦味、辣味等）给犬留下记忆。

机械性保定有颈环保定、体架保定和侧杆保定等。

（1）颈环：用于犬和猫，颈环有商品出售，也可利用硬纸板、塑料板、X 光胶片或破旧桶、篮等自己制作（图 2-39）。

图 2-38　绷带扎口法

图 2-39　颈　环

颈环在临床上应用广泛，并发症不多，主要用于防止舔、咬、抓患部。不是所有的犬对颈环都能适应，初安装颈环时注意对呼吸的影响。使用时在颈环内周围用纱布垫好，与颈间留出能插入一指的空隙。麻醉尚未苏醒的动物不宜使用。

（2）体架：由垫圈、侧杆、缠带和杆端垫组成。适合保护体躯（包括腹、胸、肛门区）和后肢的跗关节以上区域。特别适用于对颈环不能忍受的动物。也可用于尾固定，如会阴瘘、会阴肿等治疗，提高尾有助于通气、排液或药物处理（图 2-40）。本法对犬的头、颈和前肢不产生效果。更不能应用于猫。

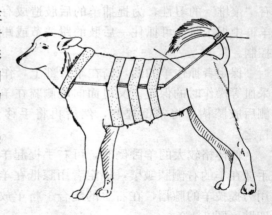

图 2-40　体架保定

（3）侧杆：由革制的颈环固定于颈部，又由类似革制带放在跗关节。在两环之间用金属杆连接。侧杆适于防止舔、咬同侧后肢和跗关节，但不能保护对侧。

第六节 猫的保定

猫在陌生环境下常比犬更胆怯、惊慌，故当人伸手接触时，猫会愤怒，耳向后伸展，并发出嘶嘶的声音或抓咬。保定者应戴上厚革制长筒手套，抓住猫颈、肩、背部皮肤，提起，另一手快速抓住两后肢伸展，将其稳住，以达到保定的目的。但是，个别猫反应敏捷、灵活，用手套抓猫难奏效时，可借助颈绳套或捕猫网将其捕捉。

对于兴奋型猫，如做头部检查、测量直肠温度及灌肠等，可施布卷包裹保定或猫袋保定。前者根据猫体长，选择适宜的革制保定布或厚的大块毛巾铺在保定台上，保定者将猫按放于保定布近端。提起近端保定布覆盖猫体，并顺势连同布、猫向前翻滚，将猫紧紧地裹住呈"直筒"状，使四肢丧失活动能力；后者用适宜的猫袋（帆布或厚布缝制，两端均开口，系上可抽动的带子）将猫装入，猫头和两后肢从两端露出，收紧袋口。颈部不能收得过紧，防止发生窒息。

扎口保定法与短嘴犬一样，猫也可用扎口保定，其方法见图 2-38。

颈圈保定法也与犬的保定法相似，方法见图 2-39。

猫的头静脉和颈静脉穿刺保定方法基本上与犬一样。由于猫胆小、易惊恐，静脉穿刺又会引起疼痛，故保定时应防止被猫抓咬致伤。首先要控制住头，其次防止后肢搔抓。保定者一手抓住头部，其拇指和中指、无名指或小指握紧两侧颌部或颧弓。

第七节 灵长类动物的捕捉与保定

灵长类无论是临床治疗还是进行科研实验时必须捉拿和固定，动作既要仔细不粗暴，又要大胆敏捷，做到既不被其咬伤，又不使其逃脱。

（一）灵长类的捕捉方法

非人灵长类动物有很多，下面以猕猴为例进行介绍。包括有房内、固定圈和麻醉捕捉等。

1. 房内或露天大笼内捕捉方法 采用捕猴网进行捕捉，捕猴网是用尼龙绳编织成的网袋，捕猴网连有 1.5m 长的木柄。捕捉时动作要迅速准确，不要损伤头部和其他要害部位。猴入网后，将网圈按在地上，紧紧压住猴头或抓住后颈部（以防回头咬人），再将猴两上肢反背于猴的身后（图 2-41），捉住后将猴由网中取出。在捕捉凶猛的雄猴时应戴上防护皮手套，应有 2～3 个人紧密配合。

2. 固定项圈法 在笼养之前预先给猴戴上有链条的项圈（链条与项圈的结合处设有活动环，能转动自如）。捕捉时，只要抽紧铁链使猴固定后，推开笼门，将猴两上臂反背于身后，即可提出笼外，此法方便安全，但长期戴项圈，容易损伤颈部皮肤。

3. 麻醉捕捉法 为了避免捕捉时过分的情绪刺激，也可以采用麻醉的方法，即将猴夹在前后笼壁之间，拉

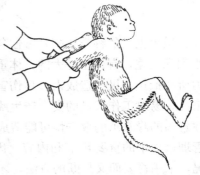

图 2-41 猕猴捉拿法

出一后肢，常规消毒后肌肉注射氯胺酮，剂量每千克体重 10mg，3～5min 进入麻醉状态后，再将猴捉出笼外。

4. 其他捕捉法 也可用短柄捕猴网从笼门间隙伸入笼内，将猴盖住并翻转网罩使猴裹在网内，提出笼外，然后同样将两上肢反背捕捉之。

（二）灵长类保定方法

要根据其大小、性情、厩舍类型等因素采用不同的方法。但应注意的是，必须要小心，因为灵长类隐藏着威胁，它们常咬人，且有与他们的个体大小不协调的能力。如果畜主能做到的话，让他们先把动物捆上，确保不会出现危险。可考虑下面的保定方法：

一般用皮手套和面盔甲进行保护，对于 5kg 以上的动物不要用单手提，尤其雄性动物有大的犬齿，可以咬透厚手套。

对于特别小的猴，可用手的拇指与中指握住它的胸，即使把拇指放在动物的下颌下面，也咬不到手（图 2-42）。

对于松鼠猴或小短尾猿等中小猴可用一只手将他们的前肢背在后面，另一只手抓住他们的后肢和尾（图 2-43）。

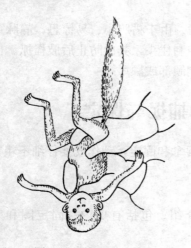

图 2-42　特小猴的保定

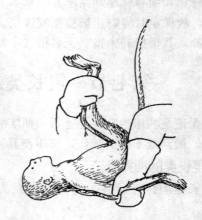

图 2-43　中小猴的保定

第八节　鸟的保定

世界上鸟的种类繁多，习性各异。有性情温顺的，有性情暴烈的；有体型特小的，体重小到几十克，有体型特大的，体重达上百千克。体型大的鸟一旦受惊，其横冲直撞之势非人力所能抵挡，极易造成人、鸟伤害；性情暴烈的鸟由于其动作迅速且其爪和喙具有极强的攻击性，易对工作人员的安全产生威胁；性情温顺、体型小的鸟虽然易于抓取和保定，但也要注意鸟的喙及爪的攻击性可能造成的危险。鸟的保定是鸟的疾病诊断、治疗、运输以及饲养管理过程中的重要环节和内容。因此，在现场操作时，一定要了解鸟的习性，针对不同情况，采用稳妥而又果断的方法，才能安全、迅速地完成鸟的保定任务。鸟种类、大小不同，有不同的控制方式，下面简述不同体型鸟的保定。

（一）小型鸟类的保定

可以单手握持，以食指、拇指及中指圈成三角，固定其头部，避免鸟乱啄及挣扎，并以无名指、小指将鸟的身躯环握在掌中（图 2-44），一般在 100g 以下的鸟都可采用这种保定方法。

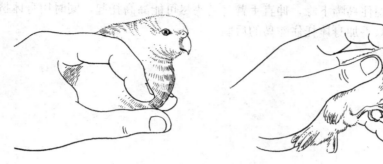

图 2-44　小型鸟的保定

（二）中型鸟类的保定

在 100～500g 的鸟类，如鹦鹉类等，可以单手环握其身躯包含双翅，将双脚自食指与中指间，或中指、无名指间穿出夹握，可有效操作。如为有攻击性的鸟，则可用左手控制其头部，另一只手协助抓住其双翅和双脚保定（图 2-45）。

对于中小型鸟，抓鸟时一般不主张戴手套。鹦鹉有时啄伤人很厉害，所以在保定时要抓紧。不管是多么听话的鸟，在检查之前也不要让鸟离开笼子。在抓取鸟时，切记不要把鸟抓得太紧，因为中小型鸟的肺脏很小，鸟呼吸主要靠气囊的辅助作用。如果把鸟的身体抓得太紧，鸟的气囊不能充气，鸟挣扎时就容易出现因窒息而死亡的现象。

图 2-45　中型鸟的保定

（三）大型鸟类的保定

一般超过 500g 以上的鸟类不易以徒手保定。由于无法同时固定头颈、双翅及双脚，因此可用大毛巾或布环绕其身躯，将双脚和翅膀同时包住，或整个将鸟包覆后，再将欲检查或操作的部分移出，可减少因操作保定不当引起的伤害。但此法对长颈长脚的鸟儿要注意，应使其肢体收回到正常蹲踞的位置。但包覆的操作时间如果太久，容易造成肢端血液循环不良，发生坏死。若包覆不当，在挣扎时可能引发骨折。也可以给鸟戴上眼罩或头罩，可以改善恐慌，减少挣扎的发生。同时以塑胶软管套住长喙，可防止攻击操作人员。眼罩、头罩可以用小布袋剪出口鼻的位置后代用。然后右手夹持鸟胸部躯体和双翅，左手握住其双脚（图 2-46）。

图 2-46　大型鸟的保定

（四）特大型鸟类的保定

如鸵鸟，可用圆木制成"A"形保定栏，保定时除一人在前举头外，只需一个人顶住后躯即可。对体躯庞大、挣扎较剧的鸵鸟，可在栏后部横插一根圆木，由两人在栏外向前推圆木将鸟挤住。如无保定栏，可由 4 人保定。2 人一左一右架住鸟翼，并用身体挤住鸟体，一高大保定者，单手握住鸟嘴下喙，伸直手臂将鸟头尽可能高高托起，同时用身体挤住鸟体侧前部。另一个人用双手加身体托住鸵鸟的后躯。

第三章　无　菌　术

无菌术（asepsis）是指在外科范围内防止创口（包括手术创）发生感染的综合预防性技术。它包括灭菌法、消毒法和一定的操作管理规程等。

1. 灭菌法（sterilization）　是指用物理的方法，彻底杀灭附在手术所用物品上的一切活的微生物。所用的物理方法包括高温、紫外线、电离辐射等。兽医临床上常用高温消灭手术器械、手术衣、手术巾、敷料等物品上面的微生物；紫外线可以杀灭悬浮在空气、水中和附于物体表面的微生物，但它不能穿透食物以及衣料等纺织品，故一般用于室内空气的灭菌；电离辐射主要用于药物塑料、缝线、药物（抗生素、激素等）等的灭菌。有的化学药品如甲醛、戊二醛、环氧乙烷等，可以杀灭一切微生物，故也可在灭菌法中使用。

2. 消毒法（disinfection）　又称抗菌法（antisepsis），是指用化学药品消灭病原微生物和其他有害微生物，不要求清除和杀灭所有微生物（如芽胞）。常用于手术器械、手术室空气、手术人员手和臂的消毒及动物术部皮肤的消毒等。化学消毒制剂种类很多，理想的化学消毒药品应具备可杀灭细菌、芽胞、真菌等引起感染的微生物而不损伤人和动物正常组织的功能。尽管近年来有不少新的高效低毒化学消毒药问世，但仍无完全达到上述要求的药物。所以，在消毒时应根据消毒器械、物品、组织等的性质，选择不同的药物，发挥药物的作用，减少其不良反应。要求这些药物既有强杀菌能力，又对活组织刺激性小。在许多相关的书籍中，对消毒技术和消毒方法都有详细的记载，但在具体选择应用时则应根据当时当地的条件和可能性，具体考虑。另外，消毒方法的选用有时也与个人的习惯和偏爱有关。

3. 有关操作管理规程　是防止已灭菌和消毒的物品、已进行无菌准备的手术人员或手术区域不再被污染的办法。

总之，无菌术是一门综合性的科学，应综合运用无菌和抗菌技术来达到预防手术创伤发生感染的目的，以保证手术的良好结果。

第一节　手术器械、敷料等用品的
准备、灭菌与消毒

手术时，手术器械、敷料以及其他物品都有可能对手术创伤造成直接或间接的接触感染。手术中所使用的器械和其他物品种类繁多，性质各异，有金属制品、玻璃制品、搪瓷制品、棉织品、塑料制品、橡胶制品等。而灭菌和消毒的方法也很多，且各种方法都有其特点。所以，应根据手术性质和缓急、物品的特性（可否耐受高压、高温）以及当时可能的条件等，合理地选用灭菌和消毒。

一、手术器械和物品的准备

（一）金属器械

手术器械应清洁，不得沾有污物和灰尘等。首先要检查所准备的器械是否有足够的数量，以保证全手术过程的需求。更应注意每件器械的性能，以保障正常的使用。不常用的器械或新启用的器械，要用温热的清洁剂溶液除去其表面的保护性油脂或其他保护剂，然后再用大量清水冲去残存的洗涤剂，烘干备用。结构比较复杂的器械，最好拆开或半拆开，以利充分灭菌。对有弹性锁扣的止血钳和持针钳等，应将锁扣松开，以免影响弹性。锐利的器械用纱布包裹其锋利部，以免变钝。注射针头、缝针需放在一定的容器内，或整齐有序的插在纱布块上，防止散落而造成使用上的不便。每次所用的手术器械，可以包在一个较大的布质包单内，这样便于灭菌和使用。

手术器械常用高压蒸汽灭菌法，紧急情况或没有高压蒸汽设备，也可采用化学药物浸泡消毒法和煮沸法。

（二）敷料、手术巾、手术衣帽及口罩

首先值得提出的是，随着现代科学的发展以及经济水平的提高，一次性使用的止血布、手术巾、手术衣帽及口罩等均已被广泛使用。多次重复使用的这类物品均为纯棉材料制成，临床使用后可回收再经灭菌利用。敷料在手术中主要指止血纱布。止血纱布通常用医用脱脂纱布。根据具体手术要求，先将纱布裁剪成大小不同的方块，似手帕样，然后以对折方法折叠，并将其断缘毛边完全折在内面。折叠的纱布块整齐地放入储槽内。如无储槽可用大块纱布包扎成小包，以便灭菌和使用。储槽是用金属材料制成的特殊容器（图3-1）。灭菌前，将储槽底窗和侧窗完全打开。灭菌后

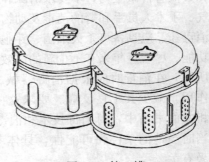

图3-1 储槽

从高压锅内取出，立即将底窗和侧窗关闭。储槽在封闭的情况下，可以保证1周内无菌。

目前，临床和教学实验用手术巾、手术衣帽及口罩主要为纯棉织布。事先按一定的规格分别将手术巾、手术衣整理、折叠，并将帽、口罩放入已折叠的手术衣内，再用大的布单将手术巾、手术衣帽及口罩包好，准备灭菌。这些物品一般均采用高压蒸汽灭菌法，在126.6℃的条件下，经过不少于30min的灭菌，则可完全达到灭菌的要求。如没有高压蒸汽灭菌器，也可采用流动蒸汽灭菌法（可选用普通蒸锅）。由于这种容器密闭性能差，压力低，内部温度难以升高，温度渗透力较差，故消毒所需时间应适当延长，一般需1～2h（从水沸腾并蒸发大量蒸汽时开始计算）。

施行灭菌的物品包裹不宜过大，包扎不宜过紧，在高压灭菌锅内包裹排列不宜过密，否则将妨碍蒸汽进入包裹内，影响灭菌质量。

（三）缝合材料

缝线直接接触组织，有些还永久置留于组织中，如不注意严格的灭菌和无菌操作技术，易成为创口感染的来源。缝线种类很多，包括可吸收缝线和不可吸收缝线。目前，国外兽医

临床和国内小动物手术多用一次性缝线，灭菌可靠，使用方便，但费用高，浪费也大；我国兽医临床最常用不可吸收缝线——丝线，因这种缝线成本低，拉力及坚韧性均较强，耐高压蒸汽灭菌。其缺点为多次灭菌易变脆，用时易断裂。因此，最好使用只经一次灭菌的丝线。灭菌前将丝线缠在线轴或玻璃片上，线缠得不宜过紧过松。缝线可放在储槽内，或手术巾、手术衣包内高压蒸汽灭菌。

（四）橡胶、乳胶和塑料类用品

临床常用的有各种插管和导管、手套、橡胶布、围裙及各种塑料制品等。橡胶类用品可用高压蒸汽灭菌，但多次长期处理易影响橡胶的质量，故也可采用化学消毒液浸泡消毒或煮沸灭菌。乳胶类用品可用高压蒸汽灭菌，一般仅用一次，也可用化学消毒液浸泡消毒，但有些消毒液易引起化学反应，如新洁而灭可使乳胶手套表面发生一定的黏性（不影响手术）。橡胶、乳胶手套采用高压蒸汽灭菌时，为防止手套粘连，可预先将手套内外撒上滑石粉，并用纱布将每只手套隔开并成对包在一起，以免错乱。目前，这类用品很多都是一次性的，这就减少消毒工作中的许多繁琐环节，但其费用较高。

塑料类用品如塑料管、塑料薄膜等一般用化学消毒法。有些医疗单位使用环氧乙烷气体灭菌，对细菌、芽胞、立克次体、病毒都有杀灭作用，可用于器械、仪器、敷料、橡胶、塑料等的灭菌。

（五）玻璃、瓷和搪瓷类器皿

所有这些用品均应充分清洗干净，易损易碎者用纱布适当包裹保护。一般均采用高压蒸汽灭菌法，也可使用煮沸法和消毒药物浸泡法。玻璃器皿、玻璃注射器如用煮沸法，应在加热前放入，否则玻璃易因聚热而破损。尽管现在普遍使用一次性注射器，但手术中最好使用经高压蒸汽灭菌的玻璃注射器，尤其是在需要用大容量的玻璃注射器时，如 20mL、50mL、100mL 注射器，因一次性注射器一般容量较小。如手术需要玻璃注射器，应将洗净的注射器内栓、外管分别用纱布包好，以免错乱或相互碰撞。较大的搪瓷器皿可使用酒精火焰烧灼灭菌法，即在干净的大型器皿内倒入适量酒精（95%），使其遍布盆底，然后点燃烧尽。

二、手术器械、手术用品的灭菌与消毒方法

常用灭菌和消毒法有：煮沸灭菌法、高压蒸汽灭菌法和化学药品消毒法。此外，还有流通蒸汽灭菌法、干热灭菌法和火焰烧灼法等，但应用较少。

（一）煮沸灭菌法

为较常用的灭菌方法，简便易行，除要求速干的物品（如棉花、纱布、敷料等）外，可广泛应用于多种物品的灭菌。煮沸灭菌法不一定需要特别的灭菌器，可用一般铝锅、铁锅等代替，但用前应洗刷干净，除去油垢并加密闭盖子即可。一般用清洁的常水加热，水沸 3～5min 后将器械放到煮锅内，待第二次水沸时计算时间，15min 可将一般细菌杀灭，但被芽胞细菌（破伤风杆菌、炭疽杆菌、坏死杆菌等）污染的器械和物品至少需煮沸 1h。常水中加入碳酸氢钠使之成为 2% 碱性溶液，其沸点可提高到 102～105℃，灭菌时间可缩短至10min，并可防止金属器械生锈。煮沸灭菌时，器械或物品应浸没在水面以下，煮沸器盖子应关闭严密，以保持沸水的温度。有些地区水的硬度较大，水垢较多，可以先将水煮沸，去

除沉淀后再进行煮沸灭菌，这样可防止有较多的沉淀物附着在器械表面而影响其使用。

（二）高压蒸汽灭菌法

高压蒸汽灭菌法需用特制的灭菌器，应用普遍，灭菌效果可靠。高压蒸汽灭菌器式样很多，有手提式、立式、卧式等，其容积大小各异，但灭菌的原理相同，均是利用蒸汽在灭菌器内积聚而产生压力。蒸汽的压力增高，温度也随之增高（表3-1）。

表 3-1　高压蒸汽灭菌器内蒸汽压力与温度的比例关系

高压灭菌器内的蒸汽压力			温度（℃）
lbf/in²	kgf/cm²	MPa	
5	0.35	0.034 3	108.4
10	0.70	0.068 6	115.2
15	1.05	0.102 9	121.6
20	1.40	0.137 2	126.6
25	1.76	0.172 5	130.4
30	2.10	0.205 9	134.5
35.3	2.49	0.244 1	138.3
40.3	2.82	0.276 5	141.9

注：压力的法定单位是 Pa，lbf/in² 和 kgf/cm² 是过去使用的非法定单位，鉴于有些压力表仍然采用，故列上供参考。1MPa＝10^6Pa；1 lbf/in²＝6 894.76Pa，1 kgf/cm²＝98 066.5Pa

常用蒸汽压力为 0.1～0.137MPa（15～20 lbf/in²），温度可达 121.6～126.6℃，维持 30min 左右，能杀灭所有的细菌，包括具有顽强抵抗力的细菌芽胞，因此是比较可靠的灭菌方法。更高压力或更长时间的灭菌，没有必要，相反有可能影响物品的质量，尤其橡胶制品和锐利器械等。

为确保安全，目前生产的高压蒸汽灭菌器均装置安全放气阀，当蒸汽压达到 121.6℃时会自动放气。

高压蒸汽灭菌的使用方法简述如下（以立式高压蒸汽灭菌器为例）：将水加至指定刻度后，将需灭菌的物品放入灭菌桶内，紧闭器盖，接通电源。当蒸汽压达到 0.034 3MPa（5 lbf/in²）时，打开放气阀门，去除灭菌桶内残留的冷空气，确保彻底灭菌。关闭放气阀门，继续加热，待蒸汽压达到 0.112 9MPa（15 lbf/in²），即安全放气阀第一次自动放气时开始计算灭菌时间。灭菌终了，关闭电源，打开放气阀门，直至气压降至 0 时，旋开器盖，及时取出灭菌物品。

高压灭菌器应定期进行计量检测，不合格者不宜使用，以免造成人身伤亡和财产损失。高压灭菌器使用注意事项如下：

（1）高压灭菌器的压力表必须准确，以保证使用的安全。要定期进行检验。

（2）高压灭菌器内所加的水不宜过多，尤其手提式高压灭菌器，以免沸腾后水向内桶溢流，使消毒物品被水浸泡。又不宜过少，否则既不能形成一定的蒸汽压力，影响灭菌效果，又可能损坏电炉丝。

（3）放气阀门下连的金属软管必须保留，不得折损，否则放气不充分，冷空气滞留在桶内会影响温度的上升，有碍灭菌质量。

（4）灭菌后应立即间断放气，待气压表指针指至 0 处，旋开盖子及时取出内容物，不可待其自然冷却降压，否则干燥的物品会变湿，妨碍正常使用。

（5）应该经常测定高压灭菌器灭菌效果，简单易行的方法是化学指示剂法。市售的指示物一种是121℃压力蒸汽灭菌化学指示卡（长条状），另一种是圆形胶带（如常用的氧化锌橡皮膏）。前者在卡的一端涂有指示剂，可将长条形指示卡放在被灭菌的物品中间。后者是胶带宽约 2cm，在其间有斜形线条状指示剂涂布的痕迹，另一面有胶，使用时可以任意撕一段贴在灭菌物的表面。灭菌时指示卡受温度影响发生变化而变成黑色，表示符合灭菌条件。如果不变黑，表示不符合灭菌条件，应找出原因并纠正。

（三）化学药品消毒法

作为灭菌的手段，化学药品消毒法并不理想，尤其对细菌的芽胞往往难于杀灭。化学药物浓度、温度、作用时间等不同会影响其消毒能力。但化学药品消毒法不需特殊设备，使用方便，尤其对于某些不宜用热力灭菌的用品，仍不失为一个有用的补充消毒手段。器械在浸泡入化学消毒剂之前，应将污物洗净，尤其被油脂覆盖的器械，会妨碍化学药品对其的消毒作用，所以应该事先仔细将油脂除去。有些化学消毒药液对活组织有害，故在使用前应将器械表面附着的消毒药液用灭菌生理盐水冲洗干净。临床上所用的化学药品很多，常用的有下列几种：

1. 新洁尔灭 是应用最多最普遍的一种，其毒性较低，刺激性小，消毒能力较强，略带一种芳香气味。使用时多配制成 0.1% 的溶液，最常用于浸泡消毒手臂、器械或其他可浸湿用品等。其原药呈黄色黏稠的流膏样，市售为 5% 的水溶液，使用时 50 倍稀释即成 0.1% 溶液。新洁尔灭属于阳离子表面活性剂，这一类的药物还有洗必泰、杜米芬和消毒净等。其用法基本相同，只是浓度稍有差异。新洁尔灭溶液易取得，配制、使用均很方便，其主要特点是：

（1）浸泡器械或消毒手臂及其他物品后，不必用灭菌生理盐水冲洗，直接应用对组织无刺激，使用方便。

（2）稀释后的水溶液比较稳定，可较长时间储存。实验结果提示，储存一般不宜超过 4 个月。

（3）可以长期浸泡器械，既储存又灭菌，但浸泡器械时必须按比例加入 0.5% 亚硝酸钠，即每1 000ml 的 0.1% 新洁尔灭溶液中加入医用亚硝酸钠 5g，配成防锈新洁尔灭溶液。

（4）环境中有机物的存在会使新洁尔灭的消毒能力显著下降，故在应用时需注意不可带入血污或其他有机物。器械上的血污必须清洗干净，然后才能泡入药液中。否则很快使药液变为灰绿色而降低其杀菌能力。

（5）在浸泡保存消毒器械的容器中，不能混有杂物、毛发和沉淀性杂质。需及时用纱布过滤后用其澄清的液体。

（6）不可与各种清洁剂如肥皂混用，它们属于阴离子表面活性剂，两者相遇会大大降低新洁尔灭类的消毒效能。

（7）忌与碘酊、升汞、高锰酸钾和碱类药物相混合应用。

表面活性剂还有：①杜米芬，溶液浓度为 0.1%～0.05%，用于浸泡或擦拭。②消毒净，用 0.1%～0.5% 水溶液，浸泡或擦拭消毒。③洗必泰，可用 0.02% 水溶液，消毒手臂，浸泡 3min。术野用 0.05% 的 70% 酒精溶液消毒，器械消毒用 0.1% 水溶液，外伤冲洗用 0.05% 的水溶液。

2. 酒精 是常用的消毒剂。一般采用 70％的水溶液。可用于浸泡器械，特别适用于有刃的器械。浸泡不少于 30min，可达理想的消毒效果。70％酒精亦可作为手臂的消毒液，但消毒之后需用灭菌生理盐水冲洗，其他可浸湿物品的消毒也可使用 70％酒精。但大件器物不宜使用，因需酒精太多，价格昂贵。

3. 煤酚皂溶液 不可以使用粗制产品，因为粗酚会使器械表面不洁，且对活组织的损害较重。煤酚皂溶液即来苏儿，是常用的消毒药，多用于环境的消毒。在没有好的消毒药情况下，亦可选用本药进行器物消毒。5％来苏儿浸泡器械 30min，因其有刺激性，故在使用前应将黏附于器械表面的药液冲洗干净后方可应用于手术区内。在手术方面，它并不是理想的消毒药品。

4. 甲醛溶液 10％甲醛用作金属器械、塑料薄膜、橡胶制品及各种导管的消毒液，一般浸泡 30min。40％的甲醛溶液（福尔马林）可以作为熏蒸消毒剂。在任何抗腐蚀的密闭大容器里都可以进行熏蒸消毒，较大的玻璃制干燥器即可用做熏蒸器具。但采用甲醛熏蒸消毒的器物，在使用前需用灭菌生理盐水充分清洗，以除去其刺激性。

5. 聚乙烯酮碘 又名聚烯吡酮碘（povidone-iodine）、聚乙烯吡咯烷酮碘（PVP-iodine），商品名为 Betadine。该药呈棕黄色粉末，可溶于水和乙醇，着色浅，易洗脱，对皮肤、黏膜刺激性小，不需用乙醇脱碘，无腐蚀作用，且毒性低。本品是聚乙烯吡咯酮与碘的复合物，含有效碘 9％～12％。当接触到皮肤或黏膜时，能逐渐缓释出碘而起到消毒及杀灭微生物的作用。刺激性较碘酊低，对细菌、真菌和病毒均有很强的杀灭作用，但对细菌芽胞作用较弱。本品是一种新型的外科消毒药，国外兽医临床和国内人医临床用于手臂消毒，常用 7.5％溶液（有效碘 0.75％）消毒皮肤，1％～2％溶液用于阴道消毒，0.55 溶液以喷雾方式用于鼻腔、口腔、阴道的黏膜防腐。我国兽医临床尤其小动物临床已开始应用。

第二节　手术人员的准备与消毒

手术人员本身，尤其是手臂的准备与消毒，对防止手术创的感染具有很重要的意义，决不可忽视。虽然兽医工作者性质、环境和条件有本身的特点，但对执行无菌术的要求却不可放松。手术人员在任何情况下都应该遵循共同的无菌术的基本原则，努力创造条件去完成手术任务。

手术人员在术前应做以下准备：

（一）更衣

手术人员在术前应换穿手术室准备的清洁衣裤和鞋，衣裤应是浅蓝色，其上衣最好是超短袖衫以充分裸露手臂，没有清洁鞋，应穿上一次性鞋套，并戴好手术帽和口罩，目前多用一次性手术帽和口罩。手术帽应把头发全部遮住，其帽的下缘应到达眉毛直上和耳根顶端，手术口罩应完全遮住口和鼻，对防止手术创发生飞沫感染和滴入感染极为有效。如戴的是纱布制口罩，为避免戴眼镜的手术人员因呼吸水气使镜片模糊，可将口罩的上缘用胶布贴在面部，或是在镜片上涂抹薄层肥皂（用干布擦干净）。在上述准备之后就可以进行手臂的准备与消毒。

（二）手、臂的清洁与消毒

手术人员的手和臂的皮肤，存在着许多皮脂腺、汗腺和毛囊等构造，平时藏有大量微生物。手又有许多的皱纹、缝隙、甲缘和逆刺等，易于藏匿微生物。此外，皮脂腺和汗腺在分泌皮脂和汗液的同时，也会将深在的微生物不断排到皮肤表面，可能成为创伤感染的威胁。皮脂虽然对皮肤有保护作用，但可黏附微生物，不使其脱落，以及隔断消毒药与皮肤的直接接触等，故皮脂也可起到保护微生物的作用。这些原因都构成对皮肤消毒的不利因素。加之，皮肤的消毒（不同于其他手术器材的灭菌）仅可能采用皮肤所能经受得起的各种消毒方法，这些方法通常仅降低微生物的数量，不可能做到绝对的无菌。由此可知，手和臂的消毒是执行无菌技术中的一个薄弱环节。因此，我们对术前手和臂的消毒就必须给予足够的重视。经验证明，只要手术人员严格地执行抗菌和无菌准备，是完全可以达到手术所需要的无菌要求。

在手、臂准备之前，首先检查指甲，长的要剪去，并磨平甲缘，剔除甲缘下的污垢，有逆刺的也应事先剪除。手部有创口，尤其有化脓感染的不能参加手术。手部有小的新鲜伤口如果必须参加手术时，应先用碘酊消毒伤口，暂时用胶布封闭，再进行手的消毒。手术时应戴上手套。

手和臂的抗菌和无菌准备方法很多，常用较简便而有效的方法如下：

1. 手、臂的洗刷　用肥皂反复擦刷和用流水充分冲洗以对手、臂进行初步的机械性清洁处理。如果这个步骤执行得仔细和严格，手、臂上大部分污物和微生物得以清除，为以后手、臂的消毒打下基础。反之，如果潦草从事，则在很大程度上影响下一步手、臂的消毒。因此，这一步骤不应忽视。

手、臂刷洗时，应用指刷沾上肥皂并按一定顺序擦刷。为了避免擦刷部位的遗漏，保证清洁的重点，一般先对甲缝、指端进行仔细地擦刷，然后按手指、指间、手掌、掌背、腕部、前臂、肘部及以上顺序擦刷，通常用时 5~10min。然后用流水（温水或自来水）将肥皂泡沫充分洗去。冲洗时手应朝上，使水自手部向肘部方向流去，然后用灭菌巾（或纱布）按上述顺序拭干，最好是每侧用灭菌巾一块。如果不具备流水条件，则至少要在 2~3 个盆内逐盆清洗。

2. 手、臂的消毒　手、臂经上述初步的机械性清洗后，还必须经过化学药品的消毒。手、臂的化学药品消毒最好是用浸泡法，以保证化学药品均匀而有足够的时间作用于手、臂的各个部分。专用的泡手桶可节省药液和保证浸泡的高度。如用普通脸盆浸泡则必须不时地用纱布块浸蘸消毒液，轻轻擦洗，使整个手、臂部保证湿润。用于手、臂消毒的化学药品有多种，常用药如下：

（1）70%酒精溶液：浸泡或拭洗 5min，浸泡前应将手、臂上的水分拭干，以免减小酒精浓度，影响酒精消毒能力。

（2）1:1 000 的新洁尔灭溶液：浸泡和拭洗 5min。这种方法在临床上使用最为广泛。也可以采用一定浓度的洗必泰或杜米芬溶液进行手、臂的消毒。

（3）7.5%聚乙烯酮碘溶液：有皮肤消毒液和消毒刷（其消毒液吸附在消毒刷背面的海绵内）两种。用消毒液拭擦皮肤或用消毒刷拭刷手、臂。先拭刷手、臂 5min，再刷 3min。

综上所述，可将手、臂的清洁与消毒顺序总结如下：

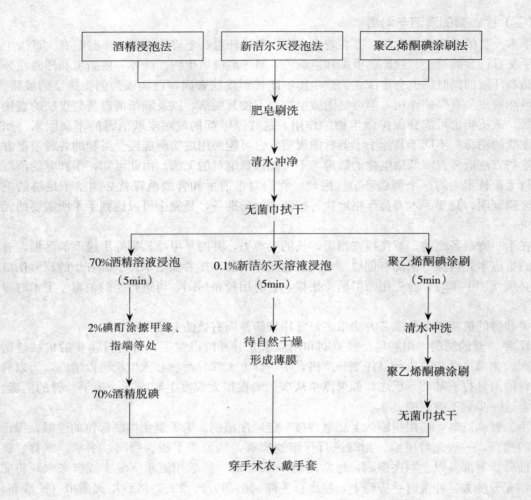

如果情况紧急，必要时可缩短洗手时间，简化手的消毒方法。为此，可以用肥皂及水初步清洗手、臂上污垢，擦干，并用3‰～5‰碘酊充分涂布手、臂，待干后，用大量酒精洗去碘酊，即可施行手术。也可选用新洁尔灭、洗必泰等消毒液洗擦双手（注意甲缘、指端和甲沟等处的洗擦），洗后不必用消毒的纱布擦干，以免破坏药液在手臂上形的薄膜。

另一类方法是充分洗手之后，再戴上灭菌的手套施术。这在比较小的手术时，显得更为方便。

如果手术时间较长，为了保持手、臂良好的无菌状态，在手术中可根据需要，再次清洗和用消毒溶液浸泡手、臂。已经消毒好的手、臂，绝对不可与任何未经消毒的物品接触。在手术之前，为了保护已消毒过的手、臂不被污染，应弯曲两臂，两手放在胸前（图3-2）。

（三）穿无菌手术衣

手术衣以后开身系带的长罩衫为好，长袖紧口，用纯棉材

图3-2　手术者装束

料制成。由于动物不习惯白色，白色也影响视力，故手术衣以采用浅蓝或浅绿色较为合理。手术衣应干净，必须经过高压灭菌处理（也有一次性手术衣）。由助手打开手术衣包，手术人员根据无菌要求穿无菌手术衣：将手术衣轻轻抖开，提起衣领两角，将两手插入衣袖内，两臂前伸，让助手协助穿上和系紧其背后的衣带或腰带。穿灭菌手术衣时应避免衣服外面朝向自己或碰到其他未消毒、灭菌物品和地面。为保护手术衣前面的前胸部分免受污染，必要时可加穿消毒过的橡胶或塑料围裙。

（四）戴手套

过去兽医外科临床并不严格要求戴无菌手套。但是鉴于任何一种手的消毒方法均不能使手部皮肤达到绝对无菌，为防止手术人员被感染和减轻对组织的损伤，所以戴灭菌手套进行手术是非常必要的。

临床上常采用经高压灭菌的干手套（或市售一次性灭菌手套）和用消毒液浸泡（常用0.1%新洁尔灭浸泡30min）的湿手套两种。如用干手套，应先穿手术衣，后戴手套；如用湿手套，应先戴手套，后穿手术衣。

戴无菌手套时，没有戴无菌手套的手，只允许接触手套套口的向外翻折部分，不应碰到手套外面。如果只戴干手套，取出手套内无菌滑石粉包，轻轻敷擦双手，使手干燥光滑。用左手捏住左右两手套套口翻折部，先右手插入右手手套内，注意勿触及手套外面，再用戴好手套的右手指插入左手手套的翻折部，帮助左手插入手套内。已戴手套的右手不可触及左手皮肤，将手套折部翻回盖住手术衣袖口。用灭菌生理盐水冲净手套外面的滑石粉。

如果戴湿手套，手套内应灌入适量的消毒液（0.1%新洁尔灭），使手套撑开，便于戴上。戴好手套后，将手腕部向上举起，使水顺前臂沿肘流下，再穿手术衣。目前，兽医临床上多采用湿戴法，此法既很方便，又经济。值得提出的是，长时间在液体内浸泡的医用手套会膨胀，弹性降低，易撕裂破损，必须注意及时更换以确保使用。如果条件允许，可以选用一次性手套，这种手套在生产时已经灭菌处理，打开包装即可应用，只是经济代价较高。

第三节 手术动物和术部的准备与消毒

（一）手术动物的准备

首先应对病畜进行全面的检查，在确定实施手术之后，则需做进一步的必要准备。

非紧急手术时，则应根据病畜的具体病情，给予术前的治疗如抗休克、纠正水盐代谢的失调和酸碱平衡的紊乱，以及抗菌治疗等，以使病情缓和稳定，给手术创造一个较好的基本条件。

手术前应对畜体进行清洁、揩拭或洗刷，以减少切口感染的机会。注意术前应停止给食。有些手术若在后躯、臀部、肛门、外生殖器、会阴以及尾部，为防止施术时粪尿污染术部，对某些动物术前要进行灌肠或导尿。但要注意绝不可在手术前进行灌肠，否则将会在手术时频频排便，反而造成污染。有些易继发胃、肠臌气的疾病，可先内服制酵剂，或采取胃、肠减压措施。而有些病例，则需考虑膀胱穿刺。口腔、食管的疾病有时会导致大量分泌物的产生，可应用抗胆碱药。四肢末端或蹄部手术时，应充分冲洗局部，必要时施行局部的药浴。若预测手术中出血较多，可采用一些预防性止血药物。对破伤风发病率较高的一些农场或养殖场，手术动物术前应做破伤风的免疫注射。总之，应该积极主动采取一些措施，使手术更顺利，成功率更高。

（二）术部的准备与消毒

术部准备与消毒通常分为三个步骤。

1. 术部除毛 家畜被毛浓密，容易沾染污物，并藏有大量微生物。因此，手术前必须用肥皂水刷洗术部周围大面积的被毛。天气寒冷时，为了避免受凉，也可用温消毒水湿擦除毛，再用干布拭干。然后用剪毛剪剪短术部被毛，用剃刀或手术刀剃净。剃毛时避免造成微细创伤，或过度刺激皮肤而引起充血。剃毛时间最好在手术前夕，以便有时间缓解因剃毛引起的皮肤刺激。目前，国内不少兽医临床使用专用电推子剃毛，此法简便、省时，被毛剃除干净，也可避免皮肤的损伤。术部剃毛的范围要超出切口周围 20～25cm，小动物可在 10～15cm 的范围。有时考虑到有些手术可能延长切口，则术部剃毛范围应更大一些。剪毛、剃毛完毕，用清水洗净拭干。

在兽医临床上使用脱毛剂以代替剃毛也很方便。脱毛剂的配方为：硫化钠 6.0～8.0，蒸馏水 100.0，制成溶液。使用时先将上述溶液以棉球在术部涂擦，如果局部被毛过长可以适当剪短，约经 5min，当被毛呈糊状时，用纱布轻轻擦去，再用清水洗净即可。通常密毛部可适当增加硫化钠用量和浓度，毛稀、皮薄处可降低其用量和浓度（也可另加 10g 甘油，保护皮肤）。为了避免脱毛剂流散，也可以配制成糊状，配方为：硫化钡 50.0，氧化锌 100.0，淀粉 100.0，用温水调成糊状，使用时最好先将预定脱毛区的被毛剪短，然后用水湿润，再将药糊涂一薄层，经 10min 左右，擦去药糊，用水洗净。脱毛剂使用方便，脱毛干净，对皮肤刺激性小，不影响创伤愈合，不破坏毛囊，术后毛可再生。缺点是有臭味，有时有个体敏感，而且使用浓度过大或作用时间过长时，可损害皮肤角质层，皮肤增厚，使切皮时出血增多，给手术带来不便。因此，脱毛剂最好也在手术前 1d 使用。

总之，机械除毛、化学除毛各有其特点，应选择应用。

2. 术部消毒 术部的皮肤消毒，最常用的药物是 5%碘酊、2%碘酊（用于小动物）和 70%酒精。国外兽医临床常用 10%聚乙烯酮碘浓液消毒皮肤。

在涂擦碘酊或酒精时要注意：如是无菌手术，应由手术区的中心部向四周涂擦，如是已感染的创口，则应由较清洁处涂向患处（图 3-3）；已经接触污染部位的纱布，不要再返回清洁处涂擦。涂擦所及的范围要相当于剃毛区。碘酊涂擦后，必须稍待片刻，等其完全干后（此时碘已浸入皮肤较深，灭菌作用较大），再以 70%酒精将碘酊擦去，以免碘污及手和器械，带入创内造成不必要的刺激。

有少数动物的皮肤对碘酊敏感，往往涂碘酊后，皮肤变厚，不便手术操作，可改用其他皮肤消毒药，如聚乙烯酮碘、1∶1000新洁尔灭溶液、0.05%洗必泰（70%）溶液、1∶1000消毒净醇溶液等涂擦术部。但应注意，新洁尔灭等阳离子型表面活性剂在水溶液中离

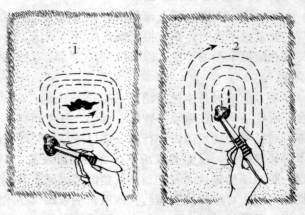

图 3-3 术部皮肤的消毒
1. 污染创口的皮肤消毒 2. 清洁手术的皮肤消毒

解成阳离子活性基因，此点与肥皂恰恰相反。后者在水溶液中离解成阴离子活性基团。因此，在使用新洁尔灭之前，皮肤上的肥皂必须冲洗干净，否则会影响新洁尔灭的消毒效能。

对于口腔、鼻腔、阴道、肛门等处黏膜的消毒不可使用碘酊，以免灼伤。一般先以水洗去黏液及污物后，可用1：1 000的新洁尔灭、高锰酸钾、利凡诺溶液洗涤消毒。眼结膜多用2%～4%硼酸溶液消毒。蹄部手术应在手术前用2%煤酚皂温溶液蹄浴。

术部消毒后，应尽快手术，不可在空气中持久暴露。如暴露过久，术前需再消毒一次。

3. 术部隔离 术部虽经消毒，而术区周围未经严格消毒的被毛，对手术创容易造成污染，加上动物在手术时（尤其在非全麻的手术时）容易出现挣扎、骚动，易使尘土、毛屑等落入切口中。因此，必须进行术部周围隔离。

一般采用大块有孔手术巾覆盖于术区（图3-4），仅在中央露出切口部位，使术部与周围完全隔离。有些手术巾中央有预先做好的开口（不得有毛边），为了使巾上开口与手术切口大小适合，可预先将巾上开口从两端做若干结节缝合，手术时根据所需切口长度，临时剪开几个缝合结节。也可采用4块小手术巾依次围在切口周围，只露出切口部位。手术巾一般用巾钳固定在畜体上，也可用数针缝合代替巾钳。手术巾要有足够的大小遮蔽非手术区。棉布手术巾和纱布在潮湿或吸收创液后即降低其隔离作用，最好在其下面再加一层非吸湿性的手术巾（如塑料薄膜或胶布）。手术巾一旦铺上，原则上只许自手术区内向外移动，不宜向手术区内移动。此外，在切开皮肤后，还要再用无菌巾沿着切口两侧覆盖皮肤（图3-5）。在切开空腔脏器前，应用纱布垫保护四周组织。这些措施都能进一步起到术部隔离的作用，保证手术创不受污染。在手术当中凡被污染的手术隔离巾，应尽可能及时更换。

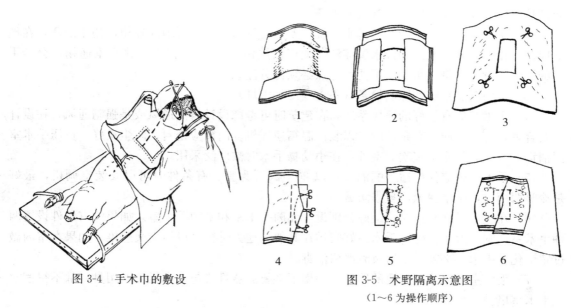

图3-4 手术巾的敷设

图3-5 术野隔离示意图

（1～6为操作顺序）

有的动物需保定在手术台上或捆缚四肢，因此对于四肢，尤其是四肢末端，如草食兽的蹄部，这些部位较难隔离。建议采用长塑料袋将蹄部套住，袋口用橡皮筋收紧，必要时可用加长的塑料袋将整肢套住，以达到更好的隔离。

给在全身麻醉下的倒卧保定的动物施术时，手术创巾对手术区有很好的保护和隔离作用。而对某些大动物而又需在站立保定下施术时，如瘤胃切开、剖腹产术等，手术隔离术的应用常有一些不便。主要是创巾在局部的固定并非易事，即使暂时固定后也常因重力作用使创巾下滑，或因动物不安而使手术创巾反复移动而难以达到隔离的作用。为此，建议使用特制的大幅有洞创巾，它们多系塑料、尼龙类或橡胶制品，且有的为一次性使用。近年来，在手术创区域隔离方面，有人使用一次性手术薄膜。该膜已经过无菌处理，在术部除毛并经消毒、待干燥之后，即可粘贴，以达到隔离的目的。只不过每个手术隔离薄膜的面积不够宽大，但可以考虑使用几张隔离薄膜共同覆盖一个较大的术部。这种隔离薄膜因具有黏性，故固定相对比较牢靠，即使是站立手术也可采用。

第四节　手术室设施和手术室的消毒及手术室常规

一、手术室的基本要求

手术室的条件对预防手术创的空气尘埃感染关系极为密切。良好的手术室有利于手术人员完成手术任务。所以，根据客观条件的可能，建立一个良好的手术室，也应视为预防手术创外科感染的重要内容之一。手术室的建立需要基本建设和设备投资，应因地制宜，尽可能创造一个比较完善的手术环境。手术室的一般要求如下：

（1）手术室应有一定的面积和空间，一般大动物不小于 $40\sim50m^2$，小动物不小于 $25m^2$，房间的高度在 $2.8\sim3.0m$ 之间较为合适，否则活动的空间将受到限制。天花板和墙壁应平整光滑，以便于清洁和消毒。地面应防滑，并有利于排水，墙壁最好砌有釉面砖，固定的顶灯应设在天花板以里，外表应平整。

（2）手术室应有良好的给、排水系统，尤其是排水系统，管道应较粗，便于疏通，在地面应设有排水良好的地漏和排水沉淀池（便于清除污物、被毛等）。如排水不通畅，会给手术的清洁消毒工作带来很大的不便，这点必须充分注意。

（3）室内要有足够的照明设备（不含专用手术灯）。

（4）手术室应有较好的通风系统，在建筑时可考虑设计自然通风或是强制通风，在设计上要合理，使用方便，有条件时可以装恒温箱换气机。门窗应密封，防尘良好。负压手术室因消毒的空气只从手术室吹向室外，在小动物手术时被广泛采用。

（5）手术室内应保持适当的温度，以 $20\sim25℃$ 为宜。有条件时可以安装空调机，最好是冷暖两用机，冬季保温，夏季防暑。

（6）在经济条件允许时，最好分别设置无菌手术室和染菌手术室。如果没有条件设置两种手术室，则一般化脓感染手术最好安排在其他的地方进行，以防交叉感染。如果在室内做过感染化脓手术，必须在术后及时严格消毒。

（7）手术室内仅放置重要的器具，一切不必要的器具或与手术无关的用具，都不得摆放在手术室里。

（8）手术室还需设立必要的附属用房。为了使用上的方便，房间的安排既应毗邻，又要合理。附属用房包括消毒室、准备室（可以洗手、着衣）、洗刷室（清洗手术用品）。最好能有一个单独的器械室（保存器械），当然厕所和沐浴室也是必要的。有条件时可以考虑设置一个更衣室。

（9）比较完善的手术室，可再设置仪器设备的存储间，用以存放麻醉机、呼吸机以及常用的检测仪器、麻醉药品和急救药品。现代化的仪器设备很多用电脑控制，因此仪器存储间应防潮，不设上下水系统。

二、手术室工作常规

手术室内的一些规章制度的制定和执行，可以保证手术室发挥最好的作用，使手术创不受感染，保证手术创有良好愈合的转归。首先必须有严格的使用和清洁消毒等规章制度，否则手术室就会成为病原菌聚集的场所，增加手术创感染的机会。特别是平时的清洁卫生制度和消毒制度是绝对必要的。每次手术之后应立即清洗手术台，冲刷手术室地面和墙壁上的污物，擦拭器械台，及时清洗手术的各种用品，并分类整理好摆放在固定位置。手术室被污染的地方，或污染后的器物都要用适宜的消毒液浸洗或擦拭，术后经过清扫冲洗的手术室应及时通风干燥。在施行污染手术后，应及时进行消毒。在制定规章制度之后，更重要的是坚持执行，否则流于形式，就不能保证在清洁和无菌的条件下进行手术，反而使手术室成为感染的重要来源。

三、手术室的消毒

最简单的方法是，使用 5% 石炭酸或 3% 来苏儿溶液喷洒，可以收到一定的效果。这些药液都有刺激性，故消毒后必须通风换气，以排除刺激性气味。在消毒手术室之前，应先对手术室进行清洁卫生扫除，再进行消毒。常用的消毒方法包括下述几种：

（一）紫外光灯照射消毒

通过紫外光消毒灯的照射，可以有效地净化空气，可明显减少空气中细胞的数量，同时也可以杀灭物体表面附着的微生物。紫外光的杀菌范围广，可以杀死一切微生物，包括细菌、分枝杆菌、病毒、芽胞和真菌等。市售的紫外线消毒灯有 15W 和 30W 两种，即可以悬吊，也可以挂在墙壁上，有的安装在可移动的落地灯架上，使用起来很方便。一般在非手术时间开灯照射 2h，有明显的杀菌作用，但光线照射不到之处则无杀菌作用。实验证实，照射距离以 1m 之内最好，超过 1m 则效果减弱。活动支架的消毒灯有很大的优越性，它可以改变照射的方位（不同的侧面）和照射距离，能发挥最好的杀菌效果。紫外光灯是一种人工光源，在使用时应该注意下列事项：

（1）开通电源之后，使灯管中的汞蒸气辐射出紫外光，通电后 20～30min 发出的紫外光量最多。灯管的使用寿命，一般为 2 500h，随着使用时间的延长，其辐射紫外光的量会逐渐减少，甚至会成为无效的装饰品。

（2）要求直接照射，因为紫外光的穿透力很差，只能杀灭物体表面的微生物。

（3）可以用紫外线强度仪来测定杀菌效果，凡低于 $50\mu W \cdot s/cm^2$，则认为不宜使用，需要更换新的灯管。一般新的灯管紫外线辐射强度均达到 $100～120\mu W \cdot s/cm^2$。

（4）灯管要保持干净，要经常擦拭，不可沾有油污等，否则杀菌力下降。

（5）尽量减少频繁地开关，以免影响灯管使用寿命，也容易损坏。

（6）人员不可长时间处于紫外光的照射下，否则可以损害眼睛和皮肤，形成一种轻度灼伤。必要时戴黑色眼镜，以保护眼睛，且照射不宜过近。

（二）化学药物熏蒸消毒

这类方法效果可靠，消毒彻底。手术室清洁扫除后，门窗关闭，做到较好的密封，然后再施以消毒的蒸气熏蒸。

1. 甲醛熏蒸法　甲醛是一种古老消毒剂，虽然有不少缺点，但因其杀菌效果好，价格便宜，使用方便，所以至今仍然采用。

（1）福尔马林加热法：含 40％甲醛的福尔马林是一种液体。在一个抗腐蚀的容器中（多用陶瓷器皿）加入适量的福尔马林，在容器的下方直接用热源加热，使其产生蒸气，持续熏蒸 4h，可杀灭细菌芽胞、细菌繁殖体、病毒和真菌等。因为是蒸发的气体消毒，故消毒彻底可靠。使用时取 40％甲醛水溶液，每立方米的空间用 2mL，加入等量的常水，就可以加热蒸发。一般在非手术期间进行熏蒸。消毒后，应使手术室通风排气，否则会有很强的刺激性。

（2）福尔马林加氧化剂法：方法基本同福尔马林加热法，只是不再用热源加热蒸发，而是加入氧化剂使其形成甲醛蒸气。按计算量准备好所需的 40％甲醛溶液，放置于耐腐蚀的容器中，按其毫升数的一半称取高锰酸钾粉。使用时，将高锰酸钾粉直接小心地加入甲醛溶液中，然后人员立刻退出手术室，数秒钟之后便可产生大量烟雾状的甲醛蒸气，消毒持续4h。

除了福尔马林之外，还有一种多聚甲醛，它是白色固体，粉末状或颗粒、片状，含甲醛91％～99％。多聚甲醛直接加热会产生大量甲醛蒸气，在运输、储存和使用上都较方便。

2. 乳酸熏蒸法　乳酸用于消毒室内的空气早已被人们所知。使用乳酸原液 10～20mL/100m^3，加入等量的常水加热蒸发，持续 60min，效果可靠。乳酸的沸点为 122℃，实验证明，乳酸在空气中的浓度为 0.004mg/L 时，持续 40s，可以杀死唾液飞沫中的链球菌，有效率达 99％。但若浓度偏低，小于 0.003mg/L 时，其杀菌的效果显著降低。若浓度偏高，则会有明显的刺激性。此外，空气中的湿度也应注意，以相对湿度为 60％～80％时为佳，低于 60％，则效果不会太好。

四、临时性手术场所的选择及其消毒

由于客观条件的限制，也鉴于兽医工作的特殊性，手术人员往往不得不在没有手术室的情况下施行外科手术。为此，兽医工作者必须积极创造条件，选择一个临时性的手术场地。

实践证明，只要事先做好充分准备，努力创造可能的条件，施术时严格遵守无菌操作规程，即使在临时的一般房舍里，甚至在室外场地，同样可以成功地施行较大的手术。

在房舍内进行手术，可以避风雨、烈日，尤其是减少空气感染的机会，这是我们应该争取做到的事。尤其在北方风雪严寒的冬季，更是必要。

在普通房舍进行手术时，也要尽可能创造手术应备的条件。例如，首先腾出足够的空间，最好没有杂物。地面、墙壁尽可能洗刷干净，亦可用消毒药液充分喷洒，避免尘土飞扬。

为了防止屋顶灰尘跌落，必要时可在适当高度张挂布单、油布或塑料薄膜等，一般能遮蔽病畜及器械即可。在刮风的天气，还应注意严闭门窗，室内可根据保定的需要装置临时柱栏或设施简易倒马褥。

有时对于不能起立的危重病畜，不得不在厩舍内就地进行手术，此时更应注意环境的清洁、消毒。首先将邻近家畜尽量移开。水泥或地板地面可用湿打扫，干燥泥地注意勿扬起尘土，小心铲除积粪后，充分喷洒消毒药液。

在晴朗无风的天气，手术也可在室外进行。场地的选择原则上应远离大路，避免尘土飞扬，也应远离畜舍、牲畜场和积肥地点等蚊蝇较易滋生、土壤中细菌芽胞含量较多的场地。

为了减少空气感染的机会，最好选择能避风而平坦的空地或草地，事先打扫并清除掉地面上的石块、玻璃等易使病畜致伤的杂物。尘土多的地面应洒水或消毒药液。需要侧卧保定的手术，应设简易倒马褥或铺垫柔软干草，其上盖以油布或塑料布。站立保定的手术，可在两树干间，扎成临时的柱栏，使用也很方便。

在无自来水供应的地点，可利用河水或井水。事先在每 100kg 水中加明矾 2g 及漂白粉 2g，充分搅拌，待澄清后使用。此外，最简易的办法是将水煮沸后，既可以消毒，又可除去很多杂质。这种方法在农牧场和养殖场并不难做到。

第四章　麻　醉

在麻醉前，应对患畜做常规检查。例如，最近一次进食时间、可视黏膜颜色、毛细血管再充盈时间、皮肤弹性、体温、肺部听诊、心脏听诊及脉搏。有条件者，可做实验室检查。参照美国麻醉师协会（American Society of Anesthesiologists，简称 ASA）的分类，兽医麻醉风险也分为 5 类（表 4-1）。

表 4-1　兽医麻醉风险分类

分类	体况	年龄	例如
ASA Ⅰ	无器官损伤的正常畜	6 周～5 岁	去势术、结扎术等
ASA Ⅱ	轻度器官损伤患畜	3～6 周、5～8 岁	年幼、年长、肥胖、骨折无休克、轻度糖尿病等
ASA Ⅲ	严重系统疾病患畜，活动受限但未妨碍	3d～3 周、8～10 岁	贫血、厌食、中度脱水、轻度肾病、轻度心脏病、中度发烧等
ASA Ⅳ	活动受限、生命危险	3d 以下、10 岁以上	严重脱水、休克、贫血、尿中毒、中毒症、高烧、重度心脏病等
ASA Ⅴ	临死患畜，难于耐过 24h		持久性心、肺、肝、肾或内分泌性疾病，重度休克、颅部大损伤、严重外伤、肺栓塞等

第一节　局部麻醉

局部麻醉是利用某些药物有选择性地暂时阻断神经末梢、神经纤维以及神经干的冲动传导，从而使其分布或支配的相应局部组织暂时丧失痛觉。

1. 麻醉方法

（1）表面麻醉：将局部麻醉药滴、涂布或喷洒于黏膜表面，利用麻醉药的渗透作用，使其透过黏膜而阻滞浅在的神经末梢而产生麻醉，称表面麻醉。多用于眼结膜与角膜以及口、鼻、直肠、阴道黏膜的麻醉。做结膜与角膜麻醉时，可用 0.5% 丁卡因或 2% 利多卡因溶液。做口、鼻、直肠、阴道黏膜麻醉时，可用 1%～2% 丁卡因或 2%～4% 利多卡因溶液。间隔 5min 用药一次。

（2）局部浸润麻醉：将局部麻醉药，沿手术切口线皮下注射或深部分层注射，阻滞周围组织中的神经末梢而产生麻醉，称局部浸润麻醉。可按手术需要，选用直线浸润、菱形浸润、扇形浸润、基部浸润等方式。常用 0.25%～1% 盐酸普鲁卡因溶液。注意勿将麻醉药直接注入血管，以免产生毒性反应。也可采用低浓度麻醉药，逐层组织麻醉后切开法。麻醉药液浓度小，且随切口流出或被纱布吸走，不易引起机体中毒。为减少药物的吸收和延长麻醉时间，可加入适量的肾上腺素。

（3）传导麻醉：将局部麻醉药，注射到神经干周围，使其所支配的区域失去痛觉而产生麻醉，称为传导麻醉。该法可使少量麻醉药产生较大区域的麻醉。常用2%～5%盐酸普鲁卡因或2%盐酸利多卡因。

（4）硬膜外麻醉：将局部麻醉药注射到硬膜外腔，阻滞脊神经的传导，使其所支配的区域无痛而产生麻醉，称硬膜外麻醉。其适应症为犬、猫的后肢手术、难产救助以及尾部、会阴、阴道、直肠与膀胱的手术。但在休克、脊柱肿块与骨折、脊髓疾病、腰部感染性皮肤病时禁用。注射部位位于L7～S1，S3～Cy1，Cy1～Cy2。犬、猫的硬膜外腔麻醉，以腰、荐椎间隙最为常用。犬、猫麻醉，伏卧于检查台上，动物两后肢向前伸曲并被一助手固定，腰背弓起。其注射点位于两侧髂骨翼内角横线与脊柱正中轴线的交点，在该处最后腰椎棘突顶和紧靠其后的相当于腰荐孔的凹陷部。穿刺部剪毛、消毒后，以大约45°角向前方刺入套管针头，可感觉弓间韧带的阻力，至感觉阻力突然消失。证实刺入硬膜外腔后，抽出针芯，缓慢注入麻醉药液。常用2%盐酸利多卡因、2%卡波卡因、0.5%布比卡因。按动物枕部至腰荐部的长度，使用剂量为0.3～0.5mL/10cm，相当于0.15～0.2mL/kg[*]。其有效麻醉时间分别为60min、120min和180min。犬、猫的最大剂量分别为6mL和1mL。

2. 局部麻醉药　常用的局部麻醉药有盐酸普鲁卡因、盐酸利多卡因和盐酸丁卡因（表4-2）。

表 4-2　三种常用局部麻醉药的特点比较

特点	普鲁卡因	利多卡因	丁卡因
组织渗透性	差	好	中等
作用显效时间	中等	快	慢
作用维持时间	短	中等	长
毒　性	低	略高	较高
用　途	多用于浸润麻醉	多用于传导麻醉	多用于表面麻醉

第二节　全身麻醉

全身麻醉是利用某些药物对中枢神经系统产生广泛的抑制作用，从而暂时地使机体的意识、感觉、反射和肌肉张力部分或全部丧失。临床上，为增强麻醉药的作用，减少毒性与副作用，扩大麻醉药的安全范围，常采用复合麻醉法。

一、麻醉前给药

给予动物神经安定药或安定-镇痛药，其作用是：①使动物安静，以消除麻醉诱导时的恐惧和挣扎；②手术前镇痛；③作为局部或区域麻醉的补充，以限制自主活动；④减少全麻药的用量，从而减少麻醉的副作用，提高麻醉的安全性；⑤使麻醉苏醒过程平稳。

抗胆碱药（如阿托品）主要用于：①可明显减少呼吸道和唾液腺的分泌，使呼吸道保持通畅；②降低胃肠道蠕动，防止在麻醉时呕吐；③阻断迷走神经反射，预防反射性心率减慢

---

* 在本章中，药物剂量单位中的kg均指体重。

或骤停。

常用的麻醉前用药主要有：

（1）安定：肌肉注射给药 45min 后，静脉注射 5min 后，产生安静、催眠和肌松作用。牛、羊、猪肌肉注射 0.5～1mg/kg，犬、猫 0.66～1.1mg/kg，马 0.1～0.6mg/kg。

（2）乙酰丙嗪：马肌肉注射 5～10mg/100kg，牛 50～100mg/100kg，猪、羊 0.5～1mg/kg，犬 1～3mg/kg，猫 1～2mg/kg。

（3）吗啡：本品对马、犬、兔效果较好，但在反刍动物、猪、猫慎用。马 10～20mg/kg 静脉注射，或 0.2～0.4g 皮下注射；犬 2mg/kg 皮下或肌肉注射；兔和啮齿类用 3～5mg。

（4）阿托品：马、牛为 50mg，羊、猪为 10mg，犬 0.5～5mg，猫为 1mg，皮下或肌肉注射。

小动物临床诱导麻醉更常用丙泊粉、舒泰和右美托咪啶。

二、吸入性全身麻醉

吸入性全身麻醉是指气态或挥发性液态的麻醉药物经呼吸道吸入，在肺泡中被吸收入血液循环，到达神经中枢，使中枢神经系统产生麻醉效应，简称吸入麻醉。吸入麻醉因其良好的可控性和对机体的影响较小，被称为是一种安全的麻醉形式，受到人们的青睐。吸入麻醉适用于各种大手术、疑难手术和危重病例的手术。常用的挥发性麻醉药有氟烷、安氟醚和异氟醚等。新型吸入麻醉剂七氟醚亦开始在临床应用。

理想的吸入麻醉剂应是理化性质稳定，与强酸、强碱和其他药物接触时，以及在加热时，不产生毒性产物；蒸汽压与沸点能适用于常规蒸发器，无需昂贵的设备；非易燃易爆；在血液中溶解度低，诱导麻醉和苏醒快速，麻醉深度可控性强；对中枢神经系统的效应可很快逆转；MAC 值低，麻醉作用强，从而避免缺氧；对循环系统、呼吸的影响尽可能小，对呼吸道无刺激性；有良好的镇痛、肌松作用；体内代谢率低，无毒性；既不污染环境，也无温室效应，不破坏臭氧层。异氟醚、七氟醚和地氟醚已接近理想吸入麻醉药。

临床应用时，应先将患畜做基础麻醉、气管插管后，再进行吸入麻醉。吸入麻醉开始时，可以 2%～4% 的浓度快速吸入，3～5min 后以 1.5%～2.0% 浓度维持所需麻醉深度。

三、非吸入性全身麻醉

非吸入性全身麻醉是指麻醉药不经吸入方式而进入体内并产生麻醉效应的方法，简称非吸入麻醉。非吸入麻醉有许多固有的特点，如操作简便，一般不需要有特殊的麻醉装置，一般出现兴奋期，故是目前仍在使用的一类麻醉方法。这种麻醉的缺点，是不能灵活掌握用药的剂量、麻醉深度和麻醉持续时间，所以要求更准确地了解药物的特性、畜体反应情况及个体差异，并在施行麻醉时认真地操作，临床经验的积累也很重要。此外，临床上也有复合麻醉的形式，发挥了两种麻醉的优点，又克服了一些缺点，使麻醉能更加完美地符合手术要求。

非吸入麻醉剂的输入途径有多种，如静脉注射、皮下注射、肌肉注射、腹腔注射、内服以及直肠灌注等。其中静脉注射麻醉法因作用迅速、确实，在兽医临床上占有重要的地位。

但在静脉注射有困难时，也可根据药物的性质，选择其他相宜的投药途径。

非吸入麻醉药因动物种属的不同，在使用上各有其本身的特点。除了应考虑种属之间的差异外，有时还应考虑个体之间对药物耐受性的不同，即所谓个体差异。在临床使用上，应针对动物的种类选择相宜的药物。用药的剂量，因给药的途径不同而有所差别。剂量过小，则常达不到理想的麻醉效果，追加给药比较麻烦，且多次追加还有蓄积中毒之忧；剂量过大，一旦药物进入体内，则很难消除其持续的效应，故应慎重。对某些安全范围狭窄的药物尤应注意。

（一）常用的非吸入麻醉药

动物所用的非吸入性全身麻醉药，包括巴比妥和非巴比妥两大类。

1. 属于非巴比妥类的常用药

（1）舒泰：由盐酸替来他明和盐酸唑拉西泮组成。粉剂瓶为白色或浅黄色紧致固体，加注射用水溶解后的溶液清亮、无色，无颗粒物质。溶液瓶为无色的澄明液体，无臭、无味。分为舒泰50和舒泰100两种。舒泰是一种全新的注射用麻醉剂，含有游离型麻醉剂成分替来他明和兼有镇静剂和肌肉松弛作用的唑拉西泮。舒泰具有诱导期短、副反应小和安全等特点，不管是肌肉注射，还是静脉注射，都具有良好的耐受性，具有非常高的安全指数。用于犬、猫的保定和全身麻醉。使用时用全部的稀释液将冻干的活性成分溶解，得到需要的浓度。

不良反应：使用中可能会出现流涎、分泌物过多等现象。

注意事项：仅供动物使用；推荐在实施麻醉前禁食12h；确保在安静和阴暗的环境下苏醒；注意给麻醉的动物保温，防止热量散失过多。

药物禁忌：不要与以下药物同时使用：酚噻嗪（乙酰丙嗪、氯丙嗪），因为可能会出现心脏和呼吸功能障碍和体温降低的风险；氯霉素，因为会降低麻醉药的代谢率。

（2）右美托咪啶：盐酸右美托咪啶无菌注射液。右美托咪啶是一种高特异的 α_2-肾上腺素受体激动剂。α_2-肾上腺素受体存在于中枢神经系统、外周植物性神经以及接受植物性神经支配的多个组织中。α_2-肾上腺素受体的激活能在多个器官与组织中产生多种反应，其中主要是降低交感神经的活性，产生镇静和止痛作用，这些作用的深度和过程与药物浓度相关。右美托咪啶对其他中枢抑制剂（如麻醉剂）具有显著的增效作用。由于末梢血管收缩，血压会首先升高，随后会恢复正常或稍低于正常水平。血管收缩引起黏膜苍白或轻微发绀。起初的血压升高反应会伴随着由迷走神经压力感受器传导的代偿性心率减慢。机体的末梢脉搏会出现跳动虚弱，并且心肌的传导会发生暂时性变化，表现在第一、二心房室出现传导阻滞，也可能发生其他的心律失常情况。右美托咪啶也能导致呼吸频率减少和体温降低，体温降低的程度和过程与药物剂量相关。右美托咪啶由于具有减低平滑肌活性的作用，所以可以引起胃肠蠕动减慢，同时由于抑制胰岛素的释放导致血糖升高，从而引起尿量增加。某些犬使用右美托咪啶镇静后可能会出现本能性的肌肉收缩（颤搐）。α_2-肾上腺素受体激动剂可对猫的脑中枢产生刺激作用而发生呕吐。

适应症：用作犬、猫的镇静剂和止痛剂，便于临床检查、临床治疗、小的手术和小的牙齿处理，也可用于犬深度麻醉前的前驱麻醉。

禁忌症：不能用于有下列症状的犬、猫，包括心血管病症、呼吸系统病症、肝肾病症、由炎热、寒冷或疲劳引起的条件行休克、重度虚弱或应激。与所有的 α_2-肾上腺素受体激动剂一样，存在潜在的过敏反应，还可能出现反常反应（兴奋）。

注意事项：在犬，由于止痛剂与镇静剂相似，镇静效果会逐渐减少，恢复之后依然会有痛感。出现呼吸暂停，并伴随有心动过缓和黏膜发绀的症状应进行输氧治疗。出现上述副作用症状的犬通常采用阿替美唑进行紧急救治。

在猫，对于使用右美托咪啶做前驱麻醉方面没有进行研究评价，也未对右美托咪啶与其他镇静药物的联合用药进行评价。猫患呼吸系统疾病，不推荐使用右美托咪啶作为镇静剂，可能会发生的副作用包括严重的呼吸困难和急性肺水肿引起的呼吸中断。不了解猫只的疾病史，采用治疗进行恢复。对于已经发生低血压、缺氧或心动过缓症状的病例不宜使用右美托咪啶进行治疗。阿替美唑作为右美托咪啶的常规缓解剂，其在猫的应用情况尚未做出。

未对 16 周龄以下的犬、12 周龄以下的猫，老龄犬和老龄猫，生育、妊娠和泌乳期的犬和猫应用右美托咪啶的情况进行评价。

由于右美托咪啶能够对心血管系统发生影响，只有临床健康的犬、猫才能应用。在应用右美托咪啶进行镇静和麻醉时，应该监控动物的体温和心血管系统功能。

采用右美托咪啶镇静时，如果不进行外部保温，机体常出现体温降低的情况。一旦出现这种情况，体温降低持续的时间比镇静和止痛时间要长久。为防止出现体温过低，应对手术治疗动物进行保温，直至完全康复。

推荐在使用右美托咪啶前应对犬、猫禁食 12h。在镇静状态下，为防止由于黑暗反射引起的角膜干燥，可以使用眼润滑剂。在使用右美托咪啶注射后，动物应先休息 15min，5～15min 产生镇静及止痛作用，注射后 30min 达到最佳效果。

（3）水合氯醛：水合氯醛是一种比较古老的全身麻醉药，无色透明，白色结晶，味微苦，有特殊臭味，易潮解，在空气中徐徐挥发，易溶于水、醇、氯仿和乙醚。本品在日光照射下缓慢分解，不耐高热，故宜密封、避光保存于阴凉处。因为它容易取得，价格便宜，使用方便，比较安全（浅麻时），至今仍被用于动物麻醉。内服及直肠给药也都容易吸收，临床多用静脉注射方式给药。

水合氯醛是一种良好的催眠剂，但作为麻醉剂其镇痛效力较差。应用催眠剂量，能产生数小时的睡眠。本品虽不明显影响延髓中枢，但对呼吸有一定抑制作用，大剂量则抑制延髓的呼吸中枢和血管运动中枢，因而出现呼吸抑制，血压下降。其麻醉剂量（马每 50kg 体重 5～6g）的水合氯醛首先抑制大脑皮质的运动区，使运动失调，但对感觉区（尤其痛觉）影响较迟，因而镇痛效果较差。本品对心脏的影响，在对非迷走神经的影响方面表现为抑制心肌代谢，对迷走神经的影响方面表现为心动徐缓。

高浓度的水合氯醛对局部组织刺激性很强，如果在临床上静脉注射时漏出皮下，可引起剧烈炎症，并导致化脓或坏死。临床上静脉注射时常配成 5%～10% 溶液，但仍应避免漏出于皮下（3%～5% 即足以引起剧烈炎症）。用本品内服或灌肠时，应配成加有黏糊剂（淀粉或粥汤等）的 1%～3% 溶液，以免刺激黏膜。水合氯醛的迷走效应之一是引起大量流涎（在牛、羊特别显著），采用阿托品作为麻醉前用药可以减轻流涎现象。用本品进行全麻时的一个重要缺点是苏醒期常延至数小时，因此临床上常采用浅麻醉和局部麻醉进行手术。Stopiglia（1962）曾指出：采用安定药作为麻醉前用药可减少水合氯醛用量，使诱导期平静，并能减少苏醒期的挣扎。例如，麻醉前先注射氯丙嗪，效果很好。如果手术时间长，患畜有苏醒表现时，可加注水合氯醛补充量，但剂量一般不宜超过原来注射量的 1/3～1/2。

患畜苏醒时的表现颇一不致，一般如无外界干扰可安静睡眠至自行起立为止，但苏醒期出现挣扎的也不少见。如果采用水合氯醛-硫酸镁-戊巴比妥钠合剂（其比例依次为 3％、1.5％及 0.64％），不但可使苏醒情况平稳，并能免除兴奋期，扩大安全范围。水合氯醛因能降低新陈代谢，抑制体温中枢，故在深麻醉时，尤其与氯丙嗪合并应用时，可显著降低体温，因此麻醉时及麻醉后都要注意保温。

目前市售水合氯醛制剂有水合氯醛酒精注射液（含水合氯醛 5％，酒精 12.5％）和水合氯醛硫酸镁注射液（含水合氯醛 8％，硫酸镁 5％），使用时可参照其含量分别计算各种动物的需要量。

水合氯醛制剂亦可临时配制。将灭菌的生理盐水注射液加热，待冷却至 70℃ 左右时，将已经用清洁操作方法称量好的水合氯醛结晶混入、摇匀，使其充分溶解即可。

使用时应注意的问题：①临用前现配制，不可久存，防止分解。不耐热，不耐高压，其水溶液不稳定，使用后剩余的药液不宜再用。②静脉注射时一定要注意，绝不可将药液漏出血管之外。同时也应注意药液的浓度，用生理盐水配制时不超过 10％（其 pH 大约在 4 左右），醇溶液不超过 5％。浓度过高时，会发生溶血作用，有血尿现象。③静脉注射的药品纯度要高，应符合药典中所规定的药用标准。

（4）隆朋：化学名称为 2，6-二甲苯胺噻嗪，其盐酸盐作为注射药供临床应用。1962 年由拜耳公司首先合成，之后相继广泛用于临床，可以给不少动物使用。我国于 1986 年也合成该药，并有 2％注射剂型供临床使用。它具有中枢性镇静、镇痛和肌松作用，此药对反刍动物，特别是牛很敏感，用量小，作用迅速。该药现已广泛用于马、牛、羊、犬、猫等多种家养动物，同时也有效地用于各种野生动物，做临床检查及各种手术，也用于许多动物的保定、运输等。

隆朋为白色结晶体，易溶于氯仿、乙醚、苯，难溶于石油、醚和水。临床上常以其盐酸盐配成 2％～10％的水溶液供肌肉、皮下或静脉注射用。

隆朋根据使用剂量的不同，可出现镇静、镇痛、肌松或麻醉作用，但增加剂量时对镇静作用的加深往往不如镇静时间的延长显著。本品用作麻醉药物，在一般使用剂量下，实际上并不能使动物达到完全的全身麻醉程度，而是仅能使动物精神沉郁、嗜睡或呈熟睡状态。动物对外界刺激虽然反应迟钝，但仍能保持防卫能力和清醒的意识。但在大剂量时，也能使动物进入深麻醉状态，此时则往往会出现不良反应。本品使用后通常出现心跳和呼吸次数减少，静脉注射后出现一过性房室传导阻滞（尤其在马），常出现暂短的血压升高，随即下降至较正常稍低的水平。为了预防房室传导阻滞的出现，可于用药前按每 100kg 体重 1mL 注射阿托品。

隆朋一般在肌肉注射后 10～15min，静脉注射后 3～5min 即可出现作用，通常镇静可维持 1～2h，而镇痛作用的延续则为 15～30min。由于用药后动物一般仍处于清醒状态，而且其镇静作用较肌松作用出现得早，消失得迟，因此在动物卧倒与恢复站立期间不致有挣扎、摔伤的危险。当给予幼驹高镇静剂量能产生窒息，是由于软腭或咽肌松弛，必须给气管内插管建立畅通的呼吸道。本剂禁止在反刍动物妊娠后期使用，能引起流产。

本品对中枢神经的抑制作用有较明显的种属差异性，一般反刍动物（包括鹿）较敏感，对马、犬的镇静、镇痛剂量的 1/10 即能引起牛较深的镇静、镇痛作用。此外，也存在个体差异。

隆朋的安全范围较大，毒性低，无蓄积作用。

可作为麻醉前给药，再施以吸入麻醉，对牛、马等均可使用。本品是 α_2 肾上腺受体激动剂，它作用于 α_2 受体。而 α_2 受体拮抗剂有拮抗其药理作用的效能，如 1‰苯噁唑溶液以及育享宾等均有逆转隆朋药效的作用，这给使用上带来了一些方便，并给予安全保证。

（5）静松灵：化学名为 2，4-二甲苯胺噻唑，白色的结晶，易溶于氯仿、乙醚等有机溶媒，难溶于水。它是近年来我国自行合成的产品。通过药理实验和临床实践，表明本品有与隆朋相同的作用和特点。

临床上静脉注射时出现呼吸过数，心搏减缓，血压先上升、后逐渐下降到低于注射前，中心静脉压上升。用药时能看到房室阻滞，心排出量降低。红细胞压积及血红蛋白含量减少，血容量和血浆容量有一定程度的增加。静松灵的镇静作用较好，但是与隆朋相似，在手术后的一段时间内，抑制胃肠道蠕动，容易引起动物便秘。

（6）保定宁：是以静松灵为基础的复合剂，静松灵和乙二胺四乙酸（EDTA）等量配合，用于手术麻醉，临床止痛效果优于单独应用静松灵。使用方法同静松灵，本药在马的使用效果也可以，效果优于静松灵。

（7）氯胺酮：本品是一种较新的、快速作用的非巴比妥类静脉注射麻醉药，注射后对大脑中枢的丘脑-新皮质系统产生抑制，故镇痛作用较强，但对中枢的某些部位则产生兴奋。注射后虽然起镇静作用，但受惊扰时仍能觉醒并表现有意识的反应，这种特殊的麻醉状态称为分离麻醉。本品根据使用剂量大小的不同，可产生镇静、催眠到麻醉的作用，在兽医临床上已用做马、猪、羊、犬、猫及多种野生动物的化学保定、基础麻醉和全身麻醉药物。

由于氯胺酮对循环系统具有兴奋作用，心率增快 38%，心排出量增加 74%，血压升高 26%，中心静脉压升高 66%，外周阻力降低 26%（H. Kreuscher），因此静脉注射时速度要缓慢。本品对呼吸只有轻微影响（抑制），对肝、肾功能未见不良影响；对唾液分泌有增强现象，事先注入少量阿托品可加以抑制。

在猪，应用本品易出现苏醒期兴奋，如与硫喷妥钠合并使用可以消除；灵长类，如猴和猩猩对本品比较敏感，用药后性情即变温驯。

根据国内资料，以本品与芬太尼（0.02～0.04mg/kg）配伍应用，可收到良好的保定和麻醉效果。

应用本品时，应于麻醉前停食 12～24h，防止瘤胃容积过大而影响呼吸，或因反流造成异物性肺炎。为了防止分泌液阻塞呼吸道，宜于麻醉前应用小剂量的阿托品。

本品对鹿科动物效果较好，对牛、马则安全性都较低，常和隆朋配合使用。在给鹿注射有效剂量至出现药效时，平均需经 5～20min。此时可见动物停步驻立，迟疑不动，神态呆滞，全身骨骼肌发生由弱至强的震颤（以臀部肌群最明显），个别有排粪、排尿动作，经 1～3min，呈现站立不稳而伏卧于地。肌肉松弛期可维持 20min 以上，但恢复期出现得仓促，如见鹿的头、颈突然有抬起的动作，即是将要起立的信号。

（8）噻胺酮注射液（复方氯胺酮注射液）：是我国自行复合的一种新的动物用麻醉药，近年来已在临床被广泛应用。对猪有较好的麻醉效果，对犬、猫等均可应用。本药是一个复合型的药物，其有效成分包括氯胺酮、隆朋，还有苯乙哌酯（类阿托品样药）。肌肉注射较为方便，给药后动物进入麻醉状态时比较稳定，由站立而自行倒卧，无明显的兴奋期。在麻醉期间体温下降，肌松良好，对呼吸有一定的抑制作用。应用剂量较大时对循环系统也有影响。本药的恢复期较长，且有复睡现象。特别是在猪，在恢复期间常表现向前冲撞，站立不稳，口鼻干燥。复方噻胺酮安全剂量的范围较宽，起效迅速，诱导和恢复都平稳。连续给药不蓄积，无耐受。可以广泛用于家畜、家禽、实验动物，并可用于野生动物的制动保定和手术麻醉，尤其对猪和野生凶猛食肉动物的麻醉效果更有明显的优点。

（9）安泰酮：又称安合酮，是一种速效非巴比妥类的静脉麻醉药。麻醉诱导快，15s 意识即可消失，对呼吸的抑制轻微。它是二羟孕烷二酮和羟-α-孕烷二酮的复合品，不溶于水，易溶于多酸性 3s-蓖麻油中。3s-蓖麻油会导致组胺释放，此现象在猫轻微，在犬可能严重，故建议不用于犬。这两种药的复合物没有刺激性，可以做静脉注射或深部肌肉注射，它的恢复主要靠药物在体内的代谢，所以重复给药或连续输注会使恢复期延长。安泰酮注射剂呈油状，无色、无味、无臭、中性，长时间遇光可以变性。静脉注射本药后 15～30s 意识消失，出现平稳的麻醉期，随后眼睑反射和角膜反射消失，瞳孔先扩大继而缩小，眼球居中，咽喉反射减弱，下颌松弛。此药只有轻度的镇痛作用，大手术时配合应用其他镇痛药更好。麻醉的持续时间较短，为 10～15min，但也可以采用静脉滴注以延长麻醉时间。

（10）乙醇：乙醇吸收之后可呈现对中枢神经系统的抑制作用，首先是抑制大脑皮层，依次是延脑，最后是脊髓的反射机能，如果吸收较多足以影响反射机能时，也会抑制呼吸中枢。在兽医临床上只能达到镇静作用，不能使动物达到深麻醉，这样会有很大的危险性。它的中枢抑制作用只有在达到相当的浓度时才会产生，并且在发生抑制效应之前会有兴奋作用。除了对反刍动物之外，其他动物已很少使用。反刍动物对乙醇的耐受性较强，尽管表现兴奋，镇静作用不确实，个体之间又有较大的差异性，且麻醉深度不易控制，但乙醇等的来源广泛，很容易取得，故对牛、羊仍不失为一种可行的麻醉方法。投予乙醇使牛达到浅麻醉，再配合局部麻醉仍可完成一些手术。乙醇可以内服或静脉注射给药，若能与其他中枢镇静药合用亦有较好的效果。乙醇可以使心收缩加强，心搏增数。中等剂量时由于抑制血管运动中枢，可使体温降低，在冬季应注意保温，防止受寒感冒。如果内服乙醇时，应令动物禁食 24h，以免由于胃内容物的充盈而影响乙醇的吸收而影响药效。

2. 常用巴比妥类麻醉药 1927 年前后，已有人使用巴比妥类的药物，种类很多，都是巴比妥酸（丙酰脲）的衍生物。巴比妥类药物内服、直肠给药都容易吸收，其钠盐的溶解度好，可作为注射剂使用，肌肉注射吸收很好。吸收后进入身体内的药物分布在所有的组织和体液中，且容易通过胎盘屏障而影响胎儿。巴比妥类药物的作用，是阻碍兴奋冲动传至大脑皮层，从而对中枢神经系统起到抑制作用。药物进入脑组织的速度与该药物本身脂溶性的高低有密切关系。脂溶性比较低的如苯巴比妥钠进入脑组织的速度甚慢，甚至静脉给药也需经过十多分钟才能呈现中枢抑制作用。而脂溶性高者如硫喷妥钠极易透过血脑屏障，发生作用较快，静脉注射后 30s 就产生作用，但是很快又从脑和血液中移向骨骼肌，最后又多进入脂肪中，从而脑中的浓度又会很快下降。所以一次给药作用持续的时间很短，仅仅十几分钟。巴比妥是一大类常用的麻醉药。在催眠剂量时很少影响呼吸系统，但在麻醉剂量时则明显抑制呼吸中枢，过量时常可导致呼吸麻痹而死亡，必须充分给予注意，使用时应小心。麻醉剂量时也会抑制循环系统，导致血压降低。催眠剂量很少影响基础代谢，而在麻醉剂量时则可抑制基础代谢，使体温降低。

巴比妥类的药物在体内由肝细胞微粒体的药物代谢酶使其氧化而失效，其氧化物可以呈游离状态排泄（经肾）或是与硫酸基结合后由尿中排泄，有的可以原形由肾脏排泄。排泄较慢的药物在使用时应注意防止蓄积中毒，如苯巴比妥钠。临床所用巴比妥类药物根据其作用时限不同，可以分成四大类，即长、中、短和超短时作用型。长及中时作用型的巴比妥类药物多作为镇静、催眠或抗痉药物。而作为临床麻醉剂使用的则多属于短或超短时作用型药物。在兽医临床上与神经安定药或其他麻醉药协同用做复合麻醉的有硫喷妥钠、硫戊巴比妥钠和戊巴比妥钠等。短和超短时作用型的巴比妥类药物可以少量多次给药，作为维持麻醉之用。但因其有较强的抑制呼吸中枢和心肌的作用，故在临床应用时应慎重计算用量，严防过量使动物死亡。超短时巴比妥类药物可有效地用于马、牛、猪的基础麻醉之用。作为吸入麻醉时的麻醉前用药或进行麻醉诱导则更为可取，这比单用巴比妥类药物做麻醉更为合理。反刍动物对巴比妥类药物的代谢明显不如马属动物那样快。为了缩短此类药物特征性的较长的苏醒期，对反刍动物应该限制最小的剂量。注意，为了减少反刍动物和猪唾液腺及支气管腺的分泌，在麻醉前必须常规给予阿托品。

（1）硫喷妥钠：本品是淡黄色粉末，味苦，有洋葱样气味，易潮解，在水中的溶解度尚好。但水溶液很不稳定，呈强碱性，pH约为10。市售者为硫喷妥钠粉（含稳定剂），密封于安瓿中，用时现配制成不同浓度的溶液。本品粉剂吸潮变质后其毒性增加，故在安瓿有裂痕或粉末结块而不易溶解时即不宜再使用。硫喷妥钠静脉注射的麻醉诱导和麻醉持续时间以及苏醒时间均较短，一次用药后的持续时间可以从2～3min到25～30min不等，这与剂量和注射速度密切相关，麻醉的深度也与注射速度有关系，注射愈快也麻醉愈深，维持时间也愈短，所以在用药时要特别注意注射的速度，当然还应严格准确计算用药量。在静脉注射时，应将全量的1/2～1/3在30s内迅速注入，然后停注30～60s，并进行观察。如果体征显示麻醉的深度不够，再将剩余量在1min左右的时间里注入，同时边注射边观察动物的麻醉体征，尤应注意呼吸的变化，一经达到所需麻醉程度立即停止给药。以硫喷妥钠作为维持麻醉，可在动物有觉醒表现时，如呼吸加快、体动，再追加给药，在追加时也密切注意以观察动物麻醉体征的变化，即达到所需麻醉的深度时，应及时停止由静脉注入。硫喷妥钠除用做全麻外，还可以用做吸入麻醉的诱导，以静脉注射方式给药，使动物达到浅麻醉，随之尽快做气管内插管，连接吸入麻醉机进行吸入麻醉，用此方法可以消除吸入麻醉药在诱导期的不良的反应，使麻醉进行得平稳、安全。此外，如果采用静脉滴注，则可以维持较长时间的麻醉也很安全可靠。

（2）戊巴比妥钠：戊巴比妥钠是临床常用的一种药物，为白色的粉末（或结晶颗粒），易溶于水，无臭，但代谢的速率在不同的动物有所差异。反刍动物特别是山羊、绵羊代谢最快，其代谢产物由尿中排出，而经由胆汁、粪便和唾液的排泄则很少。肝功能不全的家畜应慎用。实验结果提示幼畜和饥饿的动物应使用较小的剂量。本品易透过胎盘影响胎儿，甚至会造成胎儿死亡，故在孕畜或行剖腹产手术时不能用本品做麻醉。麻醉剂量会对呼吸有明显的抑制现象，同时也影响循环系统，减少心排出量，故此在静脉注射戊巴比妥钠时速度宜慢。当动物进入浅麻醉之后应暂停注射，并仔细观察呼吸和循环的变化，然后再决定是否继续给药。临床给犬静脉注射戊巴比妥钠进行麻醉时，在苏醒阶段不可静脉注射葡萄糖溶液（因有些病例需要术后输液），因为有的犬在给静脉注射葡萄糖后又重新进入麻醉状态，即所谓"葡萄糖反应"，有的甚至造成休克、死亡。本药不用于马、牛，更多的是用于猪、羊和犬等。戊巴比妥钠与水合氯醛、硫喷妥钠用做成年马的复合麻醉。本药的麻醉持续时间平均在30min左右，但种属间有较大的差别，犬为1～2h，山羊为20～30min，绵羊可稍长，猫的持续时间较长，可长达 72h 之久，故应慎重。为了减少用量和减轻副作用（苏醒期兴奋），可以在给本药之前注射氯丙嗪以强化麻醉。使用戊巴比妥钠也可采用下列处方：

Nembutal 麻醉液：

戊巴比妥钠	5.0mL
1，3-丙二醇	40.0mL
96%乙醇	10.5mL

蒸馏水加至 100mL，做静脉注射。

用于犬、猫、兔、大鼠的麻醉，其剂量是 0.5mL/kg，在使用时也应注意对呼吸的抑制。用于羊和猪，麻醉的持续时间在 100min 以上。

（3）异戊巴比妥钠：又称阿米妥钠，白色结晶性粉末，味苦，无异臭，易溶于水。进入体内的本品在肝脏中被氧化，然后经过肾脏从尿中排出，也有不经代谢以原形由尿中排出。主要用于镇静和基础麻醉。由静脉注射给药，和戊巴比妥类似，在苏醒期也有兴奋现象，临床应用相对较少。此外，本品还可以用做鱼的麻醉剂，用 1%～2% 溶液做腹腔注射，其剂量为每千克体重 30mg。

（4）环己丙烯硫巴比妥钠：本品为淡黄色粉末或结晶，易溶于水，水溶液呈碱性，比较稳定。其临床作用和作用持续时间与硫喷妥钠相似。为短时作用型的巴比妥类药物，具有催眠和麻醉作用，对呼吸的抑制较硫喷妥钠轻，出现作用快，维持时间亦短。动物被麻醉后，呼吸变慢、变深而均匀，同时伴有良好的肌松作用。比戊巴比妥钠的麻醉效应快，苏醒也快（可伴有轻度兴奋）。用本品麻醉时，麻醉前应给予阿托品，以减少唾液腺体的分泌。犬、猫均可应用。其毒性不大，比较安全。也可用做羊的全身麻醉（剂量要高于硫喷妥钠）。马用本品要慎重，最好事先给予安定剂，并需快速地静脉注射，也要充分注意在苏醒期的兴奋现象。

（5）硫戊巴比妥钠：淡黄色结晶，易溶于水，呈黄色透明液体，具有硫或大蒜样气味。本品属于超短时作用型的巴比妥类，用做短时间的静脉麻醉。它是硫代巴比妥类的同系物，其作用与硫喷妥钠相似，使用剂量稍低。快速静脉注射显著抑制呼吸，但对心脏的影响则较轻，蓄积作用也较小。常用剂量下对肝、肾的影响不大，但肝功能不正常时则可增强其毒性，是因为它主要在肝脏内代谢后排出。静脉注射给药 30s 后可产生麻醉效应。根据用量的不同，可维持 10～30min，常用 4% 溶液给小动物做静脉麻醉之用，如犬以 17.5mg/kg 静脉注射时，可维持外科麻醉 15s，3h 后完全苏醒。复合应用安定药和肌松药，可明显延长麻醉时间。在大动物如马、牛等，可作为吸入麻醉的诱导用药，是属于比较安全的静脉麻醉药。

（二）非吸入麻醉的临床应用

对于任何一种动物来说，尚缺乏完全理想的麻醉药。随着化学工业和医药工业的发展，很多新药相继问世。很多药物在临床上的应用总会有其优点，又有其不足之处。此外，在临床应用方面，有时还受到药物来源和经济代价的限制，所以只能依据当时、当地的条件，尽可能选择比较好的药物来使用，主要考虑该药物的麻醉效能和安全可靠性，以期能满足手术的要求，力求更好地完成诊断、治疗以及科学实验等方面的任务。现将各种动物的非吸入性全身麻醉介绍如下。

1. 马的全身麻醉　虽然已有多种有效的全身麻醉方法，但到目前还没有一种令人满意的可以作为单独麻醉的全身麻醉药。麻醉过深则安全范围小或恢复时间长，麻醉过浅又达不到镇痛目的。采用麻前给药，往往可以减少麻醉药的用量，安静度过诱导期并缩短恢复时间。用于麻醉前给药的药物种类很多，常用的如氯丙嗪（0.5～1mg/kg），或与吗啡（10～20mg/kg）混合使用，静脉或肌肉注射；隆朋，0.5～0.66mg/kg，静脉注射等，都有助于提高全身麻醉的效果。美托咪啶是目前国外马麻醉中最为常用的注射用麻醉药采用复合麻醉也往往可获得较满意的结果。进行全身麻醉的马在可能时应该绝食24h。

马的全身麻醉方法有以下几种：

（1）水合氯醛：水合氯醛因其使用方便、经济，直至目前仍在马属动物麻醉中使用。但因其安全范围不大，一般不做深麻醉，仅在浅麻醉或中麻醉下配合其他麻醉方法（如麻醉前用药、混合麻醉或局部麻醉等）进行手术。在某些大手术有必要进行较深的麻醉时，亦应在麻醉过程中严密监视动物的反应，决定注入的药量。因为根据动物体质和对水合氯醛的敏感性，麻醉需要的剂量也有很大差异，不宜仅凭体重做出完全准确的估计。

水合氯醛麻醉以静脉注射最为常用。一般用生理盐水或葡萄糖生理盐水配成10%溶液进行静脉注射，注入时要严防药液漏出血管外。由于注入一定量后，动物开始对外界反应迟钝（一般没有兴奋期），接着四肢站立不稳，左右摇晃，此时应注意扶持勿使跌伤，待其自然卧倒时，实际上已达到浅麻醉，然后根据麻醉情况（呼吸、眼睑反射、瞳孔大小、舌及肌肉的松弛程度等），再注入一些药液，使达到要求的麻醉深度。当到达外科麻醉期时，动物呼吸深而均匀，脉搏整齐有力，口腔干燥，舌垂口外，眼睑反射消失，瞳孔缩小，肌肉松弛。麻醉时间因个体不同一般为1～3h。

静脉注射也可采用混合麻醉法，如8%水合氯醛硫酸镁注射液、5%水合氯醛酒精注射液等（表4-3）。

表4-3 马常用的水合氯醛剂量

药　名	方　法	剂量（每100kg体重）	效　果
水合氯醛	内服或直肠灌注	8～10g	镇静、浅麻醉
		12g	中麻醉
	静脉注射	6～8g	浅麻醉
		8～10g	中麻醉
		10～12g	深麻醉
5%水合氯醛酒精	静脉注射	80～100mL	镇静
		100～170mL	深麻醉
8%水合氯醛硫酸镁	静脉注射	80～100mL	浅麻醉
		120～150mL	深麻醉

水合氯醛麻醉亦可用内服、胃管投入或直肠灌注法。虽然消化道对水合氯醛的吸收良好，但易受胃肠内容物影响，麻醉发生较迟和不均匀，故临床上不如静脉注射法应用广泛。

内服的剂量应视马匹的种类、营养和健康状况等有所不同，且事先必须禁食、停水，应使胃内空虚，否则会直接影响用药的效果。内服的水合氯醛品质不能太差，如潮解、变色等。否则一是影响麻醉效果，二是有中毒的危险。水合氯醛内服常常会导致消化器官的生理障碍，故投予黏浆剂是完全必要的。任何给予量都应在 6h 后给其饮水，并给予柔软易消化的饲料。水合氯醛灌肠的方法较之内服少用。又因为它可以刺激肠管产生收缩蠕动，故常混给阿拉伯胶（阿拉伯胶与水的比值为 50∶2 000），因直肠吸收功能的差异，效果的好坏会不一致。

水合氯醛的混合应用有更满意的效果，临床上常用的混合给药是：水合氯醛硫酸镁（2∶1 或 1∶1）。马静脉注射剂量一般为 200～400mL，注射速度以 30mL/min 为宜，否则会影响中枢神经的抑制作用。当给药前出现站立不稳欲侧卧时，应及时停止给药，这样可以维持 2h 以上的倒卧状态，且硫酸镁又会产生稳定的肌松状况，是水合氯醛本身所没有的。还有一种混合应用的方法是：水合氯醛 18.0mL，硫酸镁 14.0mL 和戊巴比妥钠 6.5mL 的混合液，蒸馏水加至 1 000mL。提示注意，要在使用前临时配制，缓慢由静脉给药，用量为 670mL/500kg。必要时可按 15% 的量追加，能得到 40～60min 的麻醉。

（2）硫喷妥钠：硫喷妥钠是属于超短型的巴比妥类药，适用于短时间的手术。本品又适用于静脉注射做诱导麻醉和维持麻醉，常与麻醉前镇静剂及镇痛药（如氯丙嗪、吗啡等）配合应用，也可与肌肉松弛药配合应用。在马的麻醉，一般以 7.5～15mg/kg 剂量的硫喷妥钠（普通马需 1～3g）用生理盐水配成 10% 溶液，在 30s 内静脉注射完毕，可获得十余分钟的手术时间。如果手术时间较长，可采用较大剂量，先注入 1/2，其余 1/2 在动物卧倒后再缓慢注入。

（3）戊巴比妥钠：戊巴比妥钠是属于中等时间作用型的巴比妥类药物，其优点是：进入麻醉前不产生兴奋期，麻醉期长（平均约为 30min，有些可达 90min 或更长），对血压没有影响。其缺点是：苏醒期长（一般要 4～18h）并显著抑制呼吸，因此较少单独用做马的全身麻醉药。戊巴比妥钠常与氯丙嗪、水合氯醛、硫喷妥钠等对成年马进行复合麻醉。

本品为白色晶状粉末，可用生理盐水配成 5% 溶液，灭菌后做静脉或肌肉注射。马的剂量如作为镇静剂时，静脉注射，一次量，75mg/50kg；作为麻醉剂时，静脉注射，一次量，1.5g/50kg，麻醉时间 45min，苏醒需 4h。若先静脉注射 3g/50kg 的水合氯醛做基础麻醉，再静脉注射 400～640mg/50kg 的戊巴比妥钠，可保持中等深度麻醉 30～50min，苏醒时间约 90min。

（4）隆朋：对于马虽然都不如对于牛的作用显著，但也有很强的镇静、镇痛和肌松弛作用，因此也可作为马的麻醉诱导剂或全身麻醉剂应用。

马以 0.5～0.8mg/kg 肌肉注射时主要表现安静，头颈下垂，眼半闭，上下唇松弛，阴茎脱出，后肢交替负重或轻靠支持物等轻度中枢神经抑制和肌肉松弛症状，一般还不会失去站立能力。此时痛觉表现稍迟钝但未完全消失，不能进行手术，只可应用于保定和各种临床检查操作。肌肉注射剂量提高到 1～2mg/kg 时，动物一般仍能维持站立，可以作为站立保定下进行手术的麻醉，超过此剂量马则不能站立而卧倒。

马以 1mg/kg 以上静脉注射，通常倒卧呈熟睡状态，全身痛觉消失，可以进行侧卧保定下的各种大手术。麻醉虽然可以维持 1h 以上，但镇痛作用一般约为 30min，如有延长手术时间的必要，可在前次给药后 20～30min 再连续给药。

本品肌肉注射剂量为 5mg/kg，静脉注射剂量超过 2mg/kg 都会出现一定的不良反应，如果大量出汗或呼吸不正常等现象。故作为大手术时的全身麻醉剂如能与局部麻醉药（如盐酸普鲁卡因）进行配合麻醉，或与其他麻醉剂（如水合氯醛、巴比妥类药等）进行合并麻醉则效果更好。合并麻醉时应将其他麻醉剂的剂量减少 1/3～1/2。

驴肌肉注射，一次量为 3～5mg/kg，3mg/kg 时可用于一般手术的镇静麻醉，4mg/kg时其麻醉时间可达 20～110min。

（5）氯胺酮：给马单独注射氯胺酮能产生很好的止痛作用，但缺乏肌松和恢复时期的剧烈反应，可能发生惊厥。而当与隆朋结合使用能得到短时外科麻醉，并可作为吸入麻醉气管插管之用。增加隆朋能掩盖氯胺酮的副作用。

氯胺酮和隆朋结合时，先以 1.1mg/kg 静脉注射隆朋做安定用，在隆朋发挥作用后，再以 1.76～2.2mg/kg 静脉注射氯胺酮，得到 5～18min 的麻醉，和 10～20min 的卧倒时间。

（6）愈创木酚甘油醚：白色的粉末。在马有使用的报道，在麻醉时用可以加强肌肉的松弛作用。它其实属于止咳、祛痰药，并有微弱的防腐消毒作用。临床应用时，常以 5%葡萄糖盐水将其溶解（稍加温），配制成 5%的溶液供静脉注射用。使用本品后肌松和镇痛效果均好。对个体较大的马匹可以使用 20%溶液，以免注射剂量过大。本药使用剂量为 100mg/kg，其致死量为 300mg/kg。投予过量时，表现痉挛、兴奋，进而麻痹。血压下降，呼吸抑制，溶血，尿中会有正常代谢产物排出等副作用。如果肌肉由松弛变得僵硬是中毒的表现，常导致死亡。临床上常用以做吸入麻醉的诱导、短时的手术、气管内插管等。配合其他药物，即混合麻醉，更为可取，这样会加强麻醉的效果。

2. 牛的全身麻醉　牛作为施行手术的对象有许多有利条件，如牛能在站立保定和施行局部麻醉的情况下进行多种手术（包括瘤胃切开等大手术），即使需要全身麻醉的手术，一般也可在中、浅麻醉情况下，配合局部麻醉进行。故牛需要深麻醉的情况并不多。

应当指出，牛在全身麻醉时，因其解剖、生理上的特点，有其不利的一面。如牛的肺活量小，腹腔中又有特大的瘤胃，在卧倒时腹压更大，容易压迫膈，造成呼吸困难，这就加重了在麻醉时通常已造成的呼吸机能障碍。此外，多数的全身麻醉药都能引起牛的大量流涎，加上深麻醉时，贲门括约肌松弛，导致瘤胃液状内容物从口鼻涌出的可能性，都有造成吸入性肺炎的危险。在麻醉时，胃肠运动机能受抑制和长时间卧倒的不利体位的影响下，大量发酵的瘤胃内容物容易发生臌胀。所有这些因素都促使我们对牛全身麻醉可能发生的危险性需保持应有的警惕。为了克服这些不利因素，施行全身麻醉的牛应该禁食 24h；为了减少唾液腺和支气管腺体的分泌，常采用小剂量（0.4mg/kg）的阿托品作为麻醉前用药；为了预防瘤胃臌胀，可在麻醉前 30min 灌服食醋 0.5～1kg，或灌服适量的鱼石脂酒精，同时也应备有胃管和瘤胃放气套管针以及预防吸入异物的气管插管；为了减少麻醉剂的副作用和用药量，可以在麻醉前 30min 以 1～2mg/kg 肌肉注射氯丙嗪，也可采用其他复合麻醉的方法。总之，对牛实施全麻绝不可麻醉过深，最好采用配合麻醉，麻醉前停食、停水，给予阿托品，进行气管内插管是非常必需的。

（1）隆朋：牛是对隆朋最敏感的动物，即能在较小剂量下引起较深度的镇静和镇痛。

牛以 0.2～0.5mg/kg 肌肉注射时，一般可于 20min 内明显表现药物的主要作用，并迅速达到高峰。通常可见动物精神沉郁，嗜眠，头颈下垂，眼半闭，唇下垂，大量流涎，少数牛可见舌肌松弛并伸出口腔外，绝大多数牛站立不稳，俯卧，头部多扭向躯体一侧（呈产后瘫痪姿势），全身肌肉明显松弛，此时针刺躯干及四肢上部时无痛感，可在侧卧保定下进行各种手术，但前肢末端、鼻镜等处有时仍有镇痛不全表现。此种情况一般可维持 1h 以上。在整个过程中动物意识一直没有完全消失，个别牛俯卧 20～30min 后能自行站起，艰难地行走几步后，再卧下。因此，手术时仍应加以适当保定。

如果肌肉注射剂量超过每千克体重 0.6mg 时，可观察到呼吸困难，心音减弱，腹部膨胀等不良反应，但一般不会造成严重后果，约在 2h 后可逐渐恢复正常。由于隆朋对妊娠子宫有一定兴奋性，在施行截胎术时应用本品麻醉有时因子宫收缩而影响手术进行。据报道，水牛对隆朋的反应不如黄牛敏感，故施行大手术时剂量可增至 1～3mg/kg。如果增至 5mg/kg 时，除有时能引起轻度瘤胃膨胀，少量胃内容物经口、鼻流出和短时的呼吸困难等不良反应外，一般仍能安全耐过。虽然如此，仍建议采取较小剂量为宜。

（2）水合氯醛：由于水合氯醛的安全性较小，并因前述的原因，牛容易发生并发症，所以在牛一般不用水合氯醛进行深麻醉。在临床上常配成 5%～10% 的水合氯醛溶液使用，也可采用前述的硫酸镁或酒精的合剂进行混合麻醉。

麻醉剂量因畜体反应不同而有颇大差异，一般常用的静脉注射量（每 100kg 体重）如下：

$$5g \text{————} 8g \text{————} 12g$$

（镇静、浅麻醉）　　（中麻醉）　　（深麻醉）

注射可分为两次进行：第一次静脉注射至牛自行卧倒，略待数分钟，再将剩余药液，按麻醉需要的深度进行第二次补充注射。

在牛的水合氯醛麻醉，一般采用静脉注射较多，虽然必要时也可用灌服或灌肠投药，但灌服法因瘤胃内容物数量大，影响药物吸收，故效果不甚确实。为了克服水合氯醛所引起的较长时的嗜眠状态，加快麻醉动物术后苏醒，可于术后注射苯甲酸钠咖啡因。

（3）硫喷妥钠：成年牛的静脉注射，一次量，10～15mg/kg，麻醉时间 5～10min，苏醒时间 1～2h，恢复前先有兴奋出现。犊牛静脉注射，一次量，15～20mg/kg，麻醉时间 10～15min，苏醒时间 30min，无兴奋出现。

临床应用时，按体重计算剂量，配制成 5% 溶液，先以其总量的 1/2～2/3 于 20～30s 内在静脉迅速推注，然后观察 2～3min，观察麻醉体征的变化，即观察麻醉深度如何。如果不够理想，再将其注入余量，并随时观察反应。注意前一半量的注射速度不宜太慢，否则很难达到预期的效果。在给药的过程中，有的牛会发生短暂的窒息，一般经 15～20s 后可自行恢复，或有时稍稍辅以人工呼吸。单独使用较少，多用复合方法给药。在吸入麻醉时用本剂进行诱导麻醉后进行气管内插管的效果也被兽医工作者所接受。

（4）酒精：酒精麻醉是种古老的方法，在某些特殊的情况下也不失为一种可行的方法，因为方便，易行。使用酒精可使牛达到深睡的目的。

①内服法：经口灌服，术前必须禁食 12～24h，这点至关重要，否则效果很不稳定。内服 40% 酒精（亦可用白酒代替），剂量是 250～300mL/100kg。内服酒精可导致胃肠弛缓，术后可有胃肠胀气。如果是空腹，服后 15min 可逐渐产生抑制现象，持续 1～2h 不等。

②静脉注射法：静脉给予不会造成胃肠弛缓，有实验提出以下配方收到了较好的麻醉效果，最好事先给予阿托品：

96% 酒精	300.0mL
25% 葡萄糖注射液	70.0mL

水合氯醛　　　　　　　　　1.0mL

以上各成分混合均匀，静脉注射给药，剂量是1mL/kg。

其他的麻醉方法如水合氯醛、硫酸镁和硫喷妥钠混合麻醉也有较好的效果。愈创木酚甘油醚对牛也具有较好的肌松和镇痛作用，但也应注意浓度，防止出现血尿。

从临床实际应用的情况来看，牛的非吸入麻醉安全性并不好，尤其在客观上要求的麻醉程度较深时。而复合应用吸入麻醉切实可行，效果可靠。

牛在全身麻醉之时，气管内的插管是非常必需的，可有效地防止胃内容物反灌而造成误吸，这种误吸常使动物窒息而死。牛在全身麻醉结束之后，待其肌肉张力恢复，吞咽反射恢复，并能自主舌回缩时才能拔出气管内插管，不宜过早拔管。在麻醉的恢复期，如果肌肉张力已适当恢复，则应尽可能使牛不要处于侧卧位，而最好令其取胸腹卧位。如有可能，应尽早令其站立（人工辅助），然后置于柱栏内并使头颈抬起。因为牛不适合长时间处于侧卧位，以减少麻醉的合并症。

3. 羊的全身麻醉　　羊的解剖、生理与牛相似，所以很多麻醉特点以及全身麻醉的危险性也相似。但似乎呃逆反流现象没有牛那样严重。再者羊的体格较小，麻醉比较容易控制。麻醉时的注意点及所需采用的措施与牛基本相同。各种麻醉药物的使用稀剂量如下：

（1）隆朋：肌肉注射，一次量，1～2mg/kg。隆朋与氯胺酮复合应用有较好的效果。

（2）戊巴比妥钠：静脉注射，一次量，20～25mg/kg。麻醉持续时间30～40min，苏醒时间2～3h。易引起瘤胃臌胀等并发症，宜慎用。

（3）硫喷妥钠：静脉注射，一次量，15～20mg/kg。麻醉持续时间10～20min。应充分注意可能造成的呼吸抑制，可能出现呼吸暂停。一般在40s左右可自行恢复自主呼吸，否则应及时给予人工支持呼吸。

（4）水合氯醛：静脉注射，0.09～0.13g/kg。需要注意的是，羊对水合氯醛的耐受性在个体间差异较大，绝对标准的用量很难确定，最好是根据麻醉时体征的变化，即麻醉状态来决定。在牛的麻醉中所介绍的水合氯醛、酒精、葡萄糖混合注射液对羊也有满意的效果，剂量参照牛的用量。

（5）保定2号：可以使羊进入很好的麻醉状态，并可以在此条件下进行多种外科手术。

4. 猪的全身麻醉　　猪对全身麻醉的耐受性较差。如在肥育猪，心脏疾患较多，肺活量也较小，因而容易造成缺氧。猪的鼻咽通道容易阻塞，皮肤和黏膜容易发绀。此外，由于饲养不良所致的代谢障碍病也较多见，如蛋白质缺乏症、维生素缺乏症和矿物质代谢障碍等，这些都与耐受全身麻醉的能力有关。但在一般临床实践中，只要严格掌握麻醉剂量，密切注意反应情况，采用麻醉前用药或复合麻醉等措施，则多种麻醉方法都还是安全、有效的。

猪的全身麻醉药物剂量如下：

（1）戊巴比妥钠：静脉注射，一次量，10～25mg/kg，麻醉30～60min，苏醒时间4～6h，此剂量也可采用腹腔注射。一般大猪（体重50kg以上）采用小剂量（10mg/kg），小猪（体重20kg以下）采用大剂量（25mg/kg）。

（2）硫喷妥钠：静脉注射，一次量，10～25mg/kg（小猪用高剂量，即25mg/kg）。麻醉时间10～25min，苏醒时间0.5～2h。腹腔注射，一次量，20mg/kg，麻醉时间15min，苏醒时间约3h。限于短时手术，或作为吸入麻醉的诱导。

（3）水合氯醛：静脉注射，5～10g/50kg。水分氯醛可以使猪进入深睡状态，但不够稳定，若事先给予氯丙嗪，则麻醉效果更好、更安全。

（4）噻胺酮（复方氯胺酮）：对猪有较好的效果，因为本药是一个复合剂，其中含有一定量的苯乙哌酯，故可以减少腺体的分泌，并减轻对心血管的副作用。噻胺酮的给药方法与猪体重的大小有关系，一般在小型猪或是体重50kg以下的猪，在颈部耳根后方处做肌肉注射。应注意的是在脂肪比较丰满的猪，如是在颈侧注射有可能把药液注入脂肪组织中，即使给予有效剂量，麻醉效果也不满意。一般肌肉注射的剂量是10～15mg/kg。给药后动物没有兴奋现象，大约5min后会失去平衡，表现跌跌撞撞，然后自己侧卧，呼吸平稳而均匀，肌松好，平稳进入麻醉状态，持续60～90min不等。但苏醒后的恢复期较长，可达7～8h之久，有时甚至更长。恢复期有的有呕吐现象，有的猪不安定，有明显的向前冲撞现象，可逐渐自行恢复，这在小型猪表现比较明显。如果猪的体重大于50kg或是用于成年种猪，其体重有的可达300kg之多，则噻胺酮不宜由肌肉注射给药，而是采用静脉注射，由耳静脉注射，其剂量是5～7mg/kg。注射时速度不宜过快，否则会严重影响呼吸。有报道提出，在麻醉前投予0.2mg/kg的咪唑安定（肌肉注射），其麻醉效果更佳。有条件时再配合吸入低浓度的氟烷或安氟醚会使麻醉更为理想。

（5）甲咪酯：以5%葡萄糖盐水溶解制成5%的溶液，静脉注射，15mg/kg，肌肉注射，20～30mg/kg。另一种方法是：肌肉注射安定，2mg/kg，15min之后，肌肉注射甲咪酯，15～20mg/kg，则猪可在数分钟内进入麻醉状态。恢复期较慢，需经6～8h。麻醉期间体温下降，注意保温。有的猪有呕吐现象。

（6）乙醚酯（乙托咪酯）：以2%注射液按0.2mg/kg给猪静脉注射，可以做去势手术，或是进行吸入麻醉的诱导。乙托咪酯的作用强度大于戊巴比妥钠和硫喷妥钠，是前者的4倍，后者12倍。且对心脏血管系统和呼吸系统的影响较小。本药安全，进入麻醉平稳且苏醒迅速，可得到10min左右的麻醉效果。

（7）氮哌酮：对猪有很好的适应性，是新型的安定药。给猪用小剂量（1mg/kg）作为镇静药；中等剂量（2.5mg/kg）可使猪明显变得安静，消除攻击行为和易"合群"；大剂量（5～10mg/kg）可使猪自行倒卧，并有明显的制动作用。给猪用氮哌酮（2mg/kg）和甲醚酯（10mg/kg）肌肉注射，可使猪进入麻醉状态，耐受外科手术。以氮哌酮（2.5mg/kg）肌肉注射后，经20min后，静脉注射甲咪酯（2.5mg/kg）可以得到60min左右的高度镇静，若能再配合局部麻醉，可进行剖腹产手术、小的外科处置以及去势等，效果亦可靠。此法对猪不形成较大的生理干扰，比较安全。

单独给予氯胺酮，10～30mg/kg，肌肉注射，也能使猪安定，持续10～20min。

5. 犬的全身麻醉

（1）舒泰：手术前先皮下注射硫酸阿托品，0.1mg/kg，15min后注射舒泰。

诱导剂量：7～25mg/kg，肌肉注射；或5～10mg/kg，静脉注射。

麻醉持续时间：根据以上剂量，持续20～30min。

补充注射：第1次剂量的1/2～1/3，最好是静脉注射。

（2）右美托咪啶：作为镇静剂和止痛剂，便于临床检查、临床治疗、小的手术和小的牙齿处理，也可用于深度麻醉前的前驱麻醉剂。肌肉注射用量为500mcg/m²，静脉注射用量为375mcg/m²时，可产生镇静和止痛作用。用于前驱麻醉剂的剂量为肌肉注射125mcg/m²

或 375mcg/m²。前驱麻醉剂量根据手术过程和程度而制定，也可按照麻醉制度确定。

可参考表 4-4、表 4-5 进行剂量选择，注意剂量（mcg/kg）是随着体重的增加而减少，例如犬体重为 2kg 静脉注射剂量为 28mcg/kg，对应犬体重为 80kg 使用的剂量为 9mcg/kg。由于操作需要一定体积溶液，犬的最小体重不能低于 2kg。

表 4-4　右美托咪啶镇静/止痛剂量表

体　重		静脉注射（375mcg/m²）		肌肉注射（500mcg/m²）	
lb	kg	mcg/kg	mL	mcg/kg	mL
4～7	2～3	28.1	0.12	40.0	0.15
7～9	3～4	25.0	0.15	35.0	0.20
9～11	4～5	23.0	0.20	30.0	0.30
11～22	5～10	19.6	0.29	25.0	0.40
22～29	10～13	16.8	0.38	23.0	0.50
29～33	13～15	15.7	0.44	21.0	0.60
33～44	15～20	14.6	0.51	20.0	0.70
44～55	20～25	13.4	0.60	18.0	0.80
55～66	25～30	12.6	0.69	17.0	0.90
66～73	30～33	12.0	0.75	16.0	1.00
73～81	33～37	11.6	0.81	15.0	1.10
81～99	37～45	11.0	0.90	14.5	1.20
99～110	45～50	10.5	0.99	14.0	1.30
110～121	50～55	10.1	1.06	13.5	1.40
121～132	55～60	9.8	1.13	13.0	1.50
132～143	60～65	9.5	1.19	12.8	1.60
143～154	65～70	9.3	1.26	12.5	1.70
154～176	70～80	9.3	1.35	12.3	1.80
＞176	＞80	8.7	1.42	12.0	1.90

表 4-5　右美托咪啶前驱麻醉剂量表

体　重		肌肉注射（125mcg/m²）		肌肉注射（375mcg/m²）	
lb	kg	mcg/kg	mL	mcg/kg	mL
4～7	2～3	9.4	0.04	28.1	0.12
7～9	3～4	8.3	0.05	25.0	0.15
9～11	4～5	7.7	0.07	23.0	0.20
11～22	5～10	6.5	0.10	19.6	0.29
22～29	10～13	5.6	0.13	16.8	0.38
29～33	13～15	5.2	0.15	15.7	0.44
33～44	15～20	4.9	0.17	14.6	0.51
44～55	20～25	4.5	0.20	13.4	0.60
55～66	25～30	4.2	0.23	12.6	0.69
66～73	30～33	4.0	0.25	12.0	0.75
73～81	33～37	3.9	0.27	11.6	0.81
81～99	37～45	3.7	0.30	11.0	0.90
99～110	45～50	3.5	0.33	10.5	0.99

（续）

体 重		肌肉注射（125mcg/m²）		肌肉注射（375mcg/m²）	
lb	kg	mcg/kg	mL	mcg/kg	mL
110～121	50～55	3.4	0.35	10.1	1.06
121～132	55～60	3.3	0.38	9.8	1.13
132～143	60～65	3.2	0.40	9.5	1.19
143～154	65～70	3.1	0.42	9.3	1.26
154～176	70～80	3.0	0.45	9.0	1.35
>176	>80	2.9	0.47	8.7	1.42

使用右美托咪啶做前驱麻醉能够显著降低麻醉剂的剂量。按照推荐剂量使用右美托咪啶做前驱麻醉，插管法注射用药剂量可以减少 30%～60%，吸入麻醉药物的浓度可以减少 40%～60%。麻醉药物的剂量可以根据病畜的反应进行滴加。

（3）吗啡：吗啡是用于犬比较好的麻醉剂，麻醉前应皮下注射阿托品，0.03～0.05mg/kg。20min 后皮下注射吗啡，剂量是每千克体重 1mg。给药之后经过 15～30min 逐渐进入麻醉状态，可持续 1～3h 不等。给药后犬会表现不安，继而行动蹒跚迟钝，并有流涎、呕吐及排便、排尿等兴奋现象。然后对外界的反应淡漠，卧地不起，沉睡并进入麻醉状态，痛觉和知觉消失，而听觉的抑制稍差。注意，个体间的差异会使给药量有所不同。

（4）硫喷妥钠：静脉给药，25mg/kg。通常将硫喷妥钠稀释成 2.5% 的溶液，按体重折算总药量，先将 1/2 或是 2/3 以较快的速度静脉注射，大约为 1ml/s。在注射过程中，动物很快呈现肌松，全身松弱无力，眼睑反射减弱，呼吸均匀平稳，瞳孔缩小。剩余量需较慢给药，并密切注意观察动物在麻醉后的临床表现，认为已达所需要的深度时，应即停止给药。如果静脉注射给药过快，或是剂量偏大，会严重抑制呼吸，甚至会呼吸停止。故为防止意外，应准备好呼吸兴奋剂以及人工呼吸装置。一旦发生呼吸抑制，人工支持呼吸比用呼吸兴奋药物更有实际意义。通常如上述一次麻醉给药，可以持续 15～25min，其恢复期稍长，可达 2～3h。在临床具体应用时，有时为了延长麻醉的时间，常把静脉注射针（头皮针因连有软管较为方便）留置在静脉内（注意应固定好），当动物有所觉醒骚动或有叫声时，再从静脉适量推入药物，当然要观察动物体态反应以决定给药的多少，用这种反复多次给药的方式，则可以延长所需的麻醉时间，能更好地配合完成手术。

（5）氯胺酮：用药前常规注射硫酸阿托品，防止流涎。注射后 15min，肌肉注射氯胺酮，10～15mg/kg，5min 后产生药效，一般可有 30min 的麻醉持续时间，适当地增加用量也可相应延长麻醉持续时间。但是如果由于给药偏多，可能出现全身性强直痉挛，而不能自动消失时，可以 1～2mg/kg 静脉注射安定。临床上又常常将氯胺酮与其他神经安定药混合应用以改善麻醉状况。

①氯丙嗪＋氯胺酮：麻醉前给予阿托品，然后肌肉注射氯丙嗪，3～4mg/kg，15min 后再肌肉注射氯胺酮，5～9mg/kg，麻醉平稳，持续 30min。

②隆朋＋氯胺酮：麻醉前给予阿托品，先肌肉注射隆朋，1～2mg/kg，15min 后肌肉注射氯胺酮，5～15mg/kg，持续 20～30min。这种方法有更多的兽医工作者愿意采用。

③安定＋氯胺酮：肌肉注射安定，1～2mg/kg，之后约经 15min 再肌肉注射氯胺酮，也能产生平稳的全身麻醉。

（6）戊巴比妥钠：由静脉给药，临时配制成 5％葡萄糖水溶液，剂量为 25～30mg/kg。仍然注意以全量的 1/2～2/3 快速由静脉给药，动物不会表现出明显的兴奋而进入麻醉状态。随后则应减慢给药，在注射给药的同时，注意观察动物的反应，直到达到预定麻醉的深度为止。当动物进入较深的麻醉时表现出肌肉松弛，腹肌亦松弛，开口时无抵抗力，眼睑反射消失，瞳孔缩小，对光反射变弱，脉搏强而稍快，呼吸变慢而均匀。麻醉持续时间与给药的剂量有关，一般能持续 40～60min，恢复期较长，需要数小时，术后应给予保护。注意有复睡现象。

（7）安定：在犬安定镇痛的效果肯定，右美托咪啶的效果最好，国产药物如噻胺酮、846 合剂、保定 1 号、保定 2 号等都会有比较令人满意的效果。

6. 猫的全身麻醉

（1）舒泰：用于猫的保定和全身麻醉。手术前先皮下注射硫酸阿托品，0.05mg/kg，15min 后注射舒泰。

诱导剂量：10～15mg/kg，肌肉注射；或 5～7.5mg/kg，静脉注射。

麻醉持续时间：根据以上剂量，持续 20～30min。

补充注射：第 1 次剂量的 1/2～1/3，最好是静脉注射。

使用时用全部的稀释液将冻干的活性成分溶解，得到需要的浓度。

（2）右美托咪啶：α_2-肾上腺素受体存在于中枢神经系统、外周植物性神经以及接受植物性神经支配的多个组织中。用于猫的镇静和止痛，便于临床检查、临床治疗、小的手术和小的牙处理。在肌肉注射剂量为 40mcg/kg 时可以产生镇静和止痛作用。表 4-6 为根据猫体重推荐使用右美托咪啶的剂量。

表 4-6　右美托咪啶镇静/止痛剂量表

体　　重		肌肉注射（40mcg/kg）	
lb	kg	mcg/kg	mL
4～7	2～3	40	0.2
7～9	3～4	40	0.3
9～13	4～6	40	0.4
13～15	6～7	40	0.5
15～18	7～8	40	0.6
18～22	8～10	40	0.7

（3）氯胺酮：给猫肌肉注射，10～30mg/kg，可产生麻醉，持续 30min 左右。我国在数年前多用此药做猫的全身麻醉。但似乎尚有些不足之处，现已多复合应用，减少了兴奋现象。给药后，猫表现瞳孔扩大，肌松不全，流涎，运动失调而后倒卧，意识丧失，无痛。有的猫可能出现痉挛症状，若较长时间不缓解，可静脉注射戊巴比妥钠对抗之。若要制止流涎，可在麻醉前皮下注射阿托品，剂量为 0.03～0.05mg/kg。此药在注射部位有刺激性疼痛。猫的手术常仰卧保定，要小心防止舌根下沉而阻塞呼吸道，可用舌钳将舌拉出固定于口腔外，若能插入合适的气管内插管则更为安全可靠。鉴于氯胺酮在单独使用时的某些不足之处，可以复合其他药物应用。

①隆朋＋氯胺酮：麻醉前给予阿托品，这对猫很重要，15min 后首先肌肉注射隆朋，1～2mg/kg，再经 5min，肌肉注射氯胺酮，5～15mg/kg。给予不同的剂量可使麻醉期长短不一。据报道，可以隆朋 2.2mg/kg 和氯胺酮 4.4mg/kg 的比例给猫做麻醉。

②氯丙嗪＋氯胺酮：首先以盐酸氯丙嗪肌肉注射给药，剂量为 1mg/kg，15min 后再肌肉注射氯胺酮，15～20mg/kg。

（4）巴比妥类：这类药物中的硫喷妥钠和戊巴比妥钠较常用。用量大约为 25mg/kg，静脉注射。必要时可以追加用药，一般追加量为第一次用药量的 1/3 是安全的。硫喷妥钠可以维持 20min 左右，而戊巴比妥钠则可长达 60min 之久。使用时应注意，这类药物有明显的抑制呼吸作用，对患有心、肺、肝、肾疾病的猫要慎用，或是改用其他麻醉方法。

（5）噻胺酮（复方氯胺酮）：使用本品不表现流涎（因含有苯乙哌酯）。猫对噻胺酮有较好的耐受性，一般临床用量为 3～5mg/kg，肌肉注射。而实验证明，2～10mg/kg 的范围都是安全的。给药 3～5min 后产生药效，可持续 50～600min，个别的猫恢复期较长。本品对猫比较平稳、安全、可靠。

（6）846 合剂：剂量为 0.1mL/kg，肌肉注射给药。当进入麻醉延时，苏醒期也较长，但麻醉期间的肌松和镇痛效果均好，且配有苏醒灵 4 号以作为催醒之用，这就减少了麻醉苏醒期持续延长中所带来的很多麻烦。

7. 犬、猫常用的麻醉前给药药物

（1）乙酰普吗嗪（2mg/mL 注射液）：当单独使用时，不是一个特别有效的镇静药物或麻前药物。剂量为 0.012 5～0.1mg/kg，慢速静脉注射、肌肉注射或皮下注射。在拳师犬和巨型犬，剂量不要大于 0.025mg/kg，因为可以导致昏厥或虚脱。通常与其他药物联合应用。主要用于犬，因为可以导致猫的兴奋；偶见犬有攻击行为的报道。

（2）安定止痛药：与 ACP 和吗啡类（阿片类）止痛药结合应用可降低各自的使用量。剂量：ACP，0.012 5～0.05mg/kg，与以下药物中的一种结合使用：哌替啶（度冷丁）2～10mg/kg，肌肉注射；吗啡 0.1～1mg/kg，肌肉注射；Buprenophine（0.3mg/mL）0.005～0.01mg/kg，静脉或肌肉注射；Butorphanol（10mg/mL）0.1～0.3mg/kg，静脉或肌肉注射。

（3）阿托品：剂量为 0.045mg/kg，肌肉或皮下注射；或 0.02mg/kg，静脉注射。一般与 ACP 合用，有助于消除 ACP 的心颤（心搏徐缓）作用。常用于牙科治疗，因为可以减少流涎。

（4）咪底托咪啶（1mg/mL 注射液）：剂量为 0.01～0.02mg/kg，肌肉注射；静脉注射剂量更低，为 0.005mg/kg。根据使用剂量的多少，可以产生镇静、肌松和明显的止痛作用。0.08mg/kg 时，可以产生深度的镇静和止痛效果，其作用可以被 5 倍（在猫是 2.5 倍）于咪底托咪啶剂量的拮抗剂 Atipamezole（5mg/kg）所逆转。注意，可以抑制呼吸和心跳，不用于衰弱、老龄动物。

（5）隆朋（20mg/mL 注射液）：剂量为 1～3mg/kg，肌肉注射。也可以被 Atipamezole 所拮抗。

（6）α_2 肾上腺素受体激动剂/阿片类受体混合物：这种结合可以降低药物的使用剂量而取得预想的镇静效果，限制 α_2 肾上腺素受体激动剂对心肺功能的严重影响。只用于健康动物。剂量：咪底托咪啶（0.005～0.01mg/kg）或隆朋（1mg/kg）结合以下药物中的一种：哌替啶（度冷丁）2mg/kg，肌肉注射；Buprenorphine（0.3mg/mL），0.005～0.01mg/kg，缓慢静脉或肌肉注射；Butorphanol（10mg/mL），0.1～0.2mg/kg，静脉或肌肉注射。

（7）ACP/$α_2$肾上腺素受体激动剂/阿片类受体混合物：ACP 的剂量为 0.1mg/kg。与 $α_2$ 肾上腺素受体激动剂/阿片类受体混合物联合应用于大型犬、有危险进攻性犬的镇静或麻前给药。

（8）苯并安定：单独应用时并不可靠，因为可以导致对动物的刺激，包括运动性增强到兴奋，可以引起患病动物的高度镇静。

（9）安定（5mg/kg 注射液）：使骨骼肌松弛并刺激食欲。剂量为 0.1～0.25mg/kg，静脉注射。

（10）苯并安定/阿片类受体混合物：效果确实，对患病动物相对安全。首先给予阿片类受体混合物，20～30min 后给予苯并安定。剂量：安定 0.25mg/kg 或者 Midazolam0.25mg/kg，均为缓慢静脉注射。

四、其他麻醉方法

（一）神经安定镇痛

为了减轻某些麻醉药物对机体的不良影响，尽量减少对中枢神经系统的过度抑制，在临床实践中逐步形成了神经安定镇痛（neuroleptanalgesia，NLA）的应用技术，它适用于某些不能接受深麻醉的动物，特别是原有心肺功能不全或肝肾机能差的动物。

这种方法是将神经安定药和镇痛药合并应用，药量小，镇痛、镇静的效果均好，意识和反射所受的抑制比较轻，有时会使动物处于一种精神淡漠的清醒状态，但可以经受手术。20世纪 50 年代初就提出将某些药物作用互补，互相强化。近年来，在兽医临床也应用了神经安定镇痛技术，取得了满意的效果，同时也促进了兽医麻醉学的新发展。现就目前我国常用的方法介绍如下：

1. 保定灵 是兽医临床上应用较多的一种麻醉药。它是草食动物首选的保定性药物，因其作用可靠，使用方便、安全。埃托啡复合乙酰普吗嗪用于大动物。埃托啡复合甲氧异丁嗪用于小动物。

埃托啡是吗啡类中作用最强的一种，作为动物的保定用药，它的用量小，效果可靠，可适用于很多野生动物，作为捕捉、保定、运输、治疗和手术麻醉之用。使用本药可使动物发生肌肉震颤和抽搐（肩带、面部、鼻唇部肌肉抽搐明显），在马属动物比较明显。此外，应充分注意到本药有明显的种属间差异，也有个体差异，前者比较大。在使用时应仔细查阅使用指导，计算好所需用量，以免发生意外。

本药同时配有特异性拮抗药，购买时已配好。

2. 速眠新注射液（846 合剂） 按 846 合剂的组成，它应属于神经安定镇痛剂。它的主要成分是双氢埃托啡复合保定宁和氟哌啶醇，故有良好的镇静、镇痛和肌松作用。近年来，本药逐渐用于临床药物制动或手术麻醉，本药对小动物应用的效果较好，在犬、猫的应用已较广泛。此外，还可以用于马、牛、熊、羊、猴、兔及鼠等。其使用剂量：马 0.01～0.015mL/kg，牛 0.005～0.015mL/kg，羊、犬、猴 0.1～0.015mL/kg，猫、兔 0.2～

0.3mL/kg，熊 0.02～0.05mL/kg，鼠 0.5～1mL/kg。注意，本品与氯胺酮、巴比妥类药物有明显的协同作用，复合应用时要特别注意。对动物的心血管和呼吸系统有一定的抑制作用（阿托品、东莨菪碱有缓解作用），特效的解救药为苏醒灵 4 号，以 1∶0.5～1（容量比）由静脉注射给药，可以很快逆转 846 合剂的作用。注意本品在某些个体会造成长时间持续的麻醉状态，或是苏醒期过长，例如有的犬可长达 48h 以上。最好能在术后及时给予苏醒灵 4 号使动物尽快复苏。苏醒灵 4 号具有兴奋中枢、改善心血管功能、促进胃肠蠕动功能恢复的作用，可用于保定、麻醉后的催醒和过量中毒的解救，按说明书所示剂量给予，向静脉内缓慢推注。

3. 新保灵　新保灵是我国研制的新药，它属于 F 类药物，同样也作用于特异受体，产生制动作用。新保灵是该药的商品名，它的化学名称是 1-噻吩乙基-4-甲氧羟基芬太尼，又称噻芬太尼。它是全合成的药物，优于半合成品，因为半合成者多需以吗啡为基础。新保灵是一种强力镇痛药，效果可靠，可以用于家畜和一些野生动物，其性质相似于保定灵。新保灵有系列产品，如：

（1）0.2%新保灵注射液：可作为镇痛药使用，也可以和其他有关药物复合应用。

（2）保定 1 号注射液：含噻芬太尼草酸盐 1.5mg/mL 和盐酸氯丙嗪 15～25mg/mL。临床上可用于大动物，保定、镇痛效果均好，可以作为制动药、麻前给药或基础麻醉。保定 1 号临床用于羊的效果较好（0.075～0.1mL/10kg），牛次之（0.8～1.0mL/50kg），在马、驴的效果不够满意（2～2.2mL/50kg），在猪和犬也可以应用。

（3）回苏 1 号：是保定 1 号的特异解救拮抗药，它可以在受体上起拮抗作用，能迅速逆转保定 1 号的作用，它含氢溴酸丙烯吗啡 20mg/mL 和亚甲蓝 0.001%，其液体呈淡淡的蓝色，以此与保定 1 号相区别。其用量按容量计算为保定 1 号的 4 倍，临床应用时常以 4 倍量静脉注射，然后再以 2 倍量做肌肉注射。

（4）保定 2 号：内含噻芬太尼 1.5mg/mL，隆朋 15mg/mL。它是新保灵复合剂的又一种复合配方，辅以隆朋，对牛、羊等反刍动物更为合适，肌松效果比较理想，对牛、羊都比较满意，给药后动物很安稳即进入麻醉状态。其用法用量与保定 1 号相同。

（5）回苏 2 号：是保定 2 号的配用拮抗剂，成分为环丙羟吗啡，是微蓝色的液体，使用剂量为保定 2 号的相等容量，静脉注射。

新保灵系列制剂临床应用时应注意：①使用时小心，尽可能不使药液沾在皮肤、黏膜上，否则会对人产生制动作用。万一发生意外，可用钠络酮或回苏 1 号、2 号注射解救，沾在皮肤、黏膜上的药液，可立即用水冲洗。②注意本制剂有明显的种属差异，也具有个体差异，故一般不宜采用较高的剂量。③精确计算或估计体重，再计算药液用量，原本此药的使用剂量就很小，应尽可能减少剂量计算上的误差。④如果发现呼吸抑制，反刍动物发生严重胃内容物反流时，应立即给予回苏拮抗药。⑤反刍动物中的牛在应用本药时，应同时施以气管内插管，以确保安全，防止误吸致死。呃逆和反流现象多半发生在给药后 40～50min，而不是在初期。

（二）电针麻醉

针刺麻醉是在祖国医学针灸疗法的基础上发展起来的麻醉方法，电针麻醉（electroacupuncture anesthesia）又是从针刺麻醉发展而来，是属于针刺麻醉的一种特殊形式。针刺麻醉是用针刺并进行手法捻针，但在兽医临床实践上，因手法捻针较费力与不便，刺激量也较弱，所以目前一般多改用各种不同波型、频率和电压进行刺激，以代替手法捻针，称为电针麻醉。

1. 电针麻醉的特点

（1）生理干扰少，恢复常态快，动物在手术过程中始终保持清醒状态（猪的安神组穴例外）。而一般药物麻醉（尤其是全身麻醉）都在不同程度上抑制或影响生理功能，如果用药过量则危险性更大，电针麻醉一般无上述缺点，在这个意义上来说也是一种较为安全的麻醉方法。然而，电针麻醉的安全性也不应过分强调，如果任意加大刺激量，粗暴地进针或不按一般倒畜的注意事项行事，鲁莽地利用电针倒畜等，有时也可以引起不良后果，应当注意。

（2）在电针麻醉过程中可以自由采用强心、输液等措施，不致干扰麻醉过程。

（3）术后麻醉解除快，一般将针拔出后，病畜即可行走，对术后采食、饮水均无影响，从而减轻了对麻醉后监护的负担。

（4）本麻醉方法简便易行，经济，也有利于推广。

针刺麻醉的基本原理目前仍然处于继续探索阶段，尚未完全阐明。近年来，我国广大医务人员、兽医及科学工作者已做了大量工作，把针麻理论性研究提高到一个新的水平，并引起了国内外科学界的重视，不少国外学者也从事这方面的探索。

电针麻醉在我国各地已广泛应用于马、驴、骡、奶牛、黄牛、水牛、山羊、绵羊和猪等多种家畜，近年来已在兽医治疗中发挥着良好的作用。在临床实践中也观察到麻醉效果不一致的问题，如还存在着麻醉效果上的种别差异和个体差异。实践证明，麻醉效果相对而言，牛、羊较马属动物好；蒙古马、母马、骟马较杂种马、公马和骡好；绵羊较山羊好等。这些问题有待进一步研究解决。

2. 电针麻醉的选穴　　选穴的方法大致有几种，也可以把几种方法结合采用。

（1）循经取穴：根据经络学说中"经络所过，主治所及"的理论，循经脉的运行走向、手术所涉及的脏腑与经络的关系，先选经，后取穴，再适当配成组穴。例如，三阳络、抢风组穴是这样选穴的。

（2）根据中兽医针灸临床治疗经验选穴：例如，在腹部手术时所选百会穴，就是根据中兽医传统治疗腰风湿痛、腹胀、腹痛等多种腰、腹部疼痛性疾患的有效穴位。

（3）根据神经解剖生理学取穴：例如，腰旁透穴的采用，就是基于对脊髓分节现象以及脊神经分布至相应节的认识，使电针麻醉作用于分布在软腹壁的主要三条神经干（最后肋间神经、髂腹下神经和髂腹股沟神经），从而获得腹壁的镇痛效应。

3. 电针麻醉一般操作步骤

（1）进针：穴位剪毛，用 75％酒精消毒皮肤。针具通常采用直径 1～1.5mm 的不锈钢圆针，长度按穴位要求的深度选用。进针时将针对准穴位，按穴位要求的角度刺入皮肤后，再将针捻转刺入至要求的深度。

（2）脉冲电流刺激：将脉冲式兽用针麻机上的输出电压以及频率的旋钮分别调至"0"位，再将输出导线分别与针柄连接，然后开电源，将频率及电压逐渐加大至所需强度。目前各地采用的电流刺激方法颇不一致，包括采用不同的波型频率、电压（或电流量）。一般采用的兽用针麻机其波型大都为双向尖峰波，较少采用方波或正弦波；麻醉时采用的频率为 10～100 次/s 不等，有时更高，但比较普遍采用的是 30～60 次/s。临床实践上通常先稍加电压，可见肌肉随刺激频率而收缩，然后加大频率至肌肉刚好表现强直性收缩，再逐渐加大电压，使达到病畜能耐受的足够强的刺激量（不同畜种和个体其耐受量可有很大的差别）。诱导时间为 10～30min，经针刺检验术部皮肤，如无疼痛反应即可进行手术。在牛、猪，有时为了使其迅速卧倒，也有先将频率、电压调至所需强度，接上导线后，突然接通电源使达到倒畜和保定的效果。应用此法时要特别慎重，以免发生意外事故。

（3）终止麻醉：一般在手术结束时，将电流刺激的强度和频率逐渐降低，然后断电、拔针，病畜即可恢复行动，但通常在终止针麻后仍有一段时间才能恢复局部感觉，这种现象称为针刺麻醉的后续效应。

4. 家畜电针麻醉组穴　几年来各地选用的电针麻醉有效组穴很多，现将其中部分组穴列于表 4-7，以供参考应用。

表 4-7　各种家畜电针麻醉组穴一览表

组穴名称	取 穴 方 法	进 针 方 法	适 应 症	备 注
三阳络、抢风组穴	三阳络：位于桡骨外侧韧带结节下方 6cm 的指总伸肌和腕尺伸肌之间的肌沟中 抢风组穴：在肩关节前稍下方，三角肌后缘，臂三头肌长头与外头之间的凹陷处	三阳络透夜眼进针时是将针与皮肤呈 15～25°角，沿桡骨后缘斜向内下方夜眼方向刺入 9～12cm，以能在皮外触及针尖而不穿透夜眼为度 抢风进针时垂直刺入 6～10cm（注意不可过深！）	主要用于马的腹部手术，也可用于头、颈、躯干等部手术，四肢下部效果差（如用在牛、猪因无夜眼，可刺至相当于夜眼的位置）	在手术区同侧取穴*
岩池、颌溪、下医风组穴	岩池：位于耳壳后缘，岩颞骨乳突前方的凹陷处 颌溪：下颌关节下缘凹陷处的后方约 1.6cm 下医风：环椎翼前缘，从突起向上约 3cm，能触及环椎翼有一缺口，它的前缘便是该穴	三穴位置近于一等边三角形 岩池进针时朝对侧口角方向刺入 6～7.5cm 颌溪进针朝后、内、下方刺入 4.5～5cm 下医风进针朝后、内、下方刺入 7.5～9cm	主要用于马的腹部手术，也可用于头、颈、胸部手术。四肢效果较差。 如用于牛、羊，可取岩池和下医风，横卧时加百会	在手术区同侧取穴
天平、百会、腰旁组穴	天平：第十三腰椎棘突和第一腰椎棘突之间背正中线上 百会：在最后腰椎棘突和荐椎棘突间的凹陷中 腰旁 1、2 及 3 穴：分别位于第一腰椎横突末端前面，第二、三腰椎横突末端之间	天平穴垂直进针刺入 5～9cm 百会垂直进针 9～12cm（或相当于硬膜外腔深度） 腰旁透穴进针时由第四腰椎横突末端进针后，向前对准第一腰椎横突末端平刺，针体从第三、二腰椎横突下通过，抵止于最后肋骨，即可透腰旁 1、2 及 3 共 3 个穴	主要用于牛的腹部手术，羊、猪也可采用，穴位较浅	腰旁在手术区同侧取穴
百会、尾根（或交巢）组穴**	百会：见前 尾根：荐椎与尾椎之间的凹陷中（交巢）：肛门与尾根之间的凹陷中	百会见前 尾根进针斜向前刺入 3～4cm（交巢）：进针与直肠平行向前刺入 10～15cm	主要用于牛、羊、猪的会阴部或去势手术	
两侧眶下孔组穴	眶下孔：上颌第一前白齿前缘的上方 3～4cm 处，左右各 1 穴	进针时先在穴位部以手指滑动皮肤可触及眶下孔的外口，将针向孔内平刺入 5～8cm 深	主要用于牛的豁鼻缝补术	两侧取穴

（续）

组穴名称	取 穴 方 法	进 针 方 法	适 应 症	备 注
猪两侧安神组穴	安神：位于耳根与颈部交界线上，环椎翼前缘上方1～2cm处（枕骨脊与环椎翼前缘小结节连线的中1/3与下1/3交界处即为穴位），左、右各1穴	进针时该穴位部刺向前、内、下方，对准同侧最后白齿方向，刺入5～10cm深。另一改良法在原穴位稍下方进针，紧贴下颌骨内侧，将针插抵下颌孔附近，其效果相同	主要用于猪的各种大手术；通常在接通电源后，即迅速加大频率和输出强度，至猪只短暂嘶气、不叫，然后将输出量稍调低，使猪逐渐适应和安睡（有时打鼾），经诱导10～15min即可施行手术	大猪在进针时常需用绳索保定上颌

* 据国外报道，本组穴采用频率0.5次/s，电压2.5V，电流量20mA，经20～50min的诱导期可获得体表无痛区，并认为30～50次/s的频率动物有骚扰，而0.5～1次/s的频率动物较舒服（日本中央竞马会竞走马保健研究所）。

** 这几个组穴在适当刺激量作用下，可以在起立保定下进行手术，但当频率和电压提高到一定强度时，还可出现具有一定临床利用价值的倒畜和保定的作用，可供侧卧保定进行手术之用。倒牛的注意事项与一般绳索倒牛相同。

（三）激光麻醉

在我国，激光麻醉是在针刺麻醉的基础上开展起来的。早在1978年，某些医院即将激光麻醉成功地用于某些比较复杂的外科手术，并取得了较好的镇痛效果。1978年以后，有些地方在兽医临床上也开始应用激光麻醉进行马、牛的外科手术并取得了满意的镇痛效果。激光麻醉可分为氦氖激光麻醉和二氧化碳激光麻醉两种。

1. 氦氖激光麻醉 氦氖激光麻醉方法在我国首先由东北农业大学外科教研室提出，是在电麻马外周神经和马群慧穴麻醉成功的基础上，把传统的针麻和现代激光技术相结合，成功地用于马属动物的外科手术，并取得了满意的镇痛效果，在此基础上又试用于牛、羊、犬、猪的外科手术，也都取得了较好的镇痛效果。

（1）马属动物氦氖激光麻醉：

①照射部位：氦氖激光照射到动物的体表后，其穿透的深度是很浅的。本法镇痛的机理，是通过照射家畜的外周神经经路，经神经传导而引起全身性的镇痛作用，因此必须选择浅在、易找、照射方便和较粗大的外周神经的经路。临床上最常见的是后肢胫神经。马该神经位于后肢小腿下部内侧沟内，照射部位是距跟结节上方8～11cm，沿跟腱前方可摸到较粗壮的胫神经干，在该处，剪毛，剃毛，涂3%的龙胆紫溶液。

②照射方法：

保定：手术台上侧卧保定。

激光管的功率：为了取得良好的镇痛效果，激光管的输出功率应当大一些，一般应不低于10mW。

激光管激光输出端与照射部的距离一般为50～60cm，照射20～30min后对术部皮肤做针刺疼痛反应检查，确认无痛后即可进行手术，以后边照射边进行手术。

③麻醉效果：据东北农业大学外科教研室的报道，在实验马身上进行了65例各种实验性手术，镇痛效果判定为优者27例，占41.54%，良者30例，占46.14%，可者8例，占12.31%，无失败例。镇痛效果评定为优良级的总和为57例，占65例的87.69%。

该法镇痛效果确实可靠，麻醉中动物意识不消失，术后可立即牵行，无并发症和后遗症，对体温、脉搏、呼吸和血压等均无显著的影响。其缺点是，在腹腔手术和厚层肌肉部位手术时其肌肉震颤和收缩虽较电针麻醉时轻微，但仍存在；对术区较粗大的外周神经干仍存有镇痛不全，在钳夹或切断这些神经干时还可能引起动物的轻度骚动。

④镇痛机理的初步探讨：氦氖激光照射马的胫神经等浅表外周神经径路之所以呈现全身性镇痛作用，很可能是经外周神经将激光信息传递到中枢再通过中枢而产生全身性的镇痛作用。其根据是：照射部位必须准确，激光光斑不能偏离神经径路，且照在激光作用所涉及的表在外周神经径路上，否则不能产生全身性的镇痛作用；照射部无较大的外周神经通过的部位或穴位均不能出现全身性的镇痛作用；用3％的普鲁卡因溶液做正中神经传导麻醉，阻断神经的向心传递后，再用氦氖激光照射其远心端则不引起全身性的镇痛作用。

通过一系列的探讨，他们还发现氦氖激光照射外周神经径路后之所以出现全身性的镇痛作用，主要是通过外周神经中的感觉神经纤维作用的。

通过研究还证明，氦氖激光照射马的胫神经径路后当其进入全身性无痛状态时，其脑电图出现明显的慢波，与此同时脑脊液中5-羟色胺的数量也相应地增高。

⑤氦氖激光与静松灵合并麻醉：如上所述，氦氖激光麻醉时在手术中还存在着皮肤震颤、腹肌紧张、切断大神经干时的镇痛不全以及与手术刺激无关的动物骚动等不足之处。为了克服这些缺点，可以采用氦氖激光与静松灵合并麻醉，取静松灵的肌松和镇静的作用以弥补激光麻醉的不足。马肌肉注射静松灵，1mg/kg，于激光照射胫神经径路20min后用药，于照射30min后手术。这种麻醉方法消除了皮肌颤动、腹肌紧张，基本上消除了切断大神经干时的镇痛不全，并一定程度地减轻与手术疼痛无关的动物骚动，更好的解决了激光麻醉的不足，成为有临床应用价值的更为完善的一种麻醉方法。

（2）牛、羊、猪、犬的氦氖激光麻醉：氦氖激光照射牛、羊、猪、犬后肢胫静脉径路也能取得较好的镇痛效果。其麻醉方法基本上与马属动物氦氖激光麻醉相同。总的说来，氦氖激光镇痛效果以马属动物为最好，其次是犬，牛、羊等更次之，最差是猪，约有1/3的猪用氦氖激光麻醉不能获得明显的手术镇痛效果。在临床上对犬使用氦氖激光做外科手术麻醉时有的狂暴型的犬常在手术台上嚎叫不止，因而使麻醉无法进行。此时可先给犬注射镇静量的氯丙嗪，而后再进行激光麻醉，可取得良好的镇痛效果。

2. 二氧化碳激光麻醉　二氧化碳激光麻醉的优点是后续镇痛效应持久，在手术进行前即可麻醉完毕，因此又称为激光手术前麻醉。

（1）照射部位：夹脊穴组，位于牛、羊的脊柱两侧各为6穴，总共12穴。确定该穴组的方法是：

纵线：沿脊柱两侧背最长肌和髂肋肌肌沟在皮肤上所划的投影线。

第一穴：从最后肋骨的前缘与上述纵线在皮肤上的交叉点。

第二穴：第一腰椎横突的前外缘与上述纵线在皮肤上的交叉点。

第三、第四、第五及第六穴：沿纵线向后推移，第二、第三、第四、第五腰椎横突的前外缘与上述纵线皮肤上的交叉点。

（2）照射方法及注意事项：动物侧卧保定。按前述方法确定照射部位。局部剪毛并在各穴位上贴一圆形纸片（直径2cm左右）。照前先用一纸板遮盖穴位。当位置确定并调准输出功率（牛一般为0.7～1.0W，山羊为0.5～0.7W）及光斑（直径小于1mm）后揭下穴位上的圆形纸片，先从后向前照射脊柱下侧的6个穴位，每个穴位照射2min。照射后关闭电源。脊柱下侧6个穴位照射完毕后，再照射脊柱上侧的6个穴位，激光管与照射部的距离一般为1m。

从第一穴照射后的 30min 即可开始手术。二氧化碳激光麻醉时，在激光刺激穴位的皮肤表面能产生点状烧伤，该烧伤一般于麻醉后的 5～7d 即可结痂脱落，并在 15～20d 后长出新毛。

据有关的研究报道，在黄牛、水牛及山羊等实验动物身上进行的手术试验证明，用二氧化碳激光照射前述的夹脊穴组，可获得良好的麻醉效果，它能产生强而持久的镇痛后续效应，以保证麻醉动物瘤胃切开术的顺利进行。

［附］乙醚吸入麻醉全身麻醉分期的体征（Guedel，1952）。

乙醚麻醉分期在兽医临床一直作为动物麻醉分期的标准。但近年来由于新麻醉药不断推出，乙醚吸入麻醉已不是常用的吸入麻醉药物，以及全身麻醉在多种动物进行，乙醚麻醉分期已不能满足客观的要求，故从正文中删除。鉴于多年的教学和生产上的习惯，将乙醚分期列为附件，目的是供应用时参考（表 4-8）。

表 4-8　乙醚吸入麻醉，全身麻醉分期的体征

分期		体征	呼吸 胸式	呼吸 腹式	切皮对呼吸的影响	瞳孔	眼球运动（偏位）	结膜	眼的反射	咽喉头反射	疼痛感觉	筋紧张	血压	脉搏
第Ⅰ期		无痛期 大脑皮质麻痹（意识消失）					+	正常/充血					稍稍上升或几乎正常	稍稍频 几乎正常
第Ⅱ期		兴奋期 高位中枢抑制消失（规则的深呼吸开始）					+ +	充血	眼睑结膜反射	咽下 呕吐			上升	频
第Ⅲ期	1级	手术期 视床，皮质下核，中脑脊髓麻痹					+	充血/正常	角膜反射 对光反射	声门反射			几乎正常	正常
	2级						-	正常					稍稍低下	正常
	3级						-	正常/苍白		气管分枝部反射			相当低下	稍频
	4级	（呼吸停止）					-	苍白					低下	频细
第Ⅳ期		呼吸麻痹期 延髓麻痹（心跳停止）						苍白 发绀					显著低下	微细

五、全麻手术动物的监护与急救

（一）手术动物的监护

手术动物的麻醉事故，与患畜的年龄与健康状况、麻醉方法和外科手术等有关。监护疏忽是致死性麻醉事故的最常见原因。

手术期间，对患畜的监护范围很广。手术期间的主要关注点是手术过程，而麻醉监护常处于次要地位。如无辅助人员在场，外科医生也能成功进行手术，这是因为麻醉人员和术者通常是同一人。在很多情况下，麻醉监护由助手进行，仅偶尔由第二位兽医师负责。现代化的仪器设备如麻醉监测系统和生理监测系统可快速客观反映出机体在麻醉下的总体状况，但这些设备需要很大的经济投资。由于条件的限制，麻醉监护以临床观察为主。

在生命指征消失之前，通常存在一些征兆，及早发觉这些异常，是成功救治的关键。因此，麻醉监护的目的是及早发觉机体生理平衡异常，以便能及时治疗。麻醉监护是借助人的感官和特定监护仪器观察、检查、记录器官的功能改变。由于麻醉监护是治疗的基础，因而麻醉监护需按系统进行，其结果才可靠。

特别要注意患畜在诱导麻醉与手术准备期间的监护。因剪毛和动物摆放的工作令人注意力分散，许多麻醉事故就出现在这个时期。在诱导麻醉期，由于麻醉药的作用，存在呼吸抑制及随后氧不足与高碳酸血的危险。此时期的监护应检查脉搏，观察黏膜颜色，指压齿根黏膜观察毛细血管再充盈时间，以及呼吸深度与频率等。

手术期间的患畜监护重点是中枢神经系统、呼吸系统、心血管系统、体温和肾功能。监护的程度最好视麻醉前检查结果和手术的种类与持续时间而定。通常兽医人员和仪器设备有限，但借助简单的手段如视诊、触诊和听诊，也能及时发觉大多数麻醉并发症。

1. 麻醉深度　麻醉深度取决于手术引起的疼痛刺激。应通过眼睑反射、眼球位置和咬肌紧张度来判断麻醉深度。呼吸频率和血压的变化也是重要的表现。如出现动物的眼球不再偏转而是处于中间的位置，且凝视不动，又瞳孔放大，对光反射微弱，甚或消失，乃是高深度抑制的表现，表示麻醉已过深。

2. 呼吸　几乎所有的麻醉药均抑制呼吸，因而监护呼吸具有特别的意义。必须确保呼吸的两项功能，即患畜相应的吸入氧气和排出二氧化碳的需求。其前提是充足的每分钟通气量。首先应注意观察呼吸的通畅度。吸入麻醉时麻醉机的呼吸通路、气管内插管（或是吸入面罩）会影响呼吸的通畅度。如果麻醉技术不当，会人为地影响动物的呼吸通畅度，继而呼吸的频率和幅度也会随之发生变化。故呼吸的通畅度、呼吸频率和呼吸的幅度都是观察的重点。若是呼吸道通畅度不好，甚至发生不同程度的阻塞时，则动物会表现呼吸困难，胸廓的呼吸动作加强，鼻孔的开张度加大，甚至黏膜发绀。观察胸廓的呼吸动作如同应用呼吸监视器那样，仅限于确定呼吸频率。借助听诊器听诊是一简单的方法，可确定呼吸频率和呼吸杂音。

可以应用潮气量表做较为准确的潮气量测量。呼吸变深、浅和频率增快等，都是呼吸功能不全的表现。如果发现潮气量锐减，继之很快会发生低血氧症。潮气量的减少，多是深麻醉时呼吸重度抑制的表现。潮气量表可以比较精确地知道潮气量减少的程度，并可测知每分钟通气量的变化。

可视黏膜的颜色可提供有关患畜的氧气供应和外周循环功能情况。这可通过齿龈以及舌部的黏膜颜色来判断。动脉血的氧饱和度降低表现为黏膜发绀。借助这种方法可粗略地判断缺氧的程度，因为观察可视黏膜的颜色受周围环境光线的颜色与亮度的影响。此外，当血红蛋白降低至 5g/dL 时也可出现黏膜发绀。但在贫血动物因氧饱和度极低，则不会明显见到黏膜发绀。观察可视黏膜的颜色为最基本的监护，应在手术期间定期进行。

有条件者可做动脉采血进行血气分析。它可提供氧气和二氧化碳分压资料，判断吸入氧气和排出二氧化碳是否满足患畜的需求。又可测定血液 pH 和碳酸氢根以及电解质浓度，监测机体水、电解质和酸碱平衡。

二氧化碳监测仪可连续不断地测定呼出气体的二氧化碳浓度与分压。其原理是以二氧化碳吸收红外线为基础，可通过测气流或主气流来测定呼气末二氧化碳浓度。呼气末二氧化碳浓度取决于体内代谢、二氧化碳输送至肺和通气状况。监测呼气末二氧化碳浓度变化，就能记录体内这些功能的变化。所测出的呼气末二氧化碳浓度应介于 $4\%\sim5\%$ 之间。如呼气末二氧化碳浓度升高，则表示每分钟通气量不足，其结果是二氧化碳积聚于血液中，导致呼吸性酸中毒。这可影响心肌功能、中枢神经系统、血红蛋白与氧的结合以及电解质平衡。监测呼气末二氧化碳浓度有助于减少血气分析次数，甚至取代之。

在吸入麻醉时，连续不断地监测吸入的氧气浓度，可以确保患畜的氧气供给，因为吸入气体混合物的组成只取决于麻醉机的功能和麻醉助手的调节。它可避免由于机器和麻醉失误导致吸入氧气浓度降至 21% 以下。

近年来，脉搏血氧饱和度仪亦应用于兽医临床。它依据光电比色原理，能无创伤连续监测动脉血红蛋白的氧饱和度。脉搏血氧饱和度的意义在于早期发觉手术期间出现的低氧症，也可用于评价氧气疗法和人工通气疗法的有效性。脉搏血氧饱和度在医学常规麻醉中属于最低监护。

3. 循环系统　对心脏-循环系统的监控，主要是应用无创伤方法如摸脉搏、确定毛细血管再充盈时间和心脏听诊。有条件者，可应用心电图仪监护。

摸脉搏是一项最古老、最可靠和最有说服力的监测方法，可从心率、节律及动脉充盈状况评价心脏效率。可在后肢的股动脉或麻醉下的舌动脉摸脉搏。

指压齿根黏膜，观察毛细血管再充盈时间。犬毛细血管再充盈时间应不超过 $1\sim2s$。当休克或明显脱水时，毛细血管再充盈时间则明显推迟。

心区的听诊是简便易行的方法，可用听诊器在胸壁心区听诊，也可借助食道内听诊器听诊。首先应该注意的是心跳的频率，心音的强弱（收缩力），判断有无异常变化。血压是心脏功能的一个重要指标，但在动物测量血压有一定的困难，在马可以测量尾部（尾动脉），在犬可以测量后肢的股动脉。当然用动脉穿刺导入压力传感器的方法也可以精确测知血压，但会造成损伤，操作方法也繁琐，还需要一定特殊设备，在临床上比较少用。对外周循环的观察可注意结膜和口色的变化，以及毛细血管再充盈时间。在手术中，如果发现脉搏频数，心音如奔马音，结膜苍白，血管的充盈度很差，是休克的表现，多由于手术中出血过多，循环的体液和血溶量不足，或是由于脱水等原因造成。而由于麻醉的过量过深，反射性血压下降，多表现心搏无力，心动过缓。心电图的监测，可以了解生理活动的状态、心律的变化、传导状况的变化等。

4. 全身状态　对动物全身状态的观察，应注意神志的变化，对痛觉的反应以及其他一些反射，如眼睑反射、角膜反射、眼球位置等。动物处于休克状态时，神志反应很淡漠，甚至昏迷。

5. 体温变化　由于麻醉使动物的基础代谢下降，一般都会使体温下降，下降 $1\sim2\text{℃}$ 或 $3\sim4\text{℃}$ 不等。但动物的应激反应强烈或对某些药物的不适应（氟烷）可以发生高热现象。体温的测定以直肠内测量为好。

6. 体位变化　在个体大的动物，特别是牛，由于体位的改变，如倒卧、仰卧等姿势，可对呼吸和循环带来不利的影响。对小动物也应充分注意，或因强力保定，或因用绳索拴缚不当，以致影响呼吸。或是由于肢的压迫或牵张，而造成肢的麻痹，常见的如桡神经麻痹或腓神经麻痹等。

（二）心肺复苏

心肺复苏（cardiopulmonary resuscitation，CPR）是指当突然发生心跳呼吸停止时，对其迅速采取的一切有效抢救措施。心肺复苏能否成功，取决于快速有效地实施急救措施。每位临床兽医师均应熟悉心肺复苏的过程，并在临床上定期训练。

心跳停止的后果是停止外周氧气供应。机体首先能对细胞缺氧做代偿。血液中剩余的氧气用于维持器官功能。这样短暂的时间间隔，对大脑来说仅有10s。然后就无氧气供应，不能满足细胞能量需求。在这种情况下，无氧糖原分解，产生能量，以维持细胞结构，但器官功能受限。因此心跳停止后10s，患畜的意识丧失是中枢神经系统功能障碍的信号。

尽管如此，如果没有不可逆性损伤，器官可在一定的时间内恢复其功能。这一复活时间对不同器官而言，其长短不一。复活时间取决于器官的氧气供应、血流灌注量和器官损伤状况，以及体温、年龄和代谢强度等。对于大脑而言，它仅持续4～6min。

如果患畜在复活时间内能成功复活，经一定的康复期后，器官可完全恢复其功能。康复期的长短与缺氧的长短成正比。如复活时间内不能复活，那么就会出现不可逆性的细胞形态损伤，导致惊厥、不可逆性昏迷或脑死亡等后果。

只有迅速实施急救，复活才能成功。实施基础生命支持越早，成活率就越高。在复活时间内开始实施急救是患畜完全康复的重要先决条件。如果错过这一时间，通常意味着患畜死亡。

1. 基本检查 在开始实施急救措施前，应对患畜做一快速基本检查，如呼吸、脉搏、可视黏膜颜色、毛细血管再充盈时间、意识、眼睑反射、角膜反射、瞳孔大小、瞳孔对光反射等，以便评价动物的状况。这种快速基本检查最好在1min内完成。

在兽医临床上，多是对麻醉患畜实施心肺复苏，因此不可能评价患畜意识状态。眼部反射的定向检查可提示患畜的神经状况。深度意识丧失或麻醉的征象为眼睑反射和角膜反射消失。此外，瞳孔对光无反射是脑内氧气供应不足的表现。心肺复苏时，脑内氧气供应改善表现为瞳孔缩小，重新出现瞳孔对光的反射。

做快速基本检查时，主要是评价呼吸功能和心脏-循环功能。如在麻醉中有心电图记录，则是诊断心律失常和心跳停止的可靠方法。但必须排除由于电极接触不良所致的无心跳或期外收缩等技术失误。

即使在心肺复苏时，也必须定期做基本检查以便评价治疗效果。

2. 心肺复苏技术 心肺复苏技术和时间因素决定心肺复苏能否成功。为了在紧急情况下正确、顺利地实施心肺复苏，应遵循一定的模式，所有参与人员必须了解心肺复苏过程，并各尽其职。只有一支训练有素的急救队伍，才可能成功进行心肺复苏，"单枪匹马"多以失败而告终。

心肺复苏可分为3个不同阶段：基础生命支持、继续生命支持和成功复苏后的后期复苏处理。通常这样的基本计划已足以急救成功，即：A（airway），呼吸道畅通、B（breathing），人工通气、C（circulation），建立人工循环、D（drugs），药物治疗。

（1）**呼吸道畅通**：首先必须检查呼吸道，并使呼吸道畅通。清除口咽部的异物、呕吐物、分泌物等。为使呼吸通畅和通气充分，必须做一气管内插管。因呼吸面罩不合适，对犬、猫经面罩做人工呼吸常不充分。如无法进行气管内插管，则需尽快做气管切开术。

（2）**人工通气**：在气管内插管之前，可做嘴-鼻人工呼吸。只有气管内插管可确保吹入气体不进入食道而进入肺中。气管内插管后，可方便地做嘴-气管插管人工呼吸。使用呼吸囊进行人工呼吸，也是简单而有效的方法。尽可能使用 100％氧气做人工呼吸，频率为 8～10 次/min。每分呼吸量约为 150mL/kg。每 5 次胸外心脏按压，应做 1 次人工呼吸。有条件者，接人工通气机。

（3）建立人工循环：为不损害患畜，只有在无脉搏存在时，才可进行心脏按压。仅在心跳停止的最初 1min 内，可施行一次性心前区叩击做心肺复苏。如心脏起搏无效，则应立即进行胸外心脏按压。患畜尽可能右侧卧，在胸外壁第 4～6 肋骨间进行胸外心脏按压。按压频率为 60～100 次/min。可通过外周摸脉检查心脏按压的效果。心脏按压有效的标志是外周动脉处可触及搏动、紫绀消失、散大的瞳孔开始缩小甚至出现自主呼吸。如在胸腔或腹腔手术期间出现心跳停止，则可采用胸内心脏按压。

（4）药物治疗：药物治疗是属于继续生命支持阶段。在心肺复苏期间，应一直静脉给药，勿皮下或肌肉注射给药。如果无静脉通道，肾上腺素、阿托品等药物也可经气管内施药。不应盲目做心腔内注射给药，这是心肺复苏时的最后一条给药途径。心肺复苏时所用药物见表 4-9。

表 4-9　心肺复苏继续生命支持措施

适　应　症	治　疗　措　施
心跳停止	肾上腺素，$0.005～0.01mg/kg$，静脉注射或气管内给药
补充血容量	全血，$40～60mL/kg$，静脉注射
期外收缩、心室纤颤、心动过速	利多卡因，$1～2mg/kg$，静脉注射或气管内给药
心动缓慢、低血压	阿托品，$0.05mg/kg$，静脉注射或气管内给药
代谢性酸中毒	$NaHCO_3$，$1mmol/kg$，静脉注射

（5）后期复苏处理：除了基础生命支持和继续生命支持措施外，成功复苏后的后期复苏处理有着重要作用。后期复苏处理包括进一步支持脑、循环和呼吸功能，防止肾功能衰竭，纠正水、电解质及酸碱平衡紊乱，防治脑水肿、脑缺氧，防治感染等。如果患畜的状况允许，尽快做胸部 X 线摄影，以排除急救过程中所发生的气胸、肋骨骨折等损伤。通过输液使血容量、血比容、血清电解质和 pH 恢复正常。犬的平均动脉血压应达到约 12kPa（90mmHg）。做好体温监控。

3. 预后　心肺复苏能否成功主要取决于时间。生命指征的消失并非没有异常征兆，因此可通过仔细的监控，在出现呼吸、心跳停止之前，及早识别异常征兆，及早实施心肺复苏。除了心肺复苏技术外，心肺复苏的成功率还取决于患畜的疾病。心肺复苏成功后，应做好重症监控，防止复发。

第五章　手术基本操作

　　在外科治疗中，手术疗法和非手术疗法是互相补充的，但是手术是外科综合治疗中重要的手段和组成部分，而手术基本操作技术又是手术过程中重要的一环。尽管家畜外科手术种类繁多，手术的范围、大小和复杂程度不同，但就手术操作本身来说，其基本技术，如组织分割、止血、打结、缝合等还是相同的，只是由于所处的解剖部位不同，病理变化不一，在处理方法上有所差异而已。因此，可以把外科手术基本操作理解为一切手术的共性和基础。在外科临床中，手术能否顺利地完成，在一定意义上取决于对基本操作的熟练程度及其理论的掌握。为此，在学习中要重视每一过程，每一步骤的操作，认真锻炼这方面的基本功，逐步做到操作时动作稳重、敏捷、准确、轻柔，这样才能缩短手术时间，提高手术治愈率，减少术后并发症的发生。

第一节　常用外科手术器械及其使用

　　外科手术器械是施行手术必需的工具。手术器械的种类、式样和名称虽然很多，但其中有一些是各类手术都必须使用的常用器械。熟练地掌握这些器械的使用方法，对于保证手术基本操作的正确性关系很大，它是外科手术的基本功。

（一）常用手术器械及使用方法

　　常用的基本手术器械有手术刀、手术剪、手术镊、止血钳、持针钳、缝针、创巾钳、肠钳、牵开器、有沟探针等，现分述如下。

　　1. 手术刀　主要用于切开和分离组织，有固定刀柄和活动刀柄两种。活动刀柄手术刀，是由刀柄和刀片两部分构成，常用长窄形的刀片，装置于较长的刀柄上。装刀方法是用止血钳或持针钳夹持刀片，装置于刀柄前端的槽缝内（图 5-1）。

　　为了适应不同部位和性质的手术，刀片有不同的大小和外形；刀柄也有不同的规格，常用的刀柄规格为 4、6、8 号，这 3 种型号刀柄只安装 19、20、21、22、23、24 号大刀片，

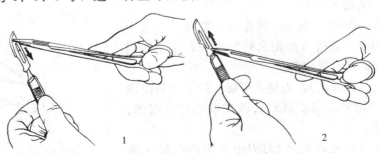

图 5-1　手术刀片装、取法

1. 装刀片法　2. 取刀片法

3、5、7 号刀柄安装 10、11、12、15 号小刀片。刀片不能混装于不同型号的刀柄上。手术刀按刀刃的形状可分为圆刃手术刀、尖刃手术刀和弯形尖刃手术刀等（图 5-2）。

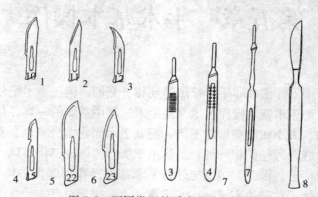

图 5-2　不同类型的手术刀片及刀柄
1. 10 号小圆刀　2. 11 号角形尖刀　3. 12 号弯形尖刀
4. 15 号小圆刀　5. 22 号大圆刀　6. 23 号圆形大尖刀
7. 刀柄　8. 固定刀柄圆刃

22 号大圆刃刀适用于皮肤的切割，应用此刀可做必要长度、任何形状的切开；10 号及 15 号小圆刃刀则适用于做细小的分割；23 号圆形大尖刀适用于由内部向外表的切开，亦用于做脓肿的切开；11 号角形尖刃刀及 12 号弯形尖刃刀通常用于腱、腹膜和脓肿的切开。

在手术过程中，不论选用何种大小和外形的刀片，都必须有锐利的刀刃，才能迅速而顺利地切开组织，而不引起组织过多的损伤。为此，必须十分注意保护刀刃，避免碰撞，消毒前要用纱布包裹。使用手术刀的关键在于锻炼稳重而精确的动作，执刀的方法必须正确，动作的力量要适当。执刀的姿势和动作的力量根据不同的需要有下列几种（图 5-3）：

（1）指压式（卓刀式）：为常用的一种执刀法。以手指按刀背后 1/3 处，用腕与手指力量切割。适用于切开皮肤、腹膜及切断钳夹组织。

（2）执笔式：如同执钢笔。动作涉及腕部，力量主要在手指，需用小力量进行短距离精细操作，用于切割短小切口，分离血管、神经等。

（3）全握式（抓持式）：力量在手腕。用于切割范围广、用力较大的切开，如切开较长的皮肤切口、筋膜、慢性增生组织等。

（4）反挑式（挑起式）：即刀刃由组织内向外面挑开，以免损伤深部组织，如腹膜切开。

根据手术种类和性质，虽有不同的执刀方式，但不

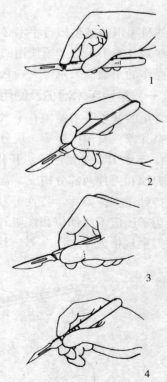

图 5-3　执手术刀的姿势
1. 指压式　2. 执笔式
3. 全握式　4. 反挑式

论采用何种执刀方式，拇指均应放在刀柄的横纹或纵槽处，食指稍在其他指的近刀片端，以稳住刀柄并控制刀片的方向和力量，握刀柄的位置高低要适当，过低会妨碍视线，影响操作，过高会控制不稳。在应用手术刀切开或分离组织时，除特殊情况外，一般要用刀刃突出的部分，避免用刀尖插入深层看不见的组织内，从而误伤重要的组织和器官。

在手术操作时，要根据不同部位的解剖，适当地控制力量和深度，否则容易造成意外的组织损伤。

手术刀的使用范围，除了刀刃用于切割组织外，还可以用刀柄做组织的钝性分离，或代替骨膜分离器剥离骨膜。在手术器械数量不足的情况下，还可代替手术剪切开腹膜、切断缝线等。

2. 手术剪 依据用途不同，手术剪可分为两种：一种是沿组织间隙分离和剪断组织的，称为组织剪（图 5-4）；另一种是用于剪断缝线，称为剪线剪（图 5-5）。由于二者的用途不同，所以其结构和要求标准也有所不同。组织剪的尖端较薄，剪刀要求锐利而精细。为了适应不同性质和部位的手术，组织剪分大、小、长、短、弯、直几种，直剪用于浅部手术操作，弯剪用于深部组织分离，使手和剪柄不妨碍视线，从而达到安全操作之目的。剪线剪头钝而直，刃较厚，在质量和形式上的要求不如组织剪严格，但也应足够锋利，这种剪有时也用于剪断较硬或较厚的组织。

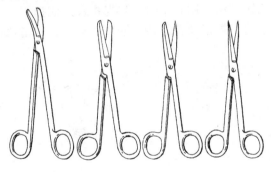

图 5-4 手术剪（组织剪）

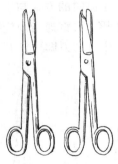

图 5-5 剪线剪

正确的执剪法是以拇指和第四指插入剪柄的两环内，但不宜插入过深；食指轻压在剪柄和剪刀交界的关节处，中指放在第四指环的前外方柄上，准确地控制剪的方向和剪开的长度，其他的执剪方法都有缺点，是不正确的（图 5-6）。

3. 手术镊 用于夹持、稳定或提起组织以利切开及缝合。有不同的长度。镊的尖端分有齿及无齿（平镊），又有短型、长型、尖头与钝头之别，可按需要选择。有齿镊损伤性大，用于夹持坚硬组织。无齿镊损伤性小，用于夹持脆弱的组织及脏器。精细的尖头平镊对组织损伤较轻，用于血管、神经、黏膜手术。执镊方法是用

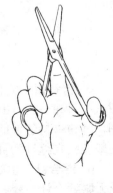

图 5-6 执手术剪的姿势

拇指对食指和中指执拿（图 5-7），执夹力量应适中。

4. 止血钳 又称血管钳，主要用于夹住出血部位的血管或出血点，以达到直接钳夹止血，有时也用于分离组织、牵引缝线。止血钳一般有弯、直两种，并分大、中、小等型（图 5-8）。直钳用于浅表组织和皮下止血，弯钳用于深部止血，最小的一种蚊式止血钳，用于眼科及精细组织的止血。用于血管手术的止血钳，齿槽的齿较细，较浅，弹

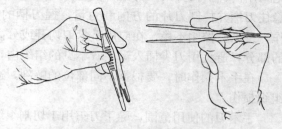

图 5-7　执手术镊姿势

力较好，对组织压榨作用和对血管壁及其内膜的损伤亦较轻，称为"无损伤"血管钳。止血钳尖端带齿者，称为有齿止血钳，多用于夹持较厚的坚韧组织。骨手术的钳夹止血亦多用有齿止血钳。外科临床上选用止血钳时，应尽可能选择尖端窄小的，以避免不必要地钳夹过多的组织。在结扎止血除去止血钳时，应按正规执拿方法慢慢松开锁扣；在浅部手术及一般组织止血时，可不必将手指插入柄环内，而以右手拇指、中指夹住内侧柄环，食指推动外侧柄环使锁扣松开，这样动作较快，可以节约时间。

任何止血钳对组织都有压榨作用，只是程度不同，所以不宜用于夹持皮肤、脏器及脆弱组织。执拿止血钳的方式与手术剪相同。松钳方法：用右手时，将拇指及第四指插入柄环内捏紧使扣分开，再将拇指内旋即可；用左手时，拇指及食指持一柄环，第三、四指顶住另一柄环，二者相对用力即可松开（图 5-9）。

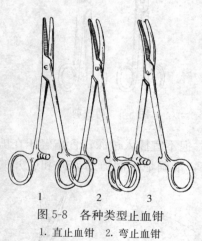

图 5-8　各种类型止血钳
1. 直止血钳　2. 弯止血钳
3. 有齿止血钳

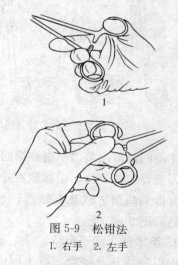

图 5-9　松钳法
1. 右手　2. 左手

5. 持针钳 或称持针器，用于夹持缝针缝合组织，普通有两种形式，即握式持针钳和钳式持针钳（图 5-10），大动物手术常使用握式持针钳，小动物手术常使用钳式持针钳。使用持针钳夹持缝针时，缝针应夹在靠近持针钳的尖端，若夹在齿槽床中间，则易将针折断。一般应夹在缝针的针尾 1/3 处，缝线应重叠 1/3，以便操作。持钳法见图 5-11。

6. 缝合针 主要用于闭合组织或贯穿结扎。缝合针分为两种类型：一种是带线缝合针或无眼缝合针，缝线已包在针尾部，针尾较细，仅单股缝线穿过组织，使缝合孔道最小，因此对组织损伤小，又称为"无损伤"缝针。这种缝合针有特定包装，保证无菌，可以直接利

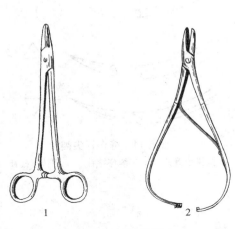

图 5-10　持针钳
1. 钳式持针钳　2. 握式持针钳

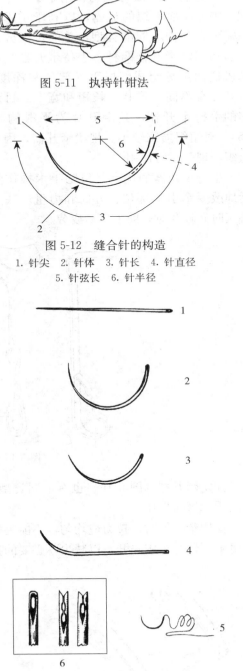

图 5-11　执持针钳法

图 5-12　缝合针的构造
1. 针尖　2. 针体　3. 针长　4. 针直径
5. 针弦长　6. 针半径

图 5-13　缝合针的种类
1. 直针　2. 1/2 弧型　3. 3/8 弧型
4. 半弯型　5. 无损伤缝针　6. 弹机孔针尾构造

用，多用于血管、肠管缝合。另一种是有眼缝合针，这种缝合针能多次再利用，比带线缝合针便宜。有眼缝合针以针孔不同分为两种：一种为穿线孔缝合针，缝线由针孔穿进；另一种为弹机孔缝合针，针孔有裂槽，缝线由裂槽压入针眼内，穿线方便、快速。缝合针由不锈钢丝制成。缝合针的长度和直径是缝合针规格的重要部分，缝合针长度需要穿过切口两侧，缝合针直径较大，对组织损伤严重，缝合针的长度和直径比率不应超过 8：1，否则针体易弯曲（图 5-12）。

　　缝合针规格分为直型、1/2 弧型、3/8 弧型和半弯型（图 5-13）。缝合针尖端分为圆锥形和三角形。三角形针有锐利的刃缘，能穿过较厚致密组织。三角形针分为：传统弯缝合针，切缘刃沿针体凹面；翻转弯缝合针，切缘刃沿针体凸面，这种缝合针比传统弯缝合针有两个优点，对组织损伤较小，针体强度增加（图 5-14）。

　　直型圆针用于胃肠、子宫、膀胱等缝合，用手指直接持针操作，此法动作快，操作空间较大。弯针有一定弧度，操作灵便，不需要较大空间，适用深部组织缝合。缝合部位愈深，空间越小，针的弧度应愈大。弯针需用持针器操作。三角针适用于皮肤、腱、筋膜及瘢痕组织缝合。

7. 牵开器 或称拉钩，用于牵开术部表面组织，加强深部组织的显露，以利于手术操作。根据需要有各种不同的类型，总的可以分为手持牵开器和固定牵开器两种。手持牵开器，由牵开片和机柄两部分组成，按手术部位和深度的需要，牵开片有不同的形状、长短和宽窄。目前使用较多的手持牵开器，其牵开片为平滑钩状（图 5-15），对组织损伤较小。耙状牵开器，因容易损伤组织，现已不常使用。

手持牵开器的优点是可随手术操作的需要灵活地改变牵引的部位、方向和力量；缺点是手术持续时间较久时，助手容易疲劳。

图 5-14　缝合针尖类型
1. 圆锥形缝针　2. 传统弯缝针　3. 翻转弯缝针

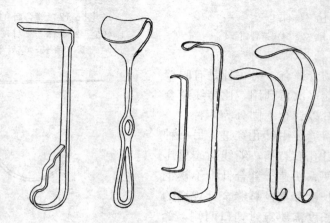

图 5-15　各种手持牵开器

固定牵开器（图 5-16）也有不同类型，在牵开力量大、手术人员不足或显露不需要改变的手术区时使用。

使用牵开器时，拉力应均匀，不能突然用力或用力过大，以免损伤组织。必要时用纱布垫将牵开器与组织隔开，以减少不必要的损伤（图 5-17）。

图 5-16　自行固定牵开器

图 5-17　牵开器的使用

8. 巾钳 用以固定手术巾，有数种样式，但普通常用的巾钳如图 5-18。使用方法是连同手术巾一起夹住皮肤，防止手术巾移动，以及避免手或器械与术部接触。

9. 肠钳　用于肠管手术，以阻断肠内容物的移动、溢出或肠壁出血。肠钳结构上的特点是齿槽薄，弹性好，对组织损伤小，使用时需外套乳胶管，以减少对组织的损伤（图5-19）。

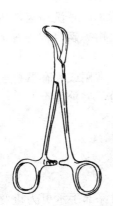

图 5-18　巾　钳

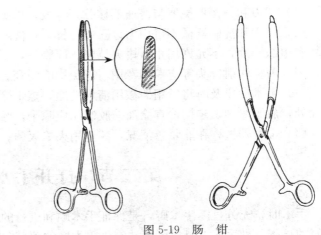

图 5-19　肠　钳

10. 探针　分普通探针和有沟探针两种。用于探查窦道，借以引导进行窦道及瘘管的切除或切开。在腹腔手术中，常用有沟探针引导切开腹膜。

（二）手术器械的传递

在施行手术时，所需要的器械较多。为了避免在手术操作过程中刀、剪、缝针等器械误伤手术操作人员和争取手术时间，手术器械需按一定的方法传递。器械的整理和传递是由器械助手负责。器械助手在手术前应将所用的器械分门别类依次放在器械台的一定位置上。传递时器械助手需将器械的握持部递交在术者或第一助手的手掌中。例如传递手术刀时，器械助手应握住刀柄与刀片衔接处的背部，将刀柄端送至术者手中，切不可将刀刃传递给术者，以免刺伤。传递剪刀、止血钳、手术镊、肠钳、持针钳

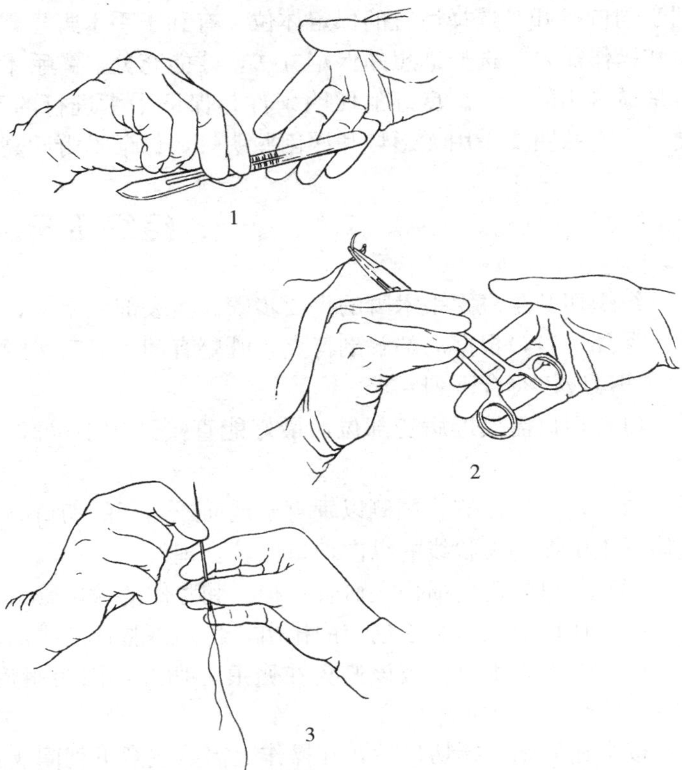

图 5-20　手术器械的传递
1. 手术刀的传递　2. 持针钳的传递　3. 直针的传递

等，器械助手应握住钳、剪的中部，将柄端递给术者。在传递直针时，应先穿好缝线，拿住缝针前部递给术者，术者取针对应握住针尾部，切不可将针尖传给操作人员（图5-20）。

爱护手术器械是外科工作者必备的素养之一，为此，除了正确而合理的使用外，还必须十分注意爱护和保养，器械保养方法如下：

（1）利刃和精密器械要与普通器械分开存放，以免相互碰撞而损伤。

（2）使用和洗刷器械不可用力过猛或投掷。在洗刷止血钳时要特别注意洗净齿床内的凝血块和组织碎片，不允许用止血钳夹持坚、厚物品，更不允许用止血钳夹碘酊棉球等消毒药棉。刀、剪、注射针头等应专物专用，以免影响锐利。

（3）手术后要及时将所用器械用清水洗净，擦干涂油、保存，不常用或库存器械要放在干燥处，放干燥剂，定期检查涂油。胶制品应晾干，敷以适量滑石粉，妥善保存。

（4）金属器械，在非紧急情况，禁止用火焰灭菌。

第二节　打开手术通路

手术时，充分显露手术野，是保证手术顺利进行的先决条件，对深部手术更为重要。在良好的显露下做手术，可以清楚地看到手术区的解剖关系，不但容易操作，而且有利于保证安全。良好的显露手术野，取决于多方面的因素。选择适宜的麻醉方法，使其肌肉松弛，有利于创口拉开。选择适宜的保定体位，有利于手术野显露。因此，手术时根据切口、手术性质和操作需要，选择理想的保定方法，才能充分显露手术野。牵开，应用牵开器帮助显露切口是最常用的方法。良好的照明条件是保证手术进行的重要条件，为了增强手术野的可见度，手术照明要采用无影灯和深创照明灯，保证术野明亮。

一、组织切开

组织切开是显露手术野的重要步骤。浅表部位手术，切口可直接位于病变部位上或其附近。深部切口，根据局部解剖特点，既要有利于显露术野，又不能造成过多的组织损伤。适宜的切口应该符合下列要求：

（1）切口需接近病变部位，最好能直接到达手术区，并能根据手术需要，便于延长扩大。

（2）切口在体侧、颈侧以垂直于地面或斜行的切口为好，体背、颈背和腹下沿体中正线或靠近正中线的矢状线的纵向切口比较合理。

（3）切口应避免损伤大血管、神经和腺体的输出管，以免影响术部组织或器官的机能。

（4）切口应该有利于创液的排出，特别是脓汁的排出。

（5）二次手术时，应该避免在瘢痕上切开，因为瘢痕组织再生力弱，易发生弥漫性出血。

按上述原则选择切口后，在操作上需要注意下列问题：

（1）切口大小必须适当。切口过小，不能充分显露；做不必要的大切口，会损伤过多组织。

（2）切开时，需按解剖层次分层进行，并注意保持切口从外到内的大小相同。切口两侧要用无菌巾覆盖、固定，以免操作过程中把皮肤表面细菌带入切口，造成污染。

（3）切开组织必须整齐，力求一次切开。手术刀与皮肤、肌肉垂直，防止斜切或多次在同一平面上切割，造成不必要的组织损伤。

（4）切开深部筋膜时，为了预防深层血管和神经的损伤，可先切一小口，用止血钳分离张开，然后再剪开。

（5）切开肌肉时，要沿肌纤维方向用刀柄或手指分离，少做切断，以减少损伤，影响愈合。

（6）切开腹膜、胸膜时，要防止内脏损伤。

（7）切割骨组织时，先要切割分离骨膜，尽可能地保存其健康部分，以利于骨组织愈合。

在进行手术时，还需要借助牵开器帮助显露。负责牵拉的助手要随时注意手术过程，并按需要调整牵开器的位置、方向和力量。并可以利用大纱布垫将其他脏器从手术野推开，以增加显露。

二、组织分离

分离是显露深部组织和游离病变组织的重要步骤。分离的范围，应根据手术的需要确定，按照正常组织间隙的解剖平面进行分离。对局部解剖熟悉，掌握血管、神经和较重要器官的走向和解剖关系，就能较少引起意外损伤。但是在有炎症性粘连、瘢痕组织以及大的肿物时，正常解剖关系已改变或正常组织间隙已不清楚，分离比较困难，要提高警惕，谨慎进行，防止损伤邻近的重要器官。

（一）分离的分类

分离的操作方法分为两种：

1. 锐性分离　用刀或剪刀进行。用刀分离时，以刀刃沿组织间隙做垂直的、轻巧的、短距离的切开。用剪刀时以剪刀尖端伸入组织间隙内，不宜过深，然后张开剪柄，分离组织，在确定没有重要的血管、神经后再予以剪断。锐性分离对组织损伤较小，术后反应也少，愈合较快。但必须熟悉解剖，在直视下辨明组织结构时进行。动作要准确、精细。

2. 钝性分离　用刀柄、止血钳、剥离器或手指等进行。方法是将这些器械或手指插入组织间隙内，用适当的力量，分离周围组织。这种方法最适用于正常肌肉、筋膜和良性肿瘤等的分离。钝性分离时，组织损伤较重，往往残留许多失去活性的组织细胞，因此术后组织反应较重，愈合较慢。在瘢痕较大、粘连过多或血管神经丰富的部位，不宜采用。

（二）不同组织性质的分离

组织切开分为软组织（皮肤、筋膜、肌肉、腱）切开和硬组织（软骨、骨、角质）切开。下面分别叙述不同组织的切开和分离方法。

1. 皮肤切开法

（1）紧张切开：由于皮肤的活动性比较大，切开皮肤时易造成皮肤和皮下组织切口不一致。为了防止上述现象的发生，较大的皮肤切口应由术者与助手用手在切口两旁或上、下将皮肤展开固定，或由术者用拇指及食指在切口两旁将皮肤撑紧并固定，刀刃与皮肤垂直，用力均匀地一刀切开所需长度和深度的皮肤及皮下组织切口（图 5-21），必要时也可补充运刀，但要避免多次切割，重复刀痕，以免切口边缘参差不齐，出现锯齿状的切口，影响创缘对合和愈合。

（2）皱襞切开：在切口的下面有大血管、大神经、分泌管和重要器官，而皮下组织较为疏松时，为了使皮肤切口位置正确且不误伤其下部组织，术者和助手应在预定切线的两侧，用手指或镊子提拉皮肤呈垂直皱襞，并进行垂直切开（图5-22）。

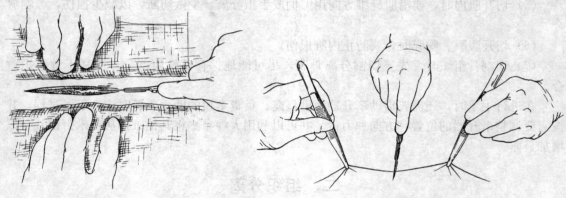

图 5-21　皮肤紧张切开法　　　　　　　　　图 5-22　皮肤的皱襞切开法

在施行手术时，皮肤切开最常用的是直线切口，既方便操作，又利于愈合。但根据手术的具体需要，也可做下列几种形状的切口：

① 梭形切开：主要用于切除病理组织（如肿瘤、瘘管、放线菌病灶）和过多的皮肤。

② "Ⅱ"形或"U"形切开：多用于脑部与副鼻窦手术中的圆锯术。

③ "T"形及"十"字形切开：多用于需要将深部组织充分显露和摘除时应用。

2. 皮下组织及其他组织的分离　切开皮肤后组织的分割宜用逐层切开的方法，以便识别组织，避免或减少对大血管、大神经的损伤。只有当切开浅层脓肿时，才采用一次切开的方法。

（1）皮下疏松结缔组织的分离：皮下结缔组织内分布有许多小血管，故多用钝性分离。方法是先将组织刺破，再用手术刀柄、止血钳或手指进行剥离。

（2）筋膜和腱膜的分离：用刀在其中央做一小切口，然后用弯止血钳在此切口上、下将筋膜下组织与筋膜分开，沿分开线剪开筋膜。筋膜的切口应与皮肤切口等长。若筋膜下有神经、血管，则用手术镊将筋膜提起，用反挑式执刀法做一小孔，插入有沟探针，沿针沟外向切开。

（3）肌肉的分离：一般是沿肌纤维方向做钝性分离。方法是顺肌纤维方向用刀柄、止血钳或手指剥离，扩大到所需要的长度（图5-23），但在紧急情况下，或肌肉较厚并含有大量腱质时，为了使手

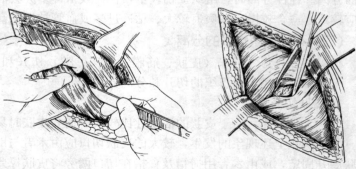

图 5-23　肌肉的钝性分离

术通路广阔和排液方便也可横断切开。横过切口的血管可用止血钳钳夹，或用细缝线从两端结扎后，从中间将血管切断（图 5-24）。

　　（4）腹膜的分离：腹膜切开时，为了避免伤及内脏，可用组织钳或止血钳提起腹膜做一小切口，利用食指和中指或有沟探针引导，再用手术刀或手术剪分割（图 5-25）。

　　（5）肠管的切开：肠管侧壁切开时，一般于肠管纵带上纵向切开，并应避免损伤对侧肠管（图 5-26）。

　　（6）索状组织的分离：索状组织（如精索）的分割，除了可应用手术刀（剪）做锐性切割外，还可用刮断、拧断等方法，以减少出血。

　　（7）良性肿瘤、放线菌病灶、囊肿及内脏粘连部分的分离：宜用钝性分离。分离的方法是：对未机化的粘连可用手指或刀柄直接剥离；对已机化的致密组织，先用手术刀切一小口，再用钝性剥离。剥离时手的主要动作应是前后方向或略施加压力于一侧，使较疏松或粘连最小部分自行分离，然后将手指伸入组织间隙，再逐步深入。在深部非直视下，手指左右大幅度的剥离动作，应少用或慎用，除非确认为疏松的纤维蛋白粘连，否则易导致组织及脏器的严重撕裂或大出血。对某些不易钝性分离的组织，可将钝性分离与锐性分割结合使用，一般是用弯剪伸入组织间隙，用推剪法，即将剪尖微张，轻轻向前推进，进行剥离。

　　3. 骨组织的分割　首先应分离骨膜，然后再分离骨组织。分离骨膜时，应尽可能完整地保存健康部分，以利于骨组织愈合。因为骨膜内层的成纤维细胞在损伤或病理情况下，可变为骨细胞参与骨骼的修复过程。

　　分离骨膜时，先用手术刀切开骨膜（切成"十"字形或"工"字形），然后用骨膜分离器分离骨

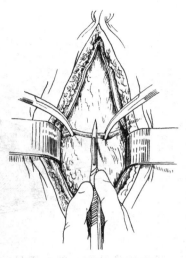

图 5-24　切断横过切口的血管

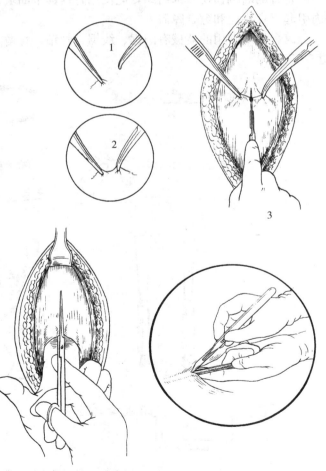

图 5-25　腹膜切开法
（1～3 为操作顺序）

图 5-26　肠管的侧壁切开

膜。骨组织的分离一般是用骨剪剪断或骨锯锯断，当锯（剪）断骨组织时，不应损伤骨膜。为了防止骨的断端损伤软部组织，应使用骨锉锉平断端锐缘，并清除骨片，以免遗留在手术创内引起不良反应和愈合障碍。

分离骨组织常用的器械有圆锯、线锯、骨钻、骨凿、骨钳、骨剪、骨匙及骨膜剥离器等（图 5-27）。

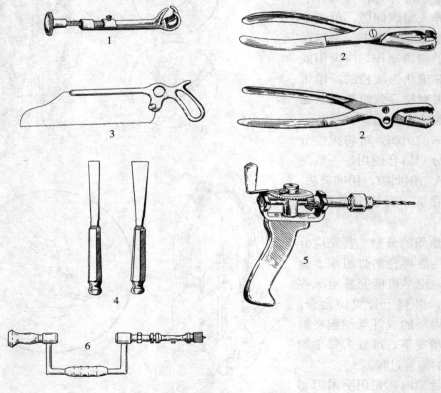

图 5-27　骨科常用手术器械
1. 三抓持骨器　2. 狮牙持骨钳　3. 骨锯　4. 骨凿　5. 骨钻　6. 圆锯

4. 蹄和角质的分离　属于硬组织的分离。对于蹄角质可用蹄刀、蹄刮挖除，浸软的蹄壁可用柳叶刀切开。闭合蹄壁上的裂口可用骨钻、锅子钳和锅子。截断牛、羊角时可用骨锯或断角器。

第三节　止　　血

止血（hemostasis）是手术过程中自始至终经常遇到而又必须立即处理的基本操作技术。手术中完善的止血，可以预防失血的危险和保证术部良好的显露，有利于争取手术时间，避免误伤重要器官，直接关系到施术动物的健康，切口的愈合和预防并发症的发生等。因此要求手术中的止血必须迅速而可靠，并在手术前采取积极有效的预防性止血措施，以减少手术中的出血。

一、出血的种类

血液自血管中流出的现象，称为出血。在手术过程中或意外损伤血管时，即伴随着出血的发生。

（一）按照受伤血管的不同分

1. 动脉出血　由于动脉管壁含有大量的弹力纤维，动脉压力大，血液含氧量丰富，所以动脉出血的特征为：血液鲜红，呈喷射状流出，喷射线出现规律性起伏并与心脏搏动一致。动脉出血一般自血管断端的近心端流出，指压动脉管断端的近心端，则搏动性血流立即停止，反之则出血状况无改变。具有吻合支的小动脉管破裂时，近心端及远心端均能出血。大动脉的出血必须立即采取有效止血措施，否则可导致出血性休克，甚至引起家畜死亡。

2. 静脉出血　血液以缓慢的速度从血管中均匀不断地泉涌状流出，颜色为暗红或紫红。一般血管远心端的出血较近心端多，指压出血静脉管的远心端，则出血停止，反之出血加剧。

静脉出血的转归不同，小静脉出血一般能自行停止，或经压迫、填塞后而停止出血，但若深部大静脉受损如腔静脉、股静脉、髂静脉、门静脉等出血，则常由于迅速大量失血而引起动物死亡。体表大静脉受损，可因大失血或空气栓塞而死亡。

3. 毛细血管出血　其色泽介于动、静脉血液之间，多呈渗出性点状出血。一般可自行止血或稍加压迫即可止血。

4. 实质出血　见于实质器官、骨松质及海绵组织的损伤，为混合性出血，即血液自小动脉与小静脉内流出，血液颜色和静脉血相似。由于实质器官中含有丰富的血窦，而血管的断端又不能自行缩入组织内，因此不易形成断端的血栓，而易产生大失血威胁家畜的生命，故应予以高度重视。

（二）按照血管出血后血液流至的部位不同分

1. 外出血　当组织受损后，血液由创伤或天然孔流到体外时称外出血。

2. 内出血　血管受损出血后，血液积聚在组织内或腔体中，如胸腔、腹腔、关节腔等处，称内出血。

（三）按照出血的次数和时间分

1. 初次出血 直接发生在组织受到创伤之后。

2. 二次出血 主要发生在动脉，静脉极少发生。因为静脉内压低，血流缓慢且易形成血栓，血栓形成后一般不因为血压的关系而脱落。造成二次出血的原因一般认为有以下几点：①血管断端结扎止血不确实，结扎线松脱。②某种原因使血栓脱落，如血压增高、钳夹止血时钳夹的力量和时间不足、手术后过早运动而使血栓脱落。③未结扎的血管中的血栓，由于化脓或使用某些药物而溶解。④粗暴地更换敷料或填塞，将血管扯伤。

3. 重复出血 多次重复出血，可见于破溃的肿瘤。

4. 延期出血 受伤当时并未出血，经若干时间后发生出血，称为延期出血。延期出血的原因是：①手术中使用肾上腺素，当药物作用消失后血管扩张而出血。②骨折固定不良，骨折断端锐缘刺破血管。③血管受到挫伤时，血管的内层及中层受到破坏，血液积聚在血管外膜的下面，形成血栓，当时虽未出血，但若血栓受到感染，血管壁遭受破坏则可发生延期出血。④在感染区，血管受到侵害而发生破裂。

二、术中失血量的推算

手术中准确地推算失血量并及时予以补充，是防止发生手术休克的重要措施。

对手术中失血量的推算，目前尚缺乏十分准确的方法。血容量的测定既不实际，亦不准确。临床上常用的推算失血量的简便方法有以下两种：

1. 称纱布法 方法简单易行，但未能包括术野的体液蒸发和毛细血管断面在止血过程中形成血栓的消耗，所以得到的失血量常较实际的失血量少，其误差在 20%～30%。计算方法如下：

$$失血量＝血纱布重－干纱布重＋吸引瓶中血量$$

手术前先称干纱布重量；吸血时用干纱布，而不用盐水纱布；吸血瓶中的血量注意减去可能的盐水或其他液体量；质量单位为克，每毫升血液以 1g 计算。

2. 根据临床征象推算 失血的临床征象有兴奋不安，呼吸深快、浅快，尿量减少或无尿，静脉萎陷，毛细血管充盈迟缓，皮温发凉，眼结膜苍白，意识模糊等。但手术时，有许多临床征象不易察觉或表现不出来，因此多根据脉率、脉压、静脉及毛细血管充盈情况来估计。

3. 注意事项

（1）上述的方法均有误差及不足之处，故在推算失血量时，应全面考虑，最好是两种方法合并使用，不可单凭某一征象而做出判断。

（2）实际失血量的推算常与血容量不一致，一般早期由于机体的代偿作用，组织间液向血管内转移，致使血容量的减少较实际失血量低。而时间较长的复杂手术，血浆、体液向损伤部位组织间隙渗出，使实际血容量的减少比推算者高。

（3）在手术刺激下，抗利尿素增多，不可要求每小时尿量达到正常水平。注意了这方面的因素则可避免输血输液过多。

三、常用的止血方法

（一）全身预防性止血法

是在手术前给家畜注射增高血液凝固性的药物和同类型血液，借以提高机体抗出血的能力，减少手术过程中的出血。常用下列几种方法：

1. 输血　目的在于增高施术家畜血液的凝固性，刺激血管运动中枢反射性地引起血管的痉挛性收缩，以减少手术中的出血。在术前 30～60min，输入同种同型血液，牛、马 500～1 000mL，猪、羊 200～300mL。

2. 注射增高血液凝固性以及血管收缩的药物

（1）肌肉注射 0.3％凝血质注射液，以促进血液凝固。牛、马 10～20mL。

（2）肌肉注射维生素 K 注射液，以促进血液凝固，增加凝血酶原。牛、马 100～400mg；猪、羊 2～10mg。

（3）肌肉注射安络血注射液，以增强毛细血管的收缩力，降低毛细血管渗透性。牛、马 30～60mg，猪、羊 5～10mg。

（4）肌肉注射止血敏注射液，以增强血小板机能及黏合力，减少毛细血管渗透性。牛、马 1.25～2.5g，猪、羊 0.25～0.5g。

（5）肌肉或静脉注射对羧基苄胺（抗血纤溶芳酸），以拮抗血纤维蛋白的溶解，抑制纤维蛋白原的激活因子，使纤维蛋白溶酶原不能转变成纤维蛋白溶解酶，从而减少纤维蛋白的溶解而发挥止血作用。对于手术中的出血及渗血、尿血、消化道出血有较好的止血效果。使用时可加葡萄糖注射液或生理盐水注射，注射时宜缓慢。一次量，牛、马 1～2g，猪、羊 0.2～0.4g。

（二）局部预防性止血法

1. 肾上腺素止血　应用肾上腺素做局部预防性止血常配合局部麻醉进行。一般是在每 1 000mL普鲁卡因溶液中加入 0.1％肾上腺素溶液 2mL，利用肾上腺素收缩血管的作用，达到减少手术局部出血之目的，其作用可维持 20min 至 2h。但手术局部有炎症病灶时，因高度的酸性反应，可减弱肾上腺素的作用。此外，在肾上腺素作用消失后，小动脉管扩张，如若血管内血栓形成不牢固，可能发生二次出血。

2. 止血带止血　适用于四肢、阴茎和尾部手术。可暂时阻断血流，减少手术中的失血，有利于手术操作。用橡皮管止血带或其代用品——绳索、绷带时，局部应垫以纱布或手术巾，以防损伤软部组织、血管及神经（图 5-28）。

橡皮管止血带的装置方法是：用足够的压力（以止血带远侧端的脉搏将消失为度），于手术部位上 1/3 处缠绕数周固定之，其保留时间不得超过 2～3h，冬季不超过 40～60min，在此时间内如手术尚未完成，可将止血带临时松开 10～30s，然后重新缠扎。松开止血带时，宜用多次"松、紧、松、紧"的办法，严禁一次松开。

（三）手术过程中止血法

手术过程中的止血方法很多，现将几种常用的止血方法叙述如下：

1. 机械止血法

（1）压迫止血：是用纱布或泡沫塑料压迫出血的部位，以清除术部的血液，辨清组织和

图 5-28　止血带的应用

出血径路及出血点，以便进行止血措施。在毛细血管渗血和小血管出血时，如机体凝血机能正常，压迫片刻，出血即可自行停止。为了提高压迫止血的效果，可选用温生理盐水、1％～2％麻黄素、0.1％肾上腺素、2％氯化钙溶液浸湿后扭干的纱布块做压迫止血。在止血时，必须是按压，不可用擦拭，以免损伤组织或使血栓脱落。

（2）钳夹止血：利用止血钳最前端夹住血管的断端，钳夹方向应尽量与血管垂直，钳住的组织要少，切不可做大面积钳夹。

（3）钳夹扭转止血：用止血钳夹住血管断端，扭转止血钳1～2周，轻轻去钳，则断端闭合止血，如经钳夹扭转不能止血时，则应予以结扎，此法适用于小血管出血。

（4）钳夹结扎止血：是常用而可靠的基本止血法，多用于明显而较大血管出血的止血。其方法有两种：

①单纯结扎止血：用丝线绕过止血钳所夹住的血管及少量组织而结扎（图5-29）。在结扎结扣的同时，由助手放开止血钳，于结扣收紧时，即可完全放松，过早放松，血管可能脱出，过晚放松则结扎住钳头不能收紧。结扎时所用的力量也应大小适中。结扎止血法，适用于一般部位的止血。

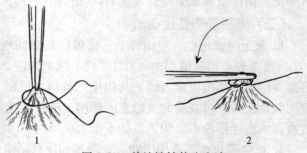

图 5-29　单纯性结扎止血法
（1～2 为操作顺序）

②贯穿结扎止血：将结扎线用缝针穿过所钳夹组织（勿穿透血管）后进行结扎。常用的方法有"8"字缝合结扎及单纯贯穿结扎两种（图5-30）。

贯穿结扎止血的优点是结扎线不易脱落，适用于大血管或重要部分的止血。在不易用止血钳夹住的出血点，不可用单纯结扎止血，而宜采用贯穿结扎止血的方法。

（5）创内留钳止血：用止血钳夹住创伤深部血管断端，并将止血钳留在创伤内24～48h。为了防止止血钳移动，可把用绷带固定止血钳的柄环部拴在家畜的体躯上。创内留钳止血法，多用于大家畜去势后继发精索内动脉大出血。

（6）填塞止血：本法是在深部大血管出血，一时找不到血管断端，钳夹或结扎止血困难时，而用灭菌纱布紧塞于出血的创腔或解剖腔内，压迫血管断端以达到止血的目的。在填入

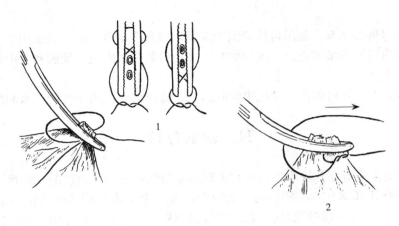

图 5-30 贯穿结扎止血法

1. "8" 字缝合结扎法　　2. 单纯贯穿结扎法

纱布时，必须将创腔填满，以便有足够的压力压迫血管断端。填塞止血留置的敷料通常是在 12～48h 后取出。

2. 电凝及烧烙止血法

（1）电凝止血：利用高频电流凝固组织的作用达到止血目的。使用方法是用止血钳夹住血管断端，向上轻轻提起，擦干血液，将电凝器与止血钳接触，待局部发烟即可。电凝时间不宜过长，否则烧伤范围过大，影响切口愈合。在空腔脏器、大血管附近及皮肤等处不可用电凝止血，以免组织坏死，发生并发症。

电凝止血的优点是止血迅速，不留线结于组织内，但止血效果不完全可靠，凝固的组织易于脱落而再次出血，所以对较大的血管仍应以结扎止血为宜，以免发生继发性出血。

使用电凝止血时，止血钳除和所夹的出血点接触外，不应与周围组织接触。在使用挥发性麻醉剂（如乙醚）做麻醉时，用电凝止血易发生爆炸事故。电凝止血多用于较表浅的小出血点或不易结扎的渗血。

（2）烧烙止血：是用电烧烙器或烙铁烧烙作用使血管断端收缩封闭而止血。其缺点是损伤组织较多，兽医临诊上多用于弥漫性出血，羔羊断尾术和某些摘除手术后的止血。使用烧烙止血时，应将电阻丝或烙铁烧得微红，才能达到止血的目的，但也不宜过热，以免组织炭化过多，使血管断端不能牢固堵塞。烧烙时，烙铁在出血处稍加按压后即迅速移开，否则组织黏附在烙铁上，当烙铁移开时会将组织扯离。

3. 局部化学及生物学止血法

（1）麻黄素、肾上腺素止血：用 1%～2% 麻黄素溶液或 0.1% 肾上腺素溶液浸湿的纱布进行压迫止血（见压迫止血）。临床上也常用上述药品浸湿系有棉线绳的棉包做鼻出血、拔牙后齿槽出血的填塞止血，待止血后拉出棉包。

（2）止血明胶海绵止血：明胶海绵止血多用于一般方法难以止血的创面出血，实质器官、骨松质及海绵质出血。使用时将止血海绵铺在出血面上或填塞在出血的伤口内，即能达到止血的目的。如果在填塞后加以组织缝合，更能发挥优良的止血效果。止血明胶海绵的种类很多，如纤维蛋白海绵、氧化纤维素、白明胶海绵及淀粉海绵等。它们止血的基本原理是促进血液凝固和提供凝血时所需的支架结构。止血海绵能被组织吸收和使受伤血管日后保持贯通。

（3）活组织填塞止血：是用自体组织如网膜，填塞于出血部位。通常用于实质器官的止血，如肝脏损伤用网膜填塞止血，或用取自腹部切口的带蒂腹膜、筋膜和肌肉瓣，牢固地缝在损伤的肝脏上。

（4）骨蜡止血：外科临床上常用市售骨蜡制止骨质渗血，用于骨的手术和断角术。

四、输血疗法

输血疗法是给病畜静脉输入保持正常生理功能的同种属动物血液的一种治疗方法。

1. 输血的作用和意义　给病畜输入血液可部分或全部地补偿机体所损失的血液，扩大血容量，同时补充了血液的细胞成分和某些营养物质。输血有止血作用，是促进凝血过程的结果。输入血液能激化肝、脾、骨髓等各组织的功能，并能促使血小板、钙盐和凝血活酶进入血流中。这些对促进血液凝固有重要作用。输血具有对病畜刺激、解毒、补偿以及增强生物学免疫功能等作用。

2. 适应症及禁忌症　适用于大失血、外伤性休克、营养性贫血、严重烧伤、大手术的预防性止血等。禁忌症为严重的心血管系统疾病、肾脏疾病和肝病等。

3. 血液的采集和保存　供血者应该是健康、体壮的成年家畜，无传染病及血原虫病的家畜。一般马、牛每次采血 2～3L；体重 18～27kg 的犬，每次每千克体重采血 4.5mL。为防止血液凝固，采血瓶中要加入抗凝剂。

4. 血液相合性的判定　输血前必须进行血液相合性试验，以防发生输血反应。临床上常用的方法有玻片凝集试验法及生物学试验法。两者结合应用，更为安全可靠。每次输血时，最好先将供血者的少量血液（马、牛 150～200mL，犬 40～50mL）注入受血者静脉内，注入后10min，若受血者的体温、脉搏、呼吸及可视黏膜等无明显变化，即可将剩余的血液全部输入。

5. 输血的径路、数量及速度　常用输血径路为静脉注射。一次输血量需按病情确定。急性大失血时，应该大量输血以挽救生命；以止血为目的，宜用小剂量。马、牛一次输血量为 1～2L，犬为每千克体重 5～7mL。输血速度宜缓慢，不宜过快，马、牛 1 L 血液需20min 输完。输血操作时严格保证无菌。

6. 副作用及抢救

（1）发热反应：输血后 15～30min，受血者出现寒战和体温升高，应停止输血。

（2）过敏反应：呼吸急迫、痉挛，皮肤有麻疹等症状，应停止输血，并肌肉注射苯海拉明或 0.1％肾上腺素溶液。

（3）溶血反应：受血者在输血过程中突然不安，呼吸、脉搏增数，肌肉震颤，排尿频繁，高热，可视黏膜发绀等，应停止输血，配合强心、补液治疗。

五、激光手术刀和高频电刀的使用

（一）激光手术刀

随着激光医学的发展，现已用激光"光刀"做各种手术。激光手术刀有二氧化碳激光手术刀、掺钕钇铝石榴石（YAG）手术刀及氩离子激光手术刀等，现简介如下。

1. 激光手术刀的应用原理 激光手术刀是把激光束经聚焦后形成极小的光点，借助于能量的高度集中，用于切割组织。目前常用的二氧化碳连续波激光器，不仅能切开皮肤、脂肪、肌肉、筋膜、软骨，而且能切割骨组织。实验证明，厚 $0.5\sim1\text{cm}$、宽 $1.5\sim2\text{cm}$ 的肋骨，20s 即可切断。激光光点处巨大的能量和很高的温度不仅能切开组织，而且能封闭凝结切口的小血管，使手术视野清楚、干净，组织的切缘锐利平整，对周围的组织破坏很少。切缘的表面形成一层微薄的黄白色膜，颜色新鲜。尽管激光器产生功率密度很高，但由于光点极小，且作用的时间不长，受热皮肤面积迅速冷却。激光手术刀切割组织的深度和宽度与激光器输出功率的大小、波长及移动光束的快慢有关。根据组织切片研究，二氧化碳激光手术刀，在正确掌握焦点距离的情况下，切缘只产生 $50\sim100\mu\text{m}$ 的破坏，相当于 $5\sim10$ 个细胞；若切口周围适当加以保护，例如局部注射浸润麻醉剂并用浸湿生理盐水的纱布覆盖切口两旁，则只有 $1\sim5$ 个细胞的破坏。局部增加间质水分，能保护健康组织。

由于激光手术刀不直接接触手术部位，因此可减少术部污染和震动（头骨）。出血少，减少结扎止血的线头和继发感染。其切口愈合时间比一般手术刀切口略迟，术后创面 $10\sim12\text{d}$ 上皮形成，疤痕平整而小。

2. 激光手术刀的结构

（1）激光刀的形式：目前使用的激光手术刀有卧式和立式两种。卧式是把激光管水平放置，立式是把激光管垂直放置，再由导光臂来控制光束方向。导光臂越长，有效通光口径越大时，要求导光臂的加工和调整精度也要相应提高。下面介绍一种常用的卧式结构激光手术刀，假设激光管放电长度用 1.5m，则输出功率为 75W。

导光关节臂有两种类型：

①固定转动式关节：其结构形式如图 5-31，制作较为方便。

②张角式关节：它类似雨伞的张角原理，当入射光的夹角任意改变时，反射光也随之改变（图 5-32）。保持入射角始终等于反射角，这样使用较前者灵活。

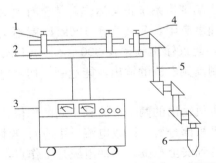

图 5-31 卧式二氧化碳激光手术刀示意图
1. 激光管固定圈 2. 激光管平架
3. 电源机箱 4. 导光关节支架
5. 关节臂 6. 刀头

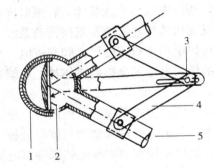

图 5-32 张角式关节示意图
1. 可活动部分 2. 反射镜 3. 活动关节
4. 伞把活动关节 5. 激光中心

（2）刀头：刀头包括激光束的聚焦镜和安装聚焦镜的镜筒。聚焦镜是刀头的关键，因为功率密度的大小与光斑直径（d）有直接关系，当输出功率一定时，光斑越小，功率密度就越大，因此聚焦镜很重要。通常对聚焦镜的要求是：①焦距（f）要小一些（因为 $d=f\cdot\theta$，当 f 小时 d 也小）。②工作距离（即聚焦镜到切割目的物的距离）要求长一些，太短时操作不方便。③聚焦镜直径要小些，这样可使刀头细，切割锐利。④焦深要大些，实际使用时焦距不可能掌握很准，因此焦深太小往往难以得到较小的斑点。⑤像差要小。

3. 使用激光手术刀时应注意的事项

（1）二氧化碳激光手术器导光系统的聚焦筒像外科医生手中的手术刀柄一样，沿着预定的需要切割部位移动，光束就会切开组织。只要正确掌握焦点和适当的移动速度，切开皮肤和黏膜均很顺利，在激光束之外的地方，不会引起任何破坏作用。但不正确掌握焦距，离开焦点的切割则可引起组织烧伤或炭化，影响切口愈合。

（2）由于激光聚焦后的光点温度很高，组织吸收激光后将发生热效应，所以使用激光手术刀施术时忌用易燃易爆的挥发性麻醉剂，以防燃烧和爆炸事故。

（3）激光束聚焦后的光点是很锋利的"刀刃"，但激光束毕竟还是一种光，当创面或器官表面如遇出血或附着黏液时，就会阻碍进一步照射。另外，聚焦镜若被易烧灼的组织溅射所污染，同样会影响"刀刃"的锋利。

（4）应用激光手术刀施术时，切口周围应用生理盐水纱布或棉片加以保护，因为白色物不易吸收激光，水分又可以有效地散热，这种措施既简单易行，又有利于提高手术效果。

（5）由于激光最易伤害眼睛，所以施术人员应戴上带有边罩的防护眼镜，手术室内应有足够的照明设备，以防施术人员瞳孔散大而受到激光刺激。手术室的四壁或工作台等应具有较粗糙的表面和较深的颜色，以减少反射或散射激光的能力，增强激光的吸收。

（二）高频电刀

高频电刀能够切割组织和凝固小血管。通过高频电的热作用切割组织和产生微凝固组织蛋白作用。

1. 高频电刀工作原理 高频电刀是一种取代器械手术刀进行组织切割的电外科器械。它通过有效电极尖端产生的高压电流与机体接触时对组织进行加热，实现对机体组织的分离和凝固，从而起到切割和凝血的目的。但因为机体神经系统及肌肉传动系统都是以电能来推动的，所以电流会干扰机体，轻则肌肉收缩，重则影响维生系统正常运作，甚至有致命的危险。其实机体神经系统及肌肉传动系统对电的反应速度有限，只要高于 $100kHz$ 就不会有影响，所以电刀主机可使用高频交流电。考虑到安全，建议输出频率在 $300\sim2\,000kHz$ 之间，这样的输出电流不会影响机体神经系统，而恰当控制高频电流的输出就能达到电切及电凝的效果。

高频电刀分为单极和双极两种。单极电刀是把主机输出的两个极放到不同的部位，电流从医生的手柄电极进入动物身体至极板完成回路。极板部分属于回收电流，不应对身体产生作用，故可采用大面积导电体来降低电流密度，以达到安全范围。手柄电极是工作点，用金属导体制成小接触面积电极，把电流密度提高到可应用范围。双极电刀是通过双极镊子的两个尖端向机体组织提供高频电能，使双极镊子两端之间的血管脱水而凝固，达到止血的目的。它的作用范围只限于镊子两端之间，对机体组织的损伤程度和影响范围远比单极电刀要小得多，适用于对小血管（直径＜4mm）的封闭。故双极电刀多用于脑外科、显微外科、五官科以及较为精细的手术中。

高频电刀的功能主要分为电切及电凝两种，亦有同时存在两种不同程度特性的混合型。电切是以持续高能量加到细胞中，使细胞中的水分子在短时间内大量汽化，细胞破裂，令组织分离，宏观上便达到电切效果。电凝是以结节低能量加到细胞中，使细胞中的水分升温蒸发，细胞因失去水分而收缩成痂，细胞及细胞间的收缩会使被切断的血管收缩而止血，宏观上达到电凝效果。

2. 高频电刀的组成　高频电刀是由主机以及电刀刀柄、极板、双极镊、脚踏开关等附件组成。

3. 高频电刀的使用方法

（1）电极选择：切割组织选择针电极，刀刃锐利。凝血作用选择小球形电极。

（2）仪器必须有良好的接地装置。

（3）切割组织：应用针电极，在切割点上几毫米，由电火花达到组织，保持垂直于组织。一个组织面在切割时一次性通过，避免多次重复切割。高频电刀只能用于切割浅表组织，不能做深层组织切割，因为深层组织切割时，电极易造成周围组织损伤。皮肤、筋膜应用高频电极切割时比较容易，而脂肪组织、皮下组织最好选择手术刀分离。肌肉组织切割避免应用低频电流，因为切割时容易产生肌肉收缩，出现不规则的切口。

（4）凝固血管：应用小球形电极，直接触及小血管断端或直接触及钳夹的血管断端。大于1mm直径的血管应该结扎，电凝效果不佳。

（5）高频电刀操作时，一定使电极接触组织面积最小，触及组织后，立即离开。延长凝固时间会增大组织破坏直径，增加术后感染的机会。操作时，必须做好对周围组织的保护，减少周围组织损伤。血液和等渗电解质溶液能传播电极的输出，组织面不需要干燥，而需要适宜的湿度，应该使用湿润海绵保持创面的温度。

第四节　缝　　合

缝合（sutures）是将已切开、切断或因外伤而分离的组织、器官进行对合或重建其通道，保证良好愈合的基本操作技术。在愈合能力正常的情况下，愈合是否完善与缝合的方法及操作技术有一定的关系。因此，学习缝合的基本知识，掌握缝合的基本操作技术，是外科手术重要环节。缝合的目的在于：为手术或外伤性损伤而分离的组织或器官予以安静的环境，给组织的再生和愈合创造良好条件；保护无菌创免受感染；加速肉芽创的愈合；促进止血和创面对合以防裂开。

一、缝合的基本原则

为了确保愈合，缝合时要遵守下列各项原则：

（1）严格遵守无菌操作。

（2）缝合前必须彻底止血，清除凝血块、异物及无生机的组织。

（3）为了使创缘均匀接近，在两针孔之间要有相当距离，以防拉穿组织。

（4）缝针刺入和穿出部位应彼此相对，针距相等，否则易使创伤形成皱襞和裂隙。

（5）凡无菌手术创或非污染的新鲜创经外科常规处理后，可做对合密闭缝合。具有化脓腐败过程以及具有深创囊的创伤可不缝合，必要时做部分缝合。

（6）在组织缝合时，一般是同层组织相缝合，除非特殊需要，不允许把不同类的组织缝合在一起。缝合、打结应有利于创伤愈合，如打结时既要适当收紧，又要防止拉穿组织，缝合时不宜过紧，否则将造成组织缺血。

（7）创缘、创壁应互相均匀对合，皮肤创缘不得内翻，创伤深部不应留有死腔、积血和积液。在条件允许时，可做多层缝合，正确与不正确的缝合见图 5-33。

（8）缝合的创伤，若在手术后出现感染症状，应迅速拆除部分缝线，以便排出创液。

二、缝合材料

缝合材料是用于闭合组织和结扎血管。兽医外科临床上，所应用的缝合材料种类很多。选择适宜的缝合材料是很重要的，应根据材料的生物学和物理学特性、创伤局部的状态以及各种组织创伤的愈合速度来进行。

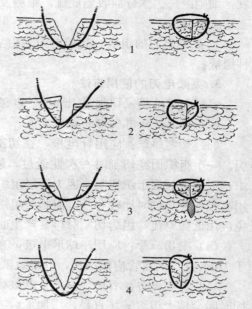

图 5-33　正确与不正确的切口缝合
1. 正确的缝合　2. 两皮肤创缘不在同一平面，边缘错位　3. 缝合太浅，形成死腔
4. 缝合太紧，皮肤内陷

（一）理想的缝合材料

完全理想的缝合材料目前是没有的，但是当前所使用的缝合材料，各自都具有其本身的优良特性。理想的缝合材料应该在活组织内具有足够的缝合创伤的张力强度；对组织刺激性很小；应该是非电解质、非毛细管性质、非变态反应和非致癌物质；打结应该确实，不易滑脱；容易灭菌，灭菌时不变性，不受腐蚀；无毒性，不能隐藏细菌，使其生长繁殖；理想的可吸收缝线应该在创伤愈合后 30～60d 内吸收，被包埋的缝线没有术后并发症。

（二）缝合材料分类

缝合材料按照在动物体内吸收的情况分为吸收性缝合材料和非吸收性缝合材料。缝合材料在动物体内，60d 内发生变性，其张力强度很快丧失的为吸收性缝合材料。缝合材料在动物体内 60d 以后仍然保持其张力强度的为非吸收性缝合材料。缝合材料按照其材料来源分为天然缝合材料和合成缝合材料。

1. 天然可吸收缝合材料

（1）肠线（surgical gut）：是由羊肠黏膜下组织或牛的小肠浆膜组织制成，主要为结缔组织和少量弹力纤维。肠线经过铬盐处理，减少被胶原吸收的液体，因此肠线张力强度增加，变性速度减少。所以，铬制肠线吸收时间延长，减少了软组织对肠线的反应性。

①肠线的种类：分为 4 种类型，A 型为普通型或未经铬盐处理型，在植入体内 3～7d 被吸收，能引起严重的组织反应，张力强度很快丧失，手术时一般不使用。B 型为轻度铬盐处理型，植入体内 14d 被吸收。C 型为中度铬盐处理型，植入体内 20d 被吸收，是手术常用的肠线。D 型为超级铬盐处理型，植入体内 40d 被吸收。

②肠线吸收：首先在组织内由酸的水解作用和溶胶原作用使分子键离断造成肠线张力强度丧失。其次，肠线植入体内后期，由于蛋白分解酶出现，使肠线消化和吸收。因为肠线是成胶组织，在植入体内，引起异物反应，产生刺激作用。当肠线缝合胃时，在酸性胃蛋白酶

的作用下，吸收速度加快；在被感染的创伤和血管丰富的组织可看到肠线过早地被吸收。蛋白氮缺乏的衰竭患畜，肠线吸收也加速。

③肠线的缺点：易诱发组织的炎症反应，张力强度丧失较快，有毛细管现象，偶尔能出现过敏反应。

使用肠线时应注意下列问题：a. 从玻管储存液内取出肠线质地较硬，需在温生理盐水中浸泡片刻，待柔软后再用，但浸泡时间不宜过长，以免肠线膨胀、易断。b. 不可用持针钳、止血钳夹持肠线，也不要将肠线扭折，以致皱裂、易断。c. 肠线经浸泡吸水后发生膨胀，较滑，当结扎时，结扎处易松脱，所以需用三叠结，剪断后留的线头应较长，以免滑脱。d. 由于肠线是异体蛋白，在吸收过程中可引起较大的组织炎症反应，所以一般多用连续缝合，以免线结太多致使手术后异物反应显著。e. 在不影响手术效果的前提下，尽量选用细肠线。

肠线适用于胃肠、泌尿生殖道的缝合，不能用于胰脏手术，因肠线易被胰液消化吸收。

（2）胶原质缝线：为一种多股缝合材料，是由牛屈肌腱用甲醛或铬盐，或二者合并加工处理获得。其吸收率和吸收方法与肠线相似。胶原质缝线是目前唯一有几种规格的细微缝线，几乎专用于眼科手术。

2. 人工合成的可吸收缝合材料

（1）聚乙醇酸缝线（polyglycolic acid，PGA）：该缝线是一种非成胶质人造吸收性缝线，是羟基乙酸的聚合物。聚乙醇酸缝线的吸收方式是脂酶作用，被水解而吸收。试管内试验观察，聚乙醇酸水解产物是很有效的抗菌物质。吸收过程、炎症反应很轻微。在碱性环境中水解作用很快，试管内观察，在尿液里过早被吸收。聚乙醇酸缝线完全吸收为 $100 \sim 120d$。

聚乙醇酸缝线适用于清净创和感染创缝合。不应该缝合愈合较慢的组织（韧带、腱），因为该缝线张力强度丧失较快。

聚乙醇酸缝线的缺点：该缝线穿过组织时摩擦系数高，因此通过组织费力、缓慢，能切断脆弱组织。在使用前要浸湿，能减少摩擦系数。该缝线打结不确实，打结时，每道结要注意拉紧，打三叠结，防止松脱。

（2）羟乙酸乳酸聚酯 910（polyglactin 910）：是由乙醇酸和乳酸以 9：1 的比例组成，为一种合成的多股缝线。它比聚羟基乙酸缝线的疏水性、耐水解作用更强。其吸收机制（即水解作用）、张力、强度的丧失与聚乙醇酸缝线相同。羟乙酸乳酸聚酯 910 可引起明显的单核细胞反应，显示其在不同伤口条件下的良好耐受性。该缝线粗细-强度比极好，较易操作，在污染创内稳定，组织反应最小。

（3）聚二氧六环酮（polydioxanine）：是一种聚合物单股缝线。聚二氧六环酮比聚乙醇酸缝线、羟乙酸乳酸聚酯 910 和聚丙烯有更好的灵活性。聚二氧六环酮比多丝纤维复合材料表现出更少的组织拖拉，并有可接受的处理特性。聚二氧六环酮在植入前比单丝尼龙和聚丙烯有更大的强度。聚二氧六环酮，如聚乙醇酸缝线和羟乙酸乳酸聚酯 910，也是经水解作用降解，但速率更低。聚二氧六环酮缝线在 14d 后其拉伸强度损失 26%，28d 后损失 42%，56d 后损失 86%。吸收基本上是在植入后的 182d 内完成。组织反应性与聚乙醇酸和羟乙酸乳酸聚酯 910 相似。会引起由巨噬细胞和成纤维细胞介导的最小限度的特征性异物反应。

3. 非吸收缝合材料

（1）丝线（silk）：丝线是蚕茧的连续性蛋白质纤维，是传统的、广泛应用的非吸收性缝线。

丝线有型号编制，使用时应根据不同的型号，用于缝合不同的组织。粗线为7～9号，抗张力为26.46～44.1N，适用于大血管结扎，筋膜或张力较大组织的缝合；中等线为3～4号，抗张力为16.17N，适用于皮肤、肌肉、肌腱等组织的缝合；细线为0～1号，抗张力为8.82N，适用于皮下、胃肠道组织的缝合；最细线为000～0000号，抗张力为4.9N，适用于血管、神经的缝合。

丝线刺激组织可产生炎症反应，因为丝线具有较大固着γ球蛋白的能力，最后导致产生一种急性炎症反应。

丝线的灭菌：高压蒸汽灭菌一般要求条件是$6.67×10^5$Pa经20min。煮沸灭菌对丝线影响较少，但重复煮沸，或时间过长，会使丝线膨胀，拉力减弱。

丝线的优点：价廉，应用广泛；容易消毒；编织丝线张力强度高，操作使用方便，打结确实。

丝线的缺点：缝合空隙器官时，如果丝线露出腔内，易产生溃疡。缝合膀胱、胆囊时，易形成结石。因此，丝线不能用于空腔器官的黏膜层缝合。不能缝合被污染或感染的创伤。

（2）不锈钢丝（stainless steel）：金属缝线已使用几个世纪。现在使用的不锈钢丝是惟一被广泛接受的金属缝线。适用于制作不锈钢丝的材料是铬镍不锈钢。有单丝和多丝不锈钢丝。

不锈钢丝生物学特性为惰性，植入组织内不引起炎症反应。植入组织内，能保持其张力强度，适用于愈合缓慢组织、筋膜、肌腱的缝合，皮肤减张缝合。该缝线操作困难，特别是打结困难，打结的锐利断端能刺激组织，引起局部组织坏死。特别对于易活动的组织，打结断端要细致处理。缝合张力大的组织，应垫橡皮管，以防钢丝割裂皮肤。

（3）尼龙（nylon）缝线：尼龙是由六次甲基二胺和脂肪酸制成。尼龙缝线分为单丝和多丝两种。其生物学特性为惰性，植入组织内对组织反应很小。张力强度较强。单丝尼龙缝线无毛细管现象，在污染的组织内感染率较低。单丝尼龙缝线可用于血管缝合，多丝尼龙缝线适用于皮肤缝合。但是不能用于浆膜腔和滑膜腔缝合，因为埋植的锐利断端能引起局部摩擦刺激而产生炎症或坏死。其缺点是操作使用较困难，打结不确实，要打三叠结。

（4）组织黏合剂（tissue adhesives）：最广泛使用的组织黏合剂是腈基丙烯酸酯（cyanoacrylate）。腈基丙烯酸酯的单分子由聚合作用从液态而转化为固态。这一转化过程是在组织表面存在少量水分子起催化作用而进行的。根据涂抹厚度和湿度不同，其凝结时间不同，一般凝结时间为2～60s。组织黏合剂用于实验性和临床实践上的口腔手术、肠管吻合术。

（三）缝合材料的选择

缝合材料的选择要根据缝合材料的生物学、物理学和兽医临床需要情况来决定。虽然一般没有理想缝合材料，但选择缝合材料应遵循下列原则：

1. 缝合材料张力强度丧失应该和被缝合组织获得张力强度相适应 皮肤张力强，愈合慢，缝合材料强度要求较强，植入组织内，要求其强度保持时间较长。非吸收性缝线适用于皮肤缝合。胃、肠组织脆弱，愈合快，要求缝线强度较小，植入组织内保持张力强度在14～21d，使用吸收性缝线适用于这些组织。

2. 缝线的生物学作用能改变创伤愈合过程　缝线的物理和化学性质，影响缝合组织抵抗创伤感染的能力。同样的缝合材料，单丝缝线耐受污染创比多丝缝线好。人造缝线抵抗创伤感染能力比天然缝线好。聚乙醇酸缝线、单丝尼龙缝线等用于污染组织，感染率很低。膀胱、胆囊的缝合，应用丝线易形成结石。

3. 缝线机械特性应该与被缝合的组织特性相适应　聚丙烯缝线和尼龙缝线最适用缝合具有伸延性的组织，例如皮肤；而肠线和聚乙醇酸缝线适用于较脆弱组织，如肠管、子宫等。

4. 不同的组织使用不同的缝合材料　皮肤缝合使用丝线、尼龙缝线等非吸收性缝线。皮下组织使用人造可吸收性缝线是适宜的。筋膜缝合，腹壁和许多其他部位的筋膜张力强度较大，愈合慢，需要缝线强度较强，应用中等尼龙缝线等非吸收性缝线是适宜的。对张力较小部位的筋膜，可以应用人造可吸收性缝线。肌肉缝合使用人造可吸收性或非吸收性缝线。空腔器官缝合使用肠线、聚乙醇酸缝线和单丝非吸收性缝线。腱的修补通常使用尼龙缝线、不锈钢丝等。血管缝合需要最小致凝血酶原性缝线。聚丙烯缝线、尼龙缝线用于血管缝合。神经缝合要考虑对缝合组织无反应性，应使用尼龙缝线和聚丙烯缝线。

三、打　　结

打结是外科手术最基本的操作之一，正确而牢固地打结是结扎止血和缝合的重要环节。熟练地打结，不仅可以防止结扎线的松脱而造成的创伤裂开和继发性出血，而且可以缩短手术时间。

（一）结的种类

常用的结有方结、三叠结和外科结（图 5-34）。

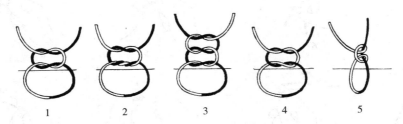

图 5-34　各种线结
1. 方结　2. 外科结　3. 三叠结　4. 假结（斜结）　5. 滑结

1. 方结　又称平结。是手术中最常用的一种，用于结扎较小的血管和各种缝合时的打结，不易滑脱。

2. 三叠结　又称加强结。是在方结的基础上再加一个结，共 3 个结。较牢固，结扎后即使松脱一道，也无妨，但遗留于组织中的结扎线较多。三叠结常用于有张力部位的缝合，大血管和肠线的结扎。

3. 外科结 打第一个结时绕两次，使摩擦面增大，故打第二个结时不易滑脱和松动。此结牢固可靠，多用于大血管、张力较大的组织和皮肤缝合。

在打结过程中常产生的错误结，有假结和滑结两种。

4. 假结（斜结） 此结易松脱。

5. 滑结 打方结时，两手用力不均，只拉紧一根线，虽则两手交叉打结，结果仍形成滑结，而非方结，亦易滑脱，应尽量避免发生。

（二）打结方法

常用的有 3 种，即单手打结、双手打结和器械打结。

1. 单手打结 为常用的一种方法，简便迅速。左右手均可打结。虽各人打结的习惯常有不同，但基本动作相似（图 5-35）。

2. 双手打结 除了用于一般结扎外，对深部或张力大的组织缝合，结扎较为方便可靠（图 5-36）。

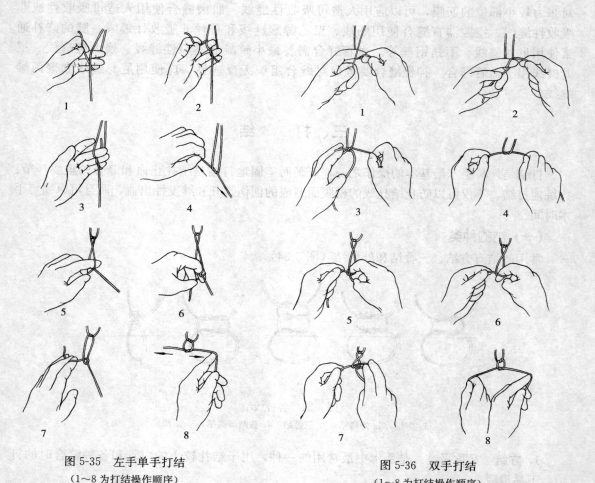

图 5-35　左手单手打结　　　　　　　　　　图 5-36　双手打结
（1～8 为打结操作顺序）　　　　　　　　　　（1～8 为打结操作顺序）

3. 器械打结 用持针钳或止血钳打结。适用于结扎线过短、狭窄的术部、创伤深处和某些精细手术的打结。方法是把持针钳或止血钳放在缝线的较长端与结扎物之间，用长线头端缝线环绕血管钳一圈后，再打结即可完成第一结。打第二结时用相反方向环绕持针钳一圈后拉紧，成为方结（图 5-37）。

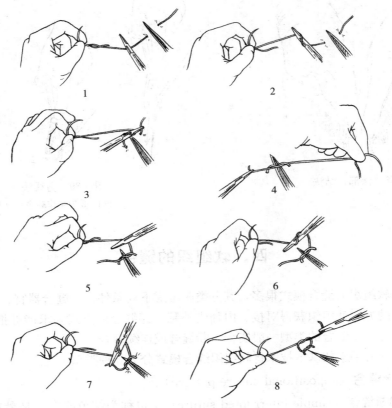

图 5-37 器械打结

（1～8 为打结操作顺序）

（三）打结注意事项

（1）打结收紧时要求三点成一直线，即左、右手的用力点与结扎点成一直线，不可成角向上提起，否则使结扎点容易撕脱或结松脱。

（2）无论用何种方法打结，第一结和第二结的方向不能相同，即两手需交叉，否则即成假结。如果两手用力不均，可成滑结。

（3）用力均匀，两手的距离不宜离线太远，特别是深部打结时，最好用两手食指伸到结旁，以指尖顶住双线，两手握住线端，徐徐拉紧，否则易松脱（图 5-38）。埋在组织内的结扎线头，在不引起结扎松脱的原则下，剪短以减少组织内的异物。丝线、棉线一般留 3～5mm，较大血管的结扎应略长，以防滑脱。肠线留 4～6mm，不锈钢丝 5～10mm，并应将钢丝头扭转埋入组织中。

（4）正确的剪线方法是术者结扎完毕后，将双线尾提起略偏术者的左侧，助手用稍张开的剪刀尖沿着拉紧的结扎线滑至结扣处，再将剪刀稍向上倾斜，然后剪断，倾斜的角度取决于要留线头的长短（图 5-39）。如此操作比较迅速准确。

图 5-38 深部打结法

图 5-39 剪线法

（1～3 为操作顺序）

四、软组织的缝合

用于动物软组织的缝合模式很多，其分类应考虑下列条件：①缝合器官、组织的解剖学特征。②缝合的方式使组织获得对接、内翻或外翻。③缝合的方式要求能够抵消不同器官、组织的张力强度。④缝合的类型一般实行间断缝合或连续缝合。

当前兽医外科手术的基本技术将软组织缝合模式分为 3 种类型。

（一）对接缝合（appositional suture pattern）

1. 单纯间断缝合（simple interrupted suture） 也称为结节缝合，是最古老、最常用的缝合方式。缝合时，将缝针引入 15～25cm 缝线，于创缘一侧垂直刺入，于对侧相应的部位穿出打结。每缝一针，打一次结（图 5-40）。缝合要求创缘要密切对合。缝线距创缘距离，根据缝合的皮肤厚度来决定，小动物 3～5mm，大动物 0.8～1.2cm。缝线间距要根据创缘张力来决定，使创缘彼此对合，一般间距 0.5～1.5cm。打结在切口一侧，防止压迫切口。用于皮肤、皮下组织、筋膜、黏膜、血管、神经、胃肠道的缝合。

优点：操作容易，迅速。在愈合过程中，即使个别缝线断裂，其他邻近缝线不受影响，不致整个创面裂开。能够根据各种创缘的伸延张力正确调整每个缝线张力。如果创口有感染可能，可将少数缝线拆除排液。对切口创缘血液循环影响较小，有利于创伤的愈合。

缺点：需要较多时间，使用缝线较多。

2. 单纯连续缝合（simple continuous suture） 是用一条长的缝线自始至终连续地缝合一个创口，最后打结。第一针和打结操作同结节缝合，以后每缝一针以前，对合创缘，避免创口形成皱褶，使用同一缝线以等距离缝合，拉紧缝线，最后留下线尾，在一侧打结（图 5-41）。常用于具有弹性、无太大张力的较长创口。用于皮肤、皮下组织、筋膜、血管、胃肠道的缝合。

优点：节省缝线和时间，密闭性好。

缺点：一处断裂，则全部缝线拉脱，创口会裂开。

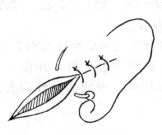

图 5-40　结节缝合

图 5-41　螺旋形连续缝合

3. 表皮下缝合（subcuticular closure）　这种缝合如图 5-42 所示，适用于小动物表皮下缝合。缝合在切口一端开始，缝针刺入真皮下，再翻转缝针刺入另一侧真皮，在组织深处打结。应用连续水平褥式缝合平行切口。最后缝针翻转刺向对侧真皮下打结，埋置在深部组织内。一般选择可吸收性缝合材料。

优点：能消除普通缝合针孔的小瘢痕。操作快，节省缝线。

缺点：具有连续缝合的缺点。这种缝合方法张力强度较差。

4. 压挤缝合法（crushing gambe suture）　压挤缝合用于肠管吻合的单层间断缝合。犬、猫肠管吻合的临床观察认为，该法是很好的吻合缝合法，也用于大动物的肠管吻合。

压挤缝合法如图 5-43 所示。缝针刺入浆膜、肌层、黏膜下层和黏膜层进入肠腔。在越过切口前，从肠腔再刺入黏膜到黏膜下层。越过切口，转向对侧，从黏膜下层刺入黏膜层进入肠腔。在同侧从黏膜层、黏膜下层、肌层到浆膜刺出肠表面。两端缝线拉紧、打结。这种缝合可使浆膜、肌层相对接和黏膜、黏膜下层内翻，为肠管本身组织的相互压挤，使肠管密切对接，既可以很好地防止液体泄漏，又保持正常的肠腔容积。

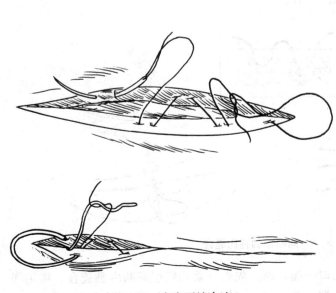

图 5-42　表皮下缝合法

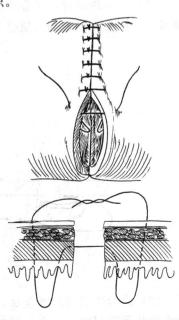

图 5-43　挤压缝合

5. 十字缝合法（cross mattress suture）　这种缝合法如图 5-44 所示。第一针开始，缝针从一侧到另一侧做结节缝合，第二针平行第一针从一侧到另一侧穿过切口，缝线的两端在切口上交叉形成十字形，拉紧打结。用于张力较大的皮肤缝合。

6. 连续锁边缝合法（interlocking suture）　这种缝合方法与单纯连续缝合基本相似。在缝合时每次将缝线交锁（图 5-45）。此种缝合能使创缘对合良好，并使每一针缝线在进行下一次缝合前就得以固定。多用于皮肤直线形切口及薄而活动性较大的部位缝合。

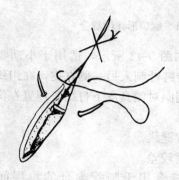 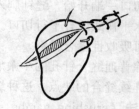

图 5-44　十字缝合法　　　　　　　　　图 5-45　连续锁边缝合法

（二）内翻缝合（inverting suture patterns）

内翻缝合用于胃、肠、子宫、膀胱等空腔器官的缝合。

1. 伦勃特（Lembert）**氏缝合法**　伦勃特氏缝合法是胃肠手术的传统缝合方法，又称垂直褥式内翻缝合法。分为间断与连续两种，常用的为间断伦勃特氏缝合法。在胃肠或肠吻合时，用以缝合浆膜肌层。

（1）间断伦勃特氏缝合法：缝线分别穿过切口两侧浆膜及肌层即行打结，使部分浆膜内翻对合，用于胃肠道的外层缝合（图 5-46）。

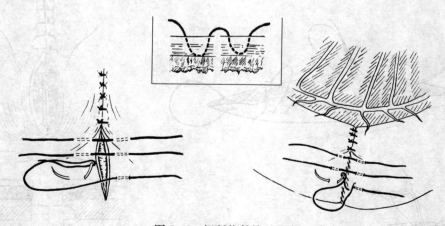

图 5-46　间断伦勃特氏缝合

（2）连续伦勃特氏缝合法：于切口一端开始，先做一浆膜肌层间断内翻缝合，再用同一缝线做浆膜肌层连续缝合至切口另一端（图 5-47）。其用途与间断内翻缝合相同。

2. 库兴（Cushing）氏缝合法　又称连续水平褥式内翻缝合法，这种缝合法是从伦勃特氏连续缝合法演变来的。缝合方法是于切口一端开始先做一浆膜肌层间断内翻缝合，再用同一缝线平行于切口做浆膜肌层连续缝合至切口另一端（图 5-48）。适用于胃、子宫浆膜肌层缝合。

3. 康奈尔（Connel）氏缝合法　这种缝合法与连续水平褥式内翻缝合相同，仅在缝合时缝针要贯穿全层组织，当将缝线拉紧时，则肠管切面即翻向肠腔（图 5-49）。多用于胃、肠、子宫壁缝合。

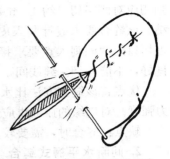

图 5-47　连续伦勃特氏缝合

图 5-48　库兴氏缝合

4. 荷包缝合　即做环状的浆膜肌层连续缝合。主要用于胃、肠壁上小范围的内翻缝合，如缝合小的胃、肠穿孔。此外，还用于胃、肠、膀胱等引流固定的缝合方法（图 5-50）。

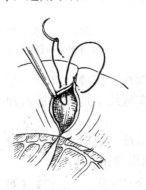
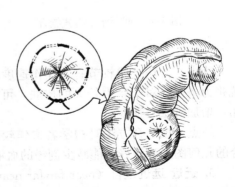

图 5-49　康奈尔氏缝合

图 5-50　荷包缝合

（三）张力缝合（tension suture）

1. 间断垂直褥式缝合（interrupted vertical mattress suture）　这种缝合如图 5-51 所示。间断垂直褥式缝合是一种张力缝合。针刺入皮肤，距离创缘约 8mm，创缘相互对合，越过切口到相应对侧刺出皮肤。然后缝针翻转在同侧距切口约 4mm 处刺入皮肤，越过切口到相应对侧距切口约 4mm 处刺出皮肤，与另一端缝线打结。该缝合要求缝针刺入皮肤时，只能刺入真皮下，接近切口的两侧刺入点要求接近切口，这样皮肤创缘对合良好，不能外翻。缝线间距为 5mm。

优点：该缝合方法比水平褥式缝合具有较强的抗张力强度。对创缘的血液供应影响较小。

缺点：缝合时，需要较多时间和较多的缝线。

2. 间断水平褥式缝合（interrupted horizontal mattress suture）　这种缝合如图 5-52 所示。间断水平褥式缝合是一种张力缝合，特别适用于马、牛和犬的皮肤缝合。针刺入皮肤，距创缘 2～3mm，创缘相互对合，越过切口到对侧相应部位刺出皮肤，然后缝线与切口平行

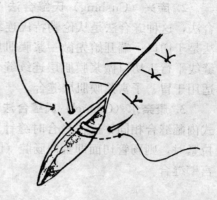

图 5-51　间断垂直褥式缝合

向前约 8mm，再刺入皮肤，越过切口到相应对侧刺出皮肤，与另一端缝线打结。该缝合要求缝针刺入皮肤时刺在真皮下，不能刺入皮下组织，这样皮肤创缘对合才能良好，不出现外翻（图 5-53）。根据缝合组织的张力，每个水平褥式缝合间距为 4mm。

图 5-52　间断水平褥式缝合

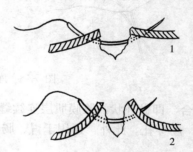

图 5-53　水平褥式缝合的位置
1. 正确缝合位置　2. 不正确缝合位置

优点：使用缝线较节省，操作速度较快。该缝合具有一定抗张力条件，对于张力较大的皮肤，可在缝线上放置胶管或纽扣，增加抗张力强度。

缺点：该缝合方法对初学者操作较困难。根据水平褥式缝合的几何图形，该缝合能减少创缘的血液供应。

3. 近远-远近缝合（near far-far near suture）　这种缝合如图 5-54 所示。近远-远近缝合是一种张力缝合。第一针接近创缘垂直刺入皮肤，越过创底，到对侧距切口较远处垂直刺出皮肤。翻转缝针，越过创口到第一针刺入侧，距创缘较远处，垂直刺入皮肤，越过创底，到对侧距创缘近处垂直刺出皮肤，与第一针缝线末端拉紧打结。

优点：该缝合方法创缘对合良好，具有一定抗张力强度。

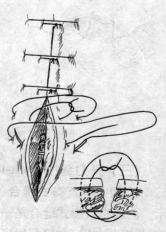

图 5-54　近远-远近缝合

缺点：切口处有双重缝线，需要缝线数量较多。

五、各种软组织的缝合技术

（一）皮肤的缝合

缝合前创缘必须对好，缝线要在同一深度将两侧皮下组织拉拢，以免皮下组织内遗留空隙，滞留血液或渗出液易引起感染。两侧针眼离创缘 1～2cm，距离要相等。皮肤缝合采用间断缝合，缝合反应在创缘侧面打结，打结不能过紧。皮肤缝合完毕后，必须再次将创缘对好。

（二）皮下组织的缝合

缝合时要使创缘两侧皮下组织相互接触，一定要消除组织的空隙。使用可吸收性缝线，打结应埋置在组织内。

（三）筋膜的缝合

筋膜缝合应根据其张力强度选用不同的方法。筋膜的切口应该与张力线平行，而不能垂直于张力线。所以，筋膜缝合时，要垂直于张力线，使用间断缝合。大量筋膜切除或缺损时，缝合时使用垂直褥式或近远远近等张力缝合法。

（四）肌肉的缝合

肌肉缝合要求将纵行纤维紧密连接，瘢痕组织生成后，不能影响肌肉收缩功能。缝合时，应用结节缝合分别缝合各层肌肉。小动物手术时，肌肉一般是纵向分离而不切断，因此肌肉组织经手术细微整复后，可不需要缝合。对于横断肌肉，因其张力大，应该在麻醉或使用肌松剂的情况下连同筋膜一起缝合，进行结节缝合或水平褥式缝合。

（五）腹膜的缝合

马的腹膜薄且不易耐受缝合，应连同部分肌肉组织缝合腹膜。犬的腹膜具有特殊性质，缝合时可以考虑单层腹膜缝合。腹膜缝合必须完全闭合，不能使网膜或肠管漏出或钳闭在缝合切口处。

（六）血管的缝合

血管缝合常见的并发症是出血和血栓形成。操作要轻巧、细致，不得损伤血管壁。血管端端吻合要严格执行无菌操作，防止感染。血管内膜紧密相对，因此血管的边缘必须外翻（图 5-55），让内膜接触，外膜不得进入血管腔。缝合处不宜有张力，血管不能有扭转。血管吻合时，应该用弹力较低的无损伤的血管夹阻断血流。缝合处要有软组织覆盖。

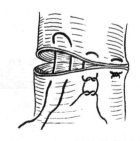

图 5-55　水平褥式外翻缝合

（七）神经的缝合

神经缝合应具备的条件：操作要轻柔；缝合愈早，功能恢复的希望愈大。创口清净，神经断裂面整齐是缝合效果良好的有利条件。创口感染，有严重的关节僵直，肌肉重度萎缩，神经缺损过大，缝合张力无法解除时不能进行神经缝合。

神经缝合依损伤程度不同，可分为端端缝合和部分端端缝合两种。

（1）端端缝合：用以修复神经干完全断裂。对新鲜损伤，经清创后，用利刃修切神经干两断端使断面整齐，然后在神经两端的内外侧各缝一针，作为固定牵引线，按 2～3mm 左右的针距，2mm 左右的边距用细丝线做结节或单纯连续缝合。前侧缝合完毕后，调换固定缝线，使神经翻转 180°以同法缝合后侧（图 5-56）。缝合后，神经置于健康肌肉或皮下组织内覆盖。

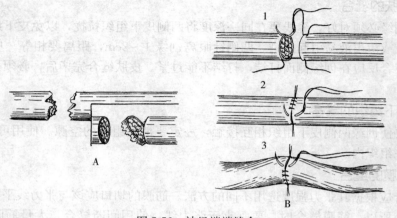

图 5-56　神经端端缝合

A. 新鲜神经损伤的处理　B. 神经断端缝合法
1. 定点缝合　2. 缝合前侧　3. 缝合后侧

（2）部分端端缝合：用于修复部分断裂的神经干，对新鲜的神经部分切割断面整齐者，可直接做结节缝合。反之，用利刃切除损伤部分，再行部分端端缝合。

对晚期神经部分断裂伤，应将神经充分显露并游离出来，在健康与损伤的交界处，纵切神经外膜，仔细地分开损伤与正常的神经束，切除神经纤维瘤或疤痕组织，将两断端对合后做结节缝合（图 5-57）。缝合时要消除部分张力，以免断端接触不良妨碍神经再生。

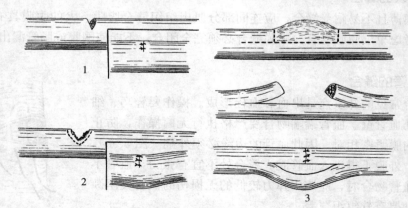

图 5-57　神经部分端端缝合

1. 损伤断面整齐者可直接缝合　2. 断面有挫伤者，经清创并切除损伤部分再缝合
3. 对陈旧性神经部分损伤缝合时，先切除神经纤维瘤或疤痕组织，再行部分端端缝合

（八）腱的缝合

腱的断端应紧密连接，如果末端间有裂缝被结缔组织填补，将影响腱的功能。操作要轻柔，不能使腱的末端受到挫伤而引起坏死。缝合部位周围粘连，会妨碍腱愈合后的运动。因

此，腱的缝合要求腱鞘要保留或重建；腱、腱鞘和皮肤缝合部位，不要相互重叠，以减少腱周围的粘连，手术必须在无菌操作下进行。腱的缝合使用白奈尔氏（Bunnell）缝合，缝线放置在腱组织内，保持腱的滑动机能（图5-58）。腱鞘缝合使用结节缝合和非吸收缝合材料，特别使用特制的细钢丝缝合。肢体固定是非常重要的，至少要进行肢体固定3周，使缝合的腱组织不能有任何张力。

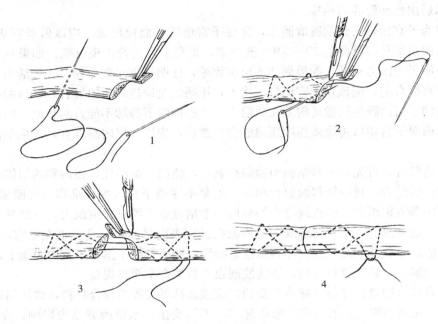

图5-58 腱缝合

（1～4为操作顺序）

（九）空腔器官的缝合

空腔器官（胃、肠、子宫、膀胱）缝合，根据空腔器官的生理解剖学和组织学特点，缝合时要求良好的密闭性，防止内容物泄漏；保持空腔器官的正常解剖组织学结构和蠕动收缩机能。因此，对于不同动物和不同器官，缝合要求是不同的。

1. 犬、猫胃缝合 胃内具有高浓度的酸性内容物和消化酶。缝合时要求良好的密闭性，防止污染，缝线要保持一定的张力强度，因为术后动物呕吐或胃扩张对切口产生较强压力；术后胃腔容积减少，对动物影响不大。因此，胃缝合第一层连续全层缝合或连续水平褥式内翻缝合。第二层缝合在第一层上面，采用浆肌层间断或连续垂直褥式内翻缝合。

2. 小肠缝合 小肠血液供应好，肌肉层发达，其解剖特点是低压力导管，而不是蓄水囊。内容物是液态的，细菌含量少。小肠缝合后3～4h，纤维蛋白覆盖密封在缝线上，产生良好的密闭条件，术后肠内容物泄漏发生机会较少。由于小肠肠腔较小，缝合时要特别注意防止造成肠腔狭窄。马的小肠缝合可以使用内翻缝合，但是要避免较多组织内翻引起肠腔狭窄。小动物（犬、猫）的小肠缝合使用单层对接缝合，肠管外用网膜覆盖，并用2针可吸收缝线将网膜与肠系膜固定在一起。常用压挤缝合法能达到良好对接，不易发生泄漏、狭窄和感染。缝合切口愈合快，有少量纤维结缔组织沉积，反应轻微，愈合后瘢痕较小，肠腔直径变化很小。

3. 大肠缝合 大肠内容物呈固态，细菌含量多。大肠缝合并发症是内容物泄漏和感染。内翻缝合是唯一安全的方法。内翻缝合部位血管受到压迫，血流阻断，术后第 3 天黏膜水肿、坏死，第 5 天内翻组织脱落。黏膜下层、肌层和浆膜保持接合强度。术后第 14 天左右瘢痕形成，炎症反应消失。

4. 子宫缝合 剖腹取胎术实行子宫缝合有其特殊的意义，因为子宫缝合不良会导致母畜不孕、术后出血和腹腔内粘连。

如果因为子宫扭转实行剖腹取胎术，怀疑子宫血管有血栓形成，应该做子宫活力试验。子宫活力试验是给马静脉注射 20～30IU 催产素，观察子宫是否出现收缩。如果整个子宫出现收缩，证明子宫活力正常，如果局部不出现收缩，证明局部出现血栓，丧失活力。

母马子宫缝合前，应该在子宫切口边缘上，用肠线全层连续压迫缝合，其目的是为了止血。因为马的子宫内膜很松散地附着在肌层上，大的内膜下静脉不能自然止血。因此，需要在子宫缝合前对子宫切口边缘做连续压迫缝合。然后，应用双层内翻缝合，与牛子宫缝合相似。

母牛子宫缝合，首先在子宫浆膜面做斜行刺口，使第一个结埋置在内翻的组织内，然后使用连续库兴氏缝合，每一针都做斜行刺入，但是不穿透子宫内膜。浆膜与浆膜紧密对合，缝线埋置在内翻的组织内，而连续缝合的最后一个结也要求埋置在组织内，不使其暴露在子宫浆膜表面。这种缝合方法，使缝线不但不能在子宫表面暴露，而且也不在子宫内膜露出。所以，该法能防止缝线和结与内脏器官粘连，特别是缝线和结不露在子宫内膜面上，不易引起慢性子宫内膜炎。临床资料证明，该法使剖腹产后生育率明显提高。

空腔器官缝合的缝合材料选择是重要的，应该选择可吸收性缝合材料，常使用聚乙醇酸缝线，具有一定张力强度，有特定的吸收速率，不易受蛋白水解酶或感染影响，操作方便。但是不宜暴露到膀胱和尿道内。铬制肠线也常用于胃、肠道手术，但是不能暴露到胃、肠道内，否则易受到胃、肠酶的作用很快丧失张力强度。丝线常用于空腔器官缝合，操作方便，打结确实。但是易发生感染，因此应该注意无菌技术。丝线用于膀胱和胆囊缝合时，不要暴露到膀胱和胆囊内，以防诱发结石形成。

犬、猫空腔器官缝合时，要求使用小规格缝线，因为大规格缝线通过组织时，对组织损伤严重。

空腔器官缝合时，最好使用无损伤性缝针、圆体针，以减少组织损伤。

（十）实质器官的缝合

实质器官包括肝、肾、脾等组织。由于不同的器官组织解剖结构不同，其缝合方法是不同的。脾脏组织非常脆弱，如果脾脏损伤时，不能缝合，只有实行脾脏摘除术。肝脏的缝合分为两种情况：浅表裂创，创面无活动性出血，可用 1～0 号肠线做结节缝合修补，每针相距 1～1.5cm；较深裂创，可做褥式缝合。

肝组织小范围缺损，可在创面填塞带蒂大网膜后，再以 1～0 号肠线做创口两侧贯穿缝合，缝线先穿过大网膜，后穿过肝实质。肝组织完全断裂，创面有活动性出血，应该先结扎出血点，将血管从创面钝性分离，结扎。然后以 1～0 号肠线平行创缘做一排褥式缝合，再在上述褥式缝合外方，以 1～0 号肠线做两侧贯穿缝合，使创口对合（图 5-59）。

肾组织切开后，对小的出血点，压迫止血即可，然后用手指将两瓣切开肾组织紧密对合，轻轻压迫，内纤维蛋白胶接起来，不需要肾组织褥式缝合，只需要连续缝合肾脏被膜，称为无缝合肾切开闭合性。

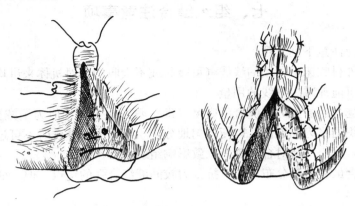

图 5-59　肝破裂缝合法

六、骨 缝 合

骨缝合是应用不锈钢丝或其他金属丝进行全环扎术和半环扎术。

1. 全环扎术（full-cerclage）　是应用不锈钢丝紧密缠绕 360°，固定骨折断端，不适用短的斜骨折。骨折断片能充分整复。适用于圆柱形骨，例如股骨、肱骨、胫骨等，如果用于圆锥形骨，容易滑脱，应该在骨皮质上做成缺口。配合骨髓针内固定，效果最好。不适用于应用邻近关节和骨骺端的固定。一个金属丝不能同时固定邻近的两个骨，例如桡骨和尺骨。

距骨折断端不少于 5mm（图 5-60）。骨折处固定只应用一个金属丝缠绕不确实，容易滑脱。

2. 半环扎术（hemicerclage）　金属丝通过每个骨断片钻成小孔，将骨折端连接、固定称为半环扎术。金属丝从皮质穿入骨髓腔，由对侧骨折断片皮质出口，然后两个金属末端拧紧（图 5-61）。这种方法容易出现骨断片旋转。配合螺钉固定，可以避免骨断片旋转。

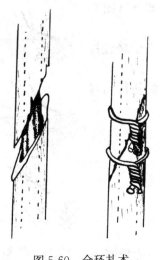

图 5-60　全环扎术

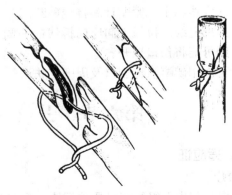

图 5-61　半环扎术

七、组织缝合注意事项

组织缝合时应注意下列事项：

（1）目前，外科临床中所用的缝线（可吸收或不吸收的）对机体来讲均为异物，因此在缝合过程中要尽可能地减少缝线的用量。

（2）缝线在缝合后的张力与缝合的密度（即针数）成正比，但为了减少伤口内的异物，使每针所加于组织的张力相近似，以便均匀地分担组织张力。缝合时不可过紧或过松，过紧易引起组织缺氧，过松引起对合不良，以致影响组织愈合。

（3）连续缝合虽有力量分布均匀、抗张力较间断缝合强的优点，但一处断裂则全部缝线松脱，伤口裂开。

（4）组织应按层次进行缝合，较大的创伤要由深而浅逐层缝合，以免影响愈合或裂开。而小的伤口，一般只做单层缝合，但缝线必须通过各层组织，缝合时应使缝针与组织呈直角刺入，拔针时要按针的弧度和方向拔出。

（5）根据腔性器官的生理解剖和组织学特点，缝合时应注意以下问题：缝合时要合时应尽量采用小针、细线，缝合组织要少，除第一道做单纯冻结缝合外，对于肠管，第二道一般讲不宜做一周性的连续缝合，以免形成一个缺乏弹性的瘢痕环，收缩后发生狭窄，影响功能；腔性器官缝合的基本原则是使切开的浆膜向腔体内翻。浆膜面相对，借助于浆膜上的间皮细胞在受损伤后析出的纤维蛋白原，在酶的作用下很快凝固纤维蛋白黏附在缝合部，修补创伤，为此在第二道缝合时均使用浆膜对浆膜的内翻缝合。

第五节　拆　　线

拆线（remove the stitches）是指拆除皮肤缝线。缝线拆除的时间，一般是在手术后7～8d进行，凡营养不良、贫血、老龄家畜、缝合部位活动性较大、创缘呈紧张状态等情况下，应适当延长拆线时间。但创伤已化脓或创缘已被缝线撕断不起缝合作用时，可根据创伤治疗需要随时拆除部分或全部缝线。拆线方法如下（图5-62）：

（1）用碘酊消毒创口、缝线及创口周围皮肤后，将线结用镊子轻轻提起，剪刀插入线结下，紧贴针眼将线剪断。

（2）拉出缝线。拉线方向应向拆线的一侧，动作要轻巧，如强行向对侧硬拉，则可能将伤口拉开。

（3）再次用碘酊消毒创口及周围皮肤。

第六节　引　　流

（一）适应证

1. 治疗

（1）皮肤和皮下组织切口严重污染，经过清创处理后，仍不能控制感

图5-62　拆线法

染时，在切口内放置引流物，使切口内渗出液排出，以免蓄留发生感染，一般需要引流24～72h。

（2）脓种切开排脓后，放置引流物，可使继续形成的脓液或分泌物不断排出，使脓腔逐渐缩小而治愈。

2. 预防

（1）切口内渗血，未能彻底控制，有继续渗血可能，尤其有形成残腔可能时，在切口内放置引流物，可排除渗血、渗液，以免形成血肿、积液或继发感染。一般需要引流24～48h。

（2）愈合缓慢的创伤。

（3）手术或吻合部位有内容物漏出的可能。

（4）胆囊、胆管、输尿管等器官手术，有漏出刺激性物质的可能。

（二）引流种类

1. 纱布条引流 应用防腐灭菌的干纱布条涂布软膏，放置在腔内，排出腔内液体。纱布条引流在几小时内吸附创液饱和，创液和血凝块沉积在纱布条上，阻止进一步引流。

2. 胶管引流 应用乳胶管，壁薄，管腔直径 $0.635～2.45cm$。在插入创腔前用剪刀将引流管剪成小孔。引流管小孔能引流其周围的创液。这种引流管对组织无刺激作用，在组织内不变质，对组织引流的反应很小。应用这种引流能减少术后血液、创液的蓄留。

（三）引流的应用

创伤缝合时，引流管插入创内深部，创口缝合，引流的外部一端缝到皮肤上。在创内深处一端，由缝线固定。引流管不要由原来切口处通出，而要在其下方单独切开一个小口通出引流管。引流管要每天清洗，以减少发生感染的机会。引流管在创内时间放置越长，引流引起感染的机会增多，如果认为引流已经失去引流作用时，应该尽快取出。应该注意，引流管本身是异物，放置在创内，要诱发产生创液。

（四）引流的护理

应该在无菌状态下引流，引流出口应该尽可能向下，有利于排液。出口下部皮肤涂以软膏，防止创液、脓汁等腐蚀、浸渍被毛和皮肤。每天应该更换引流管或纱布，如果引流排出量较多，更换次数要多些。因为引流管的外部已被污染，不应该直接由引流管外部向创内冲洗，否则引流管外部细菌和异物会进入创内。要控制住病畜，防止引流被舐、咬或拉出创外。

（五）引流的缺点

引流管或纱布插入组织内，能出现组织损伤，引流物本身是动物体内的异物，能损伤其附近的腱鞘、神经、血管或其他脆弱器官。如果引流管或纱布放置时间太长，或放置不当，要腐蚀某些器官的浆膜表面。引流的通道与外界相通，在引流的周围，有发生感染的可能。在引流插入部位上有发生创口裂开或疝形成的可能。引流的应用，虽然有很多适应证，一但是不应该代替手术操作的充分排液、扩创、彻底止血和良好的缝合。

（六）使用引流应该注意的事项

（1）使用引流的类型和大小一定要适宜：选择引流类型和大小应该根据适应症、引流管性能和创流排出量来决定。

（2）放置引流的位置要正确：一般脓腔和体腔内引流出口尽可能放在低位。不要直接压迫血管、神经和脏器，防止发生出血、麻痹或瘘管等并发症。手术切口内引流应放在创腔的最低位。体腔内引流最好不要经过手术切口引出体外，以免发生感染。应在其手术切口一侧另造一小创口通出。切口的大小要与引流管的粗细相适宜。

（3）引流管要妥善固定：不论深部或浅部引流，都需要在体外固定，防止滑脱、落入体腔或创伤内。

（4）引流管必须保持畅通：注意不要压迫、扭曲引流管。引流管不要被血凝块、坏死组织堵塞。

（5）引流必须详细记录：引流取出的时候，除根据不同引流适应症外，主要根据引流流出液体的数量来决定。引流流出液体减少时，应该及时取出。所以放置引流后要每天检查和记录引流情况。

第六章 包 扎 法

第一节 包扎法的概念

包扎法（bandaging）是利用敷料、卷轴绷带、复绷带、夹板绷带、支架绷带及石膏绷带等材料包扎止血，保护创面，防止自我损伤，吸收创液，限制活动，使创伤保持安静，促进受伤组织的愈合。

（一）包扎法类型

根据敷料、绷带性质及其不同用法，包扎法有以下几类：

1. 干绷带法 又称干敷法。是临床上最常用的包扎法。凡敷料不与其下层组织粘连的均可用此法包扎。本法有利于减轻局部肿胀，吸收创液，保持创缘对合，提供干净的环境，促进愈合。

2. 湿敷法 对于严重感染、脓汁多和组织水肿的创伤，可用湿敷法。此法有助于除去创内湿性组织坏死，降低分泌物黏性，促进引流等。根据局部炎症的性质，可采用冷、热敷包扎。

3. 生物学敷法 指皮肤移植。将健康的动物皮肤移植到缺损处，消除创面，加速愈合，减少瘢痕的形成。

4. 硬绷带法 指夹板和石膏绷带等。这类绷带可限制动物活动，减轻疼痛，降低创伤应激，缓解缝线张力，防止创口裂开和术后肿胀等。

根据绷带使用的目的，通常有各种命名。例如局部加压借以阻断或减轻出血及制止淋巴液渗出，预防水肿和创面肉芽过剩为目的而使用的绷带，称为压迫绷带；为防止微生物侵入伤口和避免外界刺激而使用的绷带，称为创伤绷带；当骨折或脱臼时，为固定肢体或体躯某部，以减少或制止肌肉和关节不必要的活动而使用的绷带，称为制动绷带等。

（二）包扎材料及其应用

1. 敷料 常用敷料有纱布、海绵纱布、棉花等及弹性纤维。

（1）纱布：纱布要求质软、吸水性强，多选用医用的脱脂纱布。根据需要剪叠成不同大小的纱布块，其四边要光滑，没有脱落棉纱，并用双层纱布包好，高压蒸汽灭菌后备用。用以覆盖创口、止血、填充创腔和吸液等。

（2）海绵纱布：是一种多孔皱褶的纺织品（一般是棉制的）。质地柔软，吸水性比纱布好，其用法同纱布。

（3）棉花：选用脱脂棉花。棉花不能直接与创面接触，应先放纱布块，棉花则放在纱布上。为此，常可预制棉垫，即在两层纱布间铺一层脱脂棉，再将纱布四周毛边向棉花折转，使其成方形或长方形棉垫，其大小按需要制作。棉花也是四肢骨折外固定的重要敷料。使用前应高压灭菌。

（4）弹性纤维：选用优质的弹性纤维材料制成卷轴状，有较好的弹性，用于固定材料的最外层，具有加压固定作用，使外固定更加确实牢固。

2. 绷带 多由纱布、棉布等制作成圆筒状，故称卷轴绷带，用途最广。另根据绷带的临床用途及其制作材料的不同，还有其他绷带，如复绷带、夹板绷带、支架绷带、石膏绷带等。

第二节 卷轴绷带

卷轴绷带通常称为绷带或卷轴带，是将布料剪成狭长的带条，用卷绷带机或手卷成。

（一）卷轴绷带种类

按制作材料，卷轴绷带可分纱布绷带、棉布绷带、弹力绷带和胶带。

1. 纱布绷带 是临床上常用的绷带，有多种规格。长度一般 6m，宽度有 3cm、5cm、7cm、10cm 和 15cm 不等。根据临床需要选用不同规格。纱布绷带质地柔软，压力均匀，价格便宜，但在使用时易起皱、滑脱。

2. 棉布绷带 用本色棉布按上述规格制作。因其原料厚，坚固耐洗，施加压力不变形或断裂，常用以固定夹板、肢体等。

3. 弹力绷带 是一种弹性网状织品，质地柔软，包扎后有伸缩力，故常用于烧伤、关节损伤等。此绷带不与皮肤、被毛粘连，故拆除时动物无不适感。

4. 胶带 目前多数胶带是多孔的，能让空气进入其下层纱布、创面，免除创口因潮湿不透气而影响蒸发。我国目前多用布制胶带，也称胶布或橡皮膏。胶带使用时难撕开，需用剪刀剪断。胶带是包扎不可缺少的材料。通常在局部剪剃被毛、盖上敷料后，多用胶布条粘贴在敷料及皮肤上将其固定。也可在使用纱布或棉布绷带后，再用胶带缠绕固定。

（二）基本包扎法

卷轴绷带多用于家畜四肢游离部、尾部、头角部、胸部和腹部等。包扎时，一般以左手持绷带的开端，右手持绷带卷，以绷带的背面紧贴肢体表面，由左向右缠绕。当第一圈缠好之后，将绷带的游离端反转盖在第一圈绷带上，再缠第二圈压住第一圈绷带。然后根据需要进行不同形式的包扎法缠绕。无论用何种包扎法，均应以环形开始并以环形终止。包扎结束后将绷带末端剪成两条打个半结，以防撕裂。最后打结于肢体外侧，或以胶布将末端加以固定。卷轴绷带的基本包扎有如下几种：

1. 环形包扎法 用于其他形式包扎的起始和结尾，以及系部、掌部、跖部等较小创口的包扎。方法是在患部把卷轴带呈环形缠数周，每周盖住前一周，最后将绷带末端剪开打结或以胶布加以固定（图 6-1 之 1）。

2. 螺旋形包扎法 以螺旋形由下向上缠绕，后一圈遮盖前一圈的 1/3～1/2。用于掌部、跖部及尾部等的包扎（图 6-1 之 2）。

3. 折转包扎法 又称螺旋回反包扎。用于上粗下细径圈不一致的部位，如前臂和小腿部。方法是由下向上做螺旋形包扎，每一圈均应向下回折，逐圈遮盖上圈的 1/3～1/2

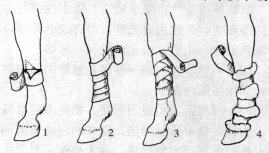

图 6-1 卷轴绷带包扎法
1. 环形带 2. 螺形带 3. 折转带 4. 蛇形带

（图 6-1 之 3）。

4. 蛇形包扎　或称蔓延包扎。斜行向上延伸，各圈互不遮盖，用于固定夹板绷带的衬垫材料（图 6-1 之 4）。

5. 交叉包扎法　又称"8"字形包扎。用于腕、跗、球关节等部位，方便关节屈曲。包扎方法是在关节下方做一环形带，然后在关节前面斜向关节上方，做一周环形带后再斜行经过关节前面至关节之下方。如上操作至患部完全被包扎后，最后以环形带结束（图 6-2）。

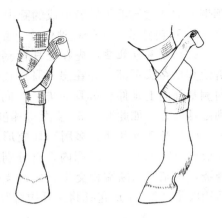

图 6-2　交叉包扎法

（三）各部位包扎法

1. 蹄包扎法　方法是将绷带的起始部留出约 20cm 作为缠绕的支点，在系部做环形包扎数圈后，绷带由一侧斜经蹄前壁向下，折过蹄尖经过蹄底至踵壁时与游离部分扭缠，以反方向由另一侧斜经蹄前壁做经过蹄底的缠绕。同样操作至整个蹄底被包扎，最后与游离部打结，固定于系部（图 6-3）。为防止绷带被污染，可在外部加上帆布套。

2. 蹄冠包扎法　包扎蹄冠时，将绷带两个游离端分别卷起，并以两头之间背部覆盖于患部，包扎蹄冠，使两头在患部对侧相遇，彼此扭缠，以反方向继续包扎。每次相遇均行相互扭缠，直至蹄冠完全被包扎为止。最后打结于蹄冠创伤的对侧（图 6-4）。

图 6-3　蹄包扎法

图 6-4　蹄冠包扎法

3. 角包扎法　用于角壳脱落和角折。包扎时先用一块纱布盖在断角上，用环形包扎固定纱布，再用另一角作为支点，以"8"字形缠绕，最后在健康角根处环形包扎打结（图 6-5）。

4. 尾包扎法　用于尾部创伤或后躯、肛门、会阴部施术前、后固定尾部。先在尾根做环形包扎，然后将部分尾毛向上转折，在原处再做环形缠绕，包住部位转折的尾毛，部分未包住尾毛再向下转折，绷带做螺旋缠绕，包住下转的尾毛。再环形包扎下一个上、下转折的尾毛。这种包扎的目的是防止绷带滑脱。当绷带螺旋缠绕至尾尖时，将尾毛全部折转做数周环形包扎，

图 6-5　角包扎法

绷带末端通过尾毛折转所形成的圈内，抽紧（图 6-6）。

5. 耳包扎法　用于耳外伤。

（1）垂耳包扎法：先在患耳背侧安置棉垫，将患耳及棉垫反折使其贴在头顶部，并在患耳耳廓内侧填塞纱布。然后绷带从耳内侧基部向上延伸至健耳后方，并向下绕过颈上方到患耳，再绕到健耳前方。如此缠绕 3～4 圈将耳包扎（图 6-7 之 A）。

（2）竖耳包扎法：多用于耳成形术。先用纱布或材料做成圆柱形支撑物填塞于两耳廓内，再分别用短胶布条从耳根背侧向内缠绕，每条胶布断端相交于耳内侧支撑物上，依次向上贴紧。最后用胶带"8"字形包扎将两耳拉紧竖直（图 6-7 之 B）。

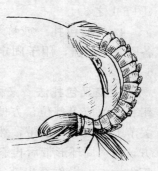

图 6-6　尾包扎法

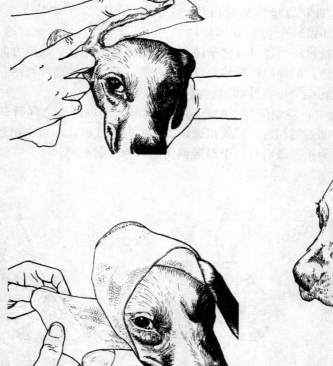

图 6-7　耳包扎法
A. 垂耳包扎法　B. 竖耳包扎法

（四）包扎注意事项

（1）按包扎部位的大小、形状选择宽度适宜的绷带。绷带过宽使用不便，包扎不平；过窄难以固定，包扎不牢固。

（2）包扎要求迅速确实，用力均匀，松紧适宜，避免一圈松一圈紧。压力不可过大，以免发生循环障碍，但也不宜过松，以防脱落或固定不牢。在操作时绷带不得脱落污染。

（3）在临床治疗中不宜使用湿绷带进行包扎，因为湿布不仅会刺激皮肤，而且容易造成感染。

（4）对四肢部的包扎需按静脉血流方向，从四肢的下部开始向上包扎，以免造成静脉淤血。

（5）包扎至最后，末端应妥善固定以免松脱，一般用胶布粘贴比打结更为光滑、平整、舒适。如果采用末端撕开系结，则结扣不可置于隆突处或创面上，结的位置应避免动物啃咬，以防松结。

（6）包扎应美观，绷带应平整无皱褶，以免发生不均匀的压迫。交叉或折转应成一线，每圈遮盖多少要一致，并除去绷带边上活动的线头。

（7）解除绷带时，先将末端的固定结松开，再朝缠绕反方向以双手相互传递松解。解下的部分应握在手中，不要拉得很长或拖在地上。紧急时可以用剪刀剪开。

（8）对破伤风等厌气菌感染的创口，尽管已做过外科处理，也不宜用绷带包扎。

第三节　复绷带和结系绷带

（一）复绷带

复绷带（many-tailed bandage）是按畜体一定部位的形状而缝制，具有一定结构、大小的双层盖布，在盖布上缝合若干布条以便打结固定。复绷带虽然形式多样，但都要求装置简便、固定确实。常用的复绷带见图 6-8。

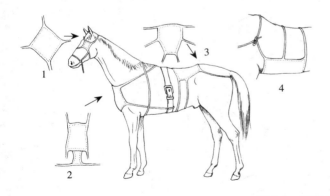
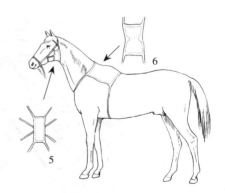

图 6-8　复绷带
1. 眼绷带　2. 前胸绷带　3. 背腰绷带　4. 腹绷带　5. 喉绷带　6. 鬐甲绷带

装置复绷带时应注意几个问题：
（1）盖布的大小、形状应适合患部解剖形状和大小的需要，否则外物易进入患部。
（2）包扎固定需牢靠，以免家畜运动时松动。
（3）绷带的材料与质地应优良，以便以后重复使用。

（二）结系绷带

结系绷带（ligature bandage）又称缝合包扎，是用缝线代替绷带固定敷料的一种保护手术创口或减轻伤口张力的绷带。结系绷带可装在畜体的任何部位，其方法是在圆枕缝合的基础上，利用游离的线尾，将若干层灭菌纱布固定在圆枕之间和创口之上（图6-9）。

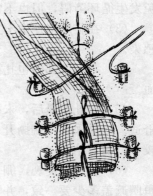

第四节　夹板绷带和支架绷带

（一）夹板绷带

夹板绷带（splint bandage）是借助于夹板保持患部安静、避免加重损伤、移位和使伤部进一步复杂化的制动作用的绷带，可分为临时夹板绷带和预制夹板绷带两种。前者通常用于骨折、关节脱位时的紧急救治，后者可作为较长时期的制动。

图6-9　结系绷带

　　临时夹板绷带可用胶合板、普通薄木板、竹板、树枝等作为夹板材料。小动物亦选用压舌板、硬纸壳、竹筷子作为夹板材料。预制夹板绷带用金属丝、薄铁板、木料、塑料板等制成适合四肢解剖形状的各种夹板。另外，在小动物，厚层棉花和绷带的包扎也起到夹板作用。无论临时夹板绷带还是预制夹板绷带，皆由衬垫的内层、夹板和各种固定材料构成。

　　夹板绷带的包扎方法是先将患部皮肤刷净，包上较厚的棉花、纱布棉花垫或毡片等衬垫，并用蛇形螺旋形包扎法加以固定，然后再装置夹板。夹板的宽度视需要而定，长度既应包括骨折部上下两个关节，使上下两个关节同时得到固定，又要短于衬垫材料，避免夹板两端损伤皮肤。最后用绷带螺旋包扎或结实的细绳加以捆绑固定。铁制夹板可加皮带固定（图6-10和图6-11）。

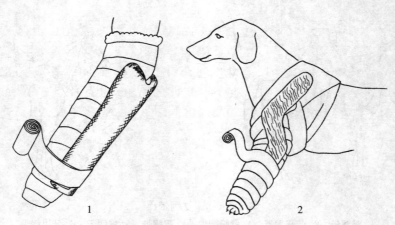

图6-10　夹板绷带（犬）

1. 塑料夹板绷带　2. 纤维板夹板绷带

（二）支架绷带

支架绷带是在绷带内作为固定敷料的支持装置。这种绷带应用于家畜的四肢时，用套有橡皮管的软金属或细绳构成的支架，借以牢靠地固定敷料，而不因动物走动失去它的作用。在小动物四肢常用托马斯（Thomas）支架绷带，其支架多用铝棒根据动物肢体长短和肢上部粗细自制（图6-12）。应用在鬐甲、腰背部的支架绷带为被纱布包住的弓状金属支架，使用时可用布条或细软绳将金属架固定于患部。

支架绷带具有防止摩擦、保护创伤、保持创伤安静和通气等作用，因此可为创伤的愈合提供了良好的条件。

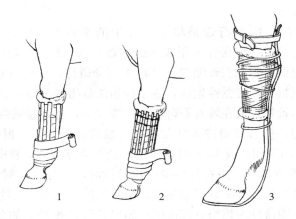

图 6-11 夹板绷带（马）
1. 胶合板夹板绷带 2. 木杆夹板绷带 3. 单幅铁板夹板绷带

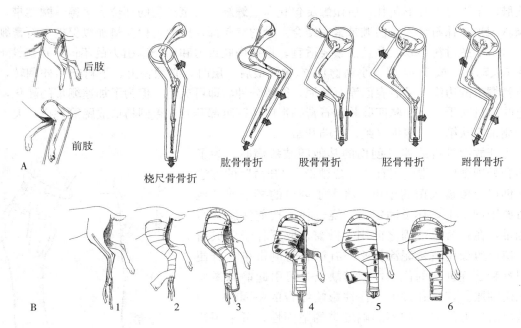

图 6-12 托马斯支架绷带（犬）
A. 不同肢体和不同部位骨折的支架 B. 后肢支架操作步骤

第五节　硬化绷带

（一）石膏绷带

石膏绷带（plaster bandage）是在淀粉液浆制过的大网眼纱布上加上煅制石膏粉制成

的。这种绷带用水浸后质地柔软，可塑制成任何形状敷于伤肢，一般十几分钟后开始硬化，干燥后成为坚固的石膏夹。根据这一特性，石膏绷带应用于整复后的骨折、脱位的外固定或矫形都可收到满意的效果。

1. 石膏绷带的制备　医用石膏是将自然界中的生石膏，即含水硫酸钙（$CaSO_4 \cdot 2H_2O$），加热烘焙，使失去一半水分而制成的煅石膏（$CaSO_4 \cdot H_2O$）。煅石膏及石膏绷带市场上均有出售。自制煅石膏和石膏绷带，是将生石膏研碎、加热（100～120℃），煅成洁白细腻的石膏粉，手拭粉时略带黏性发涩，或手握粉能从指缝漏出，为煅制成功的标志。将干燥的上过浆的纱布卷轴带，放在堆有石膏粉的搪瓷盘中，打开卷轴带的一端，从石膏堆上轻拉过，再用木板刮匀，使石膏粉进入纱布网孔，然后轻轻卷起。根据动物大小，制成长2～4m，宽5～10cm（四肢用）或15cm（躯干用）的石膏绷带卷，置密封箱内储存备用。

2. 石膏绷带的装置方法　应用石膏绷带治疗骨折时，可分为无衬垫和有衬垫两种。一般认为无衬垫石膏绷带疗效较好。骨折整复后，消除皮肤上泥灰等污物，涂布滑石粉，然后于肢体上、下端各绕一圈薄纱布棉垫，其范围应超出装置石膏绷带卷的预定范围。根据操作时的速度逐个地将石膏绷带卷轻轻地横放到盛有30～35℃的温水桶中，使整个绷带卷被淹没。待气泡出完后，两手握住石膏绷带圈的两端取出，用两手掌轻轻对挤，除去多余水分。从病肢的下端先做环形包扎，后做螺旋包扎向上缠绕，直至预定的部位。每缠一圈绷带，都必须均匀地涂抹石膏泥，使绷带紧密结合。骨的突起部，应放置棉花垫加以保护。石膏绷带上下端不能超过衬垫物，并且松紧要适宜。根据伤肢重力和肌肉牵引力的不同，可缠绕6～8层（大动物）或2～4层（小动物）。在包扎最后一层时，必须将上、下衬垫向外翻转，包住石膏绷带的边缘，最后表面涂石膏泥，待数分钟后即可成型。但为了加速绷带的硬化，可用电吹风机吹干。马、骡四肢装置石膏绷带应从蹄匣部开始，否则易造成蹄冠褥疮。犬、猫石膏绷带应从第二、四指（趾）近端开始。

当开放性骨折或伴发创伤的其他四肢疾病时，为了观察和处理创伤，常应用有窗石膏绷带。"开窗"的方法是在创口上覆盖灭菌的创巾，将大于创口的杯子或其他器皿放于创巾上，杯子固定后，绕过杯子按前法缠绕石膏绷带，在石膏未硬固之前用刀做窗，取下杯子即成窗口，窗口边缘用石膏泥涂抹平。有窗石膏绷带虽然有便于观察和处理创伤的优点，但其缺点是可引起静脉淤血和创伤肿胀。若窗孔过大，往往影响绷带的坚固性。为了满足治疗上的需要和不影响绷带的坚固性，可采用桥形石膏绷带。其制作方法是用5～6层卷轴石膏绷带缠绕于创伤的上、下部，作为窗孔的基础，待石膏硬化后于无石膏绷带部分的前后左右各放置一条弓形金属板即"桥"，代替一段石膏绷带的支持作用，金属板的两端放置在患部上下方绷带上，然后再缠绕3～4层卷轴石膏绷带加以固定（图6-13）。

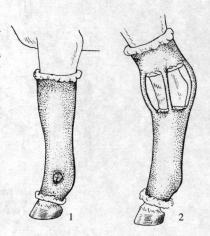

图 6-13　石膏绷带
1. 有窗石膏绷带　2. 跗关节桥形石膏绷带

为了便于固定和拆除，外科临床上也使用长压布石膏绷带。其制作和使用方法是：取纱布宽度为要固定部位圆周的一半，长度视需要而定。将纱布均匀地布满煅石膏粉后，逐层重叠，再浸以温水，挤去多余水分放在患肢前面。同法做成另一半长压布，放在患肢后面。待干燥之后再用卷轴绷带将两布固定于患部。

在兽医临床上有时为了加强石膏绷带的硬度和固定作用，可在卷轴石膏绷带缠绕后的第三、四层（大动物）或第一、二层（小动物）暂停缠绕，修整平滑并置入夹板材料，使之成为石膏夹板绷带。

3. 包扎石膏绷带时应注意的事项

（1）将一切物品备齐，然后开始操作，以免临时出现问题，延误时间。由于水的温度直接影响石膏硬化时间（水温降低会延缓硬化过程），应予以注意。

（2）病畜必须保定确实，必要时可做全身或局部麻醉。

（3）装置前必须将病肢整复到解剖位置，使其主要力线和肢轴尽量一致。为此，在装置前最好应用 X 射线摄片检查。

（4）长骨骨折时，为了达到制动目的，一般应固定上下两个关节，才能达到制动的作用。

（5）骨折发生后，使用石膏绷带做外固定时，必须尽早进行。若在局部出现肿胀后包扎，则在肿胀消退后，皮肤与绷带间出现空隙，达不到固定作用。此时，可施以临时石膏绷带，待炎性肿胀消退后将其拆除，重新包扎石膏绷带。

（6）缠绕时要松紧适宜，过紧会影响血流循环，过松会失去固定作用。一般在石膏绷带两端以插入一手指为宜。缠绕的基本方法是把石膏绷带"贴上去"，而不是拉紧"缠上去"，每层力求平整。为此，应一边缠绕一边用手将石膏泥抹平，使其厚薄均匀一致。

（7）未硬化的石膏绷带不要指压，以免向下凹陷压迫组织，影响血液循环或发生溃疡、坏死。

（8）石膏绷带敷缠完毕后，为了使石膏绷带表面光滑美观，有时用于石膏粉少许加水调成糊，涂在表面，使之光滑整齐。石膏夹两端的边缘，应修理光滑并将石膏绷带两端的衬垫翻到外面，以免摩擦皮肤。

（9）最后用变紫铅笔或毛笔在石膏夹表面写明装置和拆除石膏绷带的日期，并尽可能标记出骨折线。

4. 石膏绷带的拆除　石膏绷带拆除的时间，应根据不同的病畜和病理过程而定。一般大家畜为 6～8 周，小家畜 3～4 周。但遇下列情况，应提前拆除或拆开另行处理：

（1）石膏夹内有大出血或严重感染。

（2）病畜出现原因不明的高热。

（3）包扎过紧，肢体受压，影响血流循环。病畜表现不安，食欲减少，末梢部肿胀，蹄（指）温变冷。如出现上述症状，应立即拆除重行包扎。

（4）肢体萎缩，石膏夹过大或严重损坏失去作用。

由于石膏绷带干燥后十分坚硬，拆除时多用专门工具，包括锯、刀、剪、石膏分开器等（图 6-14）。

拆除的方法是：先用热醋、双氧水或饱和食盐水在石膏夹表面划好拆除线，使之软化，然后沿拆除线用石膏刀切开或石膏锯锯开，或石膏剪逐层剪开。为了减少拆除时可能发生的组织损伤，拆除线应选择在较平整和软组织较多处。外科临床上也常直接用长柄石膏剪沿石膏绷带近端外侧缘纵向剪开，然后用石膏分开器将其分开。石膏剪向前推进时，剪的两页应

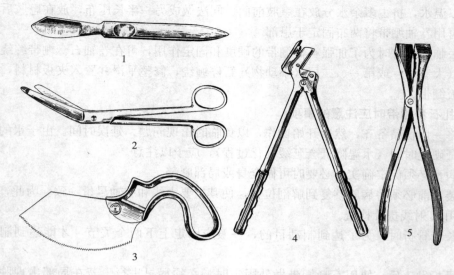

图 6-14　拆除石膏绷带的工具

1. 石膏刀　2. 石膏剪　3. 石膏手锯　4. 长柄石膏剪刀　5. 石膏分开器

与肢体的长轴平行（图 6-15），以免损伤皮肤。

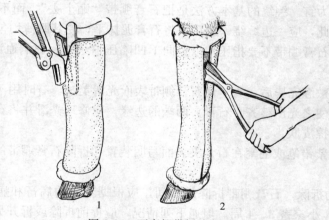

图 6-15　石膏绷带拆除方法

1. 用长柄石膏剪从石膏绷带近端外侧缘纵向剪开　2. 用石膏分开
器伸入剪开的裂缝分开石膏绷带，使裂缝扩大后即可将其拆除

（二）其他硬化绷带

1. Vet-Lite　是一种热熔可塑型的塑料，浸满在网孔的纺织物上。如将其放在水中加热至71～77℃，则变得很软，并可产生黏性。然后置室温冷却，几分钟后就可硬化。Vet-Lite多用于小动物的硬化夹板。

2. 纤维玻璃绷带　纤维玻璃（fiberglass）是一种树脂黏合材料。绷带浸泡冷水中10～15s就起化学反应，随后在室温条件下几分钟则开始热化、硬固。纤维玻璃绷带主要用于四肢的圆筒铸型，也可用作夹板。具有重量轻、硬度强、多孔及防水等特性。

第七章 眼部手术

　　眼睛是动物重要的感觉器官，也是容易遭受损伤或感染的部位。近年来，随着犬、猫等小动物饲养数量的增多，临床上遇到的眼病也日益增多，常见眼睑、瞬膜、结膜、角膜或眼球的异常、损伤或感染。在动物的眼病中，有的必须及时施行手术治疗，否则将造成视力不可逆性损害；有的眼病原本轻微，用药本应当有效，但由于动物自身不善保护眼睛，而且治疗人类眼病的常规药液滴眼法用于治疗动物眼病并不十分适用，所以也往往需要施行简单的手术方法配合治疗。因此，掌握动物眼病常用的治疗技术或手术方法具有十分重要的作用。

第一节　眼睑内翻矫正术
（corrective operation for entropion）

　　【适应症】眼睑内翻是指睑缘部分或全部向内侧翻转，以致睫毛和睑缘持续刺激眼球引起结膜炎和角膜炎的一种异常状态。本病主要发生于犬的部分品种，常见于沙皮犬、松狮犬、英国斗牛犬、圣伯纳犬等，多为品种先天性缺陷，并多见下眼睑内翻，需要施行手术进行矫正。

　　【局部解剖】眼睑从外科角度分前后两层，前面为皮肤、皮下组织和眼轮匝肌，后面为睑板和睑结膜。犬仅上眼睑有睫毛，而猫无真正的睫毛。眼睑皮肤较为疏松，移动性大。皮下组织为疏松结缔组织，易因水肿或出血而肿胀。眼轮匝肌为环形平滑肌，起闭合睑裂的作用。上睑提肌位于眼轮匝肌深面的上方，作用为提起上睑使睑裂开大。睑板为眼轮匝肌后面的致密纤维样组织，有支撑眼睑和维持眼睑外形的作用。每个睑板含 20～40 个睑板腺（高度发育的皮脂腺），其导管开口于睑缘，分泌油脂状物，有滑润睑缘与结膜的作用。睑结膜紧贴于眼睑内面，在远离睑缘侧翻折覆盖于巩膜前面，成为球结膜。结膜光滑透明，薄而松弛，内含杯状细胞、副泪腺（犬、猫为瞬膜腺）、淋巴滤泡等，可分泌黏性液体，有湿润角膜的作用。

　　【麻醉】全身麻醉，或全身使用镇静剂配合眼睑局部浸润麻醉。

　　【保定】动物患眼在上，侧卧保定。

　　【术式】通常采用霍尔茨-塞勒斯（Holtz-Colus）氏手术进行矫正。术前对内翻的下眼睑剃毛、消毒，放置眼部手术洞巾。在距下睑缘 2～4mm 处用手术镊提起皮肤，并用一把或两把止血钳钳住。钳夹皮肤的多少，应视眼睑内翻程度和恰好矫正而定。在钳夹皮肤 30s 后松脱止血钳，用手术镊提起皮肤皱褶，沿皮肤皱褶基部用手术剪将其剪除。剪除后的皮肤创口呈长梭形或半月形，常用 4 号或 7 号丝线行结节缝合，保持针距约 2mm。术后 10～14d 拆除缝线（图 7-1）。

　　也可采用改良的霍尔茨-塞勒斯氏手术矫正眼睑内翻（图 7-2）。

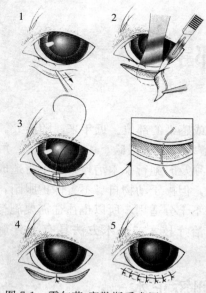

图 7-1　霍尔茨-塞勒斯手术用于
睑内翻的修复
（1～5 为操作顺序）

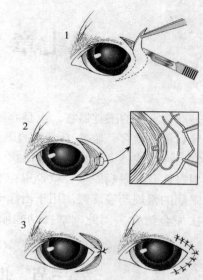

图 7-2　改良霍尔茨-塞勒斯手术
1. 在外眦处造一个 V 型或箭头样皮瓣切除
2. 在深部从眼眶的深部筋膜到皮肤下筋膜进行水平褥式缝合
3. 从伤口中央关闭皮肤切口，依次以 2～3mm 宽针距缝合

【术后护理】术后数天内因创部炎性肿胀，眼睑似乎出现矫正过度，即外翻现象，随着肿胀消退，睑缘将逐渐恢复正常。术后需用抗生素眼药水或眼药膏点眼，每天 3～4 次，以消除因眼睑内翻引起的结膜炎或角膜炎症状。同时，还需防止动物搔抓或摩擦造成术部损伤。

第二节　眼睑外翻矫正术
（corrective operation for ectropion）

【适应症】眼睑外翻一般是指下眼睑松弛，睑缘离开眼球，以至于睑结膜异常显露的一种状态。由于睑结膜长期暴露，不仅引起结膜和角膜发炎，还可导致角膜或眼球干燥。本病主要见于犬的部分品种，如拿破仑犬、圣伯纳犬、马士提夫犬、寻血猎犬、美国考卡犬、纽芬兰犬、巴萨特猎犬等，可以施行手术进行矫正。

【局部解剖】见眼睑内翻矫正术。

【麻醉】全身麻醉，或全身使用镇静剂配合眼睑局部浸润麻醉。

【保定】动物患眼在上，侧卧保定。

【术式】本病的矫正方法有多种，但最常用的方法是 V-Y 形矫正术。

（一）V-Y 形矫正眼睑外翻术

首先下眼睑术部常规无菌准备。在外翻的下眼睑睑缘下方 2～3mm 处做一深达皮下组织的“V”形皮肤切口，其“V”形基底部应宽于睑缘的外翻部分。然后由“V”形切口的尖端向上分离皮下组织，逐渐游离三角形皮瓣。接着在两侧创缘皮下做适当潜行分离，从“V”形尖部向上做结节缝合，边缝合边向上移动皮瓣，直到外翻的下眼睑睑缘恢复原状，得到矫正。最后结节缝合剩余的皮肤切口，即将原来的切口由"V"形变成为"Y"形。手术常用 4 号或 7 号丝线进行缝合，保持针距约 2mm。术后 10～14d 拆除缝线（图 7-3）。

（二）圆形皮瓣矫正轻微眼睑外翻术

应用皮肤活检打孔器在距眼睑边缘 3～4mm 处移去几个圆形小皮瓣（图 7-4 之 A），在活检穿孔器移去皮肤的 5～7mm 处用 2～4 号不可吸收缝线进行垂直皮肤的结节缝合，关闭眼睑边缘（图 7-4 之 B）。

【术后护理】术后需用抗生素眼药水或眼药膏点眼，每天 3～4 次，维持 5～7d，以消除因眼睑外翻继发的结膜炎或角膜炎症状；同时还需防止动物搔抓或摩擦造成术部损伤。

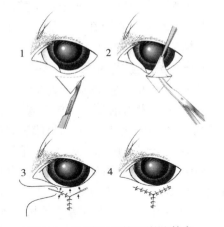

图 7-3　V 到 Y 型校正眼睑外翻
1. 做一个比外翻面积稍宽的 V 切口
2. 剥离眼睑边缘多余的皮肤，移去瘢痕组织
3、4. 在 V 形切口的远侧进行缝合，形成 Y 形

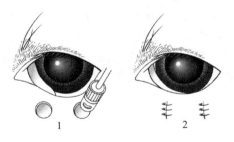

图 7-4　圆形皮瓣矫正轻微眼睑外翻术
（1～2 为操作顺序）

第三节　瞬膜腺摘除与复位术
（excision and replacement of the nictitans gland）

【适应症】此手术适用于瞬膜腺脱出。瞬膜腺脱出是指位于瞬膜球面的腺体增生肥大、向外翻转，越过瞬膜游离缘而脱出于眼内侧角的一种眼病，因脱出的腺体呈黄豆大小的粉红色或鲜红色软组织块，状如樱桃，故又称为"樱桃眼"。本病是某些品种犬，如北京犬、沙皮犬、美国考卡犬、英国斗牛犬、巴萨特猎犬、比格犬等常见的一种眼病，以结膜炎、角膜炎甚或角膜溃疡为主要症状，需要施行手术治疗。

【局部解剖】瞬膜即第三眼睑，是位于眼内角的半月状结膜褶，内有一扁平的"T"形软骨支撑，软骨臂与瞬膜游离缘平行，而杆则包埋于瞬膜腺基部。瞬膜腺大部位于瞬膜球面下方，被覆脂肪组织，其腺体组织在犬呈浆液黏液样，在猫呈浆液样，腺体分泌液经多个导管抵达球结膜表面，提供角膜大约 35％ 的水性泪膜。瞬膜具有保护角膜、除去角膜表面异物、分泌和驱散角膜泪膜及免疫等功能，其运动一般被动地受眼球突出或退缩的控制，即眼球向前使瞬膜退缩，眼球向后使瞬膜突出。

【麻醉】全身麻醉，或全身镇静配合患眼表面麻醉。

【保定】动物患眼在上，侧卧保定。

【术式】

（一）瞬膜腺摘除术

常规手术方法是：洗眼后左手持有齿镊提起腺体，右手持小弯止血钳钳夹腺体基部，停留数分钟后用手术刀沿着止血钳上缘将腺体切除。如有出血，用干棉球压迫眼内角止血。此法虽然简便，但用于增生较大的瞬膜腺，往往在切除腺体后其基部出血很多，用干棉球压迫止血无效。因此最好采用如下方法：左手持有齿镊提起腺体，先用一把止血钳尽量向下夹住腺体基部，再用另一把止血钳反方向同样夹住腺体基部，然后固定下方止血钳，顺时针转动上方止血钳，约10s后腺体自然脱落。此法几乎可以达到滴血不出的效果，即使少量出血，用干棉球压迫也迅速奏效。术后用氯霉素等抗生素眼药水滴眼数天。有资料指出，在切除腺体之前应做Schirmer氏眼泪试验（STT），只有当指标≥20mm/min时才施行手术，而且不要将腺体全部切除，因为以后可能引起干性角膜结膜炎（KCS）。剩余的腺体，应行下述瞬膜腺复位术。

（二）瞬膜腺复位术

在泪腺功能不全，不宜做瞬膜腺全摘除术时采用。用组织钳夹提起瞬膜并向外翻转，在脱出的瞬膜腺最上部至瞬膜基部腹侧穹隆切开，用剪刀在结膜与腺体间钝性分离，以充分显露结膜下腺体。然后用眼科有齿镊夹持眼球下缘向上提，充分显露眼球内下方球结膜，再用4～0可吸收缝线将腺体、球结膜及巩膜浅层做一水平褥式内翻缝合，当抽紧缝线后腺体便回复到瞬膜下方，瞬膜内侧切口留其自然愈合（图7-5）。

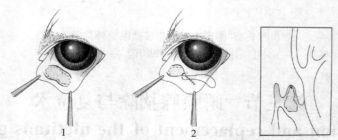

图7-5 球结膜切口矫正瞬膜腺的脱出

（1～2为操作顺序）

（三）瞬膜腺固定术

通过球结膜外侧和腺体游离缘背侧做一个1cm长的平行切口。将腺体恢复到原来的位置，简单连续缝合腺体外侧切口，应用包埋的方式打结。固定缝线辅助防止第三眼睑突出和眼球离出，直到炎症和肿胀消退。用镊子牵拉第三眼睑，将缝针在第三眼睑外表面刺入，环绕内表面或"T"形软骨（图7-6之A），通过结膜下表面到达"T"形软骨的另侧面（图7-6之B），直接在软骨附近第三眼睑外侧面进针，固定到腹侧的穹隆结膜上和眼眶边缘的软骨上（图7-6之C），缝合后打结（图7-6之D）。

【术后护理】术后需用抗生素眼药水或眼药膏点眼，每天3～4次，维持5～7d，以消除因瞬膜腺突出引起的结膜炎或角膜炎症状。

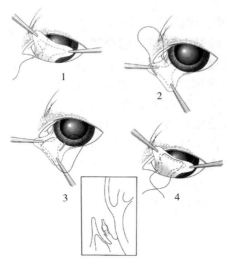

图 7-6 固定缝合法治疗瞬膜腺突出
（1~4 为操作顺序）

第四节 角膜损伤治疗术
（operations for cornea wound）

【适应症】在动物，尤其犬、猫等小动物的眼病中，角膜发生损伤和感染的情况最多。常见的疾病有角膜浅表性创伤、角膜溃疡、角膜全层透创或角膜穿孔。由于动物自身特点和临床用药的局限性，常规药物治疗往往疗效不佳，而且症状容易恶化，以至于最终失明。然而，若在用药的同时配合简单的手术治疗，即通过施行结膜瓣或瞬膜瓣遮盖术则可大大提高对角膜损伤的疗效，促进损伤愈合。

【局部解剖】角膜位于眼球前部，质地透明，具有屈折光线的作用。在组织学上，角膜由外向内依次分为角膜上皮层、前弹力层、基质层、后弹力层和内皮细胞层。其中角膜上皮层的再生能力最强，损伤后可通过其基底细胞向上推移及临近细胞增生而迅速修复，不留瘢痕。前弹力层是一层均匀一致无结构的透明薄膜，无任何细胞，受到损伤后不能再生。基质层占角膜全厚的 90%，由 200~250 层交错排列的胶原纤维板构成，而每层纤维板则由许多平行排列且直径相同的胶原纤维组成，是角膜基质保持透明性的重要条件。在胶原纤维板层中间含有为数较少的基质细胞，有合成和分泌胶原纤维的作用。基质层发生损伤后，因愈合形成的瘢痕组织中纤维排列紊乱，从而失去透明性。后弹力层是角膜内皮的基底膜，结构均匀一致且富有弹性，由内皮细胞合成分泌，损伤后能够迅速再生。角膜内皮层是由一层扁平的、有规则镶嵌的六角形细胞构成，具有角膜-房水屏障功能和主动液泵功能，以维持角膜的正常厚度和透明性。广泛的内皮损伤可导致角膜基质的严重水肿，内皮损伤的修复是通过伤口周围的内皮细胞移行和有丝分裂增殖完成的。

【麻醉】全身麻醉，或全身镇静配合患眼表面麻醉。

【保定】动物患眼在上，侧卧保定。

【术式】

（一）瞬膜瓣遮盖术

先将缝合线穿过胶管。将上眼睑拉离眼球，在其外侧进针，穿过眼睑结膜于睑结膜和球结膜交界处附近出针。将瞬膜用组织镊提起离开眼球。从距其边缘3～4mm的眼睑侧向眼球侧进针，并做水平褥式缝合，这种缝合可以防止牵拉瞬膜覆盖角膜时边缘向内折转。然后在上眼睑结膜缘进针，于眼睑皮肤处出针。以同样方法再缝合一针，然后两个线头分别与对应的线尾间隔预置的胶管打结。如此制作的角膜罩往往不能观测到角膜的状态，因此应该密切注意角膜的变化（图7-7）。角膜覆盖一般可维持10～14d，之后拆除缝线以观察角膜状态。

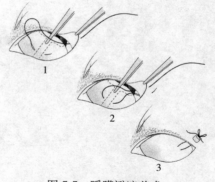

图 7-7　瞬膜瓣遮盖术
（1～3 为操作顺序）

（二）结膜瓣遮盖术

适用于大面积或全角膜损伤或溃疡的病例。将万倍稀释的肾上腺素溶液注射到角膜缘结膜的折转部，使结膜和巩膜分离。在球结膜上平行角膜缘切开。用钝的眼科剪做小切开，注意只剪开结膜而不要伤及巩膜结缔组织。钝性分离和剪开交替进行，分离出10～15mm的结膜瓣。完整的结膜瓣需要在角膜缘的周围进行360°切开和游离。结膜瓣透明而有弹性，从眼球牵引时最好不要使其紧张。结膜边缘进行结节或水平褥式缝合。角膜缺损上皮化时，要仔细切除上皮化的部分，使结膜瓣紧密贴合角膜的缺损部分。结膜瓣的制作方法有多种，各种方法都有效，原则是取得同样的目的和效果（图7-8）。

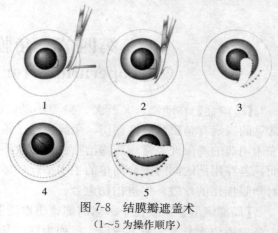

图 7-8　结膜瓣遮盖术
（1～5 为操作顺序）

第五节　白内障手术——晶体囊外摘除术
（extracapsular cataract extraction）

【适应症】白内障是指多种眼病和全身性疾病引起晶状体浑浊及视力障碍的一种眼病，小动物和马属动物较多发生。晶状体一旦浑浊，便不能吸收。白内障手术是将已经浑浊的完整晶状体或晶状体核与皮质进行摘除，以恢复患眼的光学通透性。医学上的白内障手术有多种，常见的有囊内摘除术、囊外摘除术和晶体超声乳化摘除术。其中囊内摘除术是将完整的晶状体摘除，但存在手术切口长、切口可能发生房水渗漏、玻璃体可能脱出等缺点。囊外摘除术是保留晶体完整的后囊膜而仅除去晶体前囊膜和皮质，具有手术切口小、可维护房水与玻璃体间屏障而稳定玻璃体和虹膜的优点。晶体超声乳化摘除术是用超声乳化头将晶体核粉碎，通过注吸头将囊内物质吸出的一种现代囊外摘除术，具有手术切口小、术中眼内压相对稳定和明显减少手术并发症的优点，但手术需要的超声乳化机等设备极其昂贵。所以，目前在兽医临床较多施行囊外摘除术。术前，动物需行局部和全身检查，确定患眼无炎症及进行性全身性疾病，白内障处于成熟期或接近成熟期，且玻璃体、视网膜与视神经功能正常。

【局部解剖】晶状体呈双凸透镜状，质软而富有弹性，位于虹膜与玻璃体之间，借晶状体悬韧带连于睫状体的睫状突上。晶状体前后最外层均为富有弹性的囊膜，前囊膜比后囊膜略厚，而前后两极最薄。晶状体中央为晶状体核，核与囊膜之间为晶状体皮质。晶状体核随着年龄增长而逐渐增大、变硬。晶状体无血管和神经，靠房水供给营养。如果房水质量发生改变或晶状体代谢障碍，晶状体即变浑浊，临床上称为白内障。

【术前准备】术前充分散瞳，应用 1％阿托品滴眼，每天 3 次。或于术前 1～2h 使用 2.5％～5.0％的新福林和 0.5％～1.0％托品酰胺滴眼，每 5～15min 滴眼 1 次，连用 3 次，可获得良好的扩瞳作用。为避免或减少术中并发症，术前还需采取必要措施降低眼内压，常用的方法是术前 0.5～2h 内静脉注射 20％甘露醇，每千克体重 1～2g；或用纱布垫遮盖眼球后用掌心施压于眼球，每施压 20～30s 后放松 5～15s，加压时间一般需持续 3～5min。

【麻醉】全身麻醉，配合患眼表面麻醉、眼轮匝肌麻醉。

【保定】动物患眼在上，侧卧保定。

【术式】先用金属开睑器撑开眼睑，或用缝线牵引开睑，必要时（如小眼球或小睑裂）可切开外眦，以充分暴露眼球。将闭合的 0.3～0.5mm 的有齿镊放入眼球上方，在 12 点方位的角膜缘后约 10mm 处张开镊子，紧贴球结膜向下夹住上直肌，使眼球下转。接着在眼科镊后的上直肌下面穿过缝线，向上拉紧并用蚊式止血钳固定于创巾上，以维持眼球下转及固定状态。后面的操作主要有以下几个步骤：

1. 角巩膜缘切口　先在结膜与角膜附着处做一小切口，经此切口潜行分离球结膜与巩膜的联系，沿结膜附着处 9～3 点钟方位做以穹隆为基底的结膜瓣。再于角膜缘后界或其后 1mm10～2 点钟方位做垂直于巩膜面约 1/2 巩膜厚度的均匀性切开，前行分离至角膜缘前界或其前 0.5～1mm 透明角膜处，于中央底部用刀尖与虹膜平行向下刺一小孔，作为截囊针入口。

2. 截囊　经上述穿刺孔向前房注入少量消毒空气或黏弹剂（如 2％甲基纤维素、透明质酸钠），以保持前房深度。将事先用 7 号一次性注射针头制成的截囊针小心插入前房，在晶状体前囊做直径适宜的开罐式环形切开；或行点刺法在前囊膜上先做数十个小点状切口，然后用针尖将环形分布互不连接的小切口连通而成大小适宜的前囊孔。

3. 挽核　将上述穿刺孔扩大至 10～2 点钟方位，用黏弹剂注入针头轻轻松动晶状体核，然后左手持晶状体匙或显微镊轻压 12 点钟方位切口后唇，右手持斜视钩于角膜缘 6 点钟方位向眼球中心轻压，两手协调合力使晶状体核从角巩膜切口滑出。

4. 清除皮质　先部分闭合角巩膜缘切口，可用连接 5/0～10/0 尼龙缝线的眼科铲形针对角巩膜缘切口行间断缝合。向前房插入手控同步注吸针头，一边灌注平衡液，一边抽吸皮质。注吸针头应位于虹膜平面向上或侧方，不可向后对着后囊膜注吸，以免后囊膜破裂。

5. 封闭切口　用上述缝线将角巩膜缘切口完全闭合，注意缝针与创缘呈放射状，间距相等，缝线松紧适宜，线结埋入创缘巩膜侧。

6. 术毕处理　球结膜下注射庆大霉素 2 万 U 和地塞米松 3～5mg 的混合液，推移球结膜以覆盖创缘，亦可用 5～0 丝线间断缝合结膜创口。

【术后护理】患眼涂布抗生素眼膏，眼睑行暂时性缝合。术后 5～7d，拆除球结膜缝线。

必要时球结膜下或全身持续应用抗生素及皮质类固醇。

第六节　抗青光眼手术
（operations of glaucoma）

【适应症】青光眼主要是由于前房角阻塞，眼房液排出受阻而致眼内压增高引起的眼病。以犬、猫和犊牛较为多见。抗青光眼手术通过开放前房角或建立新的眼外、眼内房水排泄通道而使眼内压降低，从而解除患眼疼痛及防止视神经和视力进一步受到损害。抗青光眼手术方法很多，应用较多的有解除瞳孔阻滞及开放前房角的虹膜周边切除术，建立新的眼外房水排泄通道的小梁切除术，以及减少房水生成的睫状体冷凝术。

【局部解剖】前房角由角膜和虹膜、虹膜与睫状体的移行部分所组成。前房角有细致的网状结构，称为小梁网，为眼房液排出的主要通道。在环绕前房角与小梁网临近的巩膜组织内有巩膜静脉丛（即 Schlemm 氏管），其管壁由一层内皮细胞所构成，外侧壁有许多集液管与巩膜内的静脉网沟通。眼房液经小梁网、巩膜静脉丛和房水静脉，最后经睫状前静脉进入血液循环。当眼房液因正常循环通道被破坏而积聚于眼内，即引起眼内压升高。

【麻醉】全身麻醉，配合患眼表面麻醉、眼轮匝肌麻醉。

【保定】动物患眼在上，侧卧保定。

（一）虹膜周边切除术

虹膜周边切除术（peripreral iridectomy）适用于原发性虹膜膨隆型慢性闭角型青光眼，以及虹膜与晶状体或玻璃体粘连引起瞳孔阻滞而继发的闭角型青光眼。手术目的是在虹膜周边部开一个小洞，沟通前后房，使房水通畅地从后房流入前房，恢复前后房的生理压力平衡，减轻或消除虹膜膨隆，使前房角开放。具体操作如下：首先常规开睑，做上直肌牵引线，使眼球下转。在眼 12 点钟方位距角膜缘 5～8mm 处，与角膜缘平行剪开球结膜及筋膜 8～10mm 长，做以角膜缘为基底的小结膜瓣。在结膜附着处直后 1～1.5mm 处，做 4～6mm 长角巩缘垂直半层切口，先在切口中央用 5/0 丝线预置一针缝线，再用刀尖在切口中央切开后半层，并扩大切口使内外层长度相等。因后方压力超过前房，虹膜常可自行脱出，否则将无齿虹膜镊伸入前房，夹住虹膜根部轻拉至切口外，并将虹膜剪与角巩缘平行剪除一小块虹膜全层组织。用虹膜恢复器轻轻按摩切口处角膜，使虹膜复位，再通过切口注入少量平衡生理盐水，恢复前房。结扎角巩缘预置缝线，将结膜瓣复位，用 5/0 丝线连续缝合球结膜创口（图 7-9）。

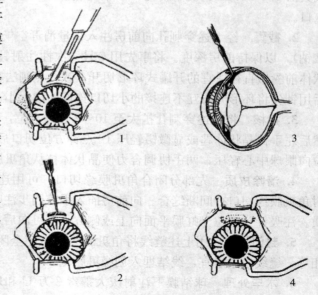

图 7-9　虹膜周边切除术（一）
（1～4 为操作顺序）

（二）小梁切除术

小梁切除术（trabeculectomy）适用于原发性或继发性开角型青光眼，以及小梁排水功能基本丧失的闭角型青光眼。手术目的是切除部分巩膜小梁组织，造成一个瘘道，使前房内房水经此瘘道引流至眼外，进入球结膜下间隙而逐渐吸收，从而使眼内压降低。

具体操作为：常规开睑，做上直肌牵引线，使眼球下转，并如同前述做以上穹隆或角膜缘为基底的结膜瓣。在角巩缘后界相距6mm，做两条垂直于角巩缘的5mm长的巩膜半厚切口，再连接两切口两端。由此连线向着角巩缘方向以均等厚度剖切巩膜，直至角膜透明区内0.5mm处，即成以角巩缘为基底的6mm×5mm的巩膜瓣。为便于后面缝合巩膜瓣，在巩膜瓣两上角与临近浅层巩膜间，分别以5/0丝线作预置缝线。掀起巩膜瓣，以角巩缘与角膜交界处后方0.5mm为前界，切除一条包括Schlemm氏管和小梁组织在内的深层巩膜，大小约1.5mm×4mm。小梁切除后通常可见虹膜在切口处膨出，可用无齿虹膜镊夹住虹膜根部轻轻提起，如前述做虹膜周边切除。用虹膜恢复器轻轻按摩角巩缘，使虹膜复位。将巩膜瓣预置缝线打结，必要时增加结节缝合使其对合整齐。将结膜瓣复位，用5/0丝线连续缝合球结膜创口（图7-10）。

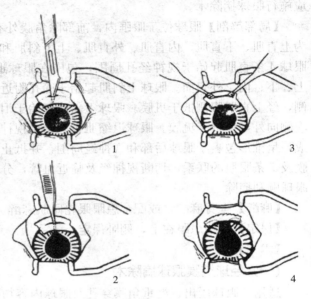

图 7-10　虹膜周边切除术（二）

（1～4为操作顺序）

（三）睫状体冷凝术

睫状体冷凝术（cyclocryopexy）适用于先天性、顽固性、失明而又疼痛，或经其他抗青光眼治疗无效的晚期青光眼。手术目的是对睫状体相应的巩膜表面进行冷冻，直接破坏睫状体上皮及其血管系统，减少房水产生。但术后早期患眼常发生持续数天的剧烈疼痛，这与术后一过性高眼压及前色素层炎有关。术后早期常规应用降眼压药物、解热镇痛剂和皮质激素等，即可使症状缓解。3个月后，睫状突萎缩变平，毛细血管消失，纤维母细胞和色素细胞增生，房水明显减少，眼压随之降低。

具体操作为：常规开睑，做上直肌牵引线，使眼球下转，并如同前述做以上穹隆为基底的结膜瓣。常用液氮冷冻器或可控低温冷冻器，采用直径2～3mm的球形冷冻头，调整冷冻温度为−60～−80℃，在距角膜缘2～3mm处环绕半周巩膜面做大约10个冷凝点，每点相隔2mm，每点冷凝时间为40～60s。最后将结膜瓣复位，用5/0丝线连续缝合球结膜创口。

【术后护理】球结膜下注射庆大霉素2万～4万U，地塞米松2～5mg，眼内涂布抗生素眼膏，然后施行瞬膜瓣遮盖术。

第七节　眼球摘除术
（enucleation）

【适应症】眼球全脱出、全眼球炎、严重的角膜穿孔或继发眼内化脓感染无法控制时，应施行眼球摘除术。

【局部解剖】眼球位于眼眶内，前部除角膜外有球结膜覆盖，中后部有眼肌附着，分别为上直肌、下直肌、内直肌、外直肌、上下斜肌和眼球退缩肌，后端借视神经与间脑相连。眼球4条直肌起始于视神经孔周围，包围在眼球退缩肌外周，向前以腱质分别抵止于巩膜上、下、内、外表面。眼球上斜肌起始于筛孔附近，沿内直肌内侧前行，通过滑车而转向外侧，经上直肌腹侧抵于巩膜。眼球下斜肌起始于泪骨眶面、泪囊窝后方的小凹陷内，经眼球腹侧向外延伸抵于巩膜。眼球退缩肌也起始于视神经孔周围，由上、下、内、外4条肌束组成，呈锥形包裹于眼球后部和视神经周围，并抵止于巩膜。手术要点主要是切断眼球与球结膜及7条眼肌的联系，切断视神经及临近血管，分离眼球周围的脂肪组织，便可从眼眶内将眼球顺利摘除。

【麻醉】全身麻醉，或配合患眼眼轮匝肌麻醉。大动物也可行全身镇静配合球后麻醉。

【保定】动物患眼在上，侧卧保定。

【术式】

（一）经球结膜眼球摘除术

适用于眼球脱出、严重角膜穿孔及眼球内容物脱出、角膜穿透创继发眼内感染但尚未波及眼睑的情况，具有操作简便、出血少、对动物外观影响小的优点，临床上最多采用。具体操作为：用金属开睑器撑开眼睑或用缝线牵引开睑，必要时（如小眼球或小睑裂）可切开外眦，以充分暴露眼球。用有齿组织镊夹持角膜缘临近球结膜，在穹隆结膜上做环行切开。将弯剪仅贴巩膜向眼球赤道方向分离，分别剪断4条直肌和2条斜肌在巩膜的止端。继续用有齿镊夹持眼球直肌残端并向外牵引，用弯剪环行分离眼球深处组织，至眼球可以做旋转运动。然后将眼球继续前提，将弯剪伸入球后，剪断眼球退缩肌、视神经及其临近血管。摘除眼球后，立即将灭菌纱布条填塞眼眶压迫止血，纱布条一端留在外眼角，眼睑行暂时性缝合（图7-11）。术后24h，将纱布条经眼角抽出。

（二）经眼睑眼球摘除术

适用于眼球严重化脓性感染或眶内肿瘤已蔓延到眼睑的动物，切除部分眼睑有利于手术创取第一期愈合。具体操作为：上、下眼睑常规剪毛、消毒后，将上、下睑缘连续缝合，闭合睑裂。在触摸眼眶和感知其范围基础上，环绕睑缘做一椭圆形切口，依次切开皮肤、眼轮匝肌至睑结膜，但

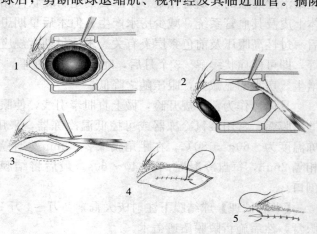

图7-11　经球结膜眼球摘除术
（1～5为操作顺序）

需保留睑结膜完整。一边用有齿组织镊向外牵拉眼球，一边用弯剪环行分离球后组织，分别剪断所有直肌和斜肌。当牵拉眼球可做旋转运动时，用小弯止血钳伸入球后，紧贴眼球钳夹眼球退缩肌、视神经及其临近血管，在止血钳上缘将其剪断，即可取出眼球。尽量结扎止血钳下面的血管，以减少出血。当出血控制后，可将球后组织连同眼肌等组织一并结扎，以填塞眶内死腔。最后结节缝合眼睑皮肤切口，并做结系眼绷带或装置眼绷带（图7-12）。

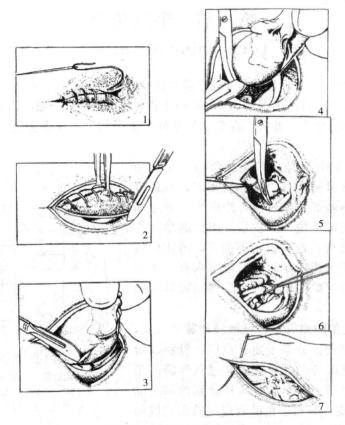

图 7-12　经眼睑眼球摘除术
（1～7为操作顺序）

【术后护理】术后可因眶内出血而引起术部肿胀和疼痛，或从创口流出血样液体，所以应视动物具体情况全身使用止血药、止痛药等。若眼部感染有扩散可能，应早期大量使用抗生素。术后3～4d炎性渗出逐渐减少，可行眼部温敷以减轻肿胀和疼痛。

第八章　头部手术

第一节　牛断角术
(dehorning of cattle)

【适应症】性情恶劣的牛常因角斗而造成损伤或抵伤饲养人员；群养妊娠母牛受其他牛的顶撞也会导致流产；有的牛因角不正形弯曲生长，有可能会损伤眼睛或其他软组织，均需施行断角术，又称去角术。此外，在角部复杂性骨折的治疗中要求去除牛角，也需施行去角术。

【局部解剖】角由额骨的角突、角鞘（又称角壳）构成。角突外紧密包被骨膜和真皮层，其最外部为角鞘。在近角基部角鞘较薄，趋向角尖时逐渐增厚。角质的生发部位位于真皮层，因此断角时应选择在角的基部进行，否则断角不彻底，角质仍可再生。角突腔与额窦相通。幼畜的角突内有若干不完整的中隔，随着年龄的增长，中隔逐渐被骨崤所取代（图8-1）。

角动脉是供应角的血管，它是颞浅动脉的分支，沿额骨外崤延伸至角，分布于角真皮层、骨膜及哈佛氏管。角神经是眼神经的分支，穿过眶骨膜沿角动脉上方的额骨外崤上行至角。角神经到角基之前开始分化为6～7支，分布于角的真皮层及角周围的皮肤和耳廓皮肤（图8-2）。

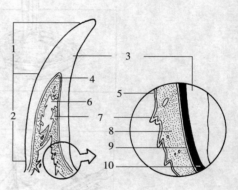

图 8-1　角的纵断面
1. 高位断角　2. 低位断角　3. 角鞘
4. 角骨突　5. 黏膜　6. 角突腔　7. 小隔
8. 骨质　9. 骨膜　10. 角基膜

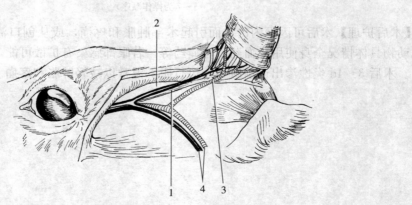

图8-2　角基部角神经的走向及位置
1. 角神经　2. 角静脉　3. 角动脉　4. 颞浅动脉和静脉

【器械】特制断角器（图 8-3）、烙铁、电热去角器、Robert 去角器。

【保定】柱栏内站立保定，注意头部保定要确实，保定对正确有效的去角很重要。幼犊只需用手抓住或用笼头保定；较大的犊牛（大于 4 月龄）应使用笼头及颈枷牢固保定或由助手在去角部位的对侧用髋部抵住牛头；大于 6 月龄的犊牛最好使用颈枷或斜槽，使用这类头枷锁，利于抓获犊牛并且可以防止牛过分挣扎。犊牛也可使用笼头或鼻钳，将牛头侧拉，以便保持去角的正确位置。对体型较大的犊牛和成年牛，因为用笼头保定会压迫角根区，加重或掩盖止血，而鼻钳保定不干扰有效止血，所以鼻钳保定是一种较好的选择。

图 8-3　断角器

【麻醉】角神经传导麻醉。在额骨外侧缘稍上方、眶上突基部与角根之间的中点将针头刺入皮肤 1～3cm（刺入的深浅视动物年龄大小而定），注射 3％～4％盐酸普鲁卡因溶液 10～15mL，5～10min 后即被麻醉。若注射部位距眶上突过近，该处角神经位置较深，注射位置不易准确把握；若距角根太近，神经已开始分支，也会影响麻醉效果。

额神经和滑车下神经分布于角，此外还有第一颈神经的背侧支分布，有时在角神经传导麻醉后，术中仍有疼痛，建议使用乙酰丙嗪或保定宁等，可使疼痛减轻；或者采用沿切线进行皮肤与骨膜的浸润麻醉方法。

【术式】手术可分为观血断角术（低位断角术）和无血断角术（高位断角术）。观血断角术断角的位置在靠近角根部，麻醉后在预定断角位置碘酒消毒，用断角器或锯迅速锯断角的全部组织，为了避免血液流入额窦内，可用事先准备好的灭菌纱布压迫角根断端或用手指压迫角基动脉进行止血。骨蜡涂抹对断端具有良好的止血作用，另外可用结晶磺胺粉或碘硼合剂撒布灭菌纱布上，再覆盖在角的断面，装置角绷带，起止血和保护作用，角绷带外涂抹松榴油，防止雨水浸湿。

对于角处于角胚期的青年犊牛的去角，可用 Robert 去角器或管状去角器去角。局部麻醉、保定或镇静后，将周围锋利的管状去角器，边转动边挤压入角胚周围皮肤，然后猛地转下角胚及周围皮肤，最后止血并敷料包扎。此方法快速而有效。

无血断角的位置在最上角轮和角尖之间，因没有破坏角突，不需要止血和装角绷带。

对出生后 15～25 日龄的犊牛，可在头两侧顶部摸到角基，剪毛后使角基充分暴露，利用镶嵌电热丝的瓷棒芯对烙角头采用内热式加热，通过烙角头前部的罩角孔，准确、迅速地将犊牛角的生长点烫死。操作时，由助手抓着犊牛或术者用两腿夹着犊牛，并使头偏向一侧保定，同时去除对侧的角。然后换手，将牛头拉向另一侧，去除对侧角。该器具操作方便、结构简单、易于制作，并可方便地扩展到电器等多种领域中使用。

还可用化学方法去角，即利用 KOH 或 NaOH 等强腐蚀剂破坏角的生长点细胞。把 KOH 或 NaOH 用纸或塑料包裹制成棒状，先在角基部周围皮肤涂抹凡士林，中央部留一直径 2～3cm 的角胚，角胚部用水浸润，再用 KOH 或 NaOH 棒摩擦，直到皮肤发滑及有微量血丝渗出为止。处理后 2h 犊牛表现不安，6～8h 后局部形成干痂，2～3 周后脱痂。用化学方法去角，个别犊牛在角突部可发生溃疡，这是由于饲料中某些矿物质缺乏所致，必须给予补充。

【术后护理】术后注意防止绷带松脱，1～2月后断端角窦腔被新生角质组织充满。术后6～8d若绷带为脓液浸润，可能是角突腔断端化脓，易继发化脓性额窦炎，应及时清创并进行治疗，还应注意预防破伤风的发生。

第二节 犬耳成形术
（cosmetic otoplasty）

【适应症】使垂耳品种犬或某些特定品种的犬，如大丹犬、杜宾犬、雪纳瑞犬等的耳廓直立，达到标准的外貌要求，使外貌更加美观，提高经济价值，需实施耳整容成形术。耳修剪的长度及形状因动物的品种、性别、体型不同而异。一般来说母犬耳比公犬细小，耳修整后应直而狭，耳屏和对耳多修剪，保留小腹部，使耳弯向头侧。另外，公犬体型大，母犬骨架小，体姿优美，修剪时应量型修剪。耳修剪成型的最佳时期以8～12周龄时实施为宜，随年龄的增加，手术的成功率降低。

【局部解剖】耳廓内凹外凸，卷曲呈锥形，以软骨作为支架。它由耳廓软骨和盾软骨组成。耳廓软骨在其凹面有耳轮、对耳轮、耳屏、对耳屏、舟状窝和耳甲腔等组成（图8-4）。耳轮为耳廓软骨周缘；舟状窝占据耳廓凹面大部分；对耳轮位于耳廓凹面直外耳道入口的内缘；耳屏构成直外耳道的外缘，与对耳轮相对应，两者被耳屏耳轮切迹隔开；对耳屏位于耳屏的后方；耳甲腔呈漏斗状，构成直外耳道，并与耳屏、对耳屏和对耳轮缘一起组成外耳道口。盾软骨呈靴筒状，位于耳廓软骨和耳肌的内侧，协助耳廓软骨附着于头部。耳廓内外被覆皮肤，其背面皮肤较松弛，被毛致密，凹面皮肤紧贴软骨，被毛纤细、疏薄。

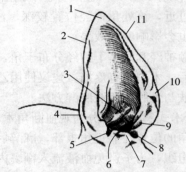

图8-4 犬耳廓解剖图
1. 耳尖 2. 外切迹 3. 对耳屏 4. 耳轮外脚
5. 屏前切迹 6. 外耳道 7. 耳屏 8. 屏间切迹
9. 对耳轮 10. 屏幕切迹 11. 耳轮内侧缘

外耳血液由耳大动脉供给，它是颈外动脉的分支，在耳基部分内、外3支行走于耳背面，并绕过耳轮缘或直接穿过舟状窝供应耳廓内面的皮肤。耳基皮肤则由耳前动脉供给，后者是颞浅动脉的分支。静脉与动脉伴行。

耳大神经是第二颈神经的分支，支配耳甲基部、耳廓背面皮肤。耳后神经和耳颞神经为面神经的分支，支配耳廓内外面皮肤。外耳的感觉则由迷走神经的耳支所支配。

【保定和麻醉】俯卧保定，全身麻醉。下颌垫上折叠的毛巾，抬高其头部。

【术式】两耳常规剃毛、消毒，外耳道口填塞脱脂棉球，以防血液流入外耳道中。将下垂的一个耳尖向头顶方向拉紧伸展，根据不同犬种和需要的耳形，用尺子测量出需保留耳廓的长度，并在耳前缘处刺入一大头针作为标记。将下垂的两耳尖同时向头顶方向拉紧伸展，把两个耳尖合并对齐后用一巾钳或止血钳固定，然后用剪刀在耳前缘标记处的稍上方剪一小缺口，作为装置耳夹的标记点（图8-5），所剪小缺口的位置注意必须在两耳相同的位置。去除耳尖部的巾钳或止血钳，分别在两耳从标记点（缺口）到耳屏间肌切痕（耳后缘的下端，耳屏与耳屏软骨下方耳与头的连接处）之间的位置上装置断耳夹，断耳夹的凸面朝向耳前缘。断耳夹装好后，两耳应保持一致形态（图 8-6）。沿断耳夹凹面依次全部切除耳外侧部分（图 8-7）。除去断耳夹，彻底止血后连续缝合皮肤，即用 4 号丝线距耳尖 6～12mm 做简单连续缝合。先从内侧皮肤进针，越过软骨缘，穿过外侧皮肤，再到内侧皮肤，如此反复缝合。针距 8mm 左右。这样，抽紧缝线时，外侧松弛的皮肤可遮盖软骨缘。缝到 7～8 针（有的需到耳腹部），改用全层（穿过皮肤和软骨）连续缝合，有助于增加此处的缝合强度。但部分软骨因未被皮肤遮盖暴露在外，影响创口的愈合。另一种缝合方法是从耳基部开始。先结节缝合耳屏的皮肤切口（不包括软骨），其余创缘均仅做皮肤的简单连续缝合，当缝至耳尖时，缝线不打结。这种缝合方法有助于促进创口的愈合，减少感染和瘢痕形成。

　　如果无断耳夹，可选择大小适当的肠钳代替断耳夹。

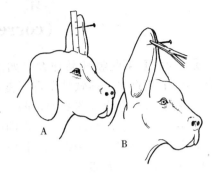

图 8-5　装置断耳夹并标记
A. 确定要保留耳廓的长度，并在耳缘标记
B. 两耳尖对合固定，耳缘标记稍上方剪一缺口

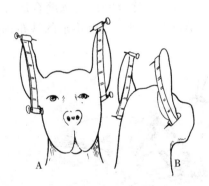

图 8-6　装置断耳夹后从前（A）和
　　　　后（B）观察两耳形态

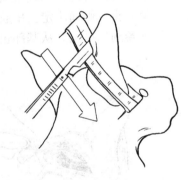

图 8-7　沿断耳夹凹面切除耳外侧

　　【术后护理】术后患耳必须安置支撑物、包扎耳绷带、限制耳摆动，促进耳竖立。支撑物可用纱布卷、塑料管、塑料注射器筒、纸筒及金属支架等材料。

　　术后可用纱布卷作为支撑物。将纱布卷曲成锥形填塞于外耳内，锥体在下，锥尖在上。为防止胶带粘连创缘，在两耳创缘各放一纱布条。将耳直立，用多条短胶带由耳基部向上呈"鸠尾"形包扎，固定纱布卷（图 8-8）。最后两耳基部用胶带"8"字形固定，确保两耳直立。填塞物每 3d 换一次，连用 2 周。如果 2 周后耳不能直立，可按耳下垂的相反方向将耳卷曲固定。5d 换胶带一次。术后 7～10d 拆线。如耳廓仍不能直立，可继续包扎。为防止犬搔抓耳部，可装置颈环。

图 8-8　装置耳绷带

第三节　犬耳矫形术
（corrective ear surgery）

【适应症】某些竖耳品种犬（如德国牧羊犬）最常见的耳廓不能直立，耳软骨发育不良，导致耳尖向头顶或头外侧倾斜、弯曲（图8-9），两耳外观不对称，影响犬的美观。本手术旨在使偏斜、弯曲的耳廓重新直立。

【保定和麻醉】俯卧保定，全身麻醉。下颌垫上折叠的毛巾，抬高其头部。

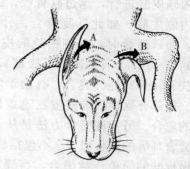

图 8-9　竖耳品种犬常见不正形耳廓
A. 耳廓向头顶偏斜　B. 耳廓向头外侧弯曲

【术式一】耳廓向头顶部偏斜的手术矫形。

在耳基部与颅骨连接处的皮肤上做一纵向切口，切口距耳后缘约 0.6cm，距耳前缘 1.2～1.6cm；切开皮下组织，暴露盾形软骨，将它与相连的肌肉分离后向头顶中央稍偏向耳前缘的方向牵引（图8-10 之 A），并用水平褥式缝合把盾形软骨固定到颞肌筋膜上（图8-10 之 B）。缝合的位置依缝合后耳廓位置恢复正常或稍偏向头外侧而决定。皮肤和皮下组织结节缝合。将一个圆锥形的纱布棉拭放在耳腹侧，把耳廓卷到棉拭上并从基部包扎。

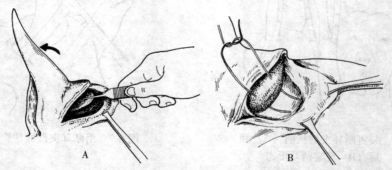

图 8-10　耳廓向头顶部偏斜的手术矫形
A. 分离盾形软骨　B. 水平褥式缝合，将盾形软骨固定到颞肌筋膜上

【术式二】耳廓向头外侧弯曲的手术矫形。

如果犬尚能很好地控制耳基部，则只需在耳背侧弯曲部位切除一椭圆形皮肤块（图8-11 之 A），用改进的垂直褥式或结节缝合闭合皮肤切口（缝合过程中缝针分 2～3 次穿入耳廓软骨，但不能穿透耳廓软骨）（图8-11 之 B），把圆锥形的纱布棉拭放在耳背侧并将耳廓卷到棉拭上包扎。切除椭圆形皮肤块的大小很关键，如果切除得太小，则耳廓仍向头外侧弯曲，而切除得太多，则可能造成耳廓向头顶偏斜。

如果耳廓在其基部发生弯曲，则先用与术式一相同的切口和操作方法，把盾形软骨固定到颞肌筋膜上，使耳廓基部更接近头部；再将皮肤切口修整成椭圆形，其大小根据耳廓弯曲的程度决定，大多数犬需切除 1.2～1.6cm 宽的皮肤块（在椭圆形皮肤块的最宽处测定）；然后在皮肤切口处做 3～4 针改进的垂直褥式缝合（图8-11 之 B），抽紧缝线的同时向上牵引耳廓，缝合时进针的深度和打结时拉力的大小要根据缝线抽紧后耳廓仍向头外侧偏斜 10°为宜（图 8-11 之 C），如果缝线抽紧后耳廓直立，则术后由于瘢痕收缩可能造成耳廓向头顶部偏斜。结节缝合其余切口部分，同【术式一】方式包扎。

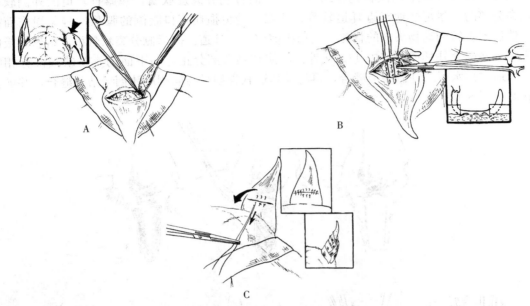

图 8-11　耳廓向头外侧弯曲的手术矫形
A. 切除椭圆形皮肤块　B. 闭合皮肤切口　C. 使耳廓偏向头外侧 10°

【术后护理】术后动物应保持安静，常规应用抗生素 3～5d。包扎 3～5d 后将绷带拆开更换，清洗消毒后，重新包扎并保留 5d 以上。如果包扎 3～10d 耳廓仍不能直立，则可在 1 个月后，在原来的皮肤切口处重新切除一椭圆形皮肤块，并按上述方法闭合切口。为防止犬用脚抓耳部，可装置颈环。

第四节　犬外耳道外侧壁切除术
（resection of the lateral wall of the external ear canal）

【适应症】慢性外耳炎药物治疗无效或反复发作，耳内炎性分泌物不能排出，缺乏通风，外耳道壁增厚但未阻塞水平部外耳道时，适宜做外耳道外侧壁切除术。此外还适于外耳道严重溃疡、听道软骨骨化、听道狭小、肿瘤、先天性畸形等。

【局部解剖】外耳道始于耳廓底部外耳道口，止于鼓膜。犬全长 5～10cm，直径 4～7cm。外侧部称直外耳道，为软骨性的，其开口呈漏斗形，由耳廓软骨组成，下部为环状软骨。内侧部称水平外耳道，为骨性结构，较直外耳道短。外耳道内壁衬有皮肤，在软骨部有丰富的毛囊、耵聍腺和皮脂腺，后两者分泌耳蜡，呈褐色，有保护外耳道和维持鼓膜区湿润、柔软的作用，但易发生感染。

【保定和麻醉】侧卧位保定，患耳在上，全身麻醉。

【术式】动物侧卧保定，垫入毛巾抬高头部，耳廓、耳外侧、耳腹侧及面部广泛剪毛、消毒，冲洗外耳道并吸干。术者先站在犬头部的腹面，将探针或直止血钳插入外耳道，探明外耳道的垂直深度。在水平耳道下方相当于直耳道一半长度处的位置做标记。在直耳道皮肤外侧做两道平行切口，从耳屏扩大切口至标记处。两道切口的长度为直耳道的 1.5 倍。腹侧连接皮肤切口并且采用锐性和钝性结合分离，向背侧分离皮肤瓣，暴露直耳道的外侧软骨壁。在分离时，尽可能地靠近耳道软骨。注意，避免损伤切口腹侧的腮腺，避免损伤面神经。然后术者转到动物头部的背侧，用梅氏剪剪开直耳道。向远侧分离软骨板，将软骨板向下折转，暴露直外耳道，剪去 1/2 软骨板，使其剩余部分正好与下面的皮肤缺损部分相吻合，制造"排水板"并做结节缝合，再将外耳道软骨创缘与同侧皮肤创缘结节缝合，并剪去皮肤瓣（图 8-12）。

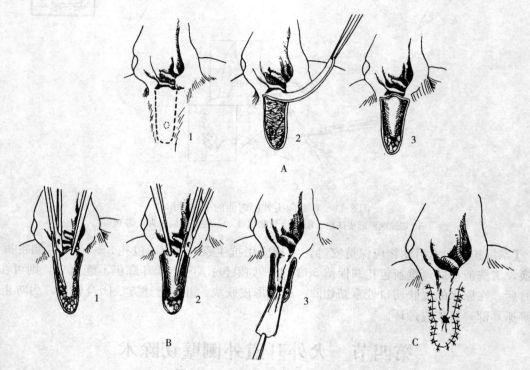

图 8-12 剪开直外耳道外侧壁软骨
A. 暴露直外耳道软骨 B. 剪开直外耳道外侧壁软骨 C. 结节缝合皮肤创缘
（1～3 为操作顺序）

【术后护理】术后护理包括保持引流、局部包扎、止痛、装颈枷等，并配合全身抗生素治疗，控制感染术后 10～14d 拆线。为防止犬用脚抓搔，可装置颈环。

第五节 马鼻旁窦圆锯术
(trephin in the paranasal sinuses of horse)

【适应症】马属动物患鼻旁窦化脓性炎症经保守疗法无效；除去鼻旁窦内肿瘤、寄生虫、异物等；上颌后臼齿发生龋齿、化脓性齿槽骨膜炎、齿瘘、齿冠折断等需做牙齿打出术时的手术径路等。

【局部解剖】 在临床上与适应证有关的是额窦和上颌窦。

1. 额窦 马的额窦由额骨、鼻骨、筛骨和背侧鼻甲骨后部组成，由纵行的中央骨板分为左右两个互不相通的部分，若将两部分合在一起，从额面观察很似马蹄形，其矢状面呈不正三角形。窦的后界变化较大，但一般不超过额骨颞顶嵴；外界为额外嵴、额骨颧突的基部和由内眼角向对侧隔齿外缘的连线；前界为两侧内眼角连线和两侧面嵴前端连线之间的中点前1～1.5cm处；内界由两侧内眼角连线分为上、下两段，上段以正中线与对侧相隔，下段以距中线2～2.5cm的矢状线为其内界。额窦仅以卵圆孔与上颌窦后窦相通。额窦外的软组织为骨膜、皮下筋膜及皮肤，在眶上突基部有耳前动脉小分支，并分布有耳眼睑神经与额神经小支，在鼻甲部额窦的前端，有鼻唇提肌的起点及面部血管分支。

2. 上颌窦 马的上颌窦由上颌骨、额骨、泪骨、颧骨、筛骨和部分鼻甲骨组成。其前界大约在面嵴前端2～3cm处；上界相当于骨质鼻泪管的投影（眼内角至鼻孔下缘的连线）；下界随年龄增长有显著变化。上颌窦由完整的中隔板分为前、后两个窦，且都以裂隙与中鼻道相通，此裂隙称为鼻颌裂，前窦、后窦和鼻腔之间有如三通的形式，彼此相交通，中隔板的外缘位置变化较大，其中有1/2的马在第二臼齿前缘水平。上颌窦外的软组织除皮肤外还有薄的皮肌，鼻唇提肌起于鼻骨和额骨交界处，为很薄的肌肉；上唇固有提肌起于泪骨、颧骨及上颌骨交接处，为一扁平肌肉，向前并稍向上覆盖在眶下孔表面。面部血管在面嵴之前分出上唇和侧鼻血管之后，向上后行，经过上唇固有提肌的表面分为鼻梁血管及眼角血管。在皮肤薄的马，这些静脉从表面能清楚地显现。额窦和上颌窦内都被有黏膜。

【器械】 除一般常用外科器械外，还需准备圆锯、骨膜剥离器、球头刮刀及骨螺子等（图8-13）。

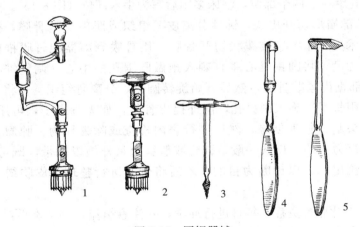

图8-13 圆锯器械
1、2. 圆锯 3. 骨螺子 4. 球头刮刀 5. 骨膜剥离器

【保定】 柱栏内保定，确实固定头部。少数烈性马还需配合使用镇静药物。

【麻醉】 局部浸润麻醉，但齿源性上颌窦炎需做牙齿打出术者，则应全身麻醉，侧卧保定。少数烈性马可用少量水合氯醛加以镇静。

【术部】

1. 额窦圆锯部位的确定（图8-14）

（1）**额窦后部** 在两侧额骨颧突后缘做一连线与额骨中央线（头正中线）相交，在交点两侧 1.5～2cm 处为左右圆锯的正切点。

（2）额窦中部　在两内眼角之间做一连线与头正中线相交，交点与内眼角间连线的中点即为圆锯部位。

（3）鼻甲部额窦前部　由眶下孔上角至眼前缘做一连线，由此线中点再向头正中线做一垂直线，取其垂线中点为圆锯孔中心。在额窦蓄脓时，此圆锯孔便于排脓引流。

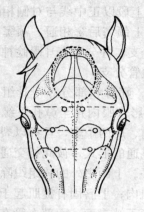

图 8-14　马额窦圆锯孔定位

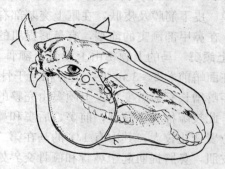

图 8-15　马上颌窦圆锯孔定位

2. 上颌窦圆锯部位的确定　从内眼角引一与面嵴平行的线，由面嵴前端向鼻中线做一垂线，再由内眼角向面嵴做垂线，这三条线与面嵴构成一长方形，此长方形的两条对角线将其分成四个三角区，距眼眶最近的三角区为上颌窦后窦，距眼眶最远的三角区为上颌窦前窦。上颌窦圆锯孔就在这两个部位，临床多用后窦为手术部位（图 8-15）。

【术式】在术部瓣形切开皮肤，钝性分离皮下组织或肌肉直至骨膜，彻底止血后在圆锯中心部位用手术刀"十"字或瓣状切开骨膜，用骨膜剥离器把骨膜推向四周，其面积以容纳圆锯稍大为度。将圆锯锥心垂直刺入预做圆锯孔的中心（调整锥心使其突出齿面约 3mm），使全部锯齿紧贴骨面，然后开始旋转圆锯，分离骨组织。待将要锯透骨板之前彻底去除骨屑，用骨螺子旋入中央孔，向外提出骨片，如无骨螺子，可用外科镊子代替。除去黏膜，用球头刮刀整理创缘，然后进行窦内检查或除去异物、肿瘤、打出牙齿等治疗措施。若以治疗为目的，皮肤一般不缝合或假缝合，外施以绷带，既可防尘土和蚊蝇，又有利于渗出液流出；若以诊断为目的，术后将骨膜进行整理，皮肤结节缝合，外系结系绷带。

【术后护理】对化脓性炎症，每日进行冲洗，并注意引流，直至炎性渗出停止。为了加快治疗过程，在冲洗的同时配合青霉素或磺胺疗法等，特别在病程的中、后期，能缩短疗程。

第六节　羊多头蚴孢囊摘除术
(removal of the coenurus cerebralis from the sheep)

【适应症】当多头蚴侵入羊脑内或颅腔内，囊体增大，病羊症状明显时，以诊断或治疗为目的施行本手术。

【局部解剖】羊的颅腔从上面看略似长方形，其解剖界限：前界在眶上孔连线，后界为枕嵴，侧界经角的基部（母羊为角结节）的内缘向后到颞嵴的线。羊的颅腔可分为额部、顶部、颞部和枕部。其外科界线因额窦进入颅腔而移至两眼眶后缘连线，其他大致与解剖界限相同。羊的颅盖除有薄的耳肌外，不覆盖肌肉，故额部、顶部都可被选为脑的手术通路。

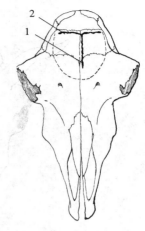

图 8-16　绵羊颅腔的静脉窦
1. 纵行静脉窦　2. 横行静脉窦

颅腔内容纳大、小脑。在脑颅内嵴的矢状线上有大脑镰附在矢状嵴上，内含有纵行静脉窦，在顶间骨水平，有小脑幕附着于横嵴，含有横行静脉窦。手术时要特别注意，不得损伤此静脉窦（图 8-16）。

脑硬膜紧贴颅盖内面，它和颅顶骨的骨内膜相互结合，因此颅顶骨壁与脑硬膜之间没有硬膜外腔做缓冲。脑硬膜和脑蛛网膜之间有硬膜下腔，充满淋巴液。

【症状及诊断】因羊表现出一系列特异神经症状，精神沉郁、嗜睡，有些病羊表现转圈运动，容易确诊。但应注意与莫尼茨绦虫病、羊鼻蝇蛆病及其他脑病的神经症状相区别，这些病不会有头骨变薄、变软和皮肤隆起等现象。当颅骨因受压迫变软时，可以用手按压出多头蚴存在的部位，柔软部位存在于做转圈运动的一侧。有时可以发现柔软部位对侧的肌肉或腿发生麻痹。一般的寄生部位是向左转在左侧，向右转在右侧，抬头运动在大脑前部，低头运动可能在小脑部。如果寄生在颅后窝，将眼蒙住，便跌倒在地，若一直蒙住眼睛，就不能站起来。实验室诊断可用变态反应诊断法，即用多头蚴的囊壁和原头蚴制成乳剂变应原，注入羊的眼睑内，如果是患羊，于注射 1h 后皮肤出现直径 1.7～4.2cm 的肥厚肿大，并保持 6h 左右。

羊多头蚴孢囊寄生在大脑半球的不同部位，可出现下列特异症状：

（1）寄生在大脑半球的侧面时，病羊常把头偏向一侧，向着寄生的一侧转圈子。病情越重的，转的圈子越小。有时患部对侧的眼睛失明。

（2）寄生在大脑额叶时，羊头低向胸前，走路时膝部抬高，或沿直线前行。碰到障碍物不能再走时，即把头顶在障碍物上，站立不动；有的则易受惊，表现狂暴。

（3）寄生在大脑枕叶时，头向后仰，运动失调。

（4）寄生在脑室内时，病羊向后退行。

（5）寄生在小脑时，病羊神经过敏，易于疲怠，步态僵硬，最后瘫痪。

（6）寄生在脑的表面时，颅骨可因受到压力变得薄而软，甚至发生穿孔。

（7）寄生在腰部脊髓内部时，后肢、直肠及膀胱发生麻痹。同时食欲减退，身体消瘦，最后因贫血和体力不能支持发生死亡。

【术部】额叶：圆锯孔颅腔外科界之后（圆锯孔前缘不超过两眶上孔连线），离中线 3～5mm 处。颞顶叶：有角羊的圆锯孔在两角根后缘的后方，无角羊在眶上突后缘约 1cm 处，距中线 3mm。枕叶：圆锯孔在横静脉窦之后，距枕嵴 1.8cm、中线 3mm。小脑：圆锯孔在项韧带附着点直前，要注意避开横静脉窦（图 8-17）。

【保定】侧卧或站立保定，颅顶部向上，头部保定要确实。

【麻醉】局部浸润麻醉。

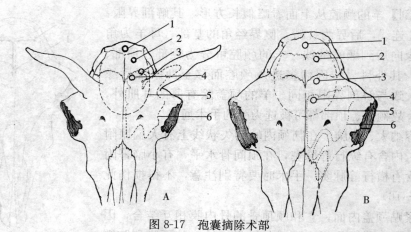

图 8-17　孢囊摘除术部
A. 有角羊　B. 无角羊
1. 小脑术部　2. 枕叶术部　3. 颞顶叶术部　4. 额叶术部
5. 虚线表示脑腔范围　6. 虚线表示额窦范围

【术式】

1. 圆锯术　能摸到骨软化区域时，即在该处进行。否则，即在角基和角中心的内缘后部约 1cm 处施行手术。为了避免损伤静脉窦而造成手术失败，应由中线一侧切开硬脑膜。大静脉窦有两条：矢状窦位于大脑纵轴上，横窦位于大小脑之间，操作时必须特别注意，要在严密消毒情况下按以下步骤进行手术：

（1）在术部皮肤上做一个十字形切口或"U"形切口，将皮肤揭开。

（2）用圆锯除去一块露出的颅骨，不可损伤硬脑膜。

（3）看到多头蚴之后，以镊子慢慢牵引出来。或在羊吸气以后，用手捂住羊口及鼻孔，不让呼气，使颅内压力增大，可让羊吸入第二口气，再堵一次羊口及鼻孔。亦可先刺破囊虫，徐徐抽出其中液体，以免因颅内压力骤减而引起休克；亦可在看见白色囊虫以后，翻转羊体，让其四蹄朝天，然后保定头的人迅速使羊嘴朝天，创口朝地，让脑包虫慢慢从开口内滑出来。

如果看不到囊虫，可以插入细胶皮管，沿脑回向周围探索，用注射器多次吸抽，常可将囊虫吸在胶皮管口上，然后抽回胶皮管，即可拉出囊虫。

（4）给寄生部位喷洒 3～5mL 含有氨苄西林钠的生理盐水，盖上硬脑膜及骨膜，缝合皮肤，并以火棉胶或绷带保护术区。

2. 穿刺术　即不用圆锯取出骨片，是将骨暴露出以后，用最小号套管针或带有探条的针头对准术部，向后刺入颅骨，然后抽出套针，如已刺入虫囊，套管内有液体流出。此时可用注射器，将针插入套管内抽净液体，并将囊膜吸入套管内，与套管同时取出。

公羊的额窦较大，穿透颅骨时必须穿过此窦，应注意有第二次较大的阻力。但有时由于多头蚴引起的膨胀可使双壁接触而让窦腔闭合。在做穿刺的过程中应该考虑到这些情况，才容易成功（图 8-18）。

【术后护理】一般来说，寄生在大脑部位的孢囊，只要脑组织损伤不严重，一般都能康复。寄生在而小脑部位的术后一般不能站立，需躺卧 3～7d，故施行小脑手术的羊更要精心护理。为了防止并发症，如脑炎、脑膜炎等，除在手术过程中注意无菌操作外，还要应用抗生素。重症或有严重并发症的羊，建议屠宰。

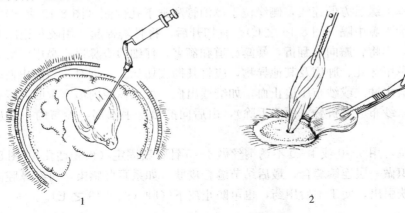

图 8-18　多头蚴包囊的取出方法
（1～2 为操作顺序）

第七节　鼻切开术
（ohinotomy）

【适应症】适于其他方法难以确诊的鼻腔疾病的手术切开探查，以及鼻甲外伤、坏死和鼻腔异物、肿瘤、鼻真菌病的手术治疗。

【局部解剖】鼻腔由背侧鼻骨、外侧上颌骨和腹侧硬腭组成，眼眶也构成鼻腔和额窦的侧缘。鼻腔又由鼻中隔分隔为两个腔，每一腔前部又被上颌鼻甲（上、下鼻甲）占据，其后部则为筛鼻甲，筛鼻甲向后延伸至筛板和额窦。鼻旁窦为中空、内衬黏膜和含气体的腔洞。出生时鼻旁窦未完全发育，至成年时才发育完成。额窦界线因动物年龄、品种和头型不同而异。犬额窦分隔为 3 个室，短头犬此窦很小，上颌窦相当于鼻腔的一个隐窝。猫额窦未分隔成室，除上颌窦，还有蝶窦。额窦与鼻腔经筛区的多个小孔相通。黏膜肿胀可使开口减小，并可阻塞排泄而形成窦性黏液囊肿。

鼻腔血液供给丰富，动脉来自上颌动脉，为颈外动脉的终末分支。

【麻醉】对动物施行气管内插管的密闭式吸入麻醉，气管插管的套囊充气以防止血液、冲洗液等流入远端气管。

【保定】若采取背侧径路进行鼻腔手术，则动物腹卧保定，并在颈部下垫一折叠的毛巾，头部和鼻部剪毛、消毒。若采取腹侧通路进行手术，则动物采用背仰卧保定，并使嘴尽量开张，用消毒水冲洗口腔，用稀释的洗必泰清洗软腭。

【器械】除一般外科器械外，还应准备小圆锯、骨膜剥离器、骨凿、骨锯、骨锤及球头刮刀等。

【术式】可通过背侧或腹侧径路进入鼻腔。常采用背侧径路，但采用腹侧径路可暴露筛状鼻甲骨的后部区域和其腹侧面。

1. 背侧径路　额部及鼻背侧剪毛、消毒、覆盖隔离创布。用手术刀从鼻背壁软骨后方至额骨中部的正中线切开皮肤，分离皮下组织至骨膜。彻底止血后，再沿正中线切开骨膜，用骨膜剥离器将其向两侧分离（如仅做一侧鼻腔和额窦手术，则只需分离一侧骨膜）（图 8-

19 之 A）。用骨凿或骨锯按切口线将部分额骨、上颌骨和鼻骨切割成近似一长方形的骨瓣，其后界为两眼眶上缘后方的连线，侧缘位于鼻泪管和眶下孔内侧（图 8-19 之 B）。如一侧鼻道手术，其内缘为鼻中隔（图 8-19 之 C）。骨切开后，将骨瓣提起，用咬骨钳除去骨瓣下鼻中隔附着部分，再将骨瓣向前翻折，暴露鼻道和额窦，仔细检查鼻道、鼻甲、额窦腔及其周围组织。发现鼻甲坏死、肿瘤及其他异物，应将其彻底切除。清创时，一般出血较多，可用烧烙、冰生理盐水冲洗或纱布压迫止血。如继续出血，可在鼻腔内填塞湿的或浸有凡士林的纱布。填塞前，纱布应予折叠（便于拆除），由后向前填塞手术部，纱布的一端从一侧或两侧鼻孔引出。

将骨瓣复位，用 3～0 或 4～0 不锈钢丝做 4～5 针骨瓣固定（预先钻孔）（图 8-19 之 D）。骨膜和皮下组织做一层连续缝合，最后结节缝合皮肤。如系真菌感染，可在鼻腔内安置引流管，从额部皮肤引出，便于术后用药，也可防止皮下气肿（图 8-19 之 E）。

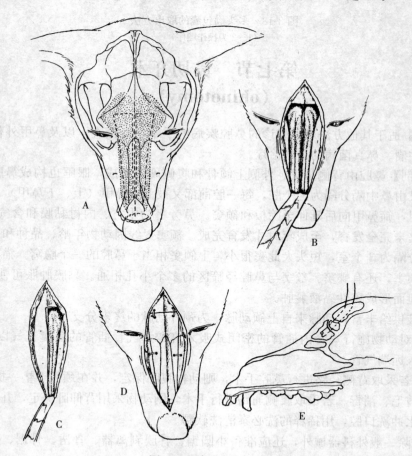

图 8-19 鼻背侧切开术

A. 骨膜分离区域　B. 切去骨瓣　C. 鼻中隔　D. 固定骨瓣　E. 安置引流管

2. 腹侧径路　在硬腭正中线做一切口，向侧面剥离硬腭上的黏膜至牙槽残嵴。注意保护从大硬腭孔出来的腭神经和血管。切开黏膜骨膜和黏附于腭骨后缘的软腭，尽量向后延伸切口进入软腭。用预置线牵开切口边缘，用骨钻和咬骨钳移除硬腭骨。暴露鼻腔，切除异常组织并进行组织学检查和培养。用可吸收缝线行单纯连续缝合或简单间断缝合闭合软腭上的鼻黏膜。然后用可吸收缝线行间断缝合闭合硬腭的黏膜下组织。最后用不可吸收的单丝线简单连续缝合口腔的软硬腭黏膜。

【术后护理】拔除气管插管之前，应清除鼻咽部和口咽部所有液体和组织碎片。在苏醒期，头低于胸部，防止液体被吸入。术中和术后密切监测动物的红细胞比容，如果低于正常值的 20%，就及时输血。

恢复过程中应避免头部受到撞击，如果出现兴奋或疼痛表现，应给予镇痛药。全身应用抗生素 4～5d。术后 24h 除去鼻内纱布，48h 拔除引流管，如用于注射抗真菌药物，其引流管可于术后 10～14d 拔除。术后应对犬的神经反射功能进行检查。

因鼻道纱布堵塞或异物未完全切除，术后可能会发生局部皮下气肿，对此无需治疗。对于采用腹侧通路进行手术的动物，术后应当给予流质食物，并在 3～4 周内不能咀嚼硬质食物，直到手术切口完全愈合。

第八节 犬颌下腺及舌下腺摘除术
（resection of mandibular gland and sublingual gland）

【适应症】治疗犬唾液腺囊肿（颈部或舌下囊肿），颌下腺及舌下腺慢性炎症反复发作等。

【局部解剖】腮腺较小，呈不规则三角形，腹侧端小，盖在颌下腺的外面，背侧端宽广，由一深切迹分成两部，切迹内容纳耳基底部；腮腺管自前缘的下部离开腺体，向前走横过咬肌表面，其乳头导管开口于颊部、上裂齿（第四前臼齿）水平处的黏膜表面。此外，沿腮腺管的径路上，常有些小的副腮腺。颌下腺一般比腮腺大，体格大的犬，腺体长约 5cm，宽 3cm，呈圆形，黄白色，周围有纤维囊包被；位于腮腺的后腹侧位，上部有腮腺覆盖，其余部分在浅面，在颌外静脉与颈静脉的汇合角处；颌下腺管自腺体的深面离开腺体，沿枕颌肌及茎舌骨肌表面前走，开口于舌下阜。舌下腺呈粉红色，分前后两部：前部小，位于颌舌骨肌与口腔黏膜之间，约有 10 条短导管开口于口腔底黏膜，也称多口舌下腺；后部大，与颌下腺紧密结合，其导管与颌下腺管伴行，共同开口于舌下阜，也称单口舌下腺（图 8-20）。

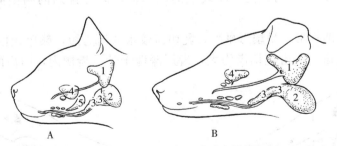

图 8-20　犬、猫颌下腺及舌下腺局部解剖
A. 猫　B. 犬
1. 腮腺　2. 颌下腺　3. 舌下腺　4. 颧腺　5. 臼齿腺（猫）

【保定和麻醉】全身麻醉，半仰卧保定，下颌间隙及颈前部做无菌准备。

【术式】在下颌支后缘、颈外静脉前方的颌外静脉与舌面静脉间的三角区内，对准颌下腺切开皮肤 4～6cm。钝性分离皮下组织和薄层颈阔肌。再向深层分离，显露颌下腺纤维囊

（正常囊壁为银灰色，腺体橙红色，呈分叶状）。切开纤维囊，暴露腺体。用组织钳夹住颌下腺后缘并轻轻向头侧牵引，用钝性和锐性分离方法，使腺体和囊壁分离，直到整个腺体和腺管进入二腹肌下方。在腺体内侧有动、静脉进入腺体，在分离到二腹肌时，有一舌动脉弯向后方行至于腺体。应将这些血管分离、钳压、结扎。用剪或手指继续向前分离，在二腹肌下分出一通道或将该肌切断，以便尽可能多地暴露舌下腺。用止血钳夹住游离舌下腺的最前部，并向后拉，再用另一把止血钳钳住刚露出的舌下腺。两把止血钳按此法交替钳夹，直至舌下腺及其腺管拉断为止。用

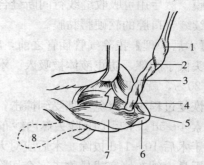

图 8-21　颌下腺及舌下腺摘除术
1. 颌下腺　2. 舌下腺前端　3. 舌下腺后端
4. 缝线结扎，切断腺体　5. 舌神经　6. 下颌舌骨肌
7. 二腹肌　8. 下颌腺经二腹肌下面拉向对侧

这种牵拉方法，就不必再结扎腺体和导管。在纤维囊内安置一引流管，引出体外。连续缝合腺体囊壁和皮下组织，最后结节缝合皮肤并固定引流管（图 8-21）。

【术后护理】术后 3～5d 拔除引流管，引流孔可不做处理，让其取第二期愈合。术后5～7d 内全身应用抗生素能有效预防感染，促进伤口愈合。

第九节　牙齿手术

牙齿发生异常、门齿齿列不整、臼齿磨灭不正、龋齿和齿槽骨膜炎等，往往影响动物的采食，导致动物营养吸收障碍，需手术矫正或治疗。本节手术包括锉牙术、牙截断术和拔牙术。

【局部解剖】

1. 马　公马上、下颌都有 20 个永久齿，其中 6 个切齿、2 个犬齿和 12 个臼齿。母马缺犬齿，共有 18 个永久齿（图 8-22）。颊齿排列于上、下颌骨，前 3 个叫前臼齿，后 3 个叫后臼齿。切齿每侧按 3 个排列，在中间线上的叫门齿，向外排列的叫中间齿，最外边的叫隅齿。

马的切齿为弯曲楔形，呈扇形排列，乳切齿较永久齿为短，颜色较白。永久齿缺齿颈，齿窝磨灭区留有黑斑。臼齿较切齿为大，齿冠深埋于骨质齿槽内，臼齿的位置随年龄而变

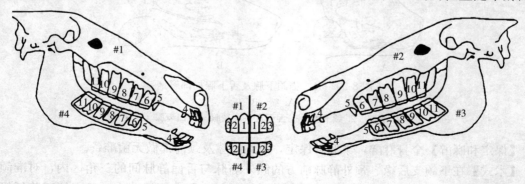

图 8-22　马的牙齿解剖

化。第一臼齿齿根向前，第二臼齿齿根几乎垂直，其余臼齿齿根都向后倾斜，其后随年龄变化，老龄马的臼齿位置几乎彼此平行。这些对临床是有意义的。

下颌臼齿比上颌臼齿长且窄，每个齿有两个齿根。上颌臼齿形状很像是四面的柱体，最前和最后齿为三面柱体。每个上臼齿有 3 个齿根。上、下颌臼齿通常不是直接全部面对，上臼齿稍靠后方，所以每个上颌臼齿有一主和一副对立齿。从横断面观察，上颌臼齿咀嚼面略由上向下、由内向外倾斜，而下颌臼齿咀嚼面由下向上、由外向内倾斜。因此在咀嚼时，上、下颌臼齿不是定位接触磨碎食物，而是错位移动进行咀嚼。这是引起马臼齿产生磨灭不正的原因。

眶下神经和同名血管进入每个上颌齿，它是经眶下管分出神经、血管支分布到齿及其周围齿龈，再分小支（神经、血管）经过齿根的骨小管进入齿髓。眶下神经和血管的终末支到上颌切齿和齿龈。

眶下神经是上颌神经的分支，经上颌孔进入眶下管，在进入管内之前分出上颌齿槽后支，经上颌结节内后齿槽孔出来走向后臼齿，眶下神经在眶下管内分出上颌齿槽中支分布到第一至第三后臼齿。在眶下孔后方 0.5～1cm 处由眶下神经分出上颌齿槽支经上颌切齿管分布于切齿，并分出上颌齿槽前支，分布于第一至第三前臼齿。

下颌齿槽神经和同名的血管位于下颌管中，分支到下颌臼齿和切齿及其周围组织。

2. 犬、猫　犬上颌有 20 个永久齿（其中 6 个切齿、2 个犬齿和 12 个臼齿），下颌有 22 个永久齿（6 个切齿、2 个犬齿和 14 个臼齿）。猫上颌有 16 个永久齿（6 个切齿、2 个犬齿和 8 个臼齿），下颌有 14 个永久齿（6 个切齿、2 个犬齿和 6 个臼齿）。大猫少数臼齿称扇形齿或食肉齿，齿大，切割、磨碎功能强，反应了食肉动物的特性；最大扇形齿为上颌第四前臼齿和下颌第一后臼齿。犬切齿、犬齿、上下颌第一前臼齿和下颌第三后臼齿均有一个齿根，剩余下颌臼齿和上颌第二、三前臼齿有 2 个齿根；其余上颌第四前臼齿和第一、二后臼齿有 3 个齿根。猫仅扇形齿有 3 个齿根，扇形齿根两个在前，一个在后。

一、锉牙术
（rasping the teeth）

【适应症】当动物年龄增大或其他因素导致的臼齿异常磨灭，其锐缘能够损伤齿龈、颊黏膜和舌，或使咀嚼功能受到妨碍时施行本手术，主要应用于马属动物。

【器械】大动物开口器、齿锉、电动齿锉、洗涤用具等。

【保定】柱栏内站立保定，高吊马头并用绳固定，头部高度与术者身高相适宜为度。

【麻醉】一般不需要麻醉，烈性马可给予小剂量镇静剂。

【术式】装好开口器后，助手将舌拉至预修整齿的对侧口角外，并加以固定。术者仔细检查口腔和异常齿。先用粗面齿锉对准异常的侧缘，做数次前后运动，然后再用细面齿锉补充锉平。上臼齿锉其外缘，下臼齿锉其内缘，不得过多锉臼齿的咀嚼面。锉完之后用 1∶3 000 的高锰酸钾溶液冲洗口腔，检查挫正面。黏膜若有损伤，涂以碘甘油（1∶10）或红汞溶液。术后可给予少许饲料，以观察术前的采食障碍是否消除。

【注意事项】

（1）事先做好临床检查，对有骨质疏松的马，应特别注意保定，不得由于安装开口器而造成颌骨骨折。

（2）不得损伤臼齿咀嚼面的釉质，否则可能引起其他齿病。

（3）手术操作要细致，锉牙时要先快后慢，轻柔快速的动作能使家畜保持安静。

（4）上臼齿操作比下臼齿困难，一般习惯先难后易，先锉上臼齿，再锉下臼齿。对前两个上臼齿可用弯度较大的专用齿锉。

（5）洗涤口腔时，放低马头，防止误咽。

（6）本手术不适用于波状齿。

二、牙截断术
（tooth cutting）

【适应症】用于过长牙、尖锐牙以及磨灭不正牙面造成咀嚼障碍的病例。以大动物多见，现以马为例。

【器械】齿剪、齿凿、齿刨和锉等牙科器械（图8-23）。

【保定】一般不需要麻醉，对烈性马可行全身浅麻醉或用镇静剂。

【术式】手术之前要洗涤口腔，有利于检查和操作。助手安装开口器，将舌拉向欲手术

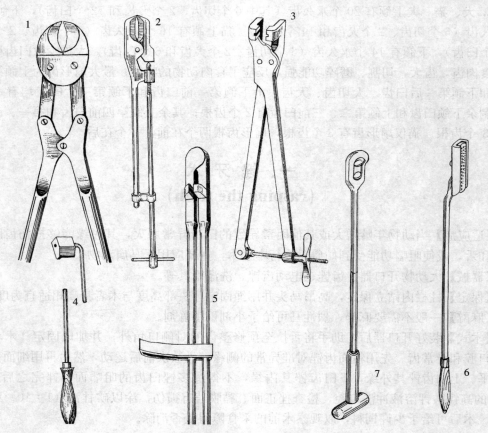

图 8-23　牙科手术器械

1、2. 齿剪　3. 后白齿齿钳　4. 齿凿　5. 前白齿齿钳　6. 齿锉　7. 齿刨

齿的对侧，用半开齿剪，在邻齿的咀嚼面上夹住突出于齿冠的齿，不得夹住整个齿冠，以夹住 1/3 为限，有计划地分次将牙剪断。然后放低马头，使断齿碎片从口腔自行掉出，再用齿锉修整锐缘。对较小的或较细的齿尖，可用齿刨击断。最后臼齿的剪断，应有人工光源，如无齿剪，可用齿凿分区将异常部分依次凿掉。

术中一定要把舌头固定好，不仅方便操作，还可避免吞咽剪断的齿碎片。

术后处理同挫牙术。

三、拔　牙　术
（extraction dental）

【适应症】严重龋齿无法治疗、化脓性齿髓炎、断齿、齿松动、多生齿、齿生长过长或齿错位等为本手术的适应症。为防止动物咬人致伤，也可用此手术拔除其犬齿。本节仅讨论犬、猫拔牙术。

【器械】牙钳、牙根起子、牙锤、牙凿和刮匙，牙钳的钳口必须选择与牙外形相适应的。另外选用一般手术器械和开口器等。

【麻醉】动物最好用吸入麻醉，因气管内插管后，可防止冲洗液或血液被误吸。

【保定】侧卧位保定，颈后及身躯垫高，或头放低，防止异物性吸入。用开口器打开口腔。

【术式】口腔清洗干净，局部消毒。

1. 单齿根齿的拔除　单齿根齿指切齿和犬齿。如拔除切齿，先用牙根起子紧贴齿缘向齿槽方向用力剥离、旋转和撬动等，使牙松动，再用牙钳夹持齿冠拔除。因犬齿齿根粗而长，应先切开外侧齿龈，向两侧剥离，暴露外侧齿槽骨，并用齿凿切除齿槽骨。然后用牙根起子紧贴内侧齿缘用力剥离，再用牙钳夹持齿冠旋转和撬动，使牙松动脱离齿槽，最后将其拔除。清洗齿槽，用可吸收线或丝线结节缝合齿龈瓣。如有出血，可于齿槽内撒布云南白药并填塞棉球止血（图 8-24）。

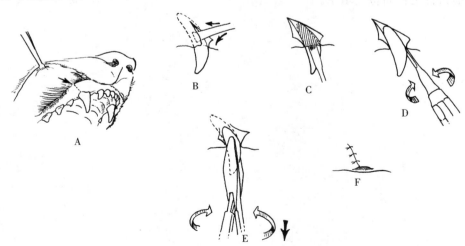

图 8-24　单齿根齿的拔除
A. 齿根部位齿龈切开线（箭头所指）　B. 分离齿龈　C. 切除外侧齿槽
D. 用牙根起子松动牙齿　E. 用牙钳夹持齿冠旋转、拔出　F. 缝合齿龈

2. 多齿根齿的拔除　当拔除两个齿根的牙时（如上、下前臼齿），可用齿凿（或齿锯）在齿冠处纵向凿开（或锯开）使之成为两半，再按单齿根齿拔除。对于 3 个齿根的牙（上颌第四前臼齿和第一、二后臼齿），需用齿凿或齿锯在齿冠处纵向分割 2～3 片，再分别将其拔除。也可先分离齿周围的附着组织，显露齿叉，牙根起子经齿叉旋钻楔入，迫使齿根松动，然后将其拔除（图 8-25）。有时用齿钳使齿断裂时，齿根仍留在原位，这时需尽力用牙根起子或特殊钳子取出。如果齿根太牢固，拔出后会引起局部组织大量损伤，最好延迟 2 周或 3 周，等其松动后则容易拔出。

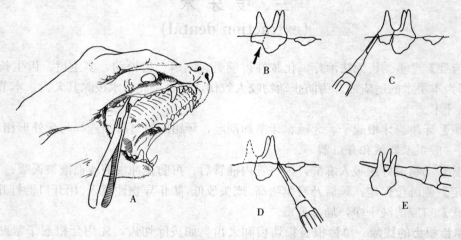

图 8-25　多齿根齿的拔除
A、B. 齿被凿开两部分　C、D. 依次分离两部分齿周围组织并将齿拔除
E. 牙根起子楔入齿根间（齿叉）

【术后护理】术后 2h 内禁食禁水，全身应用抗生素 3～5d。如果唾液中混有血液，可肌肉注射止血药物。犬、猫对拔牙耐受力强，多数病例在术后第 2 天即可吃食。术后 21～28d，齿槽新骨生长而将其填塞。

第九章　颈部手术

颈部手术主要是颈腹侧的手术，其中包括喉囊、喉小囊、声带、气管及食道等部位的手术。

第一节　马喉囊切开术
（operation for the guttural pouches）

【适应症】喉囊腔内积脓，用保守疗法无效时，采用喉囊切开术。另外，喉囊内的肿瘤摘除、异物取出等也是本手术的适应症。

【局部解剖】喉囊也叫咽鼓管囊，是咽鼓管黏膜的膨大部，为马属动物所特有，其功能并不完全清楚。有人认为在马属动物剧烈运动时，进入喉囊内的冷空气有调节由此经过的颈内动脉血液温度的作用。喉囊位于咽的背后方，两侧的囊大小相等，内侧壁部分相邻但不相通。喉囊囊壁前与碟骨口相接，后与寰枢关节相连，下与咽和食道接触，上达耳廓基部附近。

喉囊体积随年龄增长而变化，幼年时为 150cm³ 左右，成年时为 470cm³ 左右。除咽鼓孔周围、破裂孔附近及枕寰关节等部位外，喉囊壁疏松，与周围组织结合。在囊前壁下 1/3 有颌内动脉、颌外动脉，上 1/3 有舌咽神经、舌下神经的咽支和喉支，其后壁有前交感神经节、迷走神经、副神经、颈内动脉、枕动脉等（图9-1）。

腮腺位于喉囊的外侧，填充于下颌和寰椎翼之间，腮腺的内、外两面都包有腮腺筋膜。腮腺筋膜内除腮腺之外，还有胸头肌腱、颌外静脉和颌内静脉，下方与胸骨甲状肌、胸骨舌骨肌的筋膜相连。胸头肌紧贴腮腺内面。

下颌颈缘、胸头肌腱和颌外静脉形成一个三角区，外科上称为维波尔三角区，用手压迫静脉很易辨认出轮廓，三角区的面积因家畜个体不同而异。

腮腺填满整个三角区，其导管平行经过下颌骨的后缘。颌下腺位于腮腺内面，此外还有枕舌骨肌、枕颌肌和二腹肌等（图9-2）。

血液供应：颈总动脉、枕动脉、颈外动脉、颌内动脉、颌外动脉等的分支。

神经分布：第二、第三颈神经腹支分布于浅筋膜；面神经分布于喉囊区除胸头肌以外的肌肉；面神经、舌咽神经、交感神经、三叉神经分布于唾液腺；迷走神经的咽支分布于喉囊壁。

【麻醉】全身镇静，配合局部浸润麻醉。

【保定】站立保定。

【术部】常采用的手术切口有维波尔三角区内切口和颌外静脉下方切口。

【术式】

1. 三角区内切口　在维波尔三角区内，沿胸头肌腱下缘，做 6～7cm 长皮肤纵切口（指

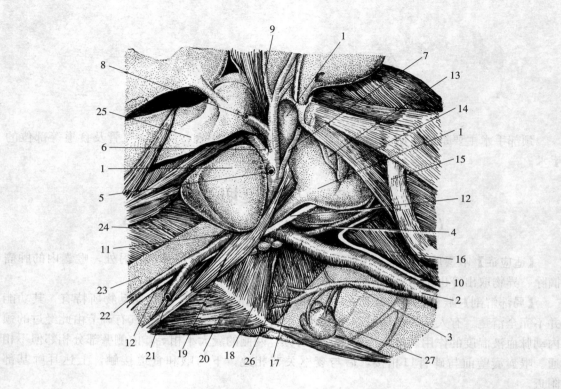

图 9-1　喉囊解剖

1. 喉囊　2. 颈总动脉　3. 甲状腺前动脉　4. 枕动脉　5. 咬肌外动脉　6. 颌内动脉
7. 耳动脉　8. 面横动脉　9. 颞浅动脉　10. 交感迷走神经　11. 舌咽神经　12. 舌下神经
13. 茎突　14. 头前斜肌　15. 寰椎翼　16. 头长肌　17. 环状咽肌　18. 甲状腺咽肌
19. 茎咽肌　20. 甲状舌骨肌　21. 颌外动脉　22. 舌动脉　23. 舌骨　24. 翼咽肌
25. 下颌骨　26. 颈外动脉　27. 甲状腺

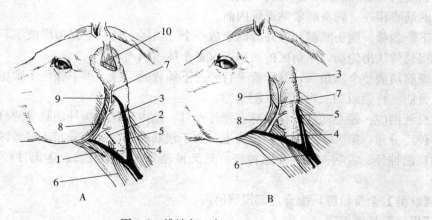

图 9-2　维波尔三角区

A. 多数马类型　B. 少数马类型

1. 下方切口　2. 三角内切口　3. 腮腺　4. 颌外静脉腮腺支　5. 颈静脉、
颌内静脉　6. 胸头肌　7. 腮腺导管　8. 枕颌肌　9. 胸头肌腱　10. 耳下肌

压静脉并提高马头能使三角区更为明显）。切口前端距下颌骨后缘应保留 2～3cm，后端距颌内、颌外静脉所形成的角也应保留 2～3cm（图 9-2）。用剪刀剪开腮腺肌膜鞘外层，并向下方分离至腮腺体的腹缘，使腮腺和颌外静脉分离。双重结扎从腺体走向颌外静脉的大小血管。用创钩将腮腺腹缘向上拉，此时可触摸到胸头肌腱。分离肌腱和喉囊，并注意颈动脉和颌外动脉的位置。这两个动脉有明显波动，容易辨别。

切开喉囊表面被覆的腮筋膜及喉囊壁。当喉囊充满时，囊壁很薄，极易穿孔，最好先用套管针穿刺，排空内容物，再扩大创口。用防腐消毒液反复冲洗囊腔，并确保创液自由排出。

2. 颌下静脉下方切口　在下颌角水平、颌外静脉下方 1.5～2cm，平形于颌外静脉做 5～8cm 长的皮肤切口。然后，把颌外静脉和胸骨舌骨肌之间的浅筋膜做成皱襞用剪刀剪开。向上牵引创缘，在创底能看见被脏筋膜遮盖的胸骨舌骨肌和肩胛舌骨肌。用手指沿下颌后缘向上钝性分离囊外间隙的疏松结缔组织，直抵喉囊壁（图 9-3）。

在颈总动脉和颈外侧动脉的稍下方，用套管针，避开动脉穿刺喉囊，必要时用手指扩大喉囊创口，排除积液，然后用防腐消毒液冲洗囊腔，采用主动或被动引流。

【术后护理】术后 24h 紧紧拴住笼头，限制头颈活动，12h 后开始给予饲料和饮水。注意创液的排出。

手术之后需要长期治疗的病例，可在喉囊的中 1/3、颈颌肌的后方引出纱布条的一端，并固定。其方法是用球头探针自囊内向外穿通软组织，直至皮下，切开皮肤，将纱布条自创口拉出，这样可减少血管损伤。更换引流纱布条时，以新旧纱布条端端相接的办法，将旧引流换掉。

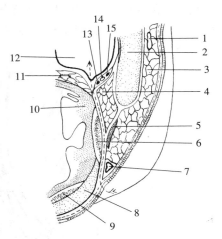

图 9-3　颌外静脉下切口通路

1. 颌内静脉　2. 颈颌肌　3. 腮腺　4. 颌下腺　5. 胸头肌　6. 肩胛舌骨肌　7. 颌外静脉　8. 胸骨舌骨肌　9. 胸骨甲状肌　10. 喉部肌肉　11. 咽后淋巴结　12. 喉囊　13. 舌咽神经　14. 颌外动脉　15. 舌下神经（虚线箭头表示手术通路）

【注意事项】本手术中应防止颌外静脉分支的结扎松脱。因而，除对血管牢固结扎外，术后要限制头部活动。

第二节　马喉小囊摘除术
（laryngeal ventriculectomy）

【适应症】喉小囊摘除术适应于喉头偏瘫（laryngeal hemiplegia）。

喉头偏瘫（喘鸣症，roaring）是一种严重的呼吸系统疾病，多发生于马，特别是外来马。在我国引进的种公马或改良马均有发生。喉头偏瘫多为左侧性，极少数为右侧性或两侧性。此手术的目的是切除喉小囊黏膜，使勺状软骨和甲状软骨之间结缔组织增生，进而形成瘢痕，其可使喉小囊壁和勺状软骨坚固地结合起来，防止吸气时陷入喉腔而引起狭窄。据报道，纯种赛马手术治愈率低于杂种马，而 3 岁以上纯种赛马手术低于 3 岁以下纯种赛马。

【局部解剖】喉是一个有瓣膜的、较为复杂的短的管状器官，它能调节呼吸，阻止异物吸入，同时又是发音的主要器官。

当头颈在正常位置时，喉基本在下颌支之间，当头伸张时喉退到下颌后缘。喉的前端与咽相接，后与气管相连，背侧与食管接触。喉腹侧有胸骨舌骨肌、肩胛舌骨肌，两侧有腮腺、颌下腺、翼状肌、枕颌肌、二腹肌、茎舌骨肌等。

马的喉由 3 块单骨和 2 块对骨组成。单骨为环状软骨、甲状软骨和会厌软骨，对骨为勺状软骨。喉的形状和大小因个体不同而异，而且喉腔容积比外形小得多。喉门前口倾斜，呈卵圆形，喉门后方为喉前庭。喉前庭位于喉门与室褶之间。喉室是室褶和声褶之间的部分，位于勺状软骨及声唇和甲状软骨之间的间隙中，其侧面黏膜形成深凹陷叫喉侧室（或称喉小囊）。侧室的前界为黏膜室褶，后界为声带，上界为勺状软骨（图 9-4）。

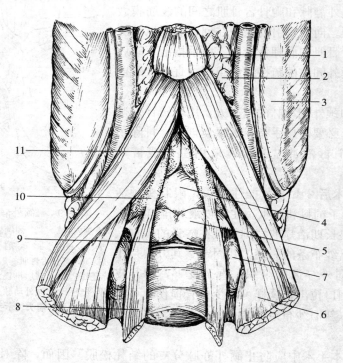

图 9-4　喉区解剖
1. 胸骨舌骨肌（切断）　2. 颌下腺　3. 下颌骨后角　4. 环甲韧带
5. 环状软骨　6. 肩胛舌骨肌（折转）　7. 甲状腺　8. 胸骨甲状肌
9. 环状气管韧带　10. 甲状软骨　11. 喉隆起

喉部的肌肉很多，有的能扩大或缩小声门裂，有的能牵张或放松声带。例如，环勺背侧肌是喉头和声门开张的主要肌肉，假若开张声门的肌肉麻痹，就会引起喉头偏瘫。

环甲韧带是一个很坚实的膜状韧带，宽 4～6cm，位于喉的正下方，占据甲状切迹，呈三角形，起于环状软骨弓的前缘，两侧附着在甲状切迹的边缘上，是通向喉腔的手术通路。

血液供应：分布于喉的血管有喉动脉（为甲状腺前动脉的分支）、咽动脉。此外，还有颌外动脉的小支。

神经分布：喉前神经和返神经分布于喉黏膜和肌肉。

【术前准备】禁食 24h。手术之前应先做气管切开术，安置气导管。其目的是确保术中呼吸通畅，防止血液流入气管，术后还可以保持创伤安静。

【麻醉】全身麻醉或直线浸润麻醉和黏膜表面麻醉。

【保定】仰卧或半仰卧保定，或站立保定。

【术部】在甲状切迹的三角区沿腹侧中线做切口。有时为了便于手术操作，可将切口扩大，切断环状软骨弓，甚至环状气管韧带，但必须保持甲状软骨的完整性，方能防止喉的变形。

【术式】在上述区域切开皮肤，分离两侧的胸骨舌骨肌，锐性分离喉外筋膜。充分止血之后，沿正中线切开环甲韧带，打开喉腔，或扩大切口至环状软骨和环状气管韧带。

图 9-5　喉小囊黏膜翻到喉室

喉切开后扩张创口，用 1%～2% 盐酸普鲁卡因充分浸渍黏膜表面，摘除喉侧室黏膜。即使是一侧偏瘫，也需摘除两侧黏膜。手术摘除一般先左侧，后右侧。必要时还可同时切除声带，以利于喘鸣症的消除。

为了保证喉室手术顺利进行，可通过创口用长针头向黏膜下注射 0.25% 盐酸普鲁卡因 25～30mL，一方面能麻醉室内黏膜，另一方面能使黏膜凸出到喉室中，便于手术（图 9-5）。用有齿镊子夹住或止血钳钳住喉侧室壁，纵轴转动将喉室黏膜卷到器械上，然后用剪刀剪断。若有特制的器械，则手术更为方便（图 9-6）。

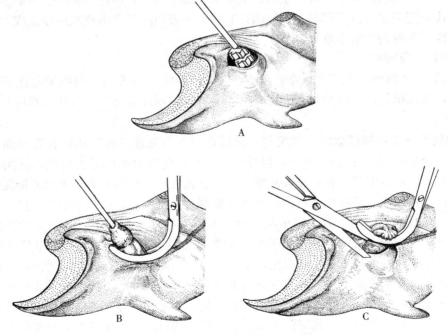

图 9-6　用专用器械摘除喉小囊

A. 将棘锥插入喉小囊中　　B. 翻转喉小囊黏膜　　C. 剪除黏膜

手术后创口不做缝合，将棉纱塞疏松地填在喉室的中部和后部，使勺状软骨更好的和喉壁接近，保持创伤安静，纱布的另一端留在切口之外，作为引流。

【术后护理】术后4～5d取出棉纱塞，5～6d取下气导管。术后1～2d禁食，3～5d给流食和少量干草，5d之后才能正常饲喂。防止在禁食期间偷食，引起误咽，需要在厩内静养1个月。

【注意事项】

（1）手术时必须将两侧喉室黏膜同时除去，否则效果不佳。

（2）发现喉室较小时，应切除2～3cm长的环状软骨弓软骨，以增大喉室内瘢痕收缩。

（3）全身应用抗生素，防止感染。

第三节　犬消声术
（devocalization）

【适应症】犬常爱吠叫或吠声过大，影响周围住户的休息，可通过手术减小或消除犬吠声。犬消声术，又称声带切除术（vocal cordectomy，ventriculocordectomy）。

犬声带切除术有颈腹侧喉室声带切除术和口腔内喉室声带切除术两种。

【局部解剖】声带位于喉腔中部的侧壁上，连于勺状软骨声带突与甲状软骨体之间，为一对黏膜褶，由声带韧带和声带肌组成。两侧声带之间间隙称为声门裂。由于勺状软骨向腹内侧扭转，使声带内收，改变声门裂形状，由宽变狭，似菱形或"V"形。喉室黏膜有黏液腺体，分泌黏液以润滑声带。

喉腔在声门裂以前的部分称为喉前庭，其外侧壁较为凹陷，称为喉侧室，为吠叫提供声带振动的空间。在喉侧室前缘有喉室褶。喉室褶类似于声带，但比声带小。两侧室褶间称为前庭裂，比声门裂宽。由于解剖上的原因，有些犬声带切除后会出现吠声变低或沙哑现象。

喉局部详细解剖参阅本章第二节。

【麻醉】全身麻醉。

【保定】经颈腹侧喉室声带切除时，应将犬仰卧保定，在犬齿后用绷带套住下颌，并将头颈拉直，头部稍低；经口腔做声带切除时，应将犬做胸卧位保定，用开口器打开口腔。

【术式】

1. 颈腹侧喉室声带切除术　颈腹侧喉部做常规术前处理。在甲状软骨腹侧面上，沿甲状软骨突起处纵向切开皮肤3～4cm，切开皮下筋膜，钝性分离胸骨舌骨肌，并用小型扩创钩牵拉创口，以暴露甲状软骨，充分止血。在甲状软骨突起最明显处用手术刀沿腹中线纵向做一小切口，然后用三棱针由切口内向两侧分别穿过甲状软骨，放置牵引线。助手向两侧牵拉牵引线，同时术者向前、后扩开甲状软骨，暴露喉腔，并充分止血（图9-7）。用止血钳由前向后钳夹住一侧声带的中部，用手术剪剪断声带腹侧（近切口处）与甲状软骨相连部分。然后向外并向对侧轻轻牵拉止血钳，清理止血后切断或剪断与勺状软骨声带突相连的声带部分。此时应特别注意清除喉腔及气管口处的血液和血凝块，其方法是用止血钳夹住小纱布卷，将其伸入喉腔内及气管口清除血液和血凝块，最后用纱布压迫喉侧壁创口止血。采用同样的方法摘除另一侧声带。在确保止血后，再进行切口闭合。用带有4号丝线的小三棱针穿过1/2甲状软骨及其表面筋膜做3～4针结节缝合，缝线不要穿过喉黏膜。最后，常规缝合胸骨舌骨肌、皮下组织及皮肤。

2. 口腔内喉室声带切除术

充分打开口腔，舌拉出口腔外，并用喉镜镜片压住舌根和会厌软骨尖端，暴露喉室两条呈"V"形的声带（图 9-8 之 A）。用一长柄鳄鱼式组织钳（其钳头具有切割功能）作为声带切除的器械。将组织钳伸入喉腔，抵于一侧声带的背侧顶端。活动钳头伸向声带内侧，非活动钳头位于声带外侧（图 9-8 之 B）。握紧钳柄，钳压、切割，依次从声带背侧向下切除至其腹侧处（图 9-8 之 C）。如果没有鳄鱼式组织钳，也可先用一般长柄组织钳依次从声带背侧钳压，再用长的弯手术剪剪除钳压过的声带。对手术中的出血可采用钳夹、小的纱布块压迫或电灼止血。另一侧声带采用同样方法切除（图 9-8 之 D）。为防止血液流入气管深部，在切除声带后装气管插管，并将头放低，若已有血液流入气管内，可经临时气管插管内插入一根管子吸出。

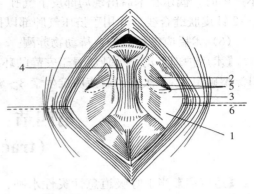

图 9-7　暴露喉腔，切除声带

1. 声带　2. 外侧室　3. 牵开甲状软骨创缘
4. 喉动脉分支区域　5. 声带切除范围　6. 牵引固定线

【注意事项】

（1）麻醉要确实。麻醉过浅，犬在手术过程中挣扎，声带切除困难；麻醉过深，犬咳嗽反射消失，手术后喉腔中少量渗血或血凝块不易咳出。

（2）手术中注意止血，特别注意清除气管口及喉室的血液和血凝块。声带切除后的出血一般采用钳夹或小纱布块（或浸有 0.01% 盐酸肾上腺素）压迫止血即可。止血困难时，也可采用电烙铁烧烙止血。在止血操作时，应注意保持呼吸通畅，切勿使止血纱布块完全堵塞切口或气管口，以免使血液或血凝块吸入气管或肺内。清除喉腔血液、血块时，会出现咳嗽反射，但仍可继续手术操作。

（3）若偏离颈腹正中线切开甲状软骨时，一侧声带将被劈开。此时应注意辨认，并向颈腹中线方向切断部分声带，再暴露喉腔。

（4）声音的消除程度与声带切除程度有关，即声带切除越彻底，则消声效果越好。

（5）甲状软骨及表面筋膜缝合

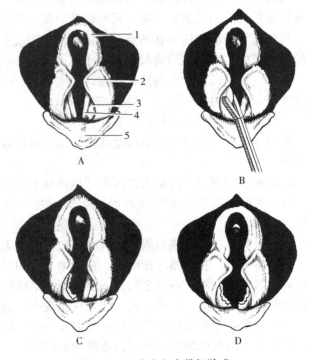

图 9-8　口腔喉室声带切除术

1. 小角状突　2. 楔状突　3. 杓状会厌壁　4. 声带　5. 会厌软骨

不严密时，偶尔在术后出现局部皮下气肿，严重时气肿可延至颈部和肩胛部。此时，应拆除1～2针皮肤缝合线，并用手挤压气肿部以排出气体。

（6）术后应密切监护，待动物苏醒。

【术后护理】动物单独放置于安静的环境中，以免诱发鸣叫，影响创口愈合。每日在创口涂擦碘酊1～2次。术后使用抗生素3～5d，以防止感染。

第四节　气管切开术
（tracheotomy）

【适应症】当上呼吸道急性炎性水肿、鼻骨骨折、鼻腔肿瘤和异物、双侧返神经麻痹，或由于某些原因引起气管狭窄等，使动物产生完全的上呼吸道闭塞、窒息而有生命危险时，气管切开常作为紧急治疗手术。当上呼吸道施行某些手术时，也需要气管切开术。气管切开可应用于各种动物。

气管切开术可分为暂时性和永久性气管切开，前者多属于急救性质，待局部障碍消除后，切开的气管即闭合；而后者多适用于经济价值较高的动物，发生如上呼吸道有不能消除的瘢痕性狭窄、双侧的面神经和返神经麻痹、不能治疗的肿瘤等疾病时。

【局部解剖】气管起自喉的环状软骨，沿颈椎腹腔侧头长肌和颈长肌的下方向后伸延，经胸前口而入胸腔。在颈的前半部腹侧处，其被覆层较薄，容易从体表摸到；在颈的后半部则被胸头肌等所覆盖而不易触及。

气管由气管软骨环构成，软骨环由气管环间韧带连接。软骨环的外面被有与软骨结合的致密结缔组织膜和脏筋膜。脏筋膜与食管周围的筋膜、血管神经束的筋膜连接在一起。

气管有明显的侧运动和随意前后延长性。围绕在气管周围丰富的疏松结缔组织和直接相贴的少数肌肉，对上述活动起着主要作用。

马的气管呈圆筒状，前后稍压扁，由48～55个气管环组成。中部气管软骨环最宽，向两端变窄，直径为4～7cm，横径为5～8cm。

血液供应：为颈总动脉的气管支。

神经分布：气管黏膜和肌肉受迷走神经（返神经）和交感神经分支支配，在气管上形成神经丛。

现将颈腹侧解剖，按层次由浅至深描述如下（图9-9、图9-10）：

（1）皮肤：皮肤薄而易拉起形成皱襞，尤其是黄牛。黄牛该部腹缘由皮肤皱褶形成垂皮。

（2）浅筋膜：马的浅筋膜中包含有皮肌，但牛无皮肌。

（3）胸头肌：和筋膜疏松结合，在颈中1/3和下1/3两侧同名肌肉相连接，颈的上1/3两侧胸头肌彼此分离，两肌之间有一层坚固的结缔组织膜。在颈腹侧中前部左右两侧的胸头肌和肩胛舌骨肌形成一个菱形区，此处气管浅在，适合进行气管手术。

（4）胸骨舌骨肌及胸骨甲状肌：呈细长带状，贴于气管腹侧，两侧的胸骨舌骨肌彼此连接，中间有一白色结缔组织膜，为体腹侧中线的标志。

（5）气管环：有脏筋膜包围。

【器械】除一般软部组织切开器械外，尚需气导管（图9-11）。

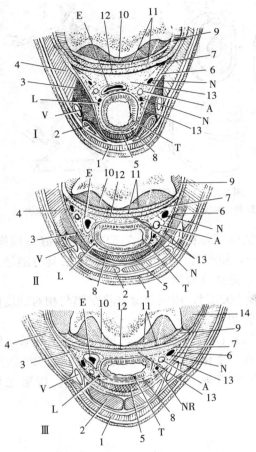

图 9-9　颈腹侧局部解剖

Ⅰ、Ⅱ、Ⅲ. 颈部不同部位横切面

1. 颈皮肌　2. 胸头肌　3. 肩胛舌骨肌　4. 臂头肌
5. 胸骨甲状肌　6. 气管前筋膜　7. 气管后筋膜　8. 气
管筋膜　9. 头长肌　10. 颈长肌　11. 椎前双层筋膜
12. 椎前间隙　13. 气管旁间隙　14. 斜角肌

A. 颈总动脉舌骨甲状肌　V. 颈静脉　NR. 返回神经
N. 植物性神经　L. 淋巴管　E. 食管　T. 气管

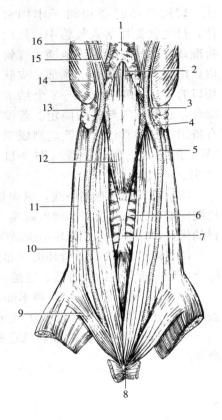

图 9-10　颈腹侧浅层解剖

1. 颌下淋巴结　2. 舌骨体　3. 颌外静脉
4. 颌内静脉　5. 颈静脉　6. 气管　7. 胸骨
舌骨甲状肌腱　8. 胸骨柄　9. 皮肌
10. 胸头肌　11. 臂头肌　12. 胸骨
13. 腮腺　14. 腮腺导管
15. 面动脉　16. 下颌骨

【术部】常在颈部上 1/3 和中 1/3 交界处（颈部菱形区）、颈腹正中线上做切口，也可以在下颈部腹侧中线切开。牛可在颈腹皱襞的一侧切开。

【麻醉】全身镇静，配合局部浸润麻醉。

【保定】大动物施柱栏内站立保定，高抬头部，使颈伸直。小动物可仰卧保定。

【术式】沿颈腹中线做 5～7cm 的皮肤切口，切开浅筋膜、皮肤，用创钩拉开创口，止血。在创的深部寻找两侧胸骨舌骨肌之间的白线，并将之切开，分离肌肉、深层气管筋膜，暴露气管。气管切开之前应再次止血，以防创口血液流入气管。

气管切开的方法很多，归纳起来有下列 3 种（图 9-12 之 1、2、3）：

（1）在邻近两个气管环上各做一半圆形切口（宽度不得超过气管环宽度的1/2），形成一个近圆形的孔。切软骨环时要用镊子牢固夹住，避免软骨片落入气管中。然后将准备好的气导管正确地插入气管内，用线或绷带固定于颈部。皮肤切口的上、下角各做1～2个结节缝合，有助于气导管的固定。若没有备用的气导管，可用铁丝制成双"W"形，以代替气导管（图9-11之3）。

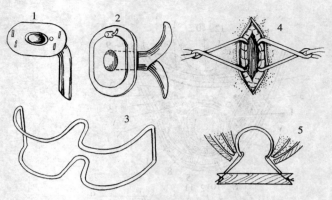

图9-11　气导管类型及其代用品
1、2. 金属制气导管　3. 双"W"　4. 拉钩式　5. 横木式

（2）在气管环腹侧中线，纵向切开2～3个气管环，在同一环的切口两侧各缝一线圈，把线圈挂在预先制备好的横木两端（图9-11之5），使气管保持开放。这种方法具有随地取材的优点，其缺点是软骨环边缘易向气管内凹陷，造成气管狭窄。

（3）切除1～2个软骨环的一部分，造成方形"天窗"，用间断缝合将黏膜与相对的皮肤缝合，形成永久性的气管瘘。这是一种永久性气管切开方法。

【术后护理】防止动物摩擦术部，并要经常检查气导管装着情况，每日清洗气导管，除去附着的分泌物和干涸血痂。注意气导管气流声音的变化，如有异常，及时纠正。

根据上呼吸道病势，若确认已痊愈，可将气导管取下，创口做一般处理，待第二期愈合。

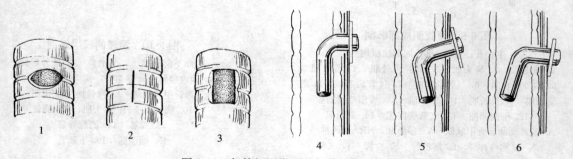

图9-12　气管切开类型及气导管的安放
1. 圆形切开　2. 直线切开　3. 窗形切开　4. 气导管正确安装　5、6. 气导管不正确安装

【注意事项】

（1）切气管时要一次切透软骨环，不得使黏膜剥离，防止并发症，影响气管软骨再生。

（2）气管的切口应和气导管大小一致，过紧会压迫组织，过松容易脱落。

（3）气导管的位置必须装正，否则不利于空气流通（图9-12之4、5）。

（4）在切开气管的瞬间，动物可能发生咳嗽和短期呼吸停止，为一时现象，很快就能平息，初学的术者不要惊慌。

（5）为了挽救动物生命，在紧急的情况下，允许在不消毒条件下进行急救手术。术后注意抗菌消炎。

（6）由于进行上呼吸道手术，而实行气管切开，在短时间内拆除气导管者，可用消毒液清理创部，严密缝合两侧的胸骨舌骨肌，再缝合浅筋膜和皮肤，争取第一期愈合。

第五节　食管切开术
（esophagotomy）

【适应症】当家畜食管发生梗塞，用一般保守疗法难以除去时，采用食管切开术，另外食管切开也应用于食道憩室的治疗和新生物的摘除。

【局部解剖】食管起始于咽的后上壁，紧贴于喉和前数枚气管软骨环的背侧后行，至第四颈椎水平渐偏移至气管的左侧，然后在其后行的过程中又渐伸向气管的背侧，至第七颈椎水平转到气管的左背侧。食管在胸腔先由第一肋骨和气管左侧穿过，在第三胸椎水平位于气管背侧，向后横过主动脉弓的右侧，然后几乎呈水平方向伸延于胸主动脉下方的纵隔腔内，最后穿过膈食管裂孔，终止于胃。

马的食管全长 125～150cm，在颈上 1/3 处背侧有喉囊、颈长肌，腹侧为气管，两侧有迷走交感神经干、颈总动脉及返神经，并以肩胛舌骨肌和颈静脉相隔。颈静脉的背侧是臂头肌，腹侧是胸头肌，两肌构成颈静脉沟。

在颈中 1/3 处，食管的背侧为左颈长肌，右腹侧为气管，左侧为迷走交感神经和颈总动脉、胸头肌、臂头肌、肩胛舌骨肌及颈静脉，最外侧为薄的皮肌。

在颈下 1/3 处，食管仍位于左侧，背侧为左颈长肌，右为气管，左为迷走交感干及颈总动脉。左侧的肌肉与中 1/3 基本相同，仅肩胛舌骨肌为一腱膜，皮肌较前面厚。

在胸纵隔后部，食管背侧有迷走神经的食管背侧干和食管动脉，腹侧有迷走神经的食管腹侧干。

血液供应：颈动脉的食管支供应食管血液。

神经分布：支配食管的神经为迷走神经和交感神经。

食管构造：食管壁分为 4 层：

（1）纤维层：食管的最外层，为白色结缔组织，被深筋膜包围。食管缺少浆膜。

（2）肌层：颈部为横纹肌，到心脏基底部变为平滑肌，颈部食管较薄，胸部食管变厚，管腔变窄。在贲门处肌肉增厚，称为括约肌。

（3）黏膜下层：很疏松，便于黏膜扩张。

（4）黏膜层：为灰白色，被以复层扁平上皮，以发达的黏膜下层与肌层相连，平时管腔很小，黏膜成纵褶。

牛的食管比马短而宽，食管中等程度扩张，直径约为 5cm，平均长 90～105cm，管壁薄，肌层全部为横纹肌，缺腹腔段食管。

【术部】食管梗塞在马或牛常发生于几个特定部位：颈上 1/3 部位，咽转入食管的起始部；胸腔入口；从第一肋骨到动脉弓的一段食管。在反刍动物还能由于括约肌机能降低而停滞于贲门。犬的食道梗阻易发生在胸腔入口、胸部食道入口与心基底部之间以及膈食道裂孔之前。

在临床上可根据触诊、食管探子探诊确定梗塞位置。X 线检查可确定梗塞物的部位和大小，但对于透 X 线物体梗塞，则需应用造影剂；不完全梗塞时还应让动物吞食裹有造影剂的少量棉花，再做 X 线透视检查。有条件的可应用食道内窥镜，直接观察梗塞部位。

【保定】侧卧保定，也可站立保定。颈部伸直，固定头部。

【麻醉】全身镇静，配合局部浸润麻醉，或全身麻醉。

【术式】颈部食管手术通常分为上方切口与下方切口。上方切口是在颈静脉的上缘，臂头肌下缘 0.5～1cm 处，沿颈静脉与臂头肌之间做切口。此切口距离主手术食管最近，手术操作较为方便。若食管有严重损伤，术后不便于缝合，则应采用下方切口，即在颈静脉下方沿着胸头肌上缘做切口。此切口在术后有利于创液排出（图 9-13）。

图 9-13　牛颈部食管手术术部
1. 上方切口　2. 下方切口

不论是上方或下方切口，都必须沿颈静脉沟纵向切开皮肤，切口长度视阻塞物大小及动物种类而定，马、牛可达 12～15cm，犬 4～8cm。

用手术刀切开皮肤、筋膜（含皮肌），钝性分离颈静脉和肌肉（臂头肌或胸头肌）之间的筋膜，在不破坏颈静脉周围的结缔组织腱膜的前提下，用剪刀剪开纤维性腱膜。在颈下 1/3 手术时需剪开肩胛舌骨肌筋膜及脏筋膜，而在上 1/3 和中 1/3 手术时必须钝性分离肩胛舌骨肌后再剪开深筋膜。根据解剖位置，寻找食管。有梗塞的食管，容易发现。食管呈淡红色，当用手检查缺少异物的食管时，感觉柔软、空虚、扁平、表面光滑，而管的中央有索状（为食管黏膜）的感觉（图 9-14）。

在牛除用上述的颈静脉上、下方切口之外，有人主张在胸头肌与气管之间做手术通路，即沿胸头肌下缘做切口，切开皮肤和浅筋膜之后，用创钩将胸头肌向上拉，再切开深层筋膜。用止血钳向食管方向分离气管和肌膜间的结缔组织，再用剪刀剪开筋膜，即发现食管。此手术通路更有利于创液排出，但距主手术食管最远，创腔较深，操作较困难。

食管暴露后，小心将食管拉出，并用生理盐水浸湿的灭菌纱布隔离。若食管梗塞的时间不长，切口可做在梗塞物的食管上；若食管梗塞的时间过长，食管黏膜有坏死，食管切口应做在梗塞物的稍后方，切口大小应以能取出梗塞物为宜。切开食管的全层，擦去唾液，取出异物。

食管闭合必须确认在局部无严重血液循环障碍的情况下方可进行。食管作两层缝合，第一层用铬制肠线连续缝合全层，第二层仅对纤维肌肉层做间断缝合。若食管壁比较完整，只用一次缝合也可以达到目的。食管周围结缔组织、肌肉和皮肤分别做结节缝合。若食管壁坏死，需保持开放，食管不得缝合，皮肤可做部分缝合，用消毒液浸润的棉纱填塞。

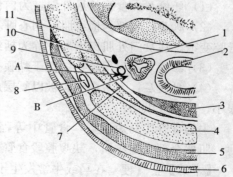

图 9-14　颈部食管手术通路
A. 上方切口通路　B. 下方切口通路
1. 食管　2. 气管　3. 胸骨舌骨肌　4. 胸头肌
5. 皮肌　6. 皮肤　7. 肩胛舌骨肌　8. 颈静脉
9. 颈动脉　10. 迷走交感神经干　11. 臂头肌

若梗塞发生于胸部食管，手术通路在左侧胸壁第 7～9 肋骨间。摘除肋骨，打开胸腔，用手在食管之外将梗塞物体压碎或推移到胃内，必要时也可用带有长胶管的针头，将石蜡油注入食管，促使梗塞物的排除。

牛食道梗塞若发生在贲门，在左腹壁做手术通路，切开瘤胃，并通过瘤胃用手或长钳将贲门部异物取出。

犬食道梗塞若发生在食道裂孔之前的食道，在剑状软骨和脐孔之间的腹正中线上做6～8cm长的切口，切开胃，用手指或长钳通过贲门取出异物。

【术后护理】术后1～2d，禁止饮水和喂食，以减少对食管创的刺激，以后给予柔软饲料和流体食物。必要时静脉注射葡萄糖和生理盐水，以供给动物能量和液体。为防止术后感染，使用抗生素治疗5～7d。术后15d内禁止使用食管探子。食管创口一般需10～12d愈合，皮肤创于8～12d拆除缝线。

【注意事项】

（1）打开手术通路时，注意不要损伤食管周围的重要组织，如颈静脉、颈动脉、迷走神经干。

（2）食管手术时，尽量避免使食管与周围组织剥离，撕断的组织在筋膜间可形成渗出物蓄积的小囊，使创伤愈合变的复杂化。

（3）当牛食管切开时，要注意瘤胃发生臌气，术中或术后可进行瘤胃穿刺，以排除气体。

第十章　胸部手术

第一节　开胸术
（thoracotomy）
一、犬的开胸术

【适应症】是膈疝修补手术、右主动脉弓残迹手术、心脏手术、纵隔手术、食道憩室手术、胸部食管阻塞手术及肺切除等手术的先行手术。

【局部解剖】犬的胸腔比较宽阔，胸侧壁弯度很大，膈的肋骨附着缘比其他家畜低，胸容积显著增大。胸廓呈圆筒状，入口呈卵圆形，肋骨一般是 13 对，9 对真肋，4 对假肋。肋骨体窄而厚，弯度大。胸骨长，两侧压扁，8 个胸骨片，除老龄者外一般不完全愈合。膈呈强度弯曲状，中央腱质部较小，有食管裂孔，位于第 12 胸椎腹侧的左、右肺间。膈附着于第 9 肋的下部，到第 10、11 肋骨稍偏肋软骨结合部下方 1～2cm，至第 12 肋骨位于其腹侧端，到最后肋骨，则位于肋骨中央下方。

胸两侧有皮肤、皮下组织和肌肉覆盖，肋间隙有内、外肋间肌，在肌间有血管、神经束。肋骨表面有锯肌，腹侧是胸肌，背侧表面是背阔肌。胸内动、静脉在胸骨与肋骨结合的背侧，前后穿行。

【麻醉与保定】全身麻醉，根据要求行侧卧、半仰卧和仰卧保定。开胸时正压间歇通气。

【术式】有下列几种形式。

1. 侧胸切开（Ⅰ）　动物侧卧保定，以肋间切口通向胸腔，两侧胸壁均可作为手术通路。前胸手术常选在第 3、4、5 肋间，心脏和肺门区手术选在第 4、5、6、7 肋间，尾侧食管和膈的手术选在第 8、9 肋间作为手术通路。肋间的确定以 X 线拍照作为依据。如果病变在两肋间范围内，宁可选择前侧的肋间，因为肋骨向前牵引要比向后容易。

切口部位的确定，习惯从最后肋骨倒计数。切开皮肤之后，再一次核实肋间的位置，用剪刀剪开各层肌肉。背阔肌平行肋骨切开，尽量减少破坏背阔肌的功能，依次剪开锯肌或其腹侧的胸肌。肋间肌用手术剪分离，手术剪采取半开状态，沿肋间推进，而不是反复开闭，这样能减少不必要的损伤。剪开宜靠近肋骨前缘，避开肋间的血管和神经。开启呼吸机正压给氧，在呼气时打开肋间肌和胸膜。若切口偏下接近胸骨，要避开胸内动、静脉，或做好结扎。

将湿的灭菌创巾放置在切口的边缘，安上牵拉器，扩开切口。

切口闭合用单股吸收或非吸收缝线，缝合 4～6 针将切口两则肋骨拉紧并打结。在打结之前用肋骨接近器或巾钳使切口两侧肋骨靠近，要求切口密接又不要造成重叠，肋间肌用吸收缝线缝合（图 10-1）。其他肌层用吸收缝线连续或间断缝合，背阔肌间断缝合。主要肌腱部分、各层肌肉要分别缝合，减少术后的机械障碍，皮肤常规缝合。

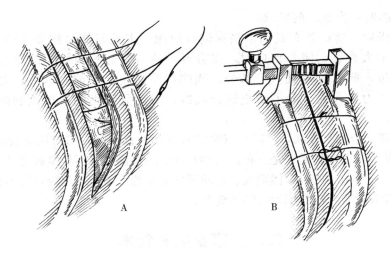

图 10-1　肋间切口闭合

A. 缝合　B. 打结

2. 侧胸切开（Ⅱ）　是胸侧壁切开的另一种方法。本法可得到充分暴露的大切口。先进行肋骨切除术，通过肋骨骨膜床切口，通向胸腔。有肋骨切除与肋骨横切两种方法。

（1）**肋骨切除**：通过肋骨切除而得到手术通路。皮肤、皮下组织及肌肉切开同前。在肋骨表面切开骨膜，切断肋骨并将肋骨取出。在暴露的肋骨骨膜床上做切口，通过骨膜和胸膜切口进入胸腔，比肋间切开能更多地暴露胸腔器官。

创口闭合先在骨膜、胸膜和肋间肌上进行，用吸收缝线，单纯间断或连续缝合，各层肌肉和皮肤缝合同前。

（2）**肋骨横切**：能获得比肋骨切除还要大的胸腔显露。在肋骨切除的基础上，对邻近的肋骨的背侧和腹侧两端横切，两端各切除 4～5mm 并去掉，只靠软部组织连接。这样的肋骨能重新愈合，动物呼吸时不会产生摩擦，术后疼痛也减少。本方法利用前后靠近的两个肋骨，不会有并发症，也不需要金属丝固定肋骨断端，切口闭合或愈合之后，不影响胸部机能。肌肉、皮肤的闭合按常规进行。

3. 头侧胸壁瓣　前胸被前肢覆盖，将胸骨切开和胸壁切开相结合，能广泛地暴露前部胸腔器官。犬半仰卧保定，前肢抬高并屈肘，显露胸和侧壁（图 10-2）。腹中线切开，从胸骨柄向后伸延到第 4 或第 5 胸骨节片，侧胸做皮肤切口，使肋间与胸中线切口连接，胸内动、静脉进行双重结扎。用骨锯或骨刀切开胸骨，为了防止误伤胸内脏器，宜先侧胸切开，用手伸入胸腔保护胸内器官。切口向前伸延到颈腹侧肌之

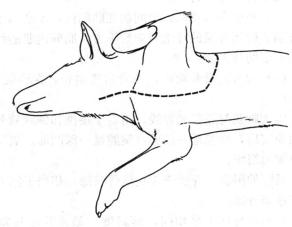

图 10-2　头侧胸壁瓣手术切开线

间，可减少开胸时肌肉收缩的抵抗。

两切口开张后，将湿纱布或创巾垫在创口边缘。本通路能暴露 2/3 的食道和气管、胸纵隔和前侧的大血管。闭合切口时，将分开的胸骨靠近，用结实的单股缝线间断缝合，缝合针要进入胸骨片及其软骨部分，侧胸的肋间闭合同前。术后，犬常常处于胸卧位，胸下的压力相当大，为了防止缝合破裂，要充分利用皮下组织的缝合，皮肤按常规闭合。

4. 胸骨切开 全部胸骨纵切，以显露胸腔脏器。犬背侧卧，切口从胸骨柄延至腹部白线，部分膈被从腹背方向切开，是一种最大的开胸。除背侧脏器不易接近之外，胸和腹的部分脏器均被显露。闭合胸腔时，体型大、骨质钙化完全的犬用金属丝缝合线闭合胸骨，肌肉筋膜用可吸收缝线缝合，皮肤用丝线结节缝合。

二、大家畜的开胸术

【适应症】马的开胸术适用于膈疝修补、胸透创治疗、胸脓肿的引流和先天性血管异常的治疗等。

【局部解剖】胸侧壁分为前半部和后半部，其前半部覆盖强大的肩壁肌群，本节描述的位置是胸侧壁的后半部。其前界是臂三头肌的后缘（肘线），后界为最后肋骨，上界为髂肋肌的外缘，下界为肋弓。

现根据组织浅深层次分述如下：

（1）皮肤。

（2）胸腹部皮肌：包在两层浅筋膜之间，在肘线附近的肌肉最厚，能达到 1.5cm，胸腹部皮肌向前上移行为肩臂皮肌，其肌纤维呈垂直的方向。

（3）背阔肌：覆盖在胸侧壁前上半部，其下缘投影相当于第 13 胸椎棘突和三角肌结节的连线。

（4）胸腹筋膜：和深部肌肉密切结合，向腹部移行为腹黄膜。

（5）胸下锯肌：起始于肩胛骨上 1/3，向下延伸到第 8 肋骨中 1/3 和下 1/3 交界处，其下缘几乎与肋弓平行。

（6）肋骨和肋间肌：肌间肌在肋间内，不凸出于肋骨表面。两层肋间肌被疏松的结缔组织分隔。肋间外肌的纤维斜向后下方，肋间内肌的纤维斜向前下方，在胸壁后半部，后上锯肌附着于肋骨上部。

（7）胸内筋膜和胸膜：两者紧密结合，在胸腔前口，两者之间有脂肪层（图 10-3、图 10-4）。

膈为胸腔与腹腔的界线，附着于腰椎和剑状软骨之间。膈的正中纵切面自上向下倾斜，并向前突出，胸腔是一凸面，腹腔是一深凹面。膈肌由四周的肌质、肋骨部、腰部左右脚和中央腱质组织。

马膈的附着，开始于剑状软骨基部，相当于第 6、7 肋软骨水平的胸腔底部，以后的附着点逐渐升高。

牛的膈与马不尽相同，倾斜度峻峭，并比马宽。牛膈附着于胸壁线倒数第 2 肋骨上 1/4，到第 8 肋骨和肋软骨结合处，并向前下方降到胸骨之间的弧线上（表 10-1）。

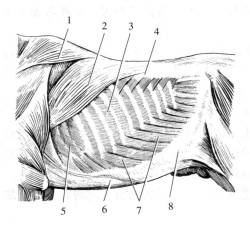

图 10-3　马胸侧壁解剖（浅层）

1. 斜方肌　2. 背阔肌　3. 肋间肌　4. 后上锯肌
5. 胸下锯肌　6. 胸肌　7. 腹外斜肌
8. 腹外斜肌腱膜

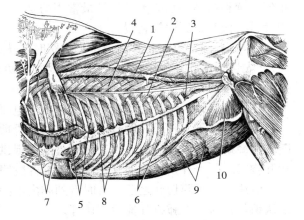

图 10-4　马胸侧壁解剖（深层）

1. 背最长肌　2. 后上锯肌　3. 退肋肌　4. 背髂
腰肌　5. 肋间外肌　6. 肋间内肌　7. 下锯肌
8. 腹外斜肌　9. 腹直肌　10. 腹内斜肌

表 10-1　膈的附着部位

肋　骨　数	膈 的 附 着 部 位
6～8（9）	肋软骨与肋骨结合处稍下方
8（9）～12（13）	肋软骨与肋骨结合水平或稍高 1～2cm
16	肋软骨与肋骨结合水平上方 9～15cm
17～18	最后肋骨上 1/3 处

血液供应：

（1）肋间动脉：分节的肋间动脉位于肋骨的后缘血管沟内，与同名静脉伴行，血管的深侧为胸内肌膜，表面有肋间肌覆盖，静脉位于动脉的前侧。肋间动脉是胸侧壁血液供给来源。

（2）胸内动脉：与同名静脉伴行，在胸内肌膜深侧，沿肋骨和肋软骨结合部向后行走，于第 6～7 肋骨水平分出膈肌动脉，其主干穿过腹横肌，沿腹直肌向后，构成腹前动脉。胸内动脉出胸腔之前，分出分节性动脉与肋间动脉吻合。当切断肋间动脉和胸内动脉时，要注意两动脉的吻合特点。

神经分布：

（1）胸神经背侧支：分布于胸侧壁皮肤，由肩胛骨的棘结节向膝褶连线是胸神经背侧支和腹侧支分布的分界线。

（2）肋间神经：胸神经的腹侧支。位于内、外肋间肌之间，与肋间血管伴行或形成血管神经束。有分支分布到腹肌、皮肤与皮肌。

（3）胸长神经：起自臂神经丛，主要分布于锯肌。

（4）胸外神经：与尺神经起于同一总干，向后伴随胸外静脉，分布于腹壁及皮肤。

【保定与麻醉】侧卧保定，全身麻醉，当前胸或中胸做手术时，前肢向前牵伸 30～40cm。

【术部】马胸腔手术均采取侧壁切开，胸骨切开的通路多用于犬，但也用于与犬的大小相似的驹和矮马。马的侧壁切开最常用的是切除第 6 肋骨。大家畜的开胸术，要准备大家畜用骨科器械和正压通气装置。

【术式】当在第 6 肋骨作为手术通路时，从肩胛软骨后角向肘头连线（在臂三头肌的后缘），先切开皮肤，深层皮肌按垂直纤维方向切开，其次是背阔肌按同一方向切开，锯肌也按平行纤维切开。

出血一般采用结扎法，也可用高频电刀电凝止血。

用剥离器剥离骨膜，肋骨切断用链锯或骨剪，也可以从肋骨与肋软骨结合处剪断。肋骨断端用蜂蜡，既可控制出血，又给肋骨断端提供光滑面，保护胸膜和胸内器官免受损伤。在切开胸膜之前，开始正压通气。用剪刀剪开胸膜，显露胸内器官。

应注意，胸膜切开之后，有时看到胸内不同程度的粘连，个别情况能充满胸腔。如果缺乏认识，容易误将肺或其他器官切开。

闭创时用铬肠线或丝线闭合胸膜。骨膜和胸膜都很薄，往往支持不住缝合，故第一层缝合肋间内肌，包括胸膜和深侧骨膜，用单纯间断缝合，第二层肋间外肌和浅侧骨膜，缝合方法同前。胸膜腔闭合的最后 1~2 针至关重要，应选在肺最大限度膨胀、将胸腔的空气驱逐出外的时候。腹锯肌和背阔肌间断缝合，皮下引流放置在皮肤和皮下组织闭合之前，皮肤缝合用间断非吸收缝线。

在胸腔切口闭合前，安放胸导管引流，管的前端要设 3~4 个孔，引流放在胸底部第 7~8 肋间隙，其尾端通过切口和组织间通道到达体外，通道长 8~12cm，在组织间潜行。这样做的目的是防止导管脱出或缩进胸腔，造成胸腔污染。将导管缝合、固定在皮肤上，末端接上三通，防止气体进入胸腔，且便于抽吸胸腔内的积液。

在大家畜，肋间通路也能应用，肋间肌的切开要靠近肋骨前缘，避免损伤肋间血管和神经。向两侧牵拉肋骨，暴露胸内器官，要谨慎行事，防止过度扩大创口而造成肋骨骨折。

【术后护理】手术部位用绷带保护，引流的胸导管也要妥善安置、保护和固定，每日吸引和排除液体或气体 1~2 次，术后第 3~5 天拆除。胸内液体蓄积，也可用针头穿入吸取。连续使用抗生素治疗 5~6d。开胸的并发症包括创口化脓或脓胸，应密切注意观察。

第二节　肋骨切除术
（costectomy）

【适应症】当发生肋骨骨折、骨髓炎、肋骨坏死或化脓性骨膜炎时，作为治疗手段进行肋骨切除手术。为打开通向胸腔或腹腔的手术通路，也需切除肋骨。

【麻醉】全身麻醉，对于性情温顺的马、牛也可用局部麻醉。局部麻醉采用肋间神经传导麻醉和皮下浸润麻醉相结合。

肋间神经与其背侧皮支的传导麻醉：在欲切除的肋骨与髂肋肌的外侧缘相交处，将针头垂直刺入抵达肋骨后缘，再将针头滑过后缘，向深层推进 0.5~0.7cm（马、牛），注入 3% 盐酸普鲁卡因溶液 10mL，使肋间神经麻醉。然后将针头退至皮下，注射相同的剂量以麻醉其背侧皮支。在注射药液时，需左右转动针头，目的是扩大浸润范围，增强效果。经 10~15min 后，神经支配的皮肤、肌肉、骨膜均被麻醉。为得到更好的效果，可在需麻醉肋骨的前一肋骨做相同的操作。

　　皮肤切开之前，在切开线上做局部浸润麻醉。

　　【保定】大家畜的肋骨切除，一般采用站立保定，但也可侧卧保定。

　　【器械】除一般常用软组织分割器械之外，要有骨膜剥离器、肋骨剪、肋骨钳、骨锉和线锯等（图 10-5）。

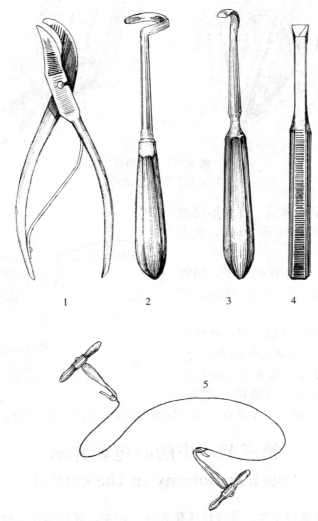

图 10-5　肋骨手术器械
1. 肋骨剪　2、3、4. 骨膜剥离器　5. 线锯

　　【术部与术式】在欲切除肋骨中轴，直线切开皮肤、浅肌膜、胸深肌膜和皮肌，显露肋骨的外侧面。用创钩扩开创口，认真止血。在肋骨中轴纵向切开肋骨骨膜，并在骨膜切口的上、下端做补充横切口，使骨膜上形成"工"字形骨膜切口。用骨膜剥离器剥离骨膜，先用直的剥离器分离外侧和前后缘的骨膜，再用半圆形剥离器插入肋骨内侧与肋膜之间，向上向下均力推动，使整个骨膜与肋骨分离。

　　骨膜分离之后，用骨剪或线锯切断肋骨的两端，断端用骨锉锉平，以免损伤软组织或术者的手臂。拭净骨屑及其他破碎组织（图 10-6）。

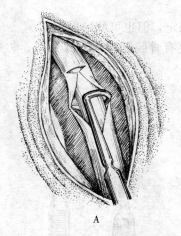
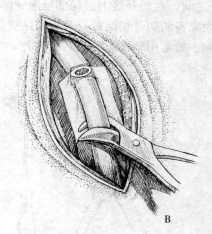

A   B

图 10-6　切除肋骨
A. 剥离骨膜　B. 剪断肋骨

　　骨膜剥离的操作要谨慎，注意不得损伤肋骨后缘的血管神经束（图 10-7），更不得把胸膜戳穿。

　　关闭手术创时，先将骨膜展平，用吸收缝线或非吸收缝线间断缝合，肌肉、皮下组织分层常规缝合。

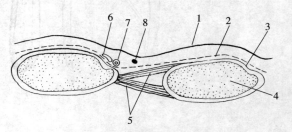

图 10-7　肋间解剖模式图
1. 胸膜　2. 胸内肌膜　3. 骨膜　4. 肋骨　5. 肋间肌
6. 肋间静脉　7. 肋间动脉　8. 肋间神经

　　【注意事项】当发生骨髓炎时，肋骨呈宽而薄的管状，其内充满坏死组织和脓汁。在这样的情况下，肋骨切除手术变得很复杂，骨膜剥离很不容易，只能细心剥离，以免损伤胸膜。如果骨膜也发生坏死，应在健康处剥离，然后切断肋骨。

第三节　牛的心包切开术
（pericardiotomy in the cattle）

　　【适应症】本手术适应于牛的浆液性或化脓性心包炎，其目的在于使局部渗出减少，除去异物，制止和排除由于感染渗出所造成的后果。心包切开手术只适用于有经济价值的家畜。

　　临床的经验认为，只要手术牛年轻、全身功能相对良好，并能维持较为正常的食欲，术前能够正常活动，一般都可接受心包切开术，并能得到良好的结果。相反，心包局部病理变化（增生、坏死）严重或由于家畜长期受到疾病的连累，体弱，有败血症的倾向，或已失去一般生活能力的，则很难达到预期效果。

　　【局部解剖】牛的心包是纤维浆膜性囊，包于心脏外围，心包的形状与心脏外形相适应。其背侧附着于心底部，由左、右两条纤维带——胸骨心包韧带系于胸骨左、右的第 6 肋骨骨关节面之间，韧带埋在胸腔底面、心包尖端部的脂肪内。浆膜层是一个闭锁囊，它的外面由心包纤维层覆盖，浆膜反转包在心脏之上，称为心外膜，心包腔内有少量液体。

　　牛的心脏位于胸腔中线偏左，除左侧有肺覆盖之外，大部心包和胸膜相接，在第3～5肋骨之间，心尖与第6肋软骨关节相对，位置居正，距离膈约2.5cm。

　　【术前准备】术前除做一般临床和实验室检查之外，对化脓感染做细菌敏感试验，要求能有针对性地应用抗菌药物。

　　手术前应做X线拍片检查，观察网胃、膈和心包区域有无异物，如有异物，可在心包切开前1～2d，做瘤胃切开术，将网胃内的异物及刺破网胃的异物取出。

　　根据实验室的红细胞比容、血液pH测定，静脉注射生理盐水和葡萄糖液，矫正血液比容和血液pH，对提高家畜手术的耐受能力和增强机体和抵抗力都是有益的。

　　【麻醉与保定】柱栏内站立保定时进行局部浸润麻醉；或侧卧保定，全身麻醉。

　　【术式】沿第5肋骨纵轴中央切开皮肤（图10-8），切口长20～25cm，逐层切开浅肌膜、皮肌、锯肌，直达肋骨，注意止血，然后剥离骨膜，切断肋骨15cm。上端用线锯锯断，下端在肋骨和肋软骨结合处切（掰）断，注意不得误伤胸膜。

　　接着切开胸膜，暴露胸腔。先在胸膜上做一小口，观察心包与胸膜粘连情况，如果心包与胸膜全部粘连，空气不会进入胸腔，可马上切开胸膜。如果心包与胸

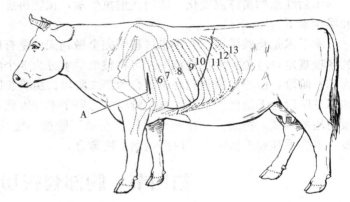

图10-8　牛心包切开手术通路
A. 手术切口　6～13. 肋骨

膜只有部分粘连，则应在创口周围做一环形缝合，使胸膜腔与术部隔离。再用采血针头接上胶管，穿刺心包使脓汁排出，脓排出的速度要慢，不得给心包突然减压，造成产生休克的条件。其后用生理盐水冲洗。在很多情况下，由于脓汁浓稠，针头被堵，只能重新穿刺，以利排脓。

　　心包切开10～15cm，或以满足手术操作为度。切开后立即止血，用止血钳或缝线将切开的心包缘固定在四周皮肤之上，这样可防止脓性渗出物污染胸腔。术者将手伸入心包内做细致探查。检查渗出液的类型、心包粘连程度、异物有无、心肌张力、心搏次数、心律等。

　　然后用手指剥离心包内的纤维素粘连，将纤维素尽量取出。对心包深处的粘连，可伸入全手进行操作，当心包炎的前期纤维素块和心包结合不甚牢固时，剥离比较容易，可是对心包脏层上的纤维素块的摘除必须当心，注意不得损伤冠状动脉，其后果难以设想。应该认识到，如果心包内的纤维素或坏死组织不被除净，则不能有效地解除对心脏的压迫和束缚。

　　在剥离粘连性纤维蛋白的同时，要注意金属性异物（如针、钉、铁丝等）的存在，特别注意检查心包与膈的邻近部位，是否有结块和索状物等，其中往往有金属丝或其他金属性异物被包埋。还要检查在心脏的后缘有无刺入的金属性异物。在临床实践中，有成功地取出穿进左心室异物的记录。

　　在渗出液、纤维蛋白、坏死组织和异物被清理之后，用大剂量的青霉素生理盐水溶液反

复冲洗心包，直到混浊液体变透明为止。此外，也可用蛋白水解酶，但效果不一定理想。

洗涤之后，拆除固定心包的临时缝合线，心包和胸膜用铬肠线连续缝合，在闭合之前向心包内撒布结晶青霉素。

胸膜和肌肉用可吸收的合成缝合线或肠线连续缝合，缝合要严密，使组织很好对合，皮肤用丝线结节缝合。

右肺正常功能的恢复要经过 7～10d。

也有人主张在心包闭合口的下端，放一胶皮管做引流，继续排除渗出液。

【术后护理】手术切口完全闭合的病例，希望能达到第一期愈合，术后护理包括镇痛、消炎、强心和输液等。留有引流的病例，要经常保持引流通畅，每日从引流管排除心包内的渗出液后，要注入少量抗生素，连续 10～15d，待渗出停止，可拆除引流。

术后注意病畜体温变化，肌肉注射抗生素，预防再感染，同时给予维生素 C、维生素 B 和维生素 E。

本手术是化脓手术，在手术过程中完全做到无菌是有困难的，但必须严格执行无菌操作的各项规定，避免扩大污染范围。可将整个手术分为 3 个阶段：由皮肤切开到心包穿刺之前为第一阶段；由心包穿刺到心包闭合为第二阶段；由胸膜闭合到皮肤缝合为第三阶段。第一和第三阶段为无菌操作手术，第二阶段为污染手术。因此，为了避免污染的扩大，在第二阶段使用的器械、物品，一律另行放置，在第三阶段不能再用，术者及手术人员也应根据阶段，更换手套和重新洗手，以期达到一期愈合。

第四节　胸部食管切开术
（esophagotomy in the thoracic cavity）

【适应症】主要应用于胸部食管的探查、食管内异物和阻塞的排除，或食管憩室的治疗等。本手术以犬为例描述，对其他动物也有参考价值。

【保定及麻醉】侧卧保定，全身麻醉。手术时进行正压间歇通气。

【术部与术式】犬的开胸能显露食管从第 2 胸椎到食管末端之间的全段。左、右两侧均可进行手术，因为食管位于心基的右侧，故手术通路常选在右侧胸壁。一般从胸腔入口到心基部食管的手术通路应选在第 4 肋间。打开胸腔之后，用牵拉器扩开手术创口，用湿纱布围垫肺周围，尽量暴露前部食管，注意保护伴行的迷走神经。

从心基到食管末端的通路，选在第 8～9 肋间。切开胸腔后，将肺的尾侧叶向前折，并用湿纱布围垫，必要时可将肺间韧带切断，以扩大视野。暴露的食管位于主动脉的腹侧，背、腹有迷走神经伴行，应注意保护。

接近食管要注意组织粘连状态，不得强拉，小心分离，必须控制出血，使视野清晰。避开腔静脉和主动脉，不要误伤。术者必须准确评价食管的活力与血液供应状态，判断组织能否成活。如果在食管内有尖锐物体，如鱼钩或针，应注意固定，不得损伤邻近的器官，特别是主动脉、腔静脉或肺部的血管。

锐性切开纵隔，分离食管，设法将迷走神经包裹起来，以防损伤。在食管上纵向切开，并用吸引器将血液、食道积液吸出，防止污染胸腔。为了检查食管内腔和除去异物，食管的切口一般应开在异物体的头侧或尾侧，对有堵塞性的物体切口最好放置在头侧。

异物取出之后，食管黏膜用可吸收缝线连接圆针进行连续缝合，针只穿透黏膜和黏膜下层，缝合要细致和确实。

肌肉层用 3/0 吸收缝线，单纯间断缝合。缝合之后，擦拭干净，放回原来位置，迷走神经也要复原，再用可吸收缝线将纵隔切口闭合。

食管的切除要特别慎重，只有用其他方法不能矫正损伤时，方可试行。原因是食管缺少浆膜层，食管本身经常活动，如果切断再缝合会产生张力，而食管端端吻合后愈合的关键之一，就是要求最小的张力。所以当客观上十分需要时，最多只能切除 2cm，当遇到大段坏死的情况下，则应选用其他技术。

端端吻合的操作方法：将无损伤肠钳放置在预切除部的前、后侧。将支持缝合线穿过食管端的背、腹的黏膜和黏膜下层，在支持线的协助下，使两断端黏膜对接，选用合成可吸收缝合线，从后壁支持线的一端开始，做单纯的间断缝合，闭合黏膜和黏膜下层。后壁缝合之后再转向前壁，与开始缝合连接。针距为 2mm，距边缘 3mm。最后剩留 1～2 针，把结打在腔外，做压力试验，检查渗漏并修补。食管肌肉层用 3/0 吸收缝线，单纯间断缝合。

食管切除和吻合的主要并发症是渗漏，据临床统计，漏出时间常常出现在术后 3～4d。胸部食管吻合后发生渗漏，可继发纵隔炎或形成小的瘘管。

胸腔常规闭合。在胸膜闭合前装胸导管做引流，皮肤闭合前放置一般引流。

【术后护理】皮下引流放置 72h，胸导管引流，在术后第一个 24h 进行常规吸引，排除液体和气体。用大量抗生素预防或控制感染。术后 1～2d 不得经口饲喂，其后给予流体食物，逐渐变为半流体，直到常规饲喂。

第五节　胸腔导液
（thoracic drainage）

犬和猫在胸腔内有液体或气体蓄积会影响呼吸，用胸腔穿刺术或放置胸导管进行胸腔导液，以达到急救和治疗目的。这种技术对大家畜也有参考价值。

（一）胸腔穿刺术

在紧急情况下，进行胸腔穿刺技术。用 20～24 号置留针头，接上三通管抽吸积液。

穿刺的位置选在第 7 或第 8 肋间，动物站立或胸卧位保定，也可以侧卧位保定。穿刺点在肋间的位置也很重要。当动物侧卧保定时，气体的穿刺位置应在胸中部，若动物站立或胸卧位保定，穿刺位置在背和中 1/3 的交界处。当动物站立或胸卧位保定，液体的穿刺位置移向第 7 肋间的中 1/3，过低的位置容易穿透膈的穹隆或损伤肺脏。针尖损伤肺的实质将产生气胸，若改用乳头导管或通过针头放入软管，可避免损伤。穿刺时利用手或夹子控制针的深度，会有好的效果。

（二）胸廓造口插管技术

本技术适用于胸腔手术中或各种引起胸腔积液的疾病。将胶管、聚乙烯管、硅胶管放入胸腔，以达到引流或排液的目的。插入的导管要求柔韧又不易折叠，管口直径可大到接近肋间的距离，最小也应达到 1/3～1/2 肋间的宽度。大直径导管有利于脓汁的排出，管径的大小对排除黏性液体至关重要。此外，导管头部造孔对流速的影响也很明显，一般认为在导管头每增加一个孔可增大流速 5%。在该部位常设有 5～6 个孔，孔的直径约为管周的 1/4。若直径超过管周的1/3，则管的弹性变弱，容易扭曲。相邻孔不能在一条直线上，孔间距离要在 1cm 以上。市售的胸导管，能在 X 线透视下显影，有利于判定导管位置。

　　胸管要求放置在胸区最低处，向前达到心脏，甚至超越心区。这个位置对液体和气体的排出都有良好的效果。

　　安装胸导管时，先在第 9 或第 10 肋间皮肤造一小口，用弯止血钳钳尖向前造一皮下通道，通过第 7 或第 8 肋间进入胸腔。胸导管放置在前胸，管尾用止血钳由第 9 或第 10 肋间的皮肤小口拉出体外（图 10-9），用烟包缝合固定，游离端用环绕折转打结固定在皮肤上，末端接上三通管，最后用胸绷带固定。

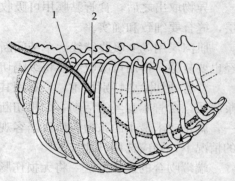

图 10-9　胸导管安装技术
1. 皮肤切口　2. 胸膜穿孔

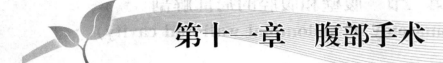

第十一章　腹部手术

第一节　腹部手术概述
（introduction to abdominal operations）

腹部手术的目的多是治疗腹部脏器的疾病，有时为了进一步诊断而施行剖腹探查或剖腹取样。临床上，是否进行剖腹手术，主要依据病史调查、临床检查、直肠检查、X射线检查、B超检查等临床检查和影像检查的结果，并结合实验室检查结果做出决定。对严重腹部创伤的病畜，多在受伤后3～4h出现临床症状，但有的在8～12h后或更长的时间才能出现临床症状。因此，对用常规方法反复检查也难以确诊的病畜，可进行腹腔穿刺检查、腹腔镜检查或剖腹探查，以免失去治疗时机。若腹水中有食物、粪便，是胃肠穿孔或破裂的标志；有血液或血块，多为肝、脾等内脏破裂。胃肠穿孔、肠套叠、肠扭转、脏器破裂、犬急性胃扩张等急性病例，需要马上抢救，尽早手术治疗。

肠管手术，术前、术后均应注意纠正脱水、电解质代谢紊乱和酸碱平衡紊乱。例如，犬、猫的胃部疾病常有呕吐，导致脱水和低血钾；呕吐导致酸丢失，但机体是出现代谢性碱中毒还是代谢性酸中毒，应根据临床检查和实验室检查结果做综合判断，不宜均视为碱中毒。通过术前药物治疗，使病畜体况有所好转，然后再施行手术治疗，在病畜衰弱的情况下不宜进行手术。

大动物（马、牛）尽量采用柱栏内站立保定和肷部或腹侧壁切开，在镇静、止痛和局部麻醉的条件下施行手术。犬、猫多采用仰卧保定和腹中线切开，在全身浅麻醉配合局部麻醉的条件下进行手术。

胃、肠手术应重点预防粪便污染腹腔、出血、吻合口渗漏、腹膜炎、腹腔脏器粘连、黏膜溃疡、管道狭窄等并发症或继发症。例如，胃、肠切开尽量在腹壁切口外进行并做好隔离，处理好手术期间的有菌操作与无菌操作；瘤胃积食、真胃积食病例向外牵引胃壁困难时，在胃壁切口周围缝置隔水创巾后，在腹腔内做胃壁切开；胃肠刀口的闭合应使用人工合成的可吸收缝线，不宜使用铬制肠线（易被分解、松动）和不可吸收缝线（穿透胃肠黏膜时，在缝线处可形成溃疡或瘘管）；剖腹产时严禁胎水流到腹腔内，缝线不宜露在子宫腔内；小型动物肠管端端吻合时仅做一层压挤缝合，吻合处外裹大网膜。

术前禁食，保证胃排空或降低腹内压，但禁食时间过长，可导致低糖血症，特别对已有几天不食的动物，术中、术后需要补糖。术前、术后注射或口服抗生素，有益于预防胃壁、肠壁的感染。术前和术后12h内以静脉营养为主，术后8～12h开始少量饮水，24～48h开始饲喂少量易消化的食物，72h后逐渐恢复正常饲喂。适量运动，增加营养。

第二节　腹壁和腹腔的局部解剖
（local anatomy of abdominal wall and cavity）

（一）腹壁和腹腔

腹腔位于膈和骨盆腔之间，前界是膈，后界为盆腔入口，背面是第13胸椎（牛、羊、犬、猫）或第18胸椎（马、驴、骡）和腰部，侧界和腹底壁为腹壁肌肉和第8～13肋骨（牛、羊、犬、猫）或第9～18肋骨（马）。

腹壁的组成，按层次由外向内依次为：皮肤—腹黄筋膜—腹外斜肌—腹内斜肌—腹直肌—腹横肌—腹膜外脂肪及腹膜（图11-1）。

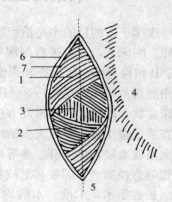

腹中线是由剑状软骨至耻前腱沿腹壁中央纵行的纤维性缝际，它是两侧腹斜肌和腹横肌的腱膜在腹壁中央处联合后形成的。两条腹直肌位于腹中线两侧（图11-2）。自最后肋骨作垂线与腹中线交点处（马、牛），或从胸骨到耻骨径路的2/3处是脐孔位置（犬）。为叙述方便，将腹中线分为脐前部和脐后部。脐前部腹直肌鞘较发达，脐后部腹直肌鞘变狭窄，在犬、猫几乎消失。在肥胖动物，腹中线外侧紧紧覆盖着一厚层脂肪。

图 11-1　肷部切口肌肉分层
1. 腹外斜肌　2. 腹内斜肌　3. 腹横肌
4. 最后肋骨　5. 皮肤切口线　6. 皮肤
7. 皮下组织

镰状韧带为脐至膈肌之间的一个腹膜褶，附着在肝脏的左内叶与方叶之间，在其上附着大量的脂肪。幼龄动物的镰状韧带游离缘较厚，较厚的部分称为肝圆韧带，成年动物的肝圆韧带完全消失，镰状韧带也仅存留在膈到脐之间。在脐前腹中线切口，镰状韧带妨碍进入腹腔的手术通路，将其切除后便于进行腹腔内手术操作。

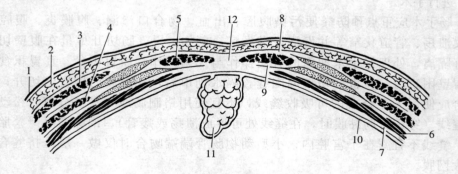

图 11-2　犬腹底壁肌肉分层
1. 皮肤　2. 皮下组织　3. 腹外斜肌　4. 腹内斜肌　5. 腹直肌　6. 腹横肌　7. 腹横筋膜
8. 腹直肌外鞘　9. 腹直肌内鞘　10. 腹膜　11. 镰状韧带及脂肪　12. 腹中线

（二）大网膜

牛、羊的大网膜分为深浅两层，浅层由瘤胃左纵沟起向下，绕过瘤胃腹囊，向上转到右侧，覆盖于网膜深层的外面，再向前终止于十二指肠第二部（髂弯曲）和皱胃大弯。深层起始于瘤胃右纵沟向下行，绕过肠袢到它的右侧面，被大网膜浅层所覆盖，末端进入十二指肠系膜内层。

深浅两层网膜在瘤胃后沟、十二指肠第二部和结肠的起始部互相吻合，形成网膜腔。网膜和瘤胃之间的间隙称为网膜上隐窝，其朝向后方的口称为网膜上隐窝间口。结肠袢、空肠、回肠和盲肠位于上隐窝内（图11-3）。

犬的大网膜附着在胃大弯，沿腹腔底壁向后延伸（浅层），至骨盆腔入口处向背侧转折，再沿浅层的背面向前延伸（深层），抵止于腹腔的背侧壁。除降结肠和降十二指肠不被大网膜覆盖外，腹腔内其余肠管均由网膜覆盖。膀胱未被大网膜覆盖（图11-4）。

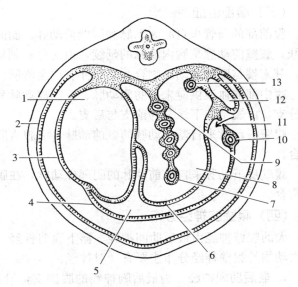

图 11-3　牛大网膜断面模式

1. 瘤胃　2. 腹膜壁层　3. 腹膜脏层　4. 网膜浅层　5. 网膜腔
6. 网膜深层　7. 空肠　8. 网膜上隐窝　9. 结肠袢
10. 十二指肠第二部　11. 网膜孔　12. 肝　13. 十二指肠第三部

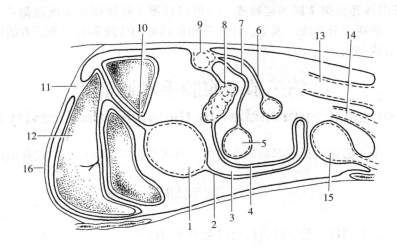

图 11-4　犬的腹膜转折图解（纵断面）

1. 胃　2. 大网膜浅层　3. 网膜囊　4. 大网膜深层　5. 横结肠　6. 肠系膜
7. 横结肠系膜　8. 胰腺　9. 淋巴结　10. 小网膜　11. 冠状韧带　12. 肝脏
13. 降结肠　14. 子宫　15. 膀胱　16. 膈肌

网膜孔位于肝尾叶的后内侧，十二指肠前曲与正中矢状面的右侧，开口向背侧方向。网膜孔的背面为后腔静脉，腹面为门静脉，手指伸入网膜孔内可触及门静脉，当肝脏有危及生命的大出血时，可用手指压迫门静脉以暂时阻断肝脏的出血。

（三）腹部的血液供应

腹前部的血管来自肋间动脉和腹壁前动脉。肋间动脉分布于腹横肌、腹外斜肌、皮肌和皮肤。腹壁前动脉是胸内动脉的延续，由肋弓和剑状软骨交界处出胸腔，在腹直肌外侧面向后，其末端与腹壁后动脉吻合，动脉伴有同名静脉。

腹中部的血液供应来自肋间动脉、旋髂深动脉和腹壁前后动脉。旋髂深动脉是髂外动脉的分支，由髋结节下缘分为前支与后支。

腹壁后动脉来自髂外动脉的耻前动脉，沿腹直肌外侧缘向前行走，在脐部与腹壁前动脉吻合。

腹壁皮下动脉来自耻前动脉的阴部外动脉，在腹黄膜表面前行，在脐部与胸内、外动静脉吻合。

（四）腹壁的神经分布

犬的腹壁神经由最后肋间神经、髂下腹前神经、髂下腹后神经和髂腹股沟神经所支配，但大动物的腹壁神经分布主要有 3 对神经：

1. 最后肋间神经　为最后胸神经的腹侧支，沿最后肋骨后缘经第 1 腰椎横突末端腹侧向下方伸延，分深浅两支。浅支越过腹横肌表面，穿过腹外斜肌分布于腹胁部皮肤，深支沿腹内斜肌深面下行终止于腹直肌。

2. 髂下腹神经为第 1 腰神经腹支　马的斜向后行经第 2 腰椎横突腹侧；牛的则经过第 2 腰椎横突腹侧及第 3 腰椎横突末端外侧缘。浅支沿腹横肌外侧向后方伸延，穿过腹内、外斜肌，分布以上两肌和腹侧壁皮肤；深支达腹直肌。

3. 髂腹股沟神经为第 2 腰神经腹支　马的经过第 3 腰椎横突末端腹侧；牛的经过第 4 腰椎横突末端外侧缘，分为深浅两支。浅支分布到膝外侧皮肤和髋结节下方的皮肤；深支分布到腹横肌和腹内斜肌。

第三节　腹腔手术通路
（surgical approaches to the abdominal cavity）

常用的腹腔手术通路包括肷部切口、肋弓下斜切口、中线切口和中线旁切口。

一、肷部切口

肷部切口包括中切口、前切口、后切口和中下切口等。

【适应症】

1. 左肷部切口　是马属动物腹腔手术最常用的手术通路，如小肠各段闭结或小肠扭转的整复手术、盲肠假性变位的整复手术、小结肠与骨盆曲的闭结、扭转的排除与整复手术等。也可作为反刍动物瘤胃积食时瘤胃切开术、创伤性网胃炎的网胃内探查、瓣胃梗塞和皱胃积食的胃冲洗、真胃左方变位整复术、左侧腹腔探查等的手术通路。

2. 右肷部切口　是反刍动物小肠及结肠袢的闭结或小肠扭转的排除、肠套叠整复、真胃扭转整复术及右侧腹腔探查术的手术通路。

【保定与麻醉】

　　站立保定下施术采用腰旁或椎旁神经传导麻醉，也可采用局部浸润麻醉，侧卧保定下施术可采用全身麻醉配合局部麻醉。

　　1. 腰旁神经传导麻醉　是同时传导麻醉最后肋间神经、髂下腹神经与髂腹股沟神经，因而要确定 3 个刺入点（图 11-5、图 11-6）。

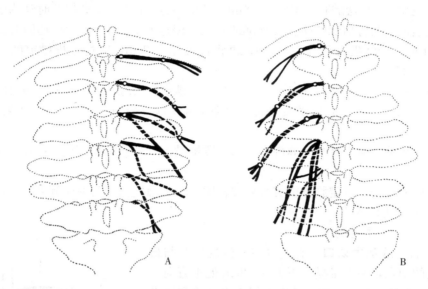

图 11-5　马、牛腰旁和椎旁神经传导麻醉刺入点

A. 马的刺入部位　B. 牛的刺入部位

　　（1）最后肋间神经：马、牛刺入部位相同。用手触摸第一腰椎横突游离端前角，垂直皮肤进针，深达腰椎横突前角的骨面，将针尖沿前角骨缘，再向前下方刺入 0.5～0.7cm，注射 2％盐酸利多卡因液 10mL 以麻醉最后肋间神经的深支。然后提针至皮下，再注入 10mL 药液，以麻醉最后肋间神经的浅支。营养良好的动物不易摸到第一腰椎横突游离端前角，可在最后肋骨后缘 2.5cm、距脊中线 12cm 处进针。

　　（2）髂下腹神经：马、牛刺入点相同。用手触摸第二腰椎横突游离端后角，垂直皮肤进针，深达横突骨面，将针沿横突后角骨缘再向下刺入 0.5～1cm，注射药液 10mL，以麻醉第 1 腰神经深支，然后将针退至皮下再注射药液 10mL，以麻醉第一腰神经浅支。

　　（3）髂腹股沟神经：马、牛的刺入部位不同。马在第三腰椎横突游离端后角进针，牛在第四腰椎横突游离端前角或后角进针。其操作方法和药液注射量同髂下腹神经传导麻醉。

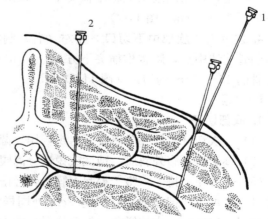

图 11-6　椎旁和腰旁神经传导麻醉刺入部位与腰神经分支的关系

1. 腰旁神经传导麻醉刺入部位　2. 椎旁神经传导麻醉刺入部位

2. 椎旁神经传导麻醉 将麻醉药注射到最后胸神经和第一、二腰神经自椎管的椎间孔出口处，以阻断该神经及交感神经的交通支连接处。此法的优点：可使更广泛的腹壁感觉消失；使相应的内脏器官神经传导暂停；麻醉时间可维持 2h 左右。

（1）马、牛最后胸神经传导麻醉：用手触摸最后肋骨后缘，距背中线 5～7cm 处垂直进针，在皮下先注射 2% 盐酸利多卡因 3～5mL，使刺入点麻醉，以防刺针时动物骚动。然后将针向前刺达最后肋骨后缘的肋骨与脊椎结合处，深达 6～8cm，针尖抵达肋骨结节，将针后退 0.5～1cm，使针尖后移 0.5～1cm，再将针尖深推 2cm，穿过腰椎横突间韧带至神经干，注射药液 15～20mL。

（2）马、牛第一腰神经传导麻醉：触摸第一腰椎横突后缘，距背中线 5cm 处为刺入点。垂直进针 5～7cm，当针抵达横突基部骨后缘，略向后移再进针 0.5cm，注射药液 15～20mL。

（3）马、牛第二腰神经传导麻醉：在第二腰椎横突后缘确定刺入点，操作方法同第一腰神经传导麻醉。

营养良好的动物，确定腰椎横突游离端较困难。可触摸相应的椎体棘突，其后缘向旁侧距中线 5cm 处即为刺入点。

【术部】以马、牛为例。

1. 左（右）肷部中切口 在左（右）侧髋结节与最后肋骨连线的中点，距腰椎横突下方 6～8cm 处垂直向下做 15～25cm 的腹壁切口，切口长度根据手术动物和要求确定（图 11-7）。

2. 左（右）肷部前切口 在左（右）侧腰椎横突下方 8～10cm，距最后肋骨 5cm 左右，做一与最后肋骨平行的切口，切口长 15～25cm，必要时也可切除最后肋骨作为肷部前切口（图 11-7）。

3. 左（右）肷部后切口 左（右）侧髋结节与最后肋骨连线上，在第四或第五腰椎横突下 6～8cm 处，垂直向下切开 15～25cm（图 11-7）。

4. 左（右）肷部中下切口 在左（右）侧髋结节与最后肋骨连线中点，距腰椎横突下方 15～20cm 处做一平行肋骨的 15～25cm 的切口（图 11-7）。

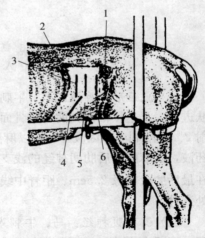

图 11-7 马的肷部切口定位
1. 髋结节 2. 最后肋骨 3. 肷部前切口
4. 肷部中下切口 5. 肷部中切口
6. 肷部后切口

【术式】

1. 肷部切开

（1）一次切开皮肤并分离皮下组织，用灭菌纱布垫保护皮肤创缘。

（2）逐层切开腹外斜肌，钝性或锐性分离腹内斜肌、腹横肌，并显露腹膜，彻底止血。

（3）术者左手持手术镊子提起腹膜，轻轻摆动，确信镊子夹持处的腹膜上没有任何脏器附着时，方可用两把止血钳其旁 2cm 处同样夹住腹膜，然后在提起的腹膜上切一小口，切开时刀片应倾斜成小的锐角，然后将食指和中指或手术镊子伸入切口内，在两手指间或镊子间用剪刀扩大切口至需要的长度。切口两侧创缘用生理盐水纱布垫隔离，用拉钩牵开创口，显露腹腔。

在进行腹腔内操作、牵拉切口的两侧以及向腹腔内填塞纱布时都应十分小心，不要伤及娇嫩的腹膜内皮层，否则容易引起粘连。

2. 胲部缝合　腹膜切口缝合前，应彻底检查腹腔内有无血凝块及其他手术物品遗留。连续缝合腹膜和腹横肌，间断或连续缝合腹内斜肌和腹外斜肌，皮肤进行间断缝合。缝合后的创内不能留有任何死腔。

二、肋弓下斜切口

【适应症】马属动物肋弓下斜切口，在左侧用于左上、下大结肠手术，在右侧用于胃状膨大部切开术、盲肠手术。反刍动物右侧肋弓下斜切口用于皱胃切开术。

【术部】

1. 马胃状膨大部切开术术部　自右侧第十四或十五肋骨终末端引一延长线，距肋弓 6～8cm 处为切口中点，切口与肋弓平行，切口长度为 25～30cm（图 11-8）。

2. 马盲肠手术　基本上与胃状膨大部切口相同，但略向下（距肋弓 8～10cm）。盲肠切口定位还可在距右侧腰椎横突下方 15～18cm，于最后肋骨后方 5～7cm 处，做一与肋骨平行的 20～30cm 切口（图 11-9）。

3. 牛皱胃切开术术部　距右侧最后肋骨末端 25～30cm 处，定为平行肋骨弓斜切口的中点。在此中点上做一 20～25cm 平行肋骨弓的切口。也可在右侧下腹壁触诊皱胃轮廓明显处，确定切口位置（图 11-10）。

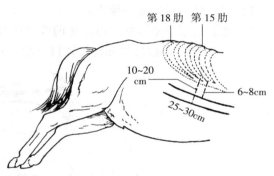

图 11-8　马胃状膨大部切开术的肋弓下斜切口

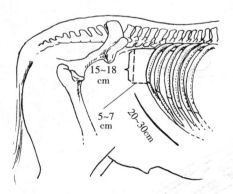

图 11-9　马盲肠手术的肋弓下斜切口

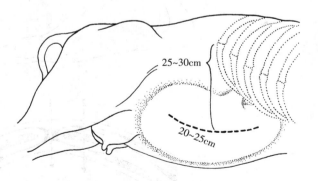

图 11-10　牛皱胃切开术的肋弓下斜切口

【麻醉】全身麻醉配合局部麻醉。

【保定】根据病畜种类和手术类别而确定左侧卧或右侧卧保定。

【术式】

（1）常规切开皮肤，尽量避开腹皮下静脉，也可做双重结扎后将其切断，用纱布垫隔离切口创缘，显露腹黄筋膜。

（2）切开腹黄筋膜和部分腹直肌外鞘，显露部分腹直肌。

（3）按切口方向分离腹直肌，显露腹横肌腱膜及腹膜。将大血管结扎后切断，尽量减少对肋间神经深支的损伤。

（4）切开腹横肌腱膜和腹膜，显露腹腔内肠管。

（5）病变处理完后关闭腹腔，用 7 号丝线或 1 号肠线将腹膜和腹横肌腱膜做连续缝合。用 7 号丝线对腹直肌做间断缝合，用 10 号丝线对腹黄筋膜做间断缝合，最后间断缝合皮肤。

三、腹中线切口

【适应症】腹中线切口是小动物腹部手术最常用的切口，如胃切开术、膀胱切开术，母犬、猫卵巢、子宫切除术等。也适用于马属动物广泛性大结肠闭结时肠侧壁切开术、胸膈曲扭转整复术、小肠全扭转整复术、直肠破裂修补术等。

【麻醉】全身麻醉。

【保定】仰卧或半仰卧保定。

【术部】根据手术目的，可在脐前或脐后部中线上做切口，切口长度视需要而定，一般 8～20cm，必要时可越过脐部延长切口（图 11-11、图 11-12）。

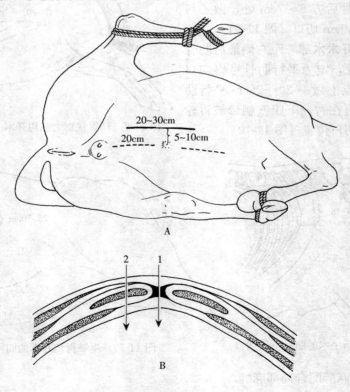

图 11-11　马的腹中线与中线旁切口
A. 实线表示中线旁切口，虚线表示中线切口
B. 腹壁断面示意图
1. 中线切口手术通路　2. 中线旁切口手术通路

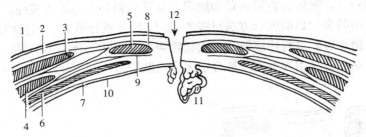

图 11-12 犬的腹中线切口

1. 皮肤　2. 皮下组织　3. 腹外斜肌　4. 腹内斜肌　5. 腹直肌　6. 腹横肌　7. 腹横筋膜
8. 腹直肌外鞘　9. 腹直肌内鞘　10. 腹膜　11. 镰状韧带　12. 腹中线切口

【术式】

（1）切开皮肤，显露腹中线。犬、猫的皮下常有一层厚脂肪组织，为了显露腹中线，应先将脂肪分离或切除。腹中线上的脂肪组织与腹中线结合紧密，而腹中线两侧的脂肪组织比较疏松，应从两侧向腹中线分离脂肪并将其切除。

（2）左手持有齿镊夹持腹中线并上提，右手持手术刀经腹中线向腹腔内戳透腹膜后退出手术刀，用手术剪经小切口扩大切口并打开腹腔。一边将手术剪的剪端向腹外撬起，一边剪开腹中线。也可在手指或镊子的导引下切开腹中线和扩大腹中线切口。

犬、猫的脐前腹中线切口两创缘上有镰状韧带，其上附着大量脂肪，常常妨碍对腹腔内脏器的探查，影响手术操作，在手术后易与腹腔内脏器粘连。因此，在切开腹壁后，应先将镰状韧带从腹腔中引出，从切口后端向前在与两侧腹膜连接处剪开，至肝的左内叶与方叶之间的附着处用止血钳夹住，经结扎后切除镰状韧带。

（3）腹膜和腹中线用丝线或可吸收缝线一起连续缝合，皮下组织连续缝合。皮肤用丝线间断缝合。犬、猫的皮肤缝合还可采取连续皮下缝合法，由切口的尾端开始，缝针平行切口刺入真皮下，用可吸收缝线向切口的头端做连续水平褥式缝合。

四、中线旁切口

【适应症、麻醉与保定】与腹中线切口相同。

【术部】切口位于腹中线旁平行腹中线，切口以脐孔为标志分为脐前中线旁切口和脐后中线旁切口。根据手术要求可以延长切口。

1. 经腹直肌内侧缘 0.5～1cm 处的腹中线旁切口（图 11-13 之 A）　切开皮肤，显露皮下疏松脂肪组织（犬、猫），用手术剪分离、剪除皮下脂肪组织，显露腹黄筋膜（马、牛），切开腹黄筋膜显露腹直肌外鞘，切开外鞘显露腹直肌纤维。将腹直肌用拉钩向外侧牵拉显露腹直肌内鞘和腹膜，然后切开腹直肌内鞘和腹膜进入腹腔。

2. 经腹直肌的腹中线旁切口（图 11-13 之 B）　该切口是纵向通过腹直肌，多选在腹直肌中部切开。此切口在钝性分离腹直肌纤维时出血较多，但切口缝合后不易发生切口裂开，愈合良好。切开方法类似于经腹直肌外侧缘的腹中线旁切口。

3. 经腹直肌外侧缘 0.5～1cm 处的腹中线旁切口（图 11-13 之 C）　切开皮肤，分离皮下脂肪（犬、猫），切开腹黄膜（马、牛）和腹直肌外鞘，显露腹直肌。用拉钩将腹直肌纤维向腹中线方向牵拉，显露腹直肌内鞘和腹膜，切开内鞘和腹膜进入腹腔。

上述三种腹中线旁切口的闭合方法可按图 11-14 所示进行缝合。用丝线或可吸收缝线对腹直肌外鞘、内鞘和腹膜进行连续缝合。大动物需要再间断缝合腹黄筋膜。皮肤用丝线进行间断缝合。犬、猫也可采用皮下连续缝合法闭合皮肤切口。

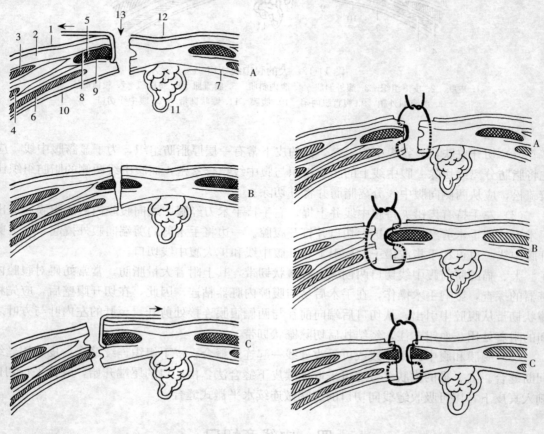

图 11-13　犬腹中线旁切口
A. 经腹直肌内侧缘通路　B. 经腹直肌通路
C. 经腹直肌外侧缘通路

1. 皮肤　2. 皮下组织　3. 腹外斜肌　4. 腹内斜肌
5. 腹直肌　6. 腹横肌　7. 腹横筋膜　8. 腹直肌外鞘
9. 腹直肌内鞘　10. 腹膜　11. 镰状韧带
12. 腹中线　13. 切口

图 11-14　犬腹中线旁切口的闭合方法
A. 经腹直肌内侧缘的腹中线旁切口闭合
B. 经腹直肌外侧缘的腹中线旁切口闭合
C. 经腹中肌的腹中线旁切口闭合

第四节　小肠切开术
（small bowel enterotomy）

【适应症】小肠切开术适用于粪结、异物或蛔虫等引起的小肠梗阻。牛小肠梗阻常见于十二指肠的髂弯曲和乙状弯曲部。闭结点如小鸡蛋大小，阻塞物多为粪球、纤维球或毛球。牛的空肠和回肠闭结偶有发生，回肠闭结多位于回盲口处。马可发生蛔虫性小肠梗阻，多见于 1 岁左右的年青马，常在使用驱虫药后发生。犬易发生小肠异物性肠梗阻。另外，为了进行肠的活组织检查，也需进行肠切开术。

【术前准备】小肠梗阻易引起腹疼、酸碱平衡紊乱、脱水、阻塞部前段肠膨胀并可继发胃扩张，在犬还伴有剧烈呕吐。术前应静脉补充水、电解质，并纠正代谢性碱中毒。当牛瘤胃臌气或瘤胃积液时，可通过胃管对瘤胃放气、放液减压。

【麻醉】牛站立保定时采用局部麻醉；侧卧保定时用局部麻醉并配合止痛、镇静药物；马、犬采用全身麻醉。

【保定】牛一般采用站立保定，必要时也可采取侧卧保定。马侧卧保定，犬采取仰卧保定。

【手术通路】牛十二指肠乙状弯曲的手术通路采用右肷部前切口，十二指肠髂弯曲和空肠手术采用右肷部中切口，回肠手术采用右肷部后切口。马小肠手术通路采用左肷部切口。犬的小肠切开术采用脐前腹中线切口。

【术式】

1. 病变肠段的牵出和隔离 马小肠梗阻时，在切开腹壁后，直接将闭结肠段牵引至切口外，用浸有生理盐水的纱布垫隔离保护。

当牛的十二指肠髂弯曲闭结时，可直接将闭结部肠段拉出切口外隔离。当牛的十二指肠第三部或空肠袢有闭结，术者对闭结部经隔肠注水、注油后，将闭结点向近心端推移至髂弯曲部。当牛的十二指肠乙状弯曲部闭结，应将闭结点向十二指肠远心端推移使其进入髂弯曲肠段，再将闭结点肠段拉出腹壁切口外进行隔离。当牛的空肠、回肠闭结时，术者左手向骨盆腔方向伸入，寻找双层网膜吻合缘，将双层网膜吻合缘向前拨动，左手经网膜上隐窝间口进入网膜上隐窝内，自总肠系膜结肠袢的周缘，沿着空肠的前、腹、后缘顺序探查，术者手在臌胀的肠袢内做鱼尾状摆动，当闭结点撞击手端，便可发现闭结部肠段。手抓持闭结部肠段，经网膜上隐窝间口拉出切口外隔离固定。当空肠前部的某些肠段经网膜上隐窝间口拉不出时，可将双层网膜切开，然后拉出空肠闭结部肠段。双层网膜切开的方法：在网膜预定切开线的两侧分别系两根牵引线，并结扎网膜切开线上的血管，切开大网膜浅层。然后按同法切开大网膜深层。深浅二层网膜上的牵引线由助手牵引或用创巾钳暂时固定在腹壁切口两侧，术者手经网膜切口伸入腹腔内，探查闭结点肠段并引出腹壁切口外，隔离固定进行肠切开术。

在犬，经脐前腹中线切口切开腹壁后，将大网膜向前拨动，即可显露十二指肠、空肠和回肠。

2. 肠壁切开 若阻塞部肠段淤血，应小心将阻塞物向肠后端推移至健康肠段。用两把肠钳闭合闭结点两侧肠腔，由助手扶持使之与地面呈 45°角紧张固定，术者用手术刀在闭结点的小肠对肠系膜侧做一个纵向切口，切口长度以能顺利取出阻塞物为原则。助手自切口的两侧适当推挤阻塞物，使阻塞物由切口自动滑入器皿内，以防术部污染（图 11-15）。助手仍按 45°角位置固定肠管，用 75% 酒精消毒切口缘，转入肠切口的缝合。

3. 肠壁缝合 肠的缝合要用 1～2 号丝线或 3/0 号肠线进行全层连续内翻缝合，第一层缝合完毕，经生理盐水冲洗后，转入连续伦勃特氏缝合或库兴氏缝合。除去肠钳，在靠缝合处的近端肠管注入含抗生素的生理盐水，并轻轻推挤溶液通过缝合处的肠段，检查其无渗漏后，用生理盐水冲洗肠管，涂以抗生素油膏。

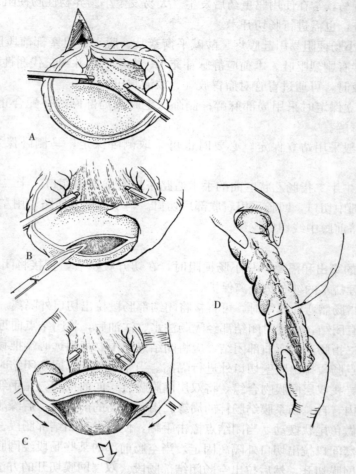

图 11-15　小结肠侧壁切开术
A. 闭结点两侧用肠钳固定　B. 在纵带上做切口　C. 切口与地面呈 45°角，
两手压挤粪团，使其自动滑出　D. 切口双层缝合

犬、猫的小肠腔细小，为了避免肠腔经缝合后变狭窄，缝合时应尽可能减少内翻的肠壁组织，还可采用压挤缝合或简单间断缝合。

4. 肠管还纳与腹壁切口闭合　用生理盐水清洗肠管上的血凝块及污物后，将肠管还纳腹腔内。牛的空肠经双层网膜切口牵引至切口外进行肠切开时，肠管仍需经网膜切口还纳回腹腔内，然后分别连续缝合双层网膜切口。经网膜上隐窝间口牵引出病部肠管者，肠管仍经网膜上隐窝间口还纳回腹腔内。腹壁切口缝合按本章第三节肷部切口和腹中线切口闭合方法进行缝合。

【术后护理】术后禁食 36～48h，不限制饮水，全身使用抗生素。对术后已出现水、电解质代谢紊乱及酸碱平衡失调者，应静脉补充水、电解质并调整酸碱平衡。若术后 48h 仍不排粪，病畜出现肠臌胀、肠音弱，或犬出现呕吐症状者，应考虑是否因不正确的肠管缝合或病部肠管的炎性肿胀，造成肠腔狭窄，闭结再度发生。为此，应给病畜灌服油类泻剂并给予抗生素，经治疗后仍不能排除病部肠管的再度梗阻时，则应进行剖腹探查术。肠麻痹也是小肠切开术术后常常出现的症状之一。由于闭结点对肠管的压迫或手术时的刺激，均可造成不同程度的肠麻痹，表现为肠蠕动音减弱、粪便向下运行缓慢、肠臌胀等症状。在术后 36h 肠麻痹症状逐渐减轻，肠臌胀消退，肠蠕动音恢复，不久便可排粪。为了促进肠麻痹的消退和粪便的排出，术后可给予兴奋胃肠蠕动的药物或配合温水灌服。

在牛，肠闭结还可能并发皱胃扩张或瓣胃梗塞。皱胃扩张时，应在手术解除肠结粪后，还应对皱胃进行按摩，必要时向皱胃内注射甘油或 30％硫酸镁溶液。瓣胃梗塞时，术后应行瓣胃注射，经 12h 后再注射新斯的明，以兴奋胃肠蠕动。

第五节　小肠部分切除术
（partial small bowel resection）

【适应症】本手术适用于因各种类型肠变位（肠套叠、肠扭转、肠绞窄、肠嵌闭等）引起的肠坏死、广泛性肠粘连、不宜修复的广泛性肠损伤或肠瘘，以及肠肿瘤的根治手术。

【术前准备】由肠变位引起肠坏死的动物，大多伴有严重的水、电解质代谢紊乱和酸碱平衡失调，并常常发生中毒性或低血容量性休克。为了提高动物对手术的耐受性和手术治愈率，在术前应纠正脱水和酸碱平衡紊乱，并防治休克。静脉注射胶体液（如全血、血浆）和晶体液（如林格氏液）、地塞米松、抗生素等药物。插入胃导管进行导胃，以减轻胃肠内压力，同时积极进行术部、器械、敷料和药品的准备，进行紧急手术。

【麻醉】牛可采用椎旁或腰旁神经传导麻醉配合使用镇静药物，还可采用电针麻醉。马、犬、猫采用全身麻醉。

【保定】大动物侧卧保定，小动物仰卧保定。

【术部】大动物采用左（马）、右（牛）肷部中切口，小动物采取脐前腹中线切口。

【术式】腹壁切开后，用生理盐水纱布垫保护切口创缘，术者手经创口伸入腹腔内探查病部肠段。对各种类型小肠变位的探查，应重点探查扩张、积液、积气、内压增高的肠段，遇此肠段应将其牵引出腹壁切口外，以确定病变肠段及切除范围。若变位肠段范围较大，经腹壁切口不能全部引出或因肠管高度扩张与积液，强行牵拉肠管有肠破裂危险时，可将部分变位肠管引出腹腔外，由助手扶持肠管进行小切口排液，术者手臂伸入腹腔内，将变位肠管近心端肠祥中的积液向腹腔切口外的肠段推移，并经肠壁小切口排出，以排空全部变位肠管中的积液，方可将全部变位肠管引出腹腔外。用生理盐水纱布垫保护肠管，隔离术部，并判定肠管的生命力。在下列情况下判定肠管已经坏死：肠管呈暗紫色、黑红色或灰白色；肠壁菲薄、变软无弹性，肠管浆膜失去光泽；肠系膜血管搏动消失；肠管失去蠕动能力等。若判定可疑，可用生理盐水温敷 5～6min，若肠管颜色和蠕动仍无改变，肠系膜血管仍无搏动者，可判定肠壁已经发生了坏死。

1. 肠部分切除的范围　肠切除线应在病变部位两端 5～10cm 的健康肠管上。展开肠系膜，在肠管切除范围上，对相应肠系膜做 V 形或扇形预定切除线，在预定切除线两侧，将肠系膜血管进行双重结扎，然后在结扎线之间切断血管和肠系膜（图 11-16）。最后切断肠管。

肠系膜由双层浆膜组成，系膜血管位于其间，若缝针刺破血管，易造成肠系膜血肿。扇形肠系膜切除后，应特别注意肠断端的肠系膜三角区出血的结扎（图 11-17）。

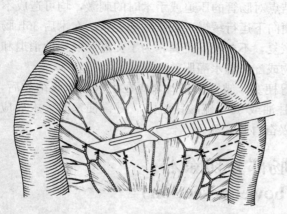

图 11-16　肠系膜血管双重结扎后的肠系膜切除线

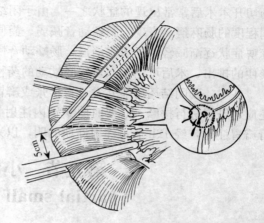

图 11-17　在预切除肠管线两侧钳夹无损伤肠钳，距健侧肠钳 5cm 处切断肠管，注意结扎肠系膜侧三角区内出血点

　　2. 吻合方法　肠吻合方法有端端吻合、侧侧吻合和端侧吻合等 3 种，端端吻合符合解剖学与生理学要求，临床常用。但在肠管较细的动物，吻合后易出现肠腔狭窄，应特别注意。侧侧吻合适用于较细的肠管吻合，能克服肠腔狭窄之虑。端侧吻合在兽医临床上仅在两肠管口径相差悬殊时使用。

　　（1）端端吻合（end-to-end-intestinal anastomosis）：助手扶持并合拢两肠钳，使两肠断端对齐靠近，检查拟吻合的肠管有无扭转。首先在两断端肠系膜侧距肠断缘 0.5～1cm 处，用 1～2 号丝线将两肠壁浆膜肌层或全层做 25cm 长的牵引线。在对肠系膜侧用同样方法另做牵引线，紧张固定两肠断端以便缝合（图 11-18）。

　　然后用直圆针自两肠断端的后壁在肠腔内由对肠系膜侧向肠系膜侧做连续全层缝合（图 11-19），连续缝合接近肠系膜侧向前壁折转处，将缝针自一侧肠腔黏膜向肠壁浆膜刺出（图

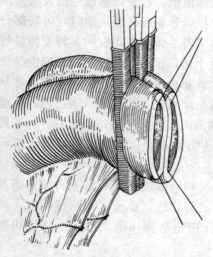

图 11-18　肠端端吻合，肠系膜侧与对
　　　　　肠系膜侧做牵引线（全层）

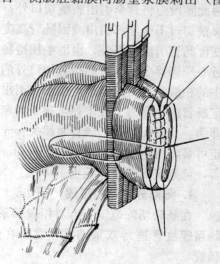

图 11-19　后壁连续全层缝合

11-20)，然后缝针从另侧肠管前壁浆膜刺入，复而又从同侧肠腔内黏膜穿出（图 11-21）。自此，采用康乃尔氏缝合前壁，至对肠系膜侧与后壁连续缝合起始的线尾打结于肠腔内（图 11-22、图 11-23）。

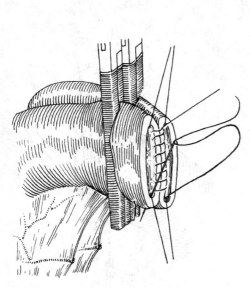

图 11-20　自后壁缝至前壁的翻转运针方法之一

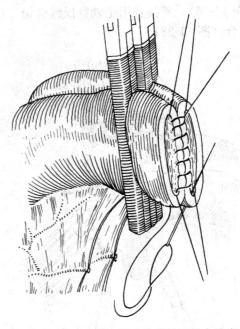

图 11-21　自后壁缝至前壁的翻转运针方法之二

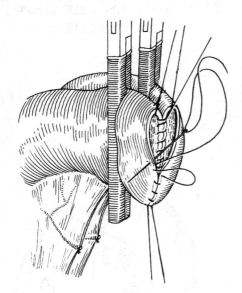

图 11-22　康乃尔氏缝合前壁

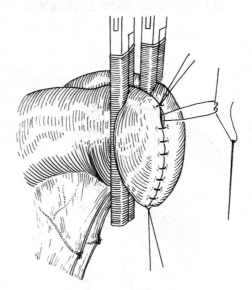

图 11-23　前壁与后壁线尾打结于肠腔内

　　完成第一层缝合后，用生理盐水冲洗肠管，手术人员更换手套，更换手术巾与器械，转入无菌手术。第二层采用间断伦勃特氏缝合（图 11-24）。系膜侧和对肠系膜侧两转折处，必要时可做补充缝合。撤除肠钳，检查吻合口是否符合要求。最后间断缝合肠系膜游离缘。

对细小肠管的端端吻合术，常采用压挤缝合法或全层间断内翻缝合法。

（2）侧侧吻合（lateral or side-to-side anastomosis）：肠管吻合前，用两把止血钳分别将两肠管断端夹住，用连续全层缝合法缝合第一层（图 11-25），抽出止血钳，拉紧缝合线（图 11-26）；紧接着用伦勃特氏缝合第二层（图 11-27）。两肠管断端闭合后，开始进行侧侧吻合（图 11-28）。

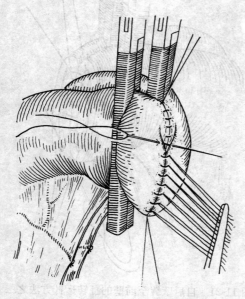

图 11-24　前后壁做间断伦勃特氏缝合

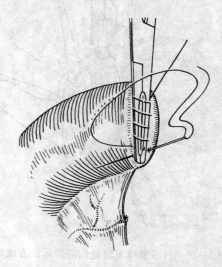

图 11-25　肠侧侧吻合，止血钳夹持肠管
　　　　　断端，做连续全层缝合

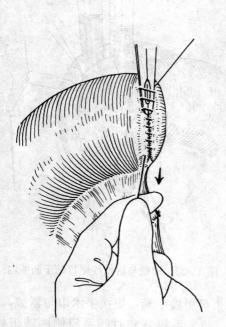

图 11-26　抽出止血钳，拉紧连续缝合线

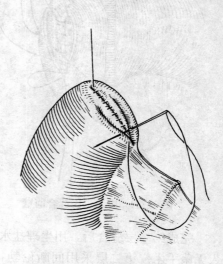

图 11-27　连续伦勃特氏缝合

先将远近两肠段盲端，以相对方向使肠壁交错重叠接近，用两把肠钳各在近盲端处，沿纵轴方向钳夹盲端肠管。钳夹的水平位置要靠近肠系膜侧。检查两重叠肠段有无扭转，然后将两肠钳并列靠拢，交助手固定，用纱布垫隔离术部（图 11-29）。

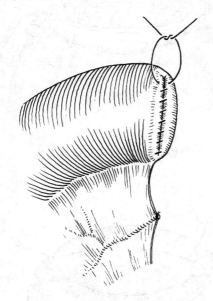

图 11-28　肠断端闭合完毕

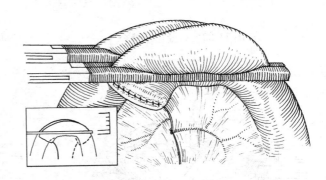

图 11-29　两肠钳纵向夹持两肠盲端，并拢肠钳，
防止肠管扭转

靠近肠系膜侧做间断或连续伦勃特氏缝合，缝合长度应略超过切口长度（图 11-30）。距此缝合线下方 1～1.5cm 处，位于两侧肠壁中央部，各做一个 4～6cm 切口，形成肠吻合口（图 11-31）。吻合口后壁做连续全层缝合，缝至前、后壁折转处，按端端吻合方法转入前壁，施行康乃尔氏缝合（图 11-32、图 11-33、图 11-34）。缝至最后一针，缝线与开始第一针线尾打结（图 11-35），检查薄弱点做加强补充缝合。最后，在前壁浆膜上做间断或连续伦勃特氏缝合。撤去肠钳，重叠肠系膜游离缘做间断缝合（图 11-36）。

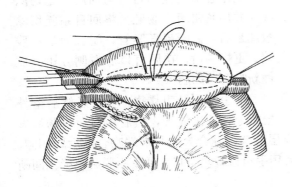

图 11-30　近肠系膜侧行连续
伦勃特氏缝合

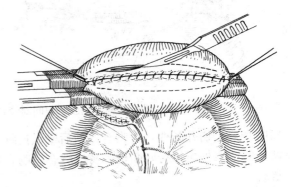

图 11-31　距缝线两侧 1～1.5cm 处纵向切开肠壁

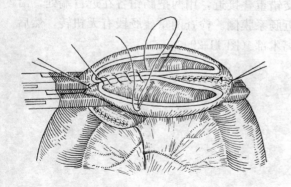

图 11-32　后壁连续缝合

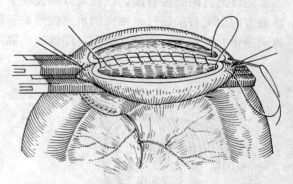

图 11-33　自后壁转向前壁缝合运针方法

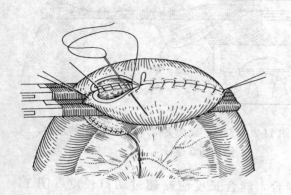

图 11-34　前壁康乃尔氏缝合

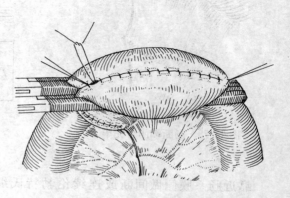

图 11-35　前后壁线尾打结于肠腔内

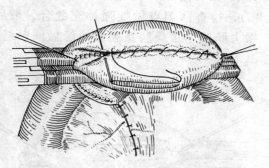

图 11-36　前壁连续伦勃特氏缝合，肠系膜间断缝合

（3）端侧吻合（end-to-side anastomosis）：多用于回肠末端肠套叠手术。将坏死回肠切除后，做回肠与盲肠端侧吻合术。

确定患部两侧回盲口与回肠预定切除线，并用肠钳闭合肠腔。将回盲系膜切除数厘米后，截断患部肠管，闭合回盲口残端。更换肠钳，在回盲口后右侧方钳夹欲做新吻合口的肠壁。

助手将两肠钳靠拢，做两肠管后壁外层的伦勃特氏缝合，然后用刀在盲肠欲做新吻合口上切开肠壁，对吻合口前后壁做连续全层缝合，缝合方法与端端吻合前后壁相同。两肠管前壁外层再行间断伦勃特氏缝合。吻合后用手指检查吻合口，回盲系膜游离缘做间断缝合。

吻合完毕后，向吻合部前段肠管内注入含抗生素的生理盐水，推挤肠内液体通过吻合部，检查吻合部位有无渗漏以及是否通畅。

第六节　肠套叠整复术
（correction of intussusception）

一段肠管套入其邻近肠管（常为远端肠管），称为肠套叠。套入部常将其附着肠系膜与系膜血管嵌入肠腔内，包绕套入部的外层肠管称为鞘部。偶尔可发生双重套叠或称为复杂性套叠。此种套叠是将原有套叠部，再次作为套入部进入其附近肠腔内并形成二次套叠。

【适应症】马、牛、犬等动物发生肠套叠后，在套叠部肠管尚未发生坏死前，可进行肠套叠整复术。若套叠部肠管已经发生了坏死，即应进行坏死肠管切除吻合术。

【术前准备】肠套叠发生后，动物因腹痛、出汗以及套叠部肠管的渗出和套叠前方肠管扩张积液、呕吐等，动物出现水、电解质代谢紊乱和酸碱平衡失调。为提高整复手术的治愈率，术前应给予纠正，并静脉注射地塞米松和氯霉素；在大动物，用胃管导胃以减轻胃肠内压。

【麻醉】反刍动物可采用局部麻醉并配合使用止痛、镇静药物，或采用电针麻醉；马、犬采用全身麻醉。

【保定】马属动物进行右侧卧保定；反刍动物在六柱栏内站立保定或左侧卧保定；犬进行仰卧保定。

【术部】采用左（马）右（牛）䏞部中切口，犬采用脐前腹中线切口。

【术式】

1. 探查套叠部肠段　动物的肠套叠多发生于空回肠段，或回肠与结肠（或盲肠）套叠。术者手经腹壁切口伸入腹腔内探查套叠部肠段。探查牛的肠套叠时，术者手在网膜上隐窝内进行探查，将套叠肠管经网膜上隐窝间口引出腹腔外。当无法引出时，可切开大网膜深浅两层，经网膜切口引出套叠部肠段。探查马的肠套叠时，应在左髂部和回盲部探查。大家畜肠套叠肠管如手臂粗，触之如肉样感，表面光滑，套叠部前方肠管高度积液，套叠部后方肠管空虚塌瘪。犬的肠套叠亦多发生在空回肠交界处，有时套入到回盲口处，套叠部肠管如火腿样硬度。

2. 将套叠部肠段引出腹腔外　肠套叠一般由 3 层肠壁组成，外层为鞘部，内层为套入部，套入部进入鞘部后可沿肠管向前行进，同时肠系膜也随之进入。肠管套叠越长，肠系膜进入越长，从而导致肠系膜血管受压，肠系膜紧张，小肠的游离性显著减小。从腹腔内向切口外牵引套叠部肠管应十分仔细，缓慢向外牵引，切忌向切口外猛拉、用手指用力掐压和抓持套叠部，以防撕裂紧张的肠系膜或导致肠破裂。因套叠部前方肠段臌气、积液，套叠部后方肠段空虚塌瘪，从腹腔内向外牵引套叠部肠管时，应先显露肠套叠部远心端肠段，然后再缓慢向外牵引导出套叠部肠段和套叠的近心端肠段，并用温生理盐水纱布隔离，判定肠套叠部是否发生了坏死。对套叠部肠管仍有生命力者，应进行套叠肠管的整复术。

3. 肠套叠的整复　用手指在套叠的顶端将套入部缓慢逆行推挤复位（自远心端向近心端推），也可用左手牵引套叠部近心端，用右手牵拉套叠部远心端使之复位。操作时需耐心细致，推挤或牵拉的力量应均匀，不得从远、近两端猛拉，以防肠管破裂。若经过较长时间不能推挤复位时，可用小手指插入套叠鞘内扩张紧缩环，一边扩张一边牵拉套入部，使之复位。若经过较长时间仍不能复位时，可以剪开套叠的鞘部和套入部的外层肠壁浆、肌层，必要时可以切透至肠腔，然后再进行复位。肠壁切口进行间断伦勃特氏缝合（图 11-37）。

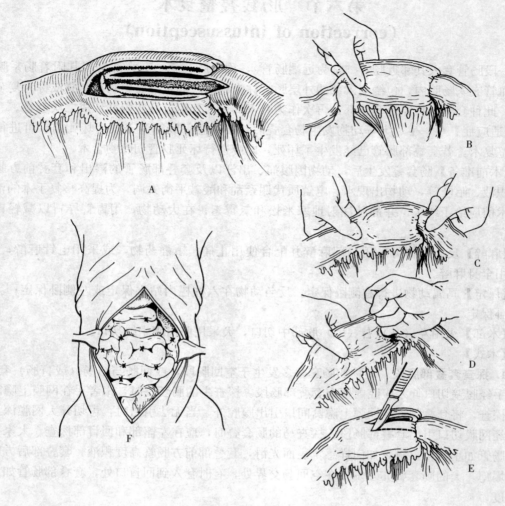

图 11-37　肠套叠整复术
A. 小肠套叠模式图　B. 用手自套叠部顶端将套入部自远而近的推挤复位　C. 双手分别牵引近心端和远心端肠管使之复位　D. 用小手指插入套叠鞘内扩张紧缩环　E. 切开鞘部与套入部外层　F. 预防肠套叠复发的相邻肠管及肠管与腹膜的缝合固定

　　套叠肠管复位后，应仔细检查肠管和肠系膜是否存活，当肠系膜血管不搏动、肠系膜呈暗紫或黑红色、经温生理盐水纱布热敷后仍不改变者，可判定肠系膜发生了坏死，应将其套叠部肠段切除进行肠吻合术。

　　犬的肠套叠经手术矫正复位后，可能会再度发生。手术整复前，肌肉注射抗胆碱能药物，以降低肠的蠕动能力，可降低复发率。

【术后护理】

（1）术后及时静脉补充水、电解质，并注意酸碱平衡。

（2）术后 1 周内使用足量的抗生素，以预防感染的发生。

（3）术后禁饲，只有当动物肠蠕动音恢复，排粪、排气正常，全身情况恢复后方可给予优质易于消化的饲料，开始量小，逐日增大饲喂量至正常饲养量。

（4）术后早期牵遛运动，对胃肠机能的恢复很有帮助。

第七节　大肠切开术
（large bowel enterotomy）

【适应症】马属动物小结肠、骨盆曲、左侧大结肠、胃状膨大部及盲肠的粪性闭结，经隔肠注水或隔肠按压无效者，或大肠内结石，均应进行肠切开术；牛的结肠袢粪性闭结或假性结石，犬、猫的结肠内粪性闭结或异物，皆可采取肠切开术。

【术前准备】马属动物大肠粪性闭结或结石常常继发肠臌胀和继发性胃扩张；反刍动物的结肠闭结常常继发瘤胃臌气或积液。腹内压增大不仅压迫心肺，影响呼吸和循环，而且因腹内压大给手术探查病部带来极大的不便。为此，术前应反复导胃、穿肠放气以降低腹内压；采取强心、补液、解毒等措施，以纠正水、电解质代谢紊乱和酸碱平衡失调，稀释和排除毒素，改善血液循环和全身状况，为手术创造条件。

【麻醉】大动物可采用全身麻醉、局部麻醉或电针麻醉。犬、猫采用仰卧保定。

【保定】马的小结肠、骨盆曲切开术可采用站立保定或右侧卧保定；马的左侧大结肠切开术采用右侧卧保定；马的胃状膨大部、盲肠切开采用左侧卧或前躯侧卧、后躯半仰卧保定；牛的结肠袢切开术采用站立保定；犬、猫采用仰卧保定。

【术部】左肷部中切口适用于马的小结肠、骨盆曲切开术；右肷部中切口适用于牛的结肠袢切开术；右侧肋弓下斜切口适用于马的胃状膨大部切开术；脐后腹中线或腹中线旁切口适用于马的盲肠、左侧结肠和犬、猫的结肠切开术。

【术式】

1. 马的小结肠、骨盆曲闭结肠侧壁切开术　将病部肠管引至腹腔外，用温生理盐水纱布垫保护隔离，用两把无损伤肠钳闭合结粪或结石两侧的肠腔，由助手扶持闭结部两侧肠管与地面呈45°角紧张固定。术者用手术刀在闭结部肠管纵带上或对肠系膜侧，一次纵切肠壁全层，切口长度以能使闭结粪或结石从切口内自动滑出为度。具体操作见小肠切开术。

2. 马的胃状膨大部、盲肠、左侧大结肠侧壁切开术　这3种肠管的侧壁切开手术方法基本相同，现以胃状膨大部切开为例（图11-38）。

（1）肠壁切口的隔离：胃状膨大部闭结或结石，因病部肠管粗大，肠腔内充满坚硬的积粪或结石，肠管移动性很小，不能引出腹壁切口外，为了减少肠切开对术部和腹腔的污染，术者首先经腹壁切口手伸入腹腔内，用手心托住病部肠管向腹壁切口处移动，以尽量显露病部肠管。然后用温生理盐水纱布隔离胃状膨大部和腹壁切口周缘。最后将软橡胶洞巾（规格：洞巾中心长方形孔为15cm×3cm，洞巾周边长为50cm×50cm）紧紧贴附在肠壁上。用弯圆针系4号丝线将洞巾中心长方形4个边与肠壁纵带上的浆肌层进行连续缝合，洞巾4个边伸展固定在动物腹壁上。隔离完毕后，在纵带上切开肠壁12~15cm，此时污染手术开始。

（2）取出结粪或结石：开始先用手指轻轻松动并用手指掐取粪结，当取出一定数量粪结后，术者方可用手进入肠腔内继续掏取粪结。为了减少手出入肠壁切口对肠壁的机械性损伤，术者手持胃导管端带入肠腔粪结处，导管另一端在体外连接漏斗，向肠腔内灌注温水，粪结经水的浸泡后变软，在手指的松动下，粪与水一起经切口流出体外。要特别应指出的

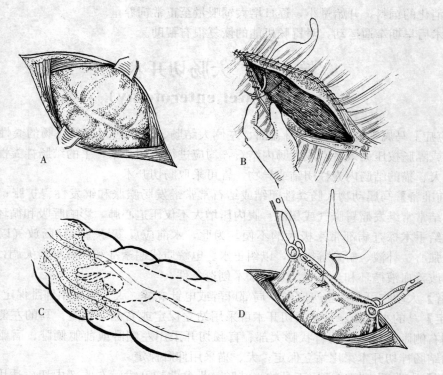

图 11-38　胃状膨大部侧壁切开术
A. 显露胃状膨大部闭结点　B. 软橡胶洞巾连续缝合于肠壁切口上　C. 手进入肠壁切口内取粪
D. 双层缝合肠壁切口

是，胃状膨大部后端的粪结应彻底清除掉。当胃状膨大部被结石阻塞时，肠壁切口的长度应大些，以免取出结石时，因结石过大而撕裂肠壁。由于结石重量大，在肠腔内下坠，结石离肠切口较远，术者手伸入肠腔内，用手心托起结石向肠壁切口处移动，当结石靠近切口时，用另一只手抓住结石或在助手的协助下取出。肠结石常常有数个，应经肠壁切口伸入肠腔并向膈曲探查，以免发生遗漏。

（3）肠壁切口的缝合：粪结或结石取出后，肠内压力明显减小，将病部肠管轻轻向切口外牵引，使肠壁切口显露在腹壁切口之外。拆除橡胶洞巾，彻底清洗肠壁切口。若肠壁切口因手的出入而发生严重挫灭时，应将受挫肠壁组织切除。肠壁切口做全层连续内翻缝合，转入无菌手术后，再进行连续伦勃特氏缝合或库兴氏缝合。

（4）还纳肠管和缝合腹壁切口：撤去填塞的隔离纱布，将肠管轻轻向腹壁切口外牵引，用生理盐水冲洗肠壁，彻底清除肠壁上污染物，在确信腹腔内没有遗留血凝块、异物的情况下，将肠管还纳回腹腔内。更换手术巾，术部皮肤用碘酊消毒后，即可进行腹壁切口的缝合。

3. 牛的结肠切开术　腹壁切开后，术者左手进入网膜上隐窝内，手背沿瘤胃的右侧面，手心向着结肠袢进行触摸。自旋袢的外周依次摸向其中央部，即可发现闭结点。闭结点常呈鸭蛋大到拳头大的硬粪球或纤维球，经隔肠按压不能破结时，可将结肠袢经网膜上隐窝牵引出腹壁切口外，必要时切开大网膜后将结肠袢闭结点显露在腹壁切口外，其肠切开、网膜切开与缝合同牛的小肠切开术。

4. 犬、猫的结肠切开术　采用脐后腹中线切口，必要时可向后延长到耻骨前缘。用生理盐水纱布垫保护和隔离皮肤切口创缘，将大网膜和小肠向腹腔前部推移并用生理盐水纱布隔离。在结肠切开前，应仔细检查胃和小肠有无病变存在。将闭结的结肠从腹腔中牵引出腹壁切口外，用生理盐水纱布隔离。用两把无损伤肠钳在拟切开的结肠肠段的两侧夹闭肠管，在肠壁切开线两端系两根牵引线，并由助手扶持肠钳和固定两根牵引线，使肠壁切口与地面呈45°角，切开肠壁全层，取出肠内闭结粪球或异物，用2/0铬制肠线进行全层间断内翻缝合，必要时可用3/0或4/0铬制肠线进行间断伦勃特氏缝合。缝毕，用抗生素溶液冲洗肠管，然后将肠管还纳回腹腔内。撤除隔离的纱布，在确信腹腔内没有异物遗留时，关闭腹壁切口。

【术后护理】

1. 术后一般护理　全身麻醉的动物，待动物苏醒后协助动物站起，防止在起立时摔倒而使腹壁切口裂开；术后每天定期检查动物体温、脉搏、呼吸、切口及全身情况，注意观察动物排粪、排尿情况及其他；术后禁饲48～72h，最初饲喂的时间应以原发病解除后，病畜排粪、排尿、肠音恢复、口腔湿润并有明显食欲时，方可开始饲以少量优质易消化的饲料，一般在7～10d后才逐渐恢复到正常的饲喂量。

2. 术后治疗　术后1周内每天全身使用抗生素，以预防感染；对已出现水、电解质代谢紊乱和代谢性酸中毒的动物，应静脉补充水和电解质溶液，并静脉注射5%碳酸氢钠溶液。密切观察术后动物腹痛及排便情况。如果术后腹痛已经消失，但在术后48h仍不排粪，全身情况已有好转，这是肠麻痹所致。可用温水灌肠、新斯的明皮下注射或静脉注射10%氯化钠溶液；若术后腹痛再度发生，可能来自病部肠管的再度阻塞或肠粘连所致。马属动物小结肠、骨盆曲，牛的结肠襻切开后，有时术后再度发生肠闭结，遇此情况，可通过温水灌肠，投服油类泻剂并结合直肠内破结来解除。大结肠切开后的粘连是时有发生的。肠粘连性腹痛发生在术后3～5d，有的延长到术后15d或更长。动物排粪时腹痛，用镇静剂后常可使腹痛消失。动物腹痛消失后采食、排粪正常，体温多属正常或略偏高。直肠检查可发现腹壁切口缝合处或病部肠管周围形成范围不等的粘连。对肠粘连的治疗，应坚持应用抗生素和糖皮质激素类药物。直肠检查时，对粘连部进行直肠内分离。对病畜做适当的牵遛运动和掌握饮水及饲料的数量与质量，轻度粘连于术后15d至1个月内常可消失。对于马的广泛性小结肠粘连，有时不得不进行第二次手术，切除粘连部分进行肠吻合术。

腹腔内感染可引起弥漫性腹膜炎，常发生于术后24～48h内，体温突然升高达40℃，食欲废绝，肠音初期亢进继而消失，腹部肌肉紧张而蜷缩，有明显压痛。腹部叩诊呈水平浊音，腹腔穿刺有多量的混浊腹水。后期出现腹泻，腹痛加剧，结膜发绀，脉搏沉衰。治疗时应及时使用敏感抗生素进行治疗，必要时安置腹腔引流管，使用抗生素进行腹腔冲洗。

第八节　剖腹产手术
（caesarean section）

难产在临床上较为常见，在助产（包括外阴切开助产、截胎等）无效的情况下需采用剖腹产手术。

（一）牛剖腹产手术

【保定及手术通路】牛的剖腹产术有多种手术通路和保定方法，常采用站立或侧卧保定，切口有左胁部切口、右侧胁部切口、腹中线（旁）切口、下腹侧壁切口、左胁部斜切口。这些方法各有优缺点，术者应根据难产类型、牛的生理状态、保定条件、术者喜好等选择进行。

1. 左胁部切口 较常采用，因左侧瘤胃可阻挡肠管涌出。站立保定下行左胁部切开手术时，切口从左胁中部腰椎横突下方约10cm处开始向下，切口大小以可取出胎儿为宜。站立状态下腹壁切口的闭合较容易进行，但胎儿过大（不易将子宫和胎儿牵拉至切口处）、不能站立的难产牛不宜采用此法。侧卧保定下行左胁部切开手术时，切口可比站立时的切口稍靠下腹侧。由于胎儿重力的作用，侧卧保定下左胁部切口子宫暴露稍困难，腹壁缝合也较站立时困难。

2. 右侧胁部切口 较少采用，因小肠易涌出切口致使手术操作困难。若过大或水肿的胎儿位于右侧子宫角，且腹壁能触及两前肢或后肢时，也可考虑采用站立保定下的右侧胁部切口。

3. 侧卧保定、下腹中线（旁）切口 动物侧卧或半仰卧保定。半仰卧保定时，两前肢及两后肢分别系在柱子上，呈45°躺卧。在暴露子宫时，需将后肢从柱子解下平放地面固定；胎儿取出和子宫缝合后，后肢重新固定在柱上。在乳房与脐孔间沿中线或中线旁切开腹壁（图11-39）。此手术通路出血少，易于暴露妊娠子宫，但腹壁闭合时有张力，且缝合不确实时可导致腹壁疝发生。

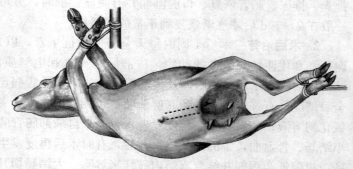

图11-39 半仰卧保定下腹中线切口和腹中线旁切口（虚线）

4. 下腹侧壁切口 右侧卧保定，后右肢向后伸直，后左肢展开固定以充分显露术部。切口从脐孔旁约5cm处开始平行于腹中线切开，在接近乳房时再以平行于最后肋的弧线向腹股沟后背侧方向切开（图11-40）。此手术通路较腹中线（旁）切口更容易暴露妊娠子宫，但腹壁切口张力也较大，更容易发生腹壁疝。

5. 左腹壁斜切口 常站立保定，也可侧卧保定。切口开始于髋结节前下方4～6cm，以45°角向前下方切开至最后肋（图11-41）。此手术通路容易暴露妊娠子宫角，腹壁疝发生机会也较腹中线（旁）或下腹侧壁切口低。

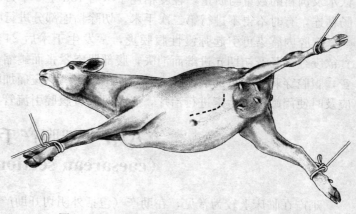

图11-40 侧卧保定下的下腹侧壁切口（虚线）

【麻醉】全身镇静配合局部麻醉，或电针麻醉。

【术式】

1. 术部准备　术部按常规方法清洗、除毛、消毒和隔离。

2. 切开腹壁，暴露子宫孕角
不同的腹壁手术通路涉及的组织层次不同，肷部切口、腹中线（旁）切口等参见本章第三节。切开腹壁后，助手将大网膜及瘤胃向前推，暴露子宫。术者一手进入腹腔，抓住妊娠的子宫角带出切口，有时双手进入也未

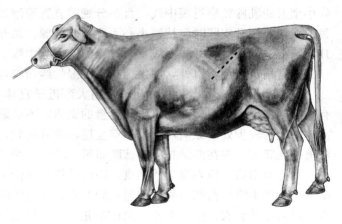

图 11-41　站立保定下的左腹壁斜切口（虚线）

必能托出沉重的孕角。用灭菌纱布填塞于子宫角和切口之间。若为右肷部切口，则需要使用大块灭菌纱布或布块按压堵住小肠，以防其涌出。

3. 切开子宫孕角，取出胎儿　在子宫孕角大弯血管较少处，避开胎盘子叶，一次性切透子宫壁。子叶部位可在子宫壁上触诊而确定。为了预防子宫壁的撕裂，切口应该有足够的长度。撕破胎衣，注意防止胎水流入腹腔。术者缓慢拉出胎儿，交助手处理。若拉出胎儿过快，母牛腹腔血管因腹压下降而过度充血，可致使全身循环血量不足而发生休克。子宫发生捻转时，先矫正子宫再切开取出胎儿，不能矫正时先切开子宫，取出胎儿缝合后再矫正。因胎儿太沉、子宫捻转而不能将子宫孕角拉出切口外时，可用大纱布充分填塞于切口和子宫之间，腹内切开子宫再取胎儿，注意不能污染腹腔。

4. 剥离胎衣，闭合子宫角切口　胎儿取出后，子体胎盘能剥离的则剥离完全后取出，不能剥离的，为加速子体胎盘脱离可在子宫腔内注入 10% 氯化钠溶液，停留 2min 再剥离。如果剥离确实很困难，充分蘸干子宫内的液体，放入抗生素，剪除子宫切口附近的胎衣，让其溶解后排出。子宫采用两道缝合，第一道用可吸收缝线连续锁边缝合全层，第二道采用间断或连续伦勃特氏缝合。用温生理盐水清洗子宫，涂布抗生素软膏后还纳腹腔。

5. 闭合腹壁切口　按组织层次，常规闭合腹壁。

【术后护理】术后立即静脉输注葡萄糖溶液，并帮助病畜保持正常的伏卧位置。肌肉注射催产素以促进子宫收缩，全身应用抗生素以防治伤口感染。术后 8～10d 拆除皮肤缝线。

（二）犬（猫）腹产术

【保定及麻醉】根据手术切口的部位不同采用仰卧保定或侧卧保定，全身麻醉。

【术式】

1. 确定切口部位　剖腹产手术切口的部位主要有脐后腹中线切口和腹侧壁切口。脐后腹中线切口前端定位在脐后约 1cm，切口长度一般为 4～8cm。该切口出血少，操作方便，易于切开与闭合，但易破坏乳腺，术后动物舔舐可造成创口裂开而不易愈合（尤其在猫）。腹侧壁切口术后创口护理方便，伤口易于愈合，但手术操作稍复杂，且在子宫出现坏死时子宫摘术手术难以进行。

2. 术部准备　术部按常规方法清洗、除毛、消毒和隔离。

3. 切开腹壁，暴露子宫　在腹中线或腹侧壁预定切口依次切开皮肤、皮下组织等。部

分小型犬的乳腺较靠近腹中线，且在分娩前乳腺腺泡未充盈，不易辨认其轮廓。因此，选择腹中线切口切开皮肤时应特别小心不要切破乳腺。切开皮肤后，应用止血钳从中线向两侧推开乳腺组织，然后切开腹白线。通过腹侧壁或腹中线手术通路打开腹壁后，暴露子宫，并将一侧子宫角牵引至切口外，用生理盐水浸湿的纱布围隔。

4. 切开子宫，取出胎儿 在子宫角大弯近子宫体上做纵切口。此处切口出血较少，且有利于两侧子宫角内胎儿的取出和胎盘的剥离，不会影响再次受孕。术者于子宫角大弯近子宫体的血管较少处，纵向切透子宫壁全层，撕开胎膜，取出胎儿，在距胎儿脐孔 1～2cm 处双重结扎脐带，并在两结扎线间剪断脐带，将胎儿交给助手处理。

胎儿取出后，应剥离子体胎盘，即向外持续缓慢牵拉胎衣，直至子体胎盘与母体胎盘完全分离。助手将子宫切口邻近的另一胎儿隔着子宫壁向切口方向轻轻挤压，术者手指伸入子宫切口内撕破胎衣，牵出胎儿。取出胎儿后，缓慢牵拉胎衣以分离子体胎盘。按此法依次取同侧子宫内胎儿，然后术者手指由子宫切口通过子宫体进另一侧子宫角，牵拉另一侧子宫内胎儿的胎衣，同时助手在子宫外挤压胎儿，撕破胎衣，取出胎儿。在所有胎儿取出后，清除子宫内的积液、血块。

5. 缝合 子宫用 3/0-1 号肠线做两道缝合，第一道为全层连续缝合，第二层为间断伦勃特氏缝合。按常规方法闭合腹壁切口。

对于腹中线切口的腹壁缝合，应注意：①不要刺破切口两侧的乳腺组织，以防造成乳汁的渗漏。②个别动物对丝线的异物刺激作用比较敏感，可能在数月后缝线部位皮肤出现溃烂，甚至生成瘘管。因此，确保伤口不裂开的情况下，选用较细缝线；在缝合皮肤时尽可能地带有适量皮下组织以将下层的缝线包埋，以减少其对皮肤的刺激。

【术后护理】术后全身使用抗菌素防止感染，局部涂擦活力碘，戴伊丽莎白圈防止舔舐伤口。7～10d 后拆除皮肤缝线。

第九节　瘤胃切开术
（rumenotomy）

【适应症】

（1）严重的瘤胃积食，经保守疗法治疗无效。

（2）创伤性网胃炎或创伤性心包炎，进行瘤胃切开取出异物。

（3）胸部食管梗塞且梗塞物接近贲门者，进行瘤胃切开取出食管梗塞物。

（4）瓣胃梗塞、皱胃积食，可做瘤胃切开术进行胃冲洗治疗。

（5）误食有毒饲料、饲草，且毒物尚在瘤胃中滞留，手术取出毒物并进行胃冲洗。

（6）网瓣胃孔角质爪状乳头异常生长者，可经瘤胃切开拔除。

（7）网胃内结石、网胃内有异物如金属、玻璃、塑料布、塑料管等，可经瘤胃切开取出结石或异物。

（8）瘤胃或网胃内积沙。

【术前准备】对有严重瘤胃臌气者可通过胃管放气或瘤胃穿刺放气以减轻瘤胃臌气；对伴有严重水、电解质平衡紊乱和代谢性酸中毒者，术前应给予纠正；对进行胃冲洗者应准备瘤胃内双列弹性环橡胶排水袖筒、温盐水及导管等。

【麻醉】局部浸润麻醉或椎旁、腰旁神经传导麻醉。

【保定】一般采用站立保定，但对不能站立的动物，也可进行右侧卧保定，此时易发生胃内容物污染腹腔。

【术部】

1. 左䏏部中切口　是瘤胃积食的手术通路，一般体型的牛还可兼用于网胃探查、胃冲洗和右侧腹腔探查术。

2. 左䏏部前切口　适用于体型较大病牛的网胃探查与瓣胃梗塞、皱胃积食的胃冲洗术。必要时可切除最后肋骨作为䏏部前切口。

3. 左䏏部后切口　为瘤胃积食兼做右侧腹腔探查术的手术通路。

【术式】按常规切开左䏏部腹壁。

（一）瘤胃固定与隔离

瘤胃固定与隔离方法有多种，可以根据情况选用。

1. 瘤胃浆膜肌层与皮肤切口创缘的连续缝合固定与隔离法（图 11-42）

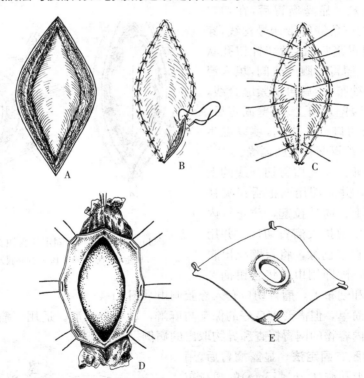

图 11-42　瘤胃切开术（瘤胃浆膜肌层与切口皮肤创缘连续缝合固定法）
A. 左䏏部中切口，分层切开各层组织，充分显露瘤胃　B. 瘤胃壁浆膜肌层与皮肤创缘连续缝合　C. 在胃壁切开线两侧各做 3 个预置水平纽孔缝合线　D. 切开瘤胃壁抽紧预置缝合线，使黏膜外翻　E. 弹性环橡胶洞巾

（1）瘤胃固定：显露瘤胃后，用三角缝针带 10 号丝线做瘤胃浆膜肌层与皮肤切口创缘之间环绕一周的连续缝合，针距为 1.5～2cm，每缝一针都要拉紧缝合线，使瘤胃壁与皮肤创缘紧密贴附在一起，固定瘤胃壁的宽度为 20～25cm。缝毕，检查切口下角是否严密，必要时做补充缝合。

（2）预置牵引线：用三角缝针带 10 号丝线，在瘤胃预切开线两侧通过瘤胃壁全层各做 3 个水平纽扣缝合，缝针再在距同侧皮肤创缘 10～12cm 的皮肤上缝合，暂不抽紧打结。在瘤胃切开线周围和牵引线下方用温生理盐水纱布垫隔离。

（3）瘤胃切开与黏膜外翻固定：瘤胃切口长度为 15～20cm。在切开线上先用外科刀切一小口，慢慢放出瘤胃内气体，改用手术剪扩大瘤胃切口。在瘤胃切开后，助手将切口创缘两侧的预置牵引线抽紧打结，使瘤胃黏膜外翻。

（4）放置防水洞巾：洞巾由边长 70cm 的正方形防水材料（如橡胶布、油布、塑料布）制成。洞孔直径 15cm，洞孔弹性环是用弹性胶管或弹性钢丝缝于防水洞孔边缘制成的。应用时，将洞巾弹性环压成椭圆形后塞入胃腔内。将洞巾四角拉紧、展平，并用巾钳固定在隔离巾上，准备掏取瘤胃内容物和进行胃腔探查。

该方法隔离严密，对瘤胃切口和皮肤切口的机械性损伤较少。适用于大量瘤胃内容物取出和瘤胃冲洗的病例，并可用于侧卧保定的动物。

2. 瘤胃六针固定和舌钳夹持黏膜外翻法

（1）瘤胃固定：显露瘤胃后，在切口上下角与周缘，用三角缝针带10号丝线，穿过皮肤创缘与瘤胃浆膜肌层做6针钮孔状缝合，打结前应在瘤胃与腹腔之间，填入浸有温生理盐水的纱布，然后再抽紧缝合线，使瘤胃壁紧贴在腹壁切口上。胃壁固定后，在瘤胃壁和皮肤切口创缘之间，填以温生理盐水纱布，以保护胃壁和皮肤创缘。

（2）胃壁切开：先在瘤胃切开线的上 1/3 处切开胃壁，并立即用两把舌钳夹住胃壁的创缘，向上、向外拉起，防止胃内容物外溢。然后用剪扩大瘤胃切口，并用舌钳钳夹、牵拉胃壁创缘，将胃壁拉出腹壁切口并向外翻，随即用巾钳将舌钳柄夹

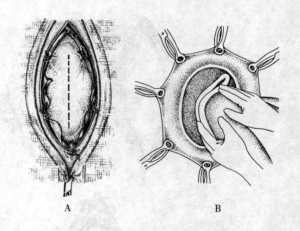

图11-43　瘤胃六针固定与舌钳夹持外翻法
A. 固定好的瘤胃壁　B. 外翻黏膜及放入洞巾

住，固定在皮肤和创布上，瘤胃切口套入橡胶洞巾（图 11-43）。

该方法操作简单，但需要有良好的保定与麻醉，动物较安静。适用于瘤胃内容物较少，或不需要取出胃内容物的网胃探查和异物取出的病例。

3. 瘤胃缝合胶布固定法　显露瘤胃后，用一中央带有长方形孔洞（6cm×15cm）的塑料布或橡胶洞巾，将瘤胃壁浆膜肌层与长方形孔的4个边连续缝合，使长方形孔边缘紧贴在瘤胃壁上，形成一个隔离区。于瘤胃壁和洞巾下填塞大块生理盐水纱布，将橡胶洞巾 4 个角展平固定在切口周围，在长方形孔中央切开瘤胃（图11-44）。

本方法适用于胃壁向外牵拉有困难的病

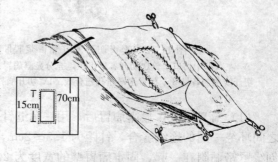

图11-44　瘤胃缝合胶布固定法

例，如严重的瘤胃积食，胃壁紧张而不易向外牵拉。

（二）胃腔内探查与病变处理

瘤胃切开后即可对瘤胃、网胃、网瓣胃孔、瓣胃及皱胃、贲门等部位进行探查，并对各种类型的异常进行处理。

1. 瘤胃腔内探查与处理　由于甘薯藤、花生秧、麦秸等粗纤维引起的瘤胃积食，可取出胃内容物总量的 1/2 至 2/3。缠结成团的应尽量取出，剩余部分掏松并分散在瘤胃各部。

对泡沫性瘤胃臌气，应在取出部分内容物后，用等渗温盐水灌入瘤胃，冲洗胃腔，清除发酵的胃内容物。

对饲料中毒病例（如有毒饲料、饲料中混有农药、黑斑病甘薯等），可在早期进行手术，将有毒胃内容物取出，并用大量温盐水冲洗胃腔，并放置相应的解毒药。为了加速毒物的排出，可做胃冲洗，将瓣胃、皱胃内容物尽量洗出。

2. 贲门的探查　贲门开口于前背盲囊的瘤胃前庭。贲门口可插入 3～4 个手指，黏膜光滑。当牛发生胸部食管梗塞时，其梗塞部多靠近贲门口或距贲门 5～6cm 处的食管内。当用保守疗法无效时，可做瘤胃切开术，经贲门用手直接取出梗塞物，或用异物钳经贲门取出梗塞物，手术效果良好。

3. 网胃腔内探查与处理　术者手自瘤胃前背盲囊向前下方，经瘤网胃孔进入网胃，首先检查网胃前壁和胃底部每个多角形黏膜隆起褶——网胃小房，有无异物刺入（如针、钉、钢丝等），胃壁有无硬结和脓肿等。已刺入胃壁上或游离于胃底部的金属异物或其他非金属异物（如网胃结石、网胃底部的泥沙、塑料片及绳索等）应全部取出。网胃壁上的硬结多为异物刺入点，应注意检查异物是否仍在硬结内。手抓住网胃前壁向网胃腔内提拉，可确定网胃与膈有无粘连。自网胃硬结与附近组织形成索状瘘管，可判断其异物穿出后所损伤器官的位置。

4. 网瓣胃孔的探查与处理　网瓣胃孔位于网胃右侧稍下方，口径有 3～4 指宽，在开张状态下手可通过。手术中有时发现网瓣胃孔角质爪状乳头增生，增生的乳头似鸟爪状，棕色而硬如皮革，约 3cm 长，其上半部粗硬，下半部稍软，易于拔除，乳头根部呈淡白色。异常生长的角质爪状乳头一般有 15～20 根，能引起网瓣胃孔狭窄，使瘤胃内容物通过受阻，临床上常表现前胃弛缓的症状，应将增生的乳头拔除。拔除后无出血或其他并发症，手术效果良好。

5. 瓣胃梗塞的探查与处理　于瘤胃腔的右侧前肌柱附近，隔瘤胃壁触诊瓣胃体积。在瓣胃梗塞的情况下，较正常增大 2～3 倍，坚实，指压无痕。网瓣胃孔常呈开张状态。孔内与瓣胃沟中充满干涸的胃内容物，可用胃冲洗进行治疗。

瓣胃冲洗前，先将瘤胃基本掏空，然后左手进入网瓣胃孔内，取出网瓣胃孔内和瓣胃沟内部分干涸内容物后，将双列弹性环的橡胶排水袖筒洞巾（图 11-45）套入瘤胃腔内，然后术者左手持胃导管的一端带入网瓣胃孔内，导管另一端在体外连接漏斗，向瓣胃内灌注大量温盐水，以泡软瓣胃沟及瓣胃叶间的内容物，泡软冲散下来的内容物随水返流至网胃和瘤胃腔内。在瓣胃叶间

图 11-45　双列弹性环的橡胶排水袖筒

干涸的内容物未全部泡软冲散前，切忌疏通开瓣皱胃孔，以免灌注的水大量涌入皱胃并进入肠腔，造成不良后果。由于其解剖学特点，瓣胃左上方叶间干涸的内容物最难泡软冲散，手指的指端也难以触及该部。应将手退回到瘤胃腔内，在前肌柱下部隔瘤胃壁按压瓣胃的左上角，以促使瓣胃叶间干涸的物质松散脱落。经反复、大量的温水灌注冲洗和手指对干涸物质松动，可将瓣胃内容物全部冲散除尽。大量冲洗瓣胃返流到瘤胃腔内的液体，不断地经瘤胃内套入的双列弹性环橡胶排水袖筒排出，冲洗用水量需 100～200kg。

6. 皱胃积食的胃冲洗法 皱胃积食常继发瓣胃梗塞，因此胃冲洗的步骤应先冲洗瓣胃。当瓣胃沟和大部分瓣胃叶间干涸内容物已松散脱落后，手持胶管端对准瓣皱胃孔冲洗，待瓣皱胃孔内干涸内容物被冲洗以后，手持胶管端进入皱胃内继续冲洗，一边灌注温水，一边用手指松动皱胃内干涸的内容物。已被冲散的皱胃内容物和水经瓣胃再返流至瘤网胃腔内，并自双列弹性环橡胶排出体外，返流出的冲洗液体有胃酸味。在体型较大的牛，手难以直接触及松动皱胃后半部干硬物，主要依靠温盐水浸泡冲洗与体外撬杠按摩的方法松动解除。也可在瘤胃腹囊处，隔瘤胃壁对皱胃进行按摩。皱胃内容物比瓣胃内容物软，易泡软冲散，在皱胃幽门部阻塞物冲开前，一定要基本解除瓣胃和皱胃的干涸阻塞物，方可将皱胃幽门部阻塞物冲开，完成皱胃积食的胃冲洗术。

将瘤胃、网胃腔内过多的液体，用直径为 1.5～2.0cm 的胶管虹吸至体外，剩余在瘤胃腔内的液体水平面，在瘤胃腔的下 1/3 处，向瘤胃腔内填入 1.5～2kg 青干草与健牛瘤胃内容物，以刺激瘤胃恢复收缩蠕动能力，促进反刍。撤除双列弹性环橡胶排水袖筒，准备胃壁缝合。

（三）胃壁缝合

用生理盐水冲净附着在瘤胃壁上的胃内容物和血凝块。拆除纽孔状缝合线，修整瘤胃壁创口边缘，在瘤胃壁创口进行自下而上的全层连续缝合，缝合要求平整、严密，防止黏膜外翻或外露。

用生理盐水再次冲洗胃壁浆膜上的血凝块，并用浸有青霉素、盐酸普鲁卡因溶液的纱布覆盖在已缝合的瘤胃创缘上，拆除瘤胃浆膜肌层与皮肤创缘的连续缝合线。与此同时，助手用灭菌纱布抓持瘤胃壁并向腹壁切口外牵引，以防当固定线拆除后瘤胃壁向腹腔内陷落。再次冲洗瘤胃壁浆膜上的血凝块，除去遗留的缝合线头及其他异物后，准备瘤胃壁的第二层伦勃特氏缝合，此阶段由污染手术转入无菌手术。

手术人员重新洗手消毒，更换无菌器械，对瘤胃进行连续勃贝特氏或库兴氏缝合（图 11-46）。

【术后护理】 术后禁食 36～48h 以上，待瘤胃蠕动恢复、出现反刍后，开始给以少量优质的饲草。术后 12h 即可进行缓慢的牵遛运动，以促进胃肠机能的恢复。术后不限饮水，对术后不能饮水者应根据动物脱水的性质进行静脉补液。术后 4～5d 内，每天使用抗生素，如青霉素、链霉素。术后还应注意观察原发病消除情况，有无手术并发症，并根据具体情况进行必要的治疗。

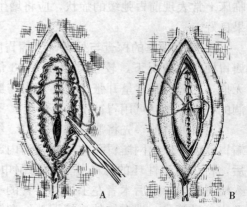

图 11-46　瘤胃缝合
A. 连续全层缝合瘤胃壁　B. 拆除固定瘤胃的缝线，然后进行连续伦勃特氏或库兴氏缝合

第十节　牛皱胃切开术
（abomasotomy）

【适应症】皱胃积食时的胃切开术，皱胃肿瘤时的胃切除术，严重的皱胃溃疡时的胃部分切除术，皱胃内毛球、纤维球及皱胃内积沙的取出。

【术前准备】当瘤胃内充满大量液状内容物时，术前对病牛（羊）进行导胃，以减轻侧卧保定时的腹内压力；对皱胃积食和瓣胃梗塞进行手术时，术前应准备好对胃冲洗用的温盐水（0.9%）、漏斗、胃导管等物品。

【麻醉】肌肉注射赛拉唑，每千克体重 0.2mg，配合术部浸润麻醉。为了防止牛、羊在麻醉过程中的唾液腺和支气管腺体的分泌，防止逆呕，在使用赛拉唑之前 15～20min，皮下注射硫酸阿托品，每千克体重 0.05mg。

【保定】左侧侧卧保定。

【术部】右侧肋弓下斜切口，距右侧最后肋骨末端 25～30cm 处，定为平行肋弓斜切的中点，在此中点上做一 20～25cm 平行肋弓的切口。也可在右侧下腹壁触诊皱胃，以皱胃轮廓最明显处确定为切口部位。

【术式】常规切开腹壁，彻底止血，显露皱胃。

1. 皱胃显露、隔离与切开　当皱胃内容物较少时，术者手经腹壁切口伸入腹腔，将皱胃向切口外推移以充分显露。当皱胃内容物较多、胃充满时，皱胃仅能靠近腹壁切口而无法将其移出切口外。用温生理盐水纱布填塞于腹壁切口和皱胃壁之间，然后将一橡胶洞巾连续缝合在胃壁预定切开线周围，切开皱胃，彻底止血。

2. 病区的处理

（1）皱胃积食病例，应先用手指将皱胃内干涸内容物取出一部分，随后改用温盐水进行胃冲洗。术者手持导管一端将其带入皱胃腔内，另一端连接漏斗，向皱胃内灌注温水，并用手指松动干硬胃内容物，胃内容物被温盐水泡软、冲散后经切口返流至体外，经反复地胃冲洗后可将皱胃内容物全部排出。

（2）对于原发性瓣胃梗塞或皱胃积食继发的瓣胃梗塞，都可经皱胃切开对瓣胃进行冲洗治疗。在进行瓣胃冲洗时，应注意冲洗瓣胃叶间干涸的胃内容物，不要将网瓣胃孔附近的瓣胃内容物清除，一旦网瓣胃孔附近的瓣胃内容物被清除，瞬间瘤网胃内大量液体经网瓣胃孔和皱胃切口向体外倾泻，由于腹内压的急剧下降，可引起动物脑贫血和虚脱，严重者可导致动物死亡。

（3）皱胃内肿瘤或皱胃溃疡部分切除术：在切开皱胃后，先排空皱胃内容物，充分显露皱胃内肿瘤或溃疡区，对肿瘤进行切除，对溃疡部分进行胃部分切除。

（4）牛、羊的胃内毛球时有发生，毛球如栗子或核桃大小，一只羊的皱胃内可多达 40 个以上，影响胃的消化和排空。对皱胃切开后取出毛球；对皱胃内积沙者，经皱胃切开后用手取出积沙。

3. 皱胃的缝合　拆除胃壁上缝合的橡胶洞巾，切除胃壁切口创缘上被挫灭的组织，彻底清洗胃壁上的血凝块、草渣及异物。用 2/0 可吸收缝线进行连续全层内翻缝合，撤去胃壁与腹壁切口之间填塞的纱布，将皱胃向腹壁切口外轻轻牵引，用生理盐水反复冲洗胃壁切口后，进行库兴氏缝合。缝毕，胃壁涂以抗生素软膏，将皱胃还纳回腹腔内，最后常规关闭腹壁切口。

【术后护理】术后禁饲 36～48h 以上，待动物出现反刍后，可给予少量优质饲草饲料。术后 1 周内，每天定时给予抗生素，适当经口投入稀盐酸和胃蛋白酶。若动物有脱水表现，应静脉补液，并纠正代谢性碱中毒。

第十一节　牛皱胃左方变位整复术
（surgical correction of abomasum left displacement in the cattle）

【适应症】适用于牛皱胃左方变位的整复。

【术前准备】术前禁食 24h 以上；可经口腔插入胃导管，导出瘤胃内液状内容物，以减轻瘤胃对左方变位皱胃的压迫。

【麻醉】腰旁神经传导麻醉，配合局部浸润麻醉，性情暴躁的牛可肌肉注射赛拉唑等药物进行镇静。

【保定】站立保定或前躯右侧卧、后躯半仰卧保定。

【术部】常用的皱胃左方变位整复的手术通路有 4 种：大网膜缝合固定皱胃术采用左、右肷部中切口或右肷部下切口；瘤胃减压整复法采用左肷部中切口；仰卧自然复位、缝合固定皱胃法采用脐后腹中线旁右切口。

【术式】

1. 左、右肷部切口，大网膜缝合固定皱胃术　采用站立保定，先作左肷部中切口，显露变位的皱胃。若皱胃内有多量积气，应穿刺减压；如皱胃与其他组织发生粘连，需小心剥离。右肷部切开后，右侧术者左手探入腹腔，沿腹壁向后、向左寻找深浅两层大网膜的折转处，将其牵引到右侧腹壁切口之外。此时，左侧术者的右手探入腹腔，向后下方压迫皱胃，同时右侧术者拉紧网膜，左右术者相互配合将皱胃整复。右侧术者继续向后上方牵引网膜，并向前下方探查皱胃。皱胃复位后，在距皱胃尽可能近的位置，将双层网膜做成皱襞状，然后用 10 号双股丝线以 2～3 个纽扣状缝合将其固定在右腹壁切口下角的腹膜肌层上。最后，关闭左、右肷部的腹壁切口。

2. 左肷部切口，缝合固定皱胃术　左肷部前下腹壁切口，长 20～25cm。显露变位至左侧的皱胃。在皱胃大弯上先做一荷包缝合，线尾不抽紧，在缝合圈中央切开皱胃，并向皱胃腔内插入乳胶管，抽紧荷包缝线，排出皱胃内积液、积气。皱胃减压后，抽出排液管，抽紧荷包缝线。常规消毒后，用长 1.8m 的 10# 丝线于皱胃大弯网膜附着点上做 3 个浆膜肌层水平纽扣状缝合，间距 3～4cm；三个水平纽扣状缝合的线尾在体外分别放置。术者按顺序手持皱胃固定线线尾，经瘤胃下方伸至腹腔右侧腹底部皱胃的正常位置处，用手指在腹腔内向外推顶，指示助手在右侧做皮肤小切口。助手用止血钳经皮肤小切口向腹腔内刺入，用止血钳将线尾缓缓牵引至体外。然后，以 3～4cm 的间距按顺序再做第二个、第三个皮肤小切口，并按同法引出固定线线尾（图 11-47）。

三根固定线都引出体外后，术者用手推送皱胃，使其经瘤胃下方进入腹腔右侧。与此同时，助手轻轻牵拉三根固定线，使皱胃在推送和牵拉的配合下复位。术者检查是否有肠管或网膜缠绕在固定线上，在确信皱胃复位、无内脏缠结的情况下，第一和第三根固定线分别与第二根固定线在切口内打结（图 11-48）。缝合皮肤小切口。闭合左肷部腹壁切口。

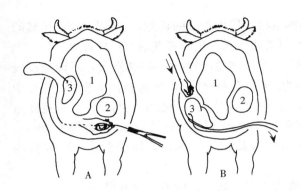 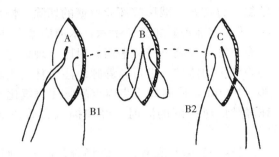

图 11-47　皱胃固定线的牵引方法　　　　　图 11-48　皱胃固定线皮下打结方法
A. 止血钳通过右侧腹壁牵引固定线　　　　A、B、C 为三个位置的皱胃固定线，
B. 助手和术者配合进行皱胃复位　　　　　B1、B2 为 B 处固定线的分支
1. 瘤胃　2. 瓣胃　3. 皱胃

3. 仰卧自然复位、缝合固定皱胃术　先将病牛右侧卧保定，将两前肢与两后肢分别固定，再使病牛滚转呈仰卧姿势，以牛背为轴心向左、向右呈 60°角摇晃 3min，突然骤停，病牛仍呈仰卧姿势，躯干两侧填充好装有软草的麻袋，以保持其仰卧姿势。

在脐后腹中线右侧 5cm 处向后做一 20～25cm 长的切口，切开腹壁，显露腹腔。术者手进入腹腔内。沿左侧腹壁探查皱胃位置，用手臂的摆动和移动动作，将其整复至正常位置。为了防止皱胃左侧移位再次发生，应进行皱胃固定术。确定皱胃幽门部，用弯圆针带 10 号丝线，从幽门至胃底部做 5～6 个间断皱胃浆膜肌层与腹膜、腹直肌缝合，缝线拉紧打结后，将皱胃固定在腹壁切口的右侧。为了加强固定，再在固定线的旁侧，对皱胃浆膜肌层、腹膜、腹直肌进行连续缝合，最后关闭腹壁切口。

4. 右肷部下切口，大网膜缝合固定皱胃术　在右侧腰椎横突下方 15～20cm 处，距最后肋骨一掌处，作一 20～25cm 长的切口，显露腹腔后，手经直肠下方向瘤胃左纵沟附近，探查变位的皱胃。若皱胃臌气，用一带胶管的粗针头对皱胃穿刺放气减压，检查皱胃与邻近器官有无粘连；若有粘连，应仔细分离。然后，左手在瘤胃左侧经瘤胃腹囊下方向右侧腹腔推动皱胃，右手在右侧腹腔内经瘤胃腹囊下方抓持皱胃体与左手协同，用一拉一推的动作，向右侧腹腔牵引皱胃至右侧正常位置。以幽门部的位置为鉴别皱胃正常复位的标准。在幽门部上方 8～10cm 处，将大网膜深浅二层做一皱褶，用弯圆针带 10 号丝线，穿过折成双褶的大网膜，再与相邻的腹膜、腹壁肌层进行纽扣状缝合，做 4～5 个纽扣状缝合，使大网膜牢固地固定在腹壁上，以防止皱胃再次移位。

【术后护理】术后禁饲，只有在出现反刍后才开始饲以少量优质饲草，特别注意少喂精料；术后 5～6d 内，每天肌肉注射青霉素、链霉素；当有脱水症状时，应静脉补液，并纠正酸碱平衡紊乱。

第十二节　犬胃切开术
（canine gastrotomy）

【适应症】犬的胃切开术常用于胃内异物的取出，胃内肿瘤的切除，急性胃扩张-扭转的整复、胃切开、减压或坏死胃壁的切除，慢性胃炎或食物过敏时胃壁活组织检查等。

【术前准备】非紧急手术，术前应禁食 24h 以上。在急性胃扩张-扭转病犬，术前应积极补充血容量和调整酸碱平衡。对已出现休克症状的犬应纠正休克，快速静脉输液时，应在中心静脉压的监护下进行，静脉内注射林格氏液与 5％葡萄糖或含糖盐水，剂量为每千克体重 80～100mL，同时每千克体重静脉注射氢化可的松和地塞米松各 4～10mg，阿奇霉素 50mg。在静脉快速补液的同时，经口插入胃管以导出胃内蓄积的气体、液体或食物，减轻胃内压力。

【麻醉】全身麻醉，气管插管，以保证呼吸道通畅，防止胃内容物逆流误咽。

【保定】仰卧保定。

【术部】脐前腹中线切口。从剑状突末端到脐之间做切口，但不可自剑状突旁侧切开。犬的膈肌在剑状突旁切开时，极易同时开放两侧胸腔，造成气胸而引起致命性危险。切口长度因动物体型、年龄大小及动物品种、疾病性质的不同而异。幼犬、小型犬和猫的切口，可从剑状突到耻骨前缘；胃扭转及胸廓深的犬腹壁切口均可延长到脐后 4～5cm 处。

【术式】沿腹中线切开腹壁，显露腹腔。对镰状韧带应予以切除，若不切除，不仅影响和妨碍手术操作，而且因术后大片粘连而给再次手术造成困难。

在胃的腹面胃大弯与胃小弯之间的预定切开线两端，用艾利氏钳夹持胃壁的浆膜肌层，或用 7 号丝线在预定切开线的两端，通过浆膜肌层缝合两根牵引线。用艾利氏钳或两牵引线向后牵引胃壁，使胃壁显露于切口之外。用数块温生理盐水纱布垫填塞在胃和腹壁切口之间，以抬高胃壁，使其与腹腔内其他器官隔离开。

胃的切口位于胃腹面的胃体部，在胃大弯和胃小弯之间的血管稀少区内，纵向切开胃壁。先用手术刀在胃壁上向胃腔内戳一小口，退出手术刀，改用手术剪通过胃壁小切口扩大切口。胃壁切口长度视需要而定，对胃腔各部检查时的切口长度要足够大。胃壁切开后，胃内容物流出，清除胃内容物后进行胃腔检查，应包括胃体部、胃底部、幽门、幽门窦及贲门部。检查有无异物、肿瘤、溃疡、炎症及胃壁是否坏死等。若胃壁发生了坏死，应将坏死的胃壁切除。

胃壁切口的缝合，第一层用 3/0～0 号可吸收缝线进行黏膜层的连续内翻缝合，清除胃壁切口缘上的血凝块及污物后，用可吸收缝线进行浆膜肌层的连续伦勃特氏缝合（图 11-49）。

拆除胃壁上的牵引线或除去艾利氏钳，清理除去隔离的纱布垫后，用温生理盐水对胃壁进行冲洗。若术中胃内容物污染了腹腔，用温生理盐水对腹腔进行灌洗，然后转入无菌手术操作，最后缝合腹壁切口。

【术后护理】术后 24h 内禁饲、限饮。24h 后给予少量肉汤或牛奶，正常饮水。术后 3d 可以给予软的易消化的食物，应少量多次喂给。在病的恢复期间，应注意动物是否发生水、电解质代谢紊乱及酸碱平衡失调，必要时应予以纠正。术后 5d 内每天定时给予抗生素，可

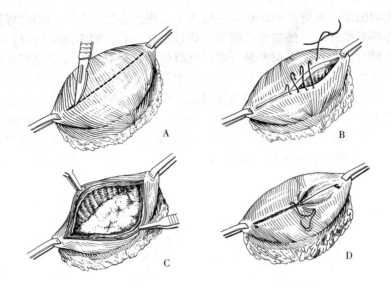

图 11-49 犬胃切开与缝合

A. 用艾利氏钳夹持预定切开线两端　B. 切开胃壁显露胃腔

C. 黏膜层连续内翻缝合　D. 浆膜肌层连续伦勃特氏缝合

首先选用强力霉素，每千克体重 150mg，每天 2 次，肌肉注射。手术后还应密切观察胃的解剖复位情况，特别在胃扩张-扭转的病犬，经胃切开减压修复、固定后，注意犬的临床表现，一旦发现胃扩张-扭转复发，应立即进行救治。

第十三节　犬幽门肌切开术
（canine pyloromyotomy）

【适应症】本手术用于消除犬顽固性幽门肌痉挛、幽门肌狭窄和促进胃的排空，避免发生胃扩张-扭转综合征，或作为胃扩张-扭转综合征治疗的一部分。

【术前准备】术前禁食 24h 以上，麻醉后插入胃导管，尽量排空胃内容物。

【麻醉】全身麻醉。

【保定】仰卧保定。

【术部】脐前腹中线切口。

【术式】切开腹壁后用生理盐水纱布垫隔离腹壁切口，装置牵开器，充分显露胃、十二指肠和胰腺等脏器，用温生理盐水纱布垫隔离胰、肝和胆总管。

在胃大弯和胃小弯交界处的胃体部血管稀少区缝置牵引线，或用艾利氏钳夹住胃壁向腹壁切口外牵引，如果胃内充满胃内容物或极度臌气，将难以钳夹，此时忌用暴力牵引，可由麻醉人员经犬的口腔插入胃导管，导出胃内积气和液体，经减压后再将胃壁向切口处牵拉。

将幽门牵拉到腹壁切口处，在牵拉幽门之前应先切断胃肝韧带。胃肝韧带位于肝与幽门之间，小心地切断胃肝韧带和与其相连的结缔组织。在切断胃肝韧带时应注意识别胆总管，以免误切胆总管。将幽门拉出腹壁切口外，并用温生理盐水纱布垫隔离，防止缩回。

在幽门窦、幽门和十二指肠近心端做一个足够长的直线切口。切口位于幽门的腹面、幽门前缘与后缘之间的无大血管区间。切口一端为十二指肠边缘，另一端到达胃壁。小心切开浆膜及纵行肌和环形肌纤维，使黏膜层膨出在切口之外。若黏膜不能向切口外膨出，切口两创缘可能会重新黏合。为此，在切开纵行肌纤维以后，对环形肌纤维必须完全切断。如果环形肌纤维未能完全切断，将限制黏膜下层从切口中膨出。在切断环形肌纤维时，可沿着不同的纵向部位进行切开，这样可以避免切透黏膜层。在环形肌完全切开之后，为了使黏膜下层尽量从切口中膨出，可用米氏钳或止血钳进行分离，使黏膜膨出切口外。在幽门的近心端要一直分离到胃壁的斜肌和结构正常的胃壁肌纤维，幽门的远心端应分离到穹隆部（图 11-50）。在这一部位，稍有疏忽就可能撕破附着在该处的浅表黏膜。矛盾的是，既要完全分离

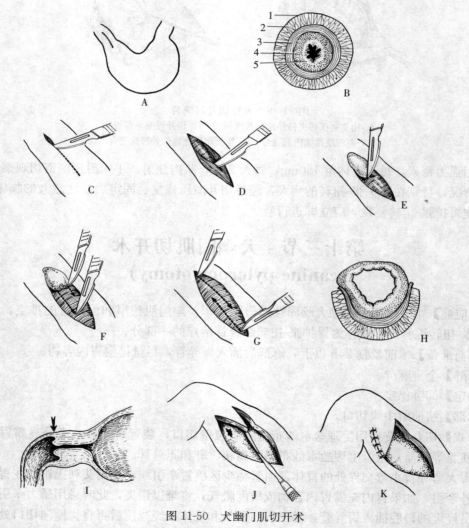

图 11-50　犬幽门肌切开术

A. 幽门肌切开部位　B. 幽门肌组织分层：1. 浆膜　2. 纵形肌　3. 环形肌　4. 黏膜下层　5. 黏膜　C. 切开浆膜　D. 切开纵行肌纤维　E. 切开环形肌纤维　F、G. 在不同的径路上切开环形肌纤维　H. 黏膜膨出，幽门狭窄缓解　I. 箭头所指处为危险区（穹隆处），肥厚的幽门肌穿入十二指肠腔内，十二指肠黏膜在此处反折，构成穹隆区　J. 黏膜穿孔，切一肌瓣，用剥离器剥离　K. 转移肌瓣覆盖住黏膜穿孔处，将肌瓣固定于对侧幽门括约肌上

开肌层，当显露出向内倾斜的穹隆部黏膜后，又必须停止继续分离，以免撕破在此处反折而靠近表面的黏膜。

在分离黏膜下层时可能出血，若有轻微的渗血，可用棉球或纱布球压迫 1～2min，很少需要结扎止血。这种渗血可能是由于系膜受到牵拉使静脉回流受阻所致，当还纳回腹腔后渗血将自行停止。

为了检查膨出的黏膜有无破损，可用手指轻轻压迫十二指肠以阻塞肠腔，将胃内气体挤入幽门管进行检查。若有黄色泡沫状液体出现，说明黏膜有穿孔，可用 3/0 或 4/0 可吸收缝线做水平褥式缝合以闭合裂口，必要时可将一部分网膜松松地扎入线结内，使网膜紧贴缝合处又不致发生绞窄。对黏膜的小穿孔，也可如此修补：在幽门括约肌上切一肌瓣，用剥离器将其游离，转移肌瓣覆盖黏膜穿孔处，并将肌瓣固定于对侧幽门括约肌，必要时用网膜覆盖（图 11-50）。凡黏膜发生了大的穿孔，则应进行幽门肌成形术。

用生理盐水冲洗幽门部及胃壁，拆除胃壁上的牵引固定线或撤去艾利氏钳，将幽门和胃还纳回腹腔内。清点隔离纱布，在确定腹腔内没有遗留下任何异物的情况下，最后按常规闭合腹壁切口。

【术后护理】手术中幽门黏膜没有穿孔者，在麻醉苏醒后 4h 即可让犬饮糖盐水，24h 后可给予少量米汤、肉汤或牛奶，48h 后即可恢复其正常的饲喂量。若幽门黏膜发生了穿孔，经缝合修补的犬，术后应禁食 24h 以上，可静脉内补液并供给能量。有部分犬术后发生呕吐，但在 4～5d 内即可停止。术后 3～4d 内常规使用抗生素，以预防腹壁切口的感染。

第十四节　犬幽门肌成形术
（canine pyloroplasty）

【适应症】为减少胃内容物潴留，作为胃排空性手术，又是犬胃扩张-扭转综合征经手术整复后防止再发生的常规手术。

术前准备、麻醉、保定、手术通路以及幽门肌切开等操作，均同幽门肌切开术。

【术式】用温生理盐水纱布将胃、幽门及十二指肠与腹腔隔离开，以防幽门切开后胃内容物污染腹腔。

手术方法开始与幽门肌切开术相同，纵向切开幽门纵行肌与环形肌纤维后，再切开黏膜层，吸去幽门切口内的胃内容物，用弯圆针带 3/0 或 0 号可吸收缝线，在纵向切口的一端胃幽门交界处的浆膜外进针，黏膜层出针，然后到纵向切口的另一端幽门十二指肠交界处的黏膜层进针，幽门外浆膜层出针，将该缝合线拉紧打结后，使幽门部的纵向切口变为横向，从而使幽门管变短、变粗，幽门管内径明显增大。用 3/0 或 0 号可吸收缝线对已变成横向的切口进行浆膜肌层和黏膜下层的简单、间断缝合。缝毕，用生理盐水冲洗，将大网膜覆盖在幽门缝合区（图 11-51）。

若对切口采取两层缝合，会造成组织内翻，可能抵消幽门成形术的目的，使扩大了的幽门排出道经缝合后又变狭窄。但如果所做的幽门部纵向切口有足够的长度，可避免缝合后的狭窄。

【术后护理】同幽门肌切开术。

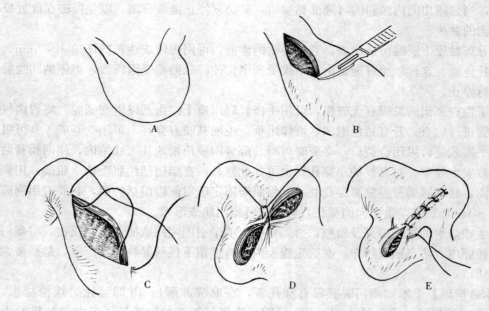

图 11-51　幽门肌成形术

A. 幽门肌切开线　B. 切开幽门环形肌纤维及黏膜　C. 切口的两端系缝合线　D. 拉紧缝合线使纵向切
口变为横向　E. 全层简单、间断缝合

第十五节　膈疝修补术
(surgery to repair a diaphragmatic hernia)

【适应症】由于胸膜、腹膜闭合不全等原因导致的先天性膈疝；由外伤、强烈震荡、腹内压升高等原因引起膈肌破裂所导致的获得性膈疝（后天性膈疝）。

【局部解剖】膈肌是隔开胸腔、腹腔的一个棕叶扇状扁平肌，附着于腰椎与剑状软骨之间。在体正中纵切面（体中面）上的方向是自腰椎向前下方倾斜的凸起，其胸腔面和腹腔面分别被有胸膜和腹膜。膈肌的周边为肌质，中央部为腱质。在左、右膈脚与最后肋骨附着部之间的肌缘，背侧与腰肌交感神经干和内脏神经腹侧面之间有一裂隙，称为腰肋弓，此处胸腔、腹腔之间只由浆膜和疏松结缔组织隔开，易发生膈疝。在膈上有三个大的裂孔，即食管裂孔、主动脉裂孔和腔静脉裂孔（图 11-52）。

【麻醉及保定】全身麻醉，以吸入麻醉、人工辅助或控制呼吸为宜；多采用静脉给药诱导麻醉后做气管插管，不宜用氧化亚氮做吸入麻醉。术前给病畜吸氧，手术开始后即改为自主性吸氧。若打开胸腔，则采用正压给氧辅助或控制呼吸。健侧在下侧卧保定或仰卧保定。

【术部】膈疝修补手术可用胸腔通路或腹腔通路。

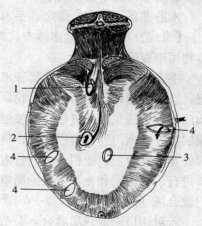

图 11-52　膈肌的解剖
1. 主动脉裂孔　2. 食管裂孔
3. 腔静脉裂孔　4. 常发膈疝的部位

1. 腹腔手术通路　牛、马、犬等动物可在剑状软骨后方腹白线或白线旁打开腹腔。若需要更充分地暴露膈破裂口，可沿肋弓向一侧延长切口或向前切开胸骨，形成腹腔胸腔联合通路。

2. 胸腔手术通路　多用于大动物。在肩胛骨中部和肘突分别做两条平行线，这是手术切口的上、下界限，在此范围内做一长 25～30cm 的切口。牛截除第七肋骨，马截除第九肋骨。

【术式】常规打开腹腔或胸腔，用牵开器开张切口，充分显露膈肌破裂口。放出过多的胸腔积液或腹水，仔细检查胸腔或腹腔的脏器。疝内容物多为小肠和网膜，马大结肠、牛网胃、犬肝也常进入胸腔。轻轻还纳或拉出进入胸腔的脏器，随时分离粘连，切勿损伤脏器，特别是注意保护肠系膜血管、肝被膜和肠管。

肠管进入胸腔常引起嵌闭性膈疝。如果肠管高度臌气、积液，在严密防止污染的情况下进行减压后再行整复。疝轮过小还纳有困难时可扩大疝轮，以便整复。检查肠管是否坏死，如果肠管已坏死，应做肠切除术，经扩大的疝轮还纳肠管于腹腔。若疝囊处的胸膜、腹膜未破裂，应加以保护，闭合疝轮时用其做生物填充或修补材料。

闭合疝轮多采用重叠缝合法或锁边缝合法。缝合时，先缝合破裂口的最深处。若疝轮大、不易闭合，可用合成纤维片、硅胶片等材料修补膈疝。对于陈旧的破裂口，疝轮已瘢痕化，若不宜切除疝轮，可用附近的腹膜瓣、腹横肌瓣等自身组织覆盖膈肌破裂口并与膈肌做缝合。如果是膈肌肋骨附着部撕脱，应将膈肌与肋骨做连续缝合（图 11-53）。

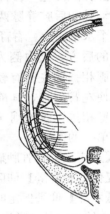

图 11-53　膈疝修补术

若为胸腔手术通路，应放置胸腔引流导管，闭合胸壁切口后，抽出胸腔内的气体。若为腹腔手术通路，闭合膈破裂口后，检查破裂口处是否漏气，若漏气，对漏气处做结节或纽扣缝合。闭合后，由胸壁处肋间抽出胸腔内的气体，或闭合气胸时，在肺保持膨胀状态下缝合最后一针，以排出胸腔内的气体。

【术后护理】术后纠正酸碱平衡紊乱，多为酸中毒，可输注生理盐水、碳酸氢钠等加以纠正。应用糖皮质激素、脱水剂、利尿剂等防治肺水肿。术后 7～10d，连续应用抗生素。保持安静，减少运动，避免跳跃。

第十二章　泌尿和生殖系统手术

第一节　犬肾切除术
(nephrectomy of the dogs)

【局部解剖】犬的肾脏（kidneys）属光滑单乳头肾，呈蚕豆形，位于腰椎横突的腹侧，在主动脉和后腔静脉两侧的腹膜外，外面包裹有脂肪囊（capsula adipose），两肾的位置不在一个水平面上。右肾靠前，比较固定，位于第一到三腰椎横突的腹侧，前端紧贴于肝脏右叶的后方，其内侧为右肾上腺和后腔静脉，外侧与最后肋骨和腹壁相接，腹侧与肝脏和胰腺相接；左肾有较大的活动性，胃内空虚时常位于第二到四腰椎的腹侧，胃内充满时可使左肾后移，其前端约与右肾后端相对应，内侧与左肾上腺和主动脉相邻，而外侧与腹壁相接，腹侧则与降结肠相邻。有13％的犬左肾的肾动脉为成对动脉，而右肾动脉都是单一的。

【适应症】肾脏肿瘤、化脓性肾炎、结石及肾外伤等。

【保定和麻醉】仰卧或侧卧保定，全身麻醉。

【术部】仰卧保定时，术部切口在腹下正中线脐前方；侧卧保定时，术部切口在最后肋骨后方约2cm，自腰椎横突向下与肋骨弓平行切口。其中，腹下正中线切口的手术通路较有利于两肾的全面显露、检查。

【术式】

1. 肾脏的显露和分离　将结肠移向右侧，可在降结肠系膜后方显露左肾；将十二指肠近端移向左侧，可在肝脏右叶、十二指肠系膜后方显露右肾；用湿海绵或纱布隔离，充分显露肾脏。用镊子轻轻提起腹膜和后肾筋膜并用剪刀剪断，从腰椎下附着组织上钝性分离肾脏；在肾的大弯处切开被膜，用手指和纱布从肾脏小心剥下被膜，逐渐使肾脏游离出来；在直视条件下，以食指、中指夹持肾脏，显露肾动脉、肾静脉、输尿管。

2. 肾脏血管的结扎和切断　充分分离肾动脉、肾静脉、输尿管后，首先在肾动脉上放置血管钳，贯穿结扎肾动脉，近心端做三道结扎，远心端做一道结扎。然后，在肾静脉上放置血管钳，近心端与远心端各一道结扎。肾动脉与肾静脉不能集束结扎，因为易发生动、静脉瘘。如果是肾癌瘤，则应首先结扎肾静脉。

3. 输尿管分离　在肾盂找到输尿管，充分分离输尿管到达膀胱。注意结扎伸延到膀胱的输尿管断端，远心端两道结扎，近心端一道结扎，防止形成尿盲管。因为尿盲管能造成感染。输尿管断端结扎切断后，用石炭酸或白金耳烧灼。摘除肾脏。

4. 缝合腹壁切口　缝合前，清除摘除肾脏后脂肪组织中的凝血块，确实止血。逐层缝合腹壁切口。

【术后护理】术后给患犬纠正水、电解质和酸碱平衡紊乱；全身给予抗生素治疗，防止术部感染。

第二节　犬肾切开术
（nephrotomy of the dogs）

【适应症】肾结石、肾盂结石、肾盂肿瘤。

【保定和麻醉】仰卧保定和全身麻醉。

【术部】腹下正中线脐前方。

【术式】

1. 肾脏显露　按照"犬肾切除术"将肾脏显露后，使用血管钳暂时阻断肾动脉和肾静脉。将肾脏固定在拇指和食指间，充分露出肾的凸面。

2. 肾脏切开　用手术刀从肾脏凸面纵向矢状面切开皮质和髓质部到达肾盂，除去结石。然后使用生理盐水冲洗沉积在肾组织或肾盂内的矿物质沉积物。从肾盂的输尿管口插入纤细柔软插管，用生理盐水轻微冲洗输尿管，证明输尿管畅通。肾切口位置出血量很少，因为该手术切口不损伤主要血管。

3. 肾脏缝合　缝合肾脏前，取下暂时阻断肾动脉、肾静脉的血管钳，观察切面血液循环恢复情况，对小出血点，压迫止血。然后用拇指和食指将切开肾脏两瓣紧密对合，轻轻压迫。肾组织瓣由纤维蛋白胶接起来，只需要肾脏被膜连续缝合，不需要肾组织褥式缝合，该法称为"无缝合肾切开闭合法"（sutureless nephrotomy closure）。如果不能止血或出现漏尿，用可吸收缝线经过皮质做间断水平褥式缝合，再用可吸收缝线连续缝合肾脏被膜（图 12-1）。

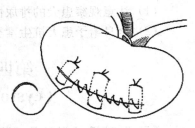

图 12-1　肾脏被膜连续缝合

4. 缝合腹壁切口　逐层缝合腹壁切口。

【术后护理】

（1）术中和术后均需静脉给予补液，有利于从尿道排出血液凝块。

（2）术后给予止血药，直至血尿消除。

【注意问题】

（1）由于犬肾盂甚小，如果患肾盂结石，不应做肾盂切开，因为肾盂切开术，有损伤血管的危险。

（2）肾脏切开术能出现暂时性肾机能降低 $20\%\sim40\%$，因此要注意观察肾机能恢复过程。

（3）如果患两侧肾结石，患病动物患有严重氮血症。在一次手术时，只能做一个肾的切开，不能同时做两个肾切开。要间隔一段时期，待肾机能恢复正常时，再做另一侧手术。

第三节　输尿管吻合术
（anastomosis of ureter）

【适应症】输尿管损伤、输尿管结石。

【保定和麻醉】仰卧保定和全身麻醉。

【术部】腹下正中线切口。

【术式】

1. 修整和缝合输尿管断端 将吻合的两个输尿管断端分别修整成三角铲形，使连接的两端呈图 12-2 所示的"尖与底"形状。在 6 倍放大镜或手术显微镜下，首先在吻合两端先放置支持缝线，然后使用纤细聚乙醇酸缝线进行连续缝合。

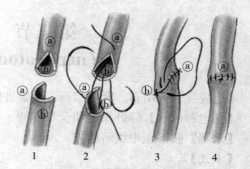

图 12-2 输尿管断端缝合
（1～4 为操作顺序）

2. 检查缝合效果 吻合缝合完毕后，向输尿管腔内注入少量灭菌生理盐水，加大腔内压力，观察吻合处是否有泄漏。若吻合处有轻微泄漏，可在吻合处涂布氟化组织黏合剂，使该处形成薄膜，阻止泄漏。这种组织黏合剂毒性小，炎性反应轻微，不影响正常的组织愈合。

3. 腹壁切口缝合 常规闭合腹壁切口

【术后护理】

（1）注意观察患犬的排尿情况，并静脉滴注 5％葡萄糖溶液，促进动物排尿。

（2）全身给予患犬抗生素类药物，防止术后感染。

第四节 犬、猫膀胱切开术
(cystotomy of the dogs and cats)

【局部解剖】犬膀胱前端钝圆，为膀胱顶，后端与尿道相连，为膀胱颈，膀胱顶与膀胱颈之间为膀胱体。除膀胱颈突入骨盆外，大部分膀胱位于腹腔内，但不被大网膜覆盖，所以取出部分脏器很容易显露。膀胱的位置与储尿量有关，充盈时呈长的卵圆形，膀胱顶可达脐部。雄犬的膀胱位于直肠、生殖褶及前列腺的腹侧，雌犬则位于子宫的后部及阴道的腹侧。猫的膀胱呈梨形，位于腹腔后部，膀胱的腹侧有一条悬韧带与腹壁固定，两侧则有一对侧韧带与背部体壁固定。

【适应症】膀胱或尿道结石、膀胱肿瘤。

【保定和麻醉】仰卧保定，全身麻醉或高位硬膜外麻醉。

【术部】雌犬在耻骨前缘腹中线上切口，雄犬在腹中线旁 2～3cm 处做平行于腹中线上切口（包皮侧一指宽）（图 12-3）。

【术式】

1. 腹壁切开 术部常规剪毛、消毒，纵向切开腹壁皮肤 3～5cm。雌犬在术部依组织结构切开腹壁；雄犬在切开皮肤后，将创口的包皮边缘拉向侧方，露出腹壁白线，在白线切开腹壁。腹壁切开时应特别注意防止损伤充满的膀胱。

2. 膀胱切开 腹壁切开后，如果膀胱膨满，采取穿刺的方法排空膀胱内蓄积的尿液，使膀胱空虚。用手指握住膀胱的基部，小心地把膀胱翻转出创口外，使膀胱

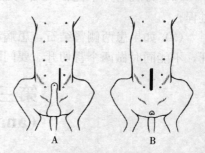

图 12-3 犬膀胱切开术腹部切口位置
A. 雄犬 B. 雌犬

背侧向上，然后用纱布隔离，防止尿液流入腹腔。在膀胱背侧选择无血管处切开膀胱壁，在切口两端放置牵引线。有的学者主张在膀胱前端切开膀胱壁为好，因为该处血管比其他位置少。不主张在膀胱的腹侧面切开膀胱壁，因为在缝线处易形成结石。如果是膀胱肿瘤，切口则应该围绕肿瘤进行环形切开，切缘应在距肿瘤 0.5cm 以上的位置。

3. 取出结石　使用茶匙或胆囊勺除去结石或结石残渣。特别注意取出狭窄的膀胱颈及近端尿道的结石。为防止小的结石阻塞尿道，在尿道中插入导尿管，用反流灌注冲洗，保证尿道和膀胱颈畅通。

4. 膀胱缝合　在支持缝线之间，首先选用库兴氏缝合法，对膀胱壁浆肌层进行连续内翻水平褥式缝合，然后选用伦勃特氏缝合法，对膀胱壁浆肌层进行连续内翻垂直褥式缝合（图 12-4）。特别注意要保持缝线不露出膀胱腔内，因为缝线暴露在膀胱腔内能增加结石复发的可能性。选择应用吸收性缝合材料，例如聚乙醇酸缝线。

5. 腹壁缝合　缝合膀胱壁之后，膀胱还纳腹腔内，常规缝合腹壁。

【术后护理】

（1）术后观察患犬、猫排尿情况，特别是在手术后 48～72h，有轻度血尿或尿中有少量血凝块属正常现象。如果血尿比较多，而且较浓，应采取止血措施。

（2）全身应用抗生素类药物治疗，防止术后感染。

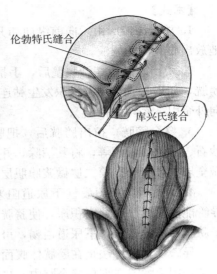

图 12-4　膀胱壁的双层连续内翻水平褥式缝合

第五节　犬、猫膀胱破裂修补术
（repair of ruptured bladder of dogs and cats）

【局部解剖】

1. 犬　膀胱前端钝圆为膀胱顶，突向腹腔，后端逐渐变细为膀胱颈，与尿道相连，膀胱顶与膀胱颈之间是膀胱体。除膀胱颈突入骨盆外，大部分膀胱位于腹腔内，但不被大网膜覆盖，所以取出部分脏器很容易显露。膀胱的位置与储尿量有关，充盈时呈长的卵圆形，膀胱顶可达脐部。雄犬的膀胱位于直肠、生殖褶及前列腺的腹侧，雌犬则位于子宫的后部及阴道的腹侧。

2. 猫　膀胱呈梨形，位于腹腔后部，膀胱的腹侧有一条悬韧带与腹壁固定，两侧则有一对侧韧带与背部体壁固定。

【适应症】膀胱破裂。

【保定】仰卧保定，后躯稍垫高，后肢伸直向外后方开张保定。

【麻醉】全身麻醉。

【术部】雌犬在耻骨前缘腹中线上切口，雄犬在腹中线旁 2～3cm 处做平行于腹中线的纵切口。

【术式】

1. 放出尿液　由后向前纵向切开皮肤和肌肉，到达腹膜后，先剪一小口，缓慢、间断地放出腹腔内的尿液。

2. 引出膀胱　切开腹壁后，手指伸入将肠管向前拨动，然后移入骨盆腔入口处，检查膀胱，如果膀胱与周围组织发生粘连，应认真细致地将粘连部分剥离。用舌钳固定膀胱轻轻向外牵引，经切口拉出。

3. 缝合膀胱　拉出膀胱后，把膀胱破裂口剪修整齐，然后检查膀胱内部，如有结石、沙石、异物，肿瘤等，将其消除，并用大量生理盐水冲洗。用铬制肠线缝合破裂口，第一层做全层连续缝合，第二层做浆膜肌层间断内翻缝合。

4. 装置导管　原发性下尿道阻塞未解除之前，为了解决病犬排尿问题，应装置导管。导管能随时放出膀胱内积尿，使膀胱保持空虚状态，以减少缝合张力，防止膀胱粘连，有利于膀胱组织的愈合。下尿道通畅，可不用装置导管。

导管装置的方法是在膀胱体腹面，先用丝线通过浆膜肌层做一烟包缝合，缝线先不抽紧打结，用手术刀在烟包缝合圈内，将膀胱切一小口，随即插入医用 22 号蕈状导尿管并抽紧缝线固定。在腹壁切口旁边做一小切口，伸入止血钳夹住导管的游离端将其引出体外，并用结节缝合使之固定在腹壁上。

5. 冲洗腹腔　以大量灭菌生理盐水冲洗腹腔，尽量清除纤维蛋白凝块。

6. 闭合腹腔　常规缝合腹壁各层。

【注意事项】

（1）查明膀胱破裂的原因，排除下尿道阻塞。

（2）装置导管应在膀胱的腹侧，这样便于排尿。

（3）固定导管的缝线避免穿透黏膜层，防止引起膀胱结石。

【术后护理】

（1）术后应用抗生素抗菌消炎，防止感染。

（2）应用尿路消毒药，对消除膀胱和尿道的炎症有一定作用。

（3）原发性尿道阻塞原因排除后，用止血钳暂时关闭导尿管，根据术后膀胱机能恢复和尿道通畅情况，确定拔管时间。

第六节　公犬的尿道切开术
（urethrotomy of the male dogs）

【局部解剖】犬阴茎起自坐骨弓，经左右股部之间向前延伸到脐部后方，由阴茎海绵体、阴茎骨和尿生殖道阴茎部构成。近端的阴茎体由阴茎海绵体构成，其外周被覆结缔组织构成的白膜，白膜伸入内部形成中隔。阴茎骨位于阴茎中下部的内部，与阴茎海绵体的远端相接，延伸至阴茎的末端后弯曲，形成纤维软骨性突起。阴茎骨腹侧有沟，容纳由海绵体包裹的尿生殖道。尿生殖道阴茎部为尿生殖道盆部的直接延续，由坐骨弓处伸入阴茎体腹侧的尿生殖道沟内，并沿阴茎体腹侧前行。尿生殖道周围的海绵体组织扩张，形成龟头，在龟头长部的顶端有尿道外口。尿生殖道分为盆部和阴茎部（海绵体部）。盆部位于盆腔底壁上，起自膀胱颈，在直肠和骨盆联合之间向后行，至骨盆后缘绕过坐骨弓，移行为阴茎部，在坐骨弓处变窄，称为尿道峡。阴茎部沿阴茎腹侧的尿道沟，向前延伸到阴茎头末端，以尿道外口通向体外。尿生殖道在盆部比较宽大，但出盆部后重新变窄小。

【适应症】尿道结石或异物。

【麻醉和保定】全身麻醉或高位硬膜外麻醉，仰卧保定。

【术部】根据导尿管或探针插入尿道所确定的尿道阻塞部位，前方尿道切开术的术部为阴茎骨后方到阴囊之间，后方尿道切开术的术部为坐骨弓与阴囊之间（图12-5）。

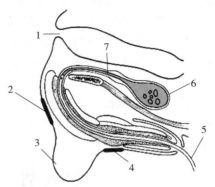

图 12-5　公犬尿道切开手术部位
1. 肛门　2. 后方尿道切口　3. 阴囊
4. 前方尿道切口　5. 导尿管　6. 膀胱
7. 尿道

【术式】

1. 阴囊前方尿道切开术　适用于阻塞部位在阴茎骨后方。阴茎骨后方到阴囊之间的包皮腹侧面皮肤剃毛、消毒。左手握住阴茎骨提起包皮和阴茎，使皮肤紧张伸展。在阴茎骨后方和阴囊之间正中线做 3～4cm 长的切口，切开皮肤，分离皮下组织，显露阴茎缩肌并移向侧方，切开尿道海绵体，使用插管或探针指示尿道。在结石处做纵向切开尿道 1～2cm。用钝刮匙插入尿道小心取出结石。然后导尿管进一步向前推进到膀胱，证明尿道通畅，冲洗创口，如果尿道无严重损伤，应用可吸收性缝线缝合尿道。如果尿道损伤严重，不要缝合尿道，进行外科处理，大约 3 周即可愈合。

若在阴茎软骨段尿道发生结石，则需在阴茎软骨正中线切开皮肤、皮肤筋膜，切开软骨部的尿道，取出结石。用 5-0 可吸收性缝线间断缝合尿道外筋膜，用丝线分别结节缝合皮下组织及皮肤。

2. 后方尿道切开术　术前应用柔软的导尿管插入尿道。在坐骨弓与阴囊之间正中线切开皮肤，钝性分离皮下组织，大的血管必须结扎止血，在结石部位切开尿道，取出结石，生理盐水冲洗尿道，清洗松散结石碎块。其他操作同尿道切开术。

手术结束前，安置导尿管，将导尿管外端缝合固定在包皮内。

【术后护理】全身使用抗生素防止创口感染，局部每天涂擦活力碘，同时向导尿管中注入抗生素。5～7d 后拔出导尿管，8～10d 后拆除皮肤缝合线。

第七节　公猫的尿道切开术
(urethrotomy of the male cats)

【适应症】尿道结石或由于局部瘢痕收缩造成尿道狭窄。

【麻醉和保定】全身麻醉，仰卧保定。

【术部】阴茎前端到坐骨弓之间阴茎腹侧正中。

【术式】术部皮肤剃毛、消毒。将阴茎从包皮拉出约 2cm，用手指固定，从尿道口插入细导尿管到结石阻塞部位。在阴茎腹侧正中切开皮肤，钝性分离皮下组织，结扎大的血管。在导尿管前端结石阻塞部切开尿道，取出结石。导尿管向前方推进到膀胱，排出尿液，用生理盐水冲洗膀胱和尿道。如果尿道无严重损伤，应用可吸收缝线缝合尿道。如果尿道损伤严重，尿道不能缝合，进行外科处理后，经过数日后即可愈合。

对患下泌尿道结石性堵塞的公猫，可实施尿道造口手术。猫俯卧保定，后躯垫高，常规消毒阴茎周围的皮肤。切开阴茎周围的皮肤，分离阴茎与周围的组织，使阴茎暴露于创口外 4～6cm，插导尿管。在阴茎头的背侧距阴茎头 2cm 向后纵向切开阴茎组织 3～4cm，使尿道暴露，将双腔导尿管插入膀胱，并注射 1mL 液体使双腔导尿管位置稳固。将尿道黏膜与创缘皮肤缝合在一起。导尿管连接尿袋，固定于背部，用纱布小衣服使尿袋固定。

【术后护理】创部涂布抗生素软膏；冲洗 3d。建议采用静脉输液 4d 供应营养，并纠正猫体内的酸碱平衡；给猫戴上伊丽莎白颈圈，使猫不能舔咬创部组织和导尿物品。术后 7d 全身应用抗生素类药物。

第八节　大动物尿道切开术
（urethrotomy in large animals）

【局部解剖】

1. 马的阴茎　主要由勃起组织构成，包于骨盆外部尿道周围，自坐骨弓起经左、右后肢之间向前伸到到腹壁的脐部，阴囊前部阴茎被包皮包围。马阴茎为左、右压扁的圆周柱状。尿道及尿道海绵体位于阴茎海绵体的腹侧，尿道海绵体围绕尿道构成管状，在阴茎体部尿道海绵体的背侧比腹侧及外侧均薄，尿道海绵体的构造和阴茎海绵体相似。球海绵体肌包围尿道海绵体，由平滑肌组成，纤维为横行，在腹中线有纤维缝。阴茎缩肌由平滑肌组成，纤维为纵行（图 12-6）。

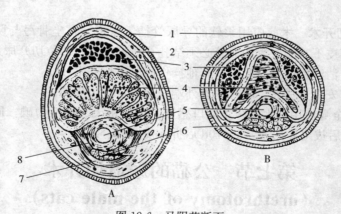

图 12-6　马阴茎断面

A. 包皮环处　B. 龟头处

1. 皮肤和皮下组织　2. 结缔组织　3. 龟头海绵体　4. 阴茎海绵体
5. 尿道　6. 阴茎缩肌　7. 横行肌纤维层　8. 球海绵体肌

2. 牛的阴茎　比马长，但较细，在阴囊部形成 S 状弯曲，牛的阴茎是长圆柱形，属于纤维弹性型，在没有勃起时比较坚硬。牛的尿道海绵体在尿道周围比马发达，尤其是腹侧最厚，在阴茎两侧有大血管（图 12-7）。

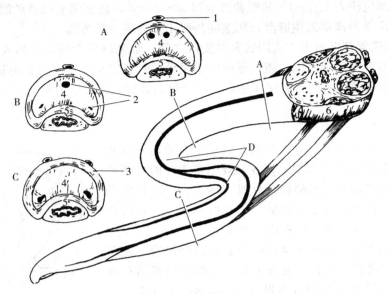

图 12-7　牛阴茎解剖图

A、B、C表示三个断面及其位置，D表示牛尿道结石多发位置

1. 阴茎动脉　2. 阴茎深部血管　3. 白膜　4. 阴茎海绵体
5. 尿道海绵体　6. 坐骨海绵体

3. 猪的阴茎　与牛相似，其S状弯曲在阴囊的前方。

血液供应：阴茎由阴部外动脉、闭孔动脉和阴部内动脉获得血液。主支经过阴茎根部进入海绵体内。其中进入血管沟的支称为阴茎背动脉，血液经同名静脉流出。

神经分布：支配阴茎的神经为一对阴部内神经，其主支进入背侧血管沟中，称为阴茎背神经。

【适应症】有种用价值的公牛的尿道结石造成排尿困难，公马尿道骨盆部或膀胱结石。但是，施行该手术的前提是尿道没有穿孔和坏死，尿液没有漏入阴茎周围组织。尿道破裂时，应施行阴茎截断与造口术。

【保定】牛一般采取侧卧保定，后肢转位，有的手术也可以柱栏内保定。马属动物采用柱栏内站立保定。

【麻醉】硬膜外麻醉、阴部神经传导麻醉或局部浸润麻醉。

1. 公马阴部神经传导麻醉　本麻醉法是麻醉阴茎游离部，所以必须同时封闭两侧阴部内神经，该神经经过坐骨切迹中间，由骨盆进入阴茎，两侧阴部内神经彼此间的距离为2～3mm。手术马柱栏内保定之后，固定两后肢。在肛门下方，用手触摸坐骨切迹，然后将阴茎自中线推向左侧，注射针自中线右侧刺入，向着坐骨切迹后缘，以自上向下、自后向前、自左向右的方向达骨组织，深2～3cm，注射3%盐酸普鲁卡因20mL，经5～7min阴茎开始由包皮口脱出。老年公马和去势马阴茎发生萎缩，当阴茎因龟头脂与包皮粘连时，可用手或敷料钳子拉出。

2. 牛阴茎背侧神经传导麻醉　S状弯曲的会阴部为注射部位。术者在阴囊基部后上方用手抓住阴茎S状弯曲部，并将阴囊拉向后方，以右手从阴茎的侧方，将针头刺向阴茎背侧，并在这个部位注入 1‰～3‰盐酸普鲁卡因 30～60mL，使更多的药液扩散到 S 状弯曲附近。经 10min 阴茎游离部发生麻醉，阴茎向外脱出并伸展 S 状弯曲。

【术部】在阴囊基部后上方或阴囊和包皮口之间。临床材料表明，牛的大多数尿道结石位于阴茎 S 状弯曲部的远曲段，能用尿道探子或导尿管确定结石位置，也可通过皮肤触诊，多数尿道阻塞部敏感、肿大，有坚实感，有时能触到黄豆大或较小的结石。

【术式】

1. 公牛

（1）阴囊基部后上方切口：在阴囊后正中线处切开皮肤 10～15cm，钝性分离皮下组织，锐性切开阴茎周围的结缔组织膜，注意不得损伤阴囊和鞘膜，分离阴茎缩肌，将 S 状弯曲牵引至皮肤切口外，用手触摸确定结石所在部位，然后再切开尿道，整个手术注意无菌操作（图 12-8）。

图 12-8　公牛尿道切开手术部位

（2）阴囊和包皮口之间切口：动物必须侧卧保定，在麻醉之后从包皮口将阴茎拉出，充分伸展。准确地摸到结石部位后，在结石部位的中线切开皮肤 12～15cm，切口应避开包皮黏膜。

（3）排除结石：有两种方法：在尿道内压碎结石；切开尿道取出结石。

采用压碎法时，先将结石用手指在尿道外固定，用专门的钳子或巾钳前端置于结石两侧，用力压碎结石，轻轻按摩阴茎，刺激球海绵体肌收缩，如果有尿流出，结石能自行排出，否则用生理盐水冲洗尿道。如果两次压碎动作仍未使结石破碎，宜切开尿道壁，否则有损伤阴茎和使尿道穿孔的危险。然后，用细的铬肠线连续缝合皮下组织，用一般缝线结节缝合皮肤。有人在临床实践中，在尿道内放置导尿管 48～72h，其优点是有利于尿道损伤的修复，但有可能导致逆行性尿道和膀胱感染。

采用尿道切开去除结石时，用手术刀越过结石或在结石的远侧端切开足够取出结石的切口，取出结石后，用细铬肠线密闭连续缝合尿道，阴茎周围筋膜也用肠线紧密缝合，避免造成死腔，皮肤用丝线结节缝合。

2. 公马　公马的尿道切开和牛基本相同，但马的尿道结石十分稀少，多发存在于膀胱和尿道骨盆部或尿道远端的结石。对于尿道远端结石，可用异物钳或止血钳由尿道外口取出。对于尿道骨盆部或膀胱结石，术前从尿道外口插入导尿管，直达结石部位，作为切开尿道的标志。然后于肛门括约肌直下方的阴茎坐骨弓处做一长 8～10cm 的中线皮肤切口，在阴茎缩肌之间做锐性分离，经球海绵体肌、海绵体直到尿道，以单纯连续缝合或褥式缝合制止海绵体腔隙出血。切开尿道并去掉导尿管，切口向上延长至能插入碎石钳或抓钳的长度，应细心操作使盆腔尿道扩张，碎石钳插入膀胱后，术者左手或右手伸入直肠帮助将结石置于钳的前部，小结石可完整取出，大结石必须以碎石钳压破，再细心除去所有的碎片，剩下的沙粒充分冲洗和用虹吸法排除。注意不要将结石碎片流入阴茎尿道，确认结石全部取出后，选用可吸收缝线依次密闭缝合尿道、皮下组织，再用丝线结节缝合皮肤。

【术后护理】给予足够的饮水，以利尿道畅通。打上尾绷带，并将尾拉向体侧加以固定，要预防感染。术部有化脓症状时，立即拆线，令其自愈。

第九节 大动物尿道造口术
（urethrostomy in large animals）

【适应症】由各种原因所致公马、公牛、公猪尿道闭塞。临床实践中，有的公牛、公羊尿道闭塞是由于无血去势时，去势钳造成 S 状弯曲部急性炎症而发病。

【保定】柱栏内站立保定或侧卧保定。

【麻醉】硬膜外麻醉或局部浸润麻醉。

【术部】马或牛在坐骨弓水平会阴部正中线切开，牛还可在阴囊基部后上方切开。

【术式】

1. 公牛 在坐骨弓水平线、两后肢间做 10～15cm 的皮肤切口，钝性或锐性分离皮下结缔组织、会阴筋膜，直达阴茎。用钝性剥离方法分离阴茎周围组织（注意不要把阴茎缩肌误认为阴茎，阴茎被有筋膜，平滑、有光泽、稍带黄色）。然后把阴茎拉到皮肤切口，呈屈曲状突出于皮肤切口之外。为防止尿液流入深部组织，应将阴茎加以固定。较为简便的固定方法是用一条粗丝线或非吸收缝线，由皮肤切口的一侧穿过，并穿通阴茎体（不得穿透尿道），再穿过对侧皮肤，固定阴茎弯曲于皮肤切口之间。沿尿道正中切开尿道，尿道黏膜边缘和同侧皮肤切口边缘用丝线结节缝合，造成人工尿道开口，尿液由此向外排出。

另外，可选择阴囊基部后上方为手术切口部位，该部位容易接近阴茎，便于将阴茎拉出皮肤切口之外，且可减少切口部位靠上而引起的尿液浸渍。动物在侧卧保定或站立保定的条件下，在阴囊基部正中线向上切开 15cm 长的皮肤切口，然后照上述方法切开尿道，使成人工尿道。

虽然在站立保定条件下，坐骨后水平切开尿道的手术方法简而易行，但对肥胖牛不利。肥胖牛的阴茎被厚的脂肪覆盖，位置较深，给手术带来一定的困难。此外，还由于向后排尿，尿液浸渍会阴部，易造成严重的皮肤炎。

2. 公马 尿道造口部位与牛坐骨弓水平切口相同，马的阴茎比牛容易暴露，故操作方便，不需要用粗缝线固定阴茎。尿道切开之后，将同侧皮肤和黏膜结节缝合，造成人工尿道开口。

在肉用牛或猪，也可在肛门下坐骨弓水平切开皮肤，钝性分离阴茎周围结缔组织，固定阴茎，在 S 状弯曲上方将阴茎横向切断，阴茎背动脉进行结扎，将阴茎切断的近端用结扎的办法控制海绵体出血，再用缝合的方法将阴茎断端固定到皮肤之外，允许向外突出 2～3cm。但在结扎和固定时不应影响排尿。

【术后护理】为了保证尿液通过人工尿道口自由排出，要注意清除尿道的血凝块，平时给予足够的饮水，不要创造黏膜坏死的条件，保证尿液排出。

第十节 犬、猫尿道造口术
（urethrostomy of the male dogs and cats）

【适应症】犬、猫尿石症反复发作。

【保定】俯卧保定。

【麻醉】全身麻醉。

【术部】会阴部。

【术式】术前如有可能，在阴茎内插入导管。将会阴部稍稍抬高，环绕阴囊和包皮做纵椭圆形切口，并切除皮瓣。向背侧后翻阴茎，并切除其周围结缔组织，向坐骨弓处阴茎附着物的腹侧和外侧扩大切口，锐性分离腹侧的阴茎韧带，横切坐骨处的坐骨海绵体肌和坐骨尿道肌，注意不要损伤阴部神经分支。向腹侧后翻阴茎，暴露其背侧尿道球腺，避免对阴茎的背侧位过度分离，以防损伤供应尿道肌的神经和血管。切除尿道上的阴茎缩肌，纵向切开阴茎尿道，超过尿道球腺水平约1cm。使用4-0可吸收缝线缝合尿道黏膜和皮肤，直至阴茎的2/3组织缝合到皮肤（图12-9），然后切断末端，间断缝合剩余的皮肤。

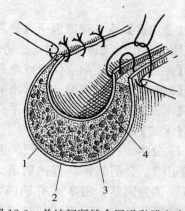

图 12-9　单纯间断缝合尿道黏膜和皮肤
1. 皮肤　2. 纤维层　3. 海绵状组织
4. 尿道粘膜

【术后护理】在麻醉苏醒前，对患猫装以项圈，以防猫拨出导尿管或舔咬尿道造口。术后使用抗生素控制感染，1周后拔除导尿管。

第十一节　阴茎截除术
（amputation of the Penis）

【适应症】阴茎远端的新生物、冻伤、深的创伤和阴茎部分坏死等。

【保定】中、小动物可采用仰卧保定；大动物侧卧保定，后上肢转位固定。

【麻醉】全身镇静加硬膜外腔麻醉，或阴部内神经传导麻醉、全身麻醉。

【术式】手术由阴茎截断术和尿道造口术两部分组成。术部常规准备，将麻醉后脱出的阴茎向外拉直，先后用0.5%高锰酸钾溶液和生理盐水冲洗，切实洗净包皮和阴茎的污垢，确定尿道造口部位（要位于健康的阴茎组织）并按手术要求消毒、隔离，在阴茎预定切口上端做临时性结扎止血。先绕阴茎周缘切除过多的部分包皮（注意不要切除太多），再插入导尿管，沿阴茎腹侧正中线依次纵向切开白膜、尿道海绵体、尿道黏膜，长度约3cm。再在尿道切口的远端切除阴茎的坏死部分，注意不要垂直切，要切成凹面，适量保留阴茎两侧和背侧的白膜，然后用可吸收缝线结节缝合白膜，尽可能使海绵体被白膜包住。解除临时性结扎线，将尿道黏膜边缘与同侧皮肤切口边缘用丝线结节缝合，造成人工尿道开口。再结节缝合其余的包皮，注意包皮要展平并保持一定的紧张性，最后整理皮缘外翻并消毒。为防止阴茎海绵体出血，可选用适当粗细的橡胶管向上插入尿道，以缝线将其固定在阴茎的余端上，利用压迫尿道海绵体的作用进行止血。公牛宜同时行去势术。

若犬阴茎软骨处发生坏死，则需截除阴茎软骨，并在会阴部或阴囊前做人工尿道造口，手术方法同公犬尿道切开术。

【术后护理】术后几日内做适当的运动，注意局部清洁，每天用抗生素生理盐水冲洗创口，并涂抹抗生素软膏，直到创口愈合。连续注射抗生素 2～3 周，防止尿道感染。术后10d 拆除造口部及皮肤缝线。

第十二节　雄性动物去势术
（male animal castration）

摘除雄性动物的睾丸或破坏其生殖机能，使动物失去性欲和繁殖能力的一种方法称为去势术。目的是使性情恶劣的动物变得温顺，易于管理和使役；淘汰不良品种；提高肉用动物的皮毛质量和使肉质细嫩、味美，并能加速肥育、节约饲料。另外，当睾丸炎、睾丸肿瘤、睾丸创伤、鞘膜积水等疾病用其他方法治疗无效时，去势术成为治疗这些疾病的方法之一。当发生腹股沟阴囊疝时，在手术还纳疝内容物后，常进行睾丸摘除术，然后闭合腹股沟内环。

一、阴囊、睾丸的局部解剖

（一）阴囊

阴囊的位置因动物的种类而有差别。牛、马、羊阴囊较大，悬吊于耻骨部下方、两后肢之间。猪的阴囊位于肛门下方，距肛门很近。犬的阴囊位于腹股沟部与肛门之间的中央部，阴囊部的皮肤常带有色素，且生有稀疏的细毛，正中缝不很清楚。猫的阴囊位于肛门的腹面，对着坐骨联合的中线，正中缝很明显。阴囊为皮肤、肉膜、睾外提肌和鞘膜组成的袋状囊，内有睾丸、附睾和一部分精索；其上方狭窄为阴囊颈，远端游离部为阴囊底。反刍动物阴囊颈部细长，公猪的阴囊颈部不发达。

1. 阴囊皮肤　较薄，易于移动和伸展，表面正中线上有一条阴囊缝际将阴囊分成左右两半。去势时，阴囊缝际是手术的定位标记。

2. 肉膜与肉膜下筋膜　肉膜位于皮肤内面，由少量弹性纤维、平滑肌构成，沿阴囊缝际形成一隔膜，称为阴囊中隔。肉膜与阴囊皮肤牢固地结合，当肉膜收缩时，阴囊皮肤起皱褶。肉膜下筋膜薄而坚固，与肉膜紧密相连，它在阴囊底部的纤维与鞘膜密接，构成阴囊韧带。

3. 睾外提肌　位于总鞘膜外，是一条宽的横纹肌，向下则逐渐变薄。

4. 鞘膜　由总鞘膜和固有鞘膜组成。

（1）总鞘膜：是由腹横筋膜与紧贴于其内的腹膜壁层延伸至阴囊内形成，呈灰白色坚韧有弹性的薄膜，包在睾丸外面。总鞘膜与固有鞘膜之间形成鞘膜腔，在阴囊颈部和腹股沟管内形成鞘膜管，精索通过鞘膜管。管的上端有鞘环（内环）与腹腔相通。总鞘膜折转到固有鞘膜的腹膜褶，称为睾丸系膜或鞘膜韧带。

（2）固有鞘膜：是腹膜的脏层，此膜向上经腹股沟管和腹膜脏层相连。固有鞘膜包着睾丸、附睾和精索，它在整个精索及附睾尾的后缘与总鞘膜折转来的腹膜褶（睾丸系膜）相连。在睾丸系膜的下端，即附睾后缘的加厚部分称为附睾尾韧带。露睾去势时必须剪开附睾尾韧带、撕开睾丸系膜，睾丸才不会缩回（图 12-10）。

（二）睾丸与附睾

马和猪的睾丸呈椭圆形，牛、羊的睾丸呈长椭圆形。附睾体紧贴在睾丸上，附睾尾部分游离，并移行为输精管。公马的睾丸水平地位于阴囊内，附睾紧贴在睾丸背面。牛、羊的睾丸垂直地位于阴囊内，附睾附着在睾丸的后面，附睾尾在下。公猪的睾丸呈斜位，附睾紧贴在睾丸的前面，尾部位于其上方。犬的睾丸呈卵圆形，长轴略斜向后上方，前为头端，后上方为尾端，附睾较大，紧贴于睾丸的背外侧面，前下端为附睾头，后上端为附睾尾。

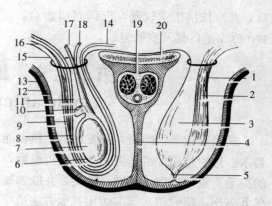

图 12-10　阴囊模式图

1. 精索　2. 提睾肌　3. 总鞘膜　4. 阴囊中隔
5. 阴囊 韧带　6. 固有鞘膜　7. 睾丸　8. 总鞘膜
9. 提睾肌　10. 附睾　11. 鞘膜腔　12. 肉膜
13. 阴囊皮肤　14. 腹膜　15. 腹股沟管
16. 提睾肌筋膜（腹直肌鞘外叶）　17. 精索内的血管
18. 输精管　19. 阴茎（切断）　20. 耻骨（切断）

（三）精索

精索为一索状组织，呈扁平的圆锥形，由血管、神经、输精管、淋巴管和睾内提肌等组成，上起腹股沟管内口（内环），下止于睾丸的附睾。分成两部分：一部分含有弯曲的精索内动脉、精索内静脉及其蔓状丛，以及由不太发达的平滑肌组成的睾内提肌、精索神经丛和淋巴管；另一部分为由浆膜形成的输精管褶，褶内有输精管通过。

（四）腹股沟管及鞘膜管

腹股沟管是漏斗形的肌肉缝隙，位于腹股沟部的腹外斜肌和腹内斜肌之间，管长有10cm（马）。它有两个开口，外口又称皮下环（外环），是一个 10～13cm 的裂隙（马），是由腹外斜肌的腱膜所构成。内口又称为腹环（内环），以腹内斜肌的后缘为前界，以腹股沟韧带为后界，口的形状为卵圆形，长径有 3～4cm（马）。直肠检查时，在耻骨前缘两侧的前方 3～4cm，距腹中线侧方 11～14cm 处，容易摸到腹股沟内口（内环）。

鞘膜管是腹膜的延续部分，位于腹股沟管内，它和腹股沟管一样，也有内口和外口，内口与腹腔相通，外口与鞘膜腔相通。管内有精索通过，睾外提肌位于鞘膜管的外侧壁外面。整个鞘膜管因为在上 1/3 处有一缩小的峡，因此它的形状是上下粗，中间细，去势后一旦发生肠脱出时，这一狭窄部分常妨碍脱出肠管的还纳（图 12-11）。

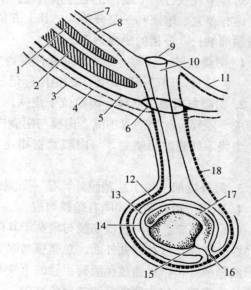

图 12-11　雄性鞘突图解

1. 腹横肌　2. 腹内斜肌　3. 皮肤　4. 腹壁浅深筋膜
5. 腹外斜肌腱膜　6. 腹股沟浅环　7. 腹膜　8. 腹横筋膜
9. 腹股沟深环　10. 鞘环　11. 腹膜　12. 鞘膜壁层
13. 鞘膜腔　14. 鞘膜脏层　15. 睾丸 固有韧带
16. 附睾尾韧带　17. 附睾　18. 筋膜

二、公马去势术
(castration of the male horse)

公马去势的适宜年龄是 2~4 岁。年龄过小，则体格发育尚未完成，去势后会影响发育；年龄过大，则因精索太粗，术后容易发生出血和慢性精索炎，且习惯业已形成，术后性情改变缓慢，对饲养管理和调教都不利。去势的时间在一年四季均可进行，但以春末夏初和晚秋最为适宜。

【术前检查和准备】

1. 术前检查　全身检查应注意体温、脉搏、呼吸是否正常，有无全身变化，以及局部有无影响去势效果的病理变化。如有上述情况，应待恢复正常后再进行去势术。在传染病流行时，也应暂缓去势。骨软症的马在倒马时容易发生骨折，必须引起重视。阴囊的局部检查应检查两侧睾丸是否均降入阴囊内，有无隐睾存在；是否为阴囊疝；两侧睾丸、精索与总鞘膜是否发生粘连；两侧睾丸有无增温、疼痛、增生等病理变化。腹股沟内环的检查应通过直肠检查以确定腹股沟内环的大小；内环能插入 3 个手指指端者，即为内环过大，去势时肠管有可能从腹股沟管脱出的危险，为预防肠管脱出，应进行被睾去势术。此外，还应检查鞘膜有无积水，睾丸及精索与鞘膜有无粘连等。

2. 术前准备　去势前 2 周左右应注射破伤风类毒素，或手术当日注射破伤风抗血清。术前 12h 禁饲，不限饮水。术前应对动物体表进行充分刷拭。场地可选在露天场地进行，但应选择沙地或草地上进行，地面清扫并喷洒消毒液，以免手术时尘土飞扬，污染术部。准备好保定绳及附属用品，如铁环、别棍、手术器械和药品等器械和保定物品。待动物保定好后，对阴囊及会阴部进行彻底的术部清洁与消毒，并打尾绷带，以防马尾污染阴囊部切口。

【麻醉】局部麻醉。但对性情凶猛的马可进行全身麻醉，也可进行精索内神经传导麻醉。

【保定】在露天场地去势时应进行倒马，并施行左侧卧保定，把左后肢与两前肢捆在一起，右后肢向前方转位，并与颈部的倒马绳固定在一起。

【术式】根据去势时是否切开总鞘膜，可分为开放式露睾去势法和被睾去势法两种。

(一) 开放式露睾去势术

1. 固定睾丸　术者在马的背腰侧俯蹲于马的腰臀部，左手握住马的阴囊颈部，使阴囊皮肤紧张，充分显露睾丸的轮廓，并使两睾丸与阴囊缝际平行排列，确实固定，防止偏移。如用手固定睾丸有困难时，可用灭菌的结扎带绑扎阴囊颈部固定睾丸。

2. 切开阴囊及总鞘膜显露睾丸　在阴囊缝际两侧 1.5~2.0cm 处平行缝际切开阴囊及总鞘膜，切口长度以睾丸能自由露出为度。若睾丸与鞘膜粘连，应仔细分离粘连部。先切开上方（右侧）睾丸处的阴囊，再切下方（左侧）的。切开时，若切口过小、歪斜、过高、内外不一致等，都会影响创液的排出，不利于预防切口感染和加速创口愈合。

3. 剪开阴囊韧带，撕开睾丸系膜　睾丸露出后，术者一手固定睾丸，另一手将阴囊和总鞘膜向上推，在附睾尾上方找到附睾尾韧带，由助手用手术剪紧贴附睾尾侧剪断，术者手顺着剪口向上分离撕开睾丸系膜，睾丸即下垂不再缩回（图 12-12）。

4. 除去睾丸的几种方法

（1）结扎法：术者左手将总鞘膜和皮肤向腹壁方向推动，右手适当地向下牵引睾丸，以充分显露精索。在睾丸上方 6～8cm 处的精索上，用弯圆针系 10 号丝线进行单纯贯穿结扎，结扎精索的结扣要求确实打紧。为此，在第一结扣系紧后，助手用止血钳立即将结扣夹住，术者再打第二结扣，在第二结扣打紧的瞬间，助手迅即将止血钳撤除，这种操作可防止结扣的松脱。在结扎线的下方 1.5～2.0cm 处切断精索。在确定精索断端不出血后用碘酊消毒，将精索断端缩回到鞘膜管内。该法的优点是安全、迅速、止血确实。其缺点是如缝线消毒不确实，无菌操作不严格，易发生精索感染，甚至形成精索瘘。

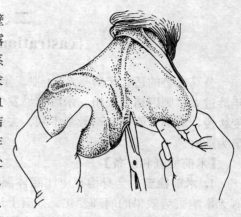

图 12-12　剪开附睾尾韧带，分离睾丸系膜

（2）捻转法：充分显露精索后，先用固定钳（图 12-13）在睾丸上方 6～8cm 处的精索上紧靠腹壁垂直地钳住精索（注意不要把阴囊皮肤夹在里面），确实固定后，助手在距固定钳下方 2～4cm 处装好捻转钳（图 12-14），慢慢地从左向右捻转精索，由慢渐快直至完全捻断为止，但不可强行拉断。断端用碘酒消毒，缓缓地除去固定钳。用同样的方法捻断另一侧精索，除去睾丸。该法安全可靠，止血确实，对精索较粗的马尤为适宜。

（3）锉切法：充分显露精索后，先在精索上装好固定钳，再紧靠固定钳装着锉切钳（图 12-15），钳嘴应与精索垂直，"锉齿"向腹壁侧，"切刀"向睾丸侧。然后逐渐加大压力，徐徐紧闭钳嘴，锉断精索。断端涂碘酊，经过 2～3min 取下锉切钳和固定钳。再按同样的操作方法去掉另一侧睾丸。该法切口容易愈合，对 2～4 岁精索较细的马止血效果确实，但对精索较粗的老马，止血常不够理想，容易引起术后出血。

图 12-13　固定钳

图 12-14　捻转钳

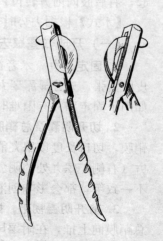

图 12-15　锉切钳

（4）捋断法：充分显露精索后，术者左手抓持睾丸，使精索处于半紧张状态，右手拇指、中指和食指夹住精索，用拇指和食指的指端反复地刮捋精索。经过反复地刮捋以后，精索逐渐变细变长，直至精索被刮断为止。此法术后不易引起感染，但对老龄和精索较粗的马，常常止血不够确实，容易引起术后出血。

（二）被睾去势法

当腹股沟管内环过大，露睾去势有发生肠脱出危险时，或患有阴囊疝的马进行去势时，可采用此法。该法只切开阴囊而不切开总鞘膜，用钝性分离的方法将总鞘膜与阴囊剥离，摘除睾丸的同时将总鞘膜一同切除。

1. 结扎法　适用于精索较细的 3～4 岁的公马。在阴囊底部距阴囊缝际 2cm 处，与缝际平行分层切开阴囊皮肤和肉膜，显露总鞘膜。阴囊皮肤固定得越紧张，则切开阴囊皮肤和肉膜后总鞘膜显露越容易。必要时可用手术刀或手术剪进行剥离，直至将总鞘膜和肉膜完全分离开，并尽量向上剥离，充分显露被有总鞘膜的精索。用 10 号丝线贯穿结扎总鞘膜和精索，在结扎线下方 1.5～2.0cm 处切断总鞘膜和精索，去掉睾丸。

2. 榨木去势法　用消毒的榨木（一端用绳扎住），在被有总鞘膜的睾丸上方 6～8cm 的精索处，垂直夹住总鞘膜与精索。然后用榨木钳子（图 12-16）闭合榨木的另一端，使总鞘膜和精索被压成片状，将榨木的另一端用绳扎紧加以牢固地固定。最后在榨木下方 2～2.5cm 处切断总鞘膜和精索，断端涂以碘酒。榨木可在 3～4d 后取下，如用在阴囊疝治疗时，可在 7～10d 后取下。

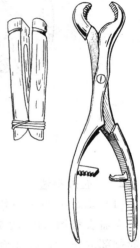

图 12-16　榨木及其固定钳

【术后护理】 术后 3～4h 内，将马拴系在安静场地，注意观察术后出血和腹腔内容物脱出情况。上述两种情况多在术后 1～4h 内发生，也有的出血发生在术后 36～48h（由于血凝块的溶解，血管断端再出血）。术后防止马卧地，从术后第二天起，每日早晚测马的体温，并做牵遛运动 30～40min，在此期间严禁骑乘运动和接近母马。1 周后可延长牵遛运动时间，10d 后即可转入正常的饲养与使役。

三、公牛、公羊去势术
(castration of the bull and ram)

役用公牛去势一般在其 1～2 岁较为适宜，肥育牛则在出生后 3～6 个月左右去势。公羊的去势在出生后 4～6 周龄，也有在成年时去势的。

【麻醉】 一般不麻醉，烈性公牛可用静松灵麻醉。

【保定】 牛无血去势钳去势时，采用六柱栏内站立保定，将后挡带拦住牛股后，以防牛后踢，前挡带紧紧拦住前胸，以防牛前冲，鬐甲带压住颈部以防牛跃起。保定人员一人抓住牛鼻钳控制头部，另一人将牛尾拉向体侧。开放式露睾去势法和捶阉法都采用侧卧保定。

【术式】

1. 开放式露睾去势法　术者左手握住牛的阴囊颈部，将睾丸挤向阴囊底部，在阴囊的后面或前面距阴囊缝际外侧 1.5～2.0cm 处，平行缝际各做一个纵切口，一刀切开阴囊各层，挤出睾丸。用剪刀剪开附睾尾韧带并分离睾丸系膜，然后对精索用结扎法或捽断法处理后除去睾丸。阴囊切口也可用横切法、横断法，其他操作同公马的露睾去势法（图12-17）。

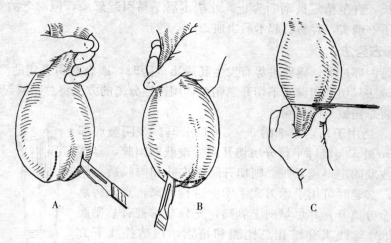

图 12-17　公牛露睾去势法的阴囊切口
A. 纵切法　B. 横切法　C. 横断法

2. 无血去势法

（1）无血去势钳去势法：所用器械为大动物无血去势钳（图 12-18）。用去势钳夹住阴囊颈部的精索，破坏血液供应，断绝睾丸的营养，使睾丸逐渐萎缩、吸收而失去性机能，从而达到去势的目的。该法操作简单，节省材料，手术安全，可避免并发症。去势效果常与无血去势钳质量有关。为此，在去势前应检查去势钳的钳嘴对合是否严密，钳轴是否松动。

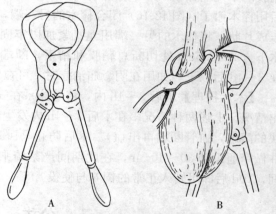

图 12-18　无血去势钳去势法
A. 无血去势钳
B. 无血去势钳钳夹和精索固定钳固定精索

术者用手抓住牛阴囊颈部，将睾丸挤到阴囊底部，将精索推挤到阴囊颈外侧，并用长柄精索固定钳夹在精索内侧皮肤上，以防精索在皮下滑动。助手将无血去势钳钳嘴张开，夹在长柄精索固定钳固定点上方 3～5cm 处，助手缓缓合拢钳柄，术者确定精索确实在两钳嘴之间时，助手方可用力合拢钳柄，即可听到清脆的"咔吧"声，表明精索已被锉断。若在合拢去势钳钳柄过程中，没有听到"咔吧"声，精索可能从钳嘴中滑出，对此情况需重新固定精索，重新钳夹。钳柄合拢后应停留 1～1.5min，再松开钳嘴，松钳后再于其下方 1.5～2.0cm 处的精索上钳夹第二道。另侧的精索做同样处理。钳夹部皮肤碘酊消毒。本法特别适用于公牛、公羊的去势，也可用于公马的去势。

（2）捶阉法：本法是民间常用的去势法。将睾丸和附睾实质捶碎并用手掌搓成粥状。术后睾丸逐渐被吸收，雄性特征也随之消失。

术者用手抓住阴囊颈部，将睾丸挤到阴囊底部，使阴囊皮肤紧张，以木质夹棍（也可用马的木制耳夹子代替）夹住阴囊颈部，使阴囊皮肤紧张。术者左手握紧夹棍一端，另一端抵止于牛的股部，右手持木棒（规格 30cm×6cm×6cm）对准睾丸猛力捶打 2～3 次，也可用术者手掌猛力推挤睾丸实质 3～4 次，即可将睾丸实质击碎。继续用两手掌挤压、揉搓，使睾丸、附睾被揉成粥状感。同法对另侧睾丸进行处理。解除夹棍，阴囊涂碘酊，松解保定。

公羊的去势术式同公牛的去势。

【术后护理】开放式露睾去势法手术的当天肌肉注射破伤风抗血清，其余的护理参考公马去势后的护理；公牛、公羊无血去势钳去势法术后无需治疗和特殊护理；用捶阉法去势的牛，在术后 1 周内应进行牵遛运动，以促进肿胀睾丸的消散与吸收。

四、公猪去势术
（castration of swine）

幼龄公猪去势年龄为 1～2 月龄，体重 5～10kg 最为适宜。成年公猪则不受年龄和体重的限制。在传染病的流行期和阴囊及睾丸有炎症时可暂缓去势。对阴囊疝可结合去势进行治疗。

【麻醉】可不麻醉。

【保定】左侧侧卧，背向术者，术者用左脚踩住颈部，右脚踩住尾部。

【术式】

1. 小公猪去势术　术者用左手腕部按压猪右后肢股后，使该肢向上紧靠腹壁，以充分显露两侧睾丸。用左手中指、食指和拇指捏住阴囊颈部，把睾丸推挤入阴囊底部，使阴囊皮肤紧张，将睾丸固定。右手持刀，在阴囊缝际两侧 1～1.5cm 处平行缝际切开阴囊皮肤和总鞘膜，显露出睾丸。左手握住睾丸，食指和拇指捏住阴囊韧带与附睾尾连接部，剪断或用手撕断附睾尾韧带，向上撕开睾丸系膜。左手把韧带和总鞘膜推向腹壁，充分显露精索后，用捋断法去掉睾丸，然后按同样操作方法去掉另侧睾丸。切口部碘酊消毒，切口不缝合（图 12-19）。

2. 大公猪去势术　左侧卧保定，在阴囊缝际两侧 1～1.5cm 处平行缝际切开阴囊皮肤和总鞘膜，切断附睾尾韧带，撕开睾丸系膜后充分显露精索，用结扎法除去睾丸。皮肤切口一般不缝合。

图 12-19　公猪去势术

五、公犬、公猫去势术
（canine and feline castration）

（一）公犬去势术

【适应症】适用于犬的睾丸癌或经一般治疗无效的睾丸炎症。切除两侧睾丸用于良性前列腺肥大和绝育。还可用于改变公犬的不良习性，如发情时的野外游走、和别的公犬咬斗、尿标记等。去势后不改变公犬的兴奋性，不引起嗜睡，也不改变犬的护卫、狩猎和玩耍表演能力。

【术前准备】术前对去势犬进行全身检查，注意有无体温升高、呼吸异常等全身变化。如有，则应待恢复正常后再行去势。还应对阴囊、睾丸、前列腺、泌尿道进行检查。若泌尿道、前列腺有感染，应在去势前 1 周进行抗生素药物治疗，直到感染被控制后再行去势。去势前剃去阴囊部及阴茎包皮鞘后 2/3 区域内的被毛。

【麻醉】全身麻醉。

【保定】仰卧保定，两后肢向后外方伸展固定，充分显露阴囊部。

【术式】

1. 显露睾丸　术者用两手指将两侧睾丸推挤到阴囊底部前端，使睾丸位于阴囊缝际两侧的阴囊底部最前的部位。从阴囊最低部位的阴囊缝际向前的腹中线上，做一 5～6cm 的皮肤切口，依次切开皮下组织。术者左手食指、中指推一侧阴囊后方，使睾丸连同鞘膜向切口内突出，并使包裹睾丸的鞘膜绷紧。固定睾丸，切开鞘膜，使睾丸从鞘膜切口内露出。术者左手抓住睾丸，右手用止血钳夹持附睾尾韧带，并将附睾尾韧带从附睾尾部撕下，右手将睾丸系膜撕开，左手继续牵引睾丸，充分显露精索。

2. 结扎精索，切断精索，去掉睾丸　用三钳法在精索的近心端钳夹第一把止血钳，在第一把止血钳的近睾丸侧的精索上，紧靠第一把止血钳钳夹第二、第三把止血钳。用 4～7 号丝线，紧靠第一把止血钳钳夹精索处进行结扎，当结扎线第一个结扣接近打紧时，松去第一把止血钳，并使线结恰好位于第一把止血钳的精索压痕，然后打紧第一个结扣和第二个结扣，完成对精索的结扎，剪去线尾。在第二把与第三把钳夹精索的止血钳之间，切断精索。用镊子夹持少许精索断端组织，松开第二把钳夹精索的止血钳，观察精索断端有无出血，在确认精索断端无出血时，方可松去镊子，将精索断端还纳回鞘膜管内（图 12-20）。

在同一皮肤切口内，按上述同样的操作，切除另一侧睾丸。在显露另一侧睾丸时，切忌切透阴囊中隔。

3. 缝合阴囊切口　用 2～0 铬制肠线或 4 号丝线间断缝合皮下组织，用 4～7 号丝线间断缝合皮肤，外打以结系绷带。

【术后护理】术后阴囊潮红和轻度肿胀，一般不需治疗。伴有泌尿道感染和阴囊切口有感染倾向者，在去势后应给予抗菌药物治疗。

（二）公猫去势术

【适应症】防止猫乱交配和对猫进行选育，

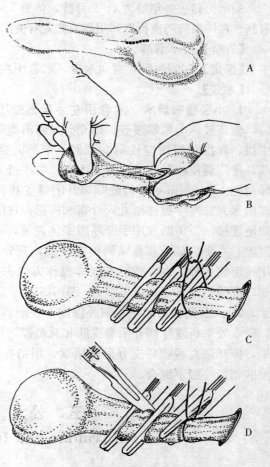

图 12-20　公犬去势示意图

A. 切口定位　B. 显露睾丸，充分显露精索　C. 精索上钳夹 3 把止血钳，在紧靠第一把止血钳处的精索上结扎精索　D. 松去第一把止血钳，使线结扎在钳痕处，在第二把与第三把止血钳之间切断精索

对不能作为种用的公猫进行去势。公猫去势后可减少其本身特有的臭味和发情时的性行为，如猫在夜间的叫声等。

【术前准备】剃去阴囊部被毛，常规消毒。

【麻醉】全身麻醉。

【保定】左侧或右侧卧保定，两后肢向腹前方伸展，猫尾要反向背部提举固定，充分显露肛门下方的阴囊。

【术式】将两侧睾丸同时用手推挤到阴囊底部，用食指、中指和拇指固定一侧睾丸，并使阴囊皮肤绷紧。在距阴囊缝际一侧 0.5～0.7cm 处平行阴囊缝际做一 3～4cm 的皮肤切口，切开肉膜和总鞘膜，显露睾丸。术者左手抓住睾丸，右手用剪刀剪断阴囊韧带，向上撕开睾丸系膜，然后将睾丸引出阴囊切口外，充分显露精索。结扎精索和去掉睾丸的方法同公犬去势术。两侧阴囊切口开放。

【术后护理】一般不需治疗，但应注意阴囊区有无明显肿胀。若阴囊切口有感染倾向，可给予广谱抗生素治疗。

六、隐睾去势术
(castration of cryptorchid)

在正常情况下，动物出生时睾丸即已落入阴囊，但有时睾丸可在腹腔内或腹股沟管内停留数月之久，然后才降入阴囊内（图12-21）。如果达去势年龄时，一侧或两侧睾丸未能按正常发育过程从腹膜后下降至阴囊内，而是滞留于腹腔、腹股沟管、阴囊入口处，即称为隐睾（cryptorchidism），又称睾丸下降不全。隐睾比正常睾丸小，发育不全，质地比正常睾丸柔软，不产生精子。

临床上，根据发生的个数分为单侧隐睾和双侧隐睾；根据发生的位置分为腹内型隐睾（又称高位隐睾）、腹股沟管内型隐睾和阴囊上型隐睾。本病可发生于马、牛、羊、猪、犬等各种动物，若发生于种用动物则影响繁殖，发生于肉用动物治疗不及时则影响生产。马的隐睾发生率较高，一般多为腹股沟管内型隐睾；牛的隐睾多为阴囊上型隐睾，腹内型隐睾很少见；猪的隐睾多为单侧性的，也有双侧性的，而且多为腹内型隐睾；犬的隐睾多为单侧性的，而且右侧隐睾比较多

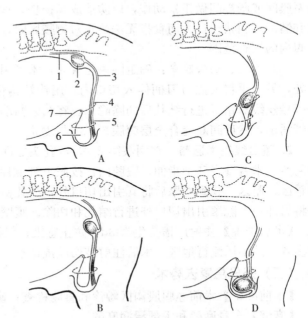

图 12-21　睾丸下降过程

A. 睾丸位于同侧肾脏的后方，由腹膜皱襞附着于腰区：1. 精索　2. 睾丸　3. 睾丸引带　4. 内环　5. 外环　6. 鞘突　7. 腹膜

B. 睾丸上方索状带将来形成附睾韧带，睾丸下方为睾丸引带

C. 胚胎末期，腹膜延伸形成鞘突，包被睾丸并开始进入腹股沟管

D. 睾丸引带缩短，使睾丸与附睾系膜进入鞘突，缩短睾丸引带，最后形成阴囊韧带

见，也有双侧隐睾的，多为腹内型隐睾和腹股沟管内型隐睾。

隐睾发生的原因是复杂的，可能由于精索太短、粘连或者纤维带阻止睾丸下降；阴囊发育不全；睾丸引带和提睾肌发育异常；作为睾丸鞘膜通路上的腹内压不够；在胚胎发育后期睾丸体积缩小失败；腹股沟内环扩张不够；以及缺乏脑垂体前叶激素的刺激等。隐睾的发生可能与遗传有关。

（一）公猪隐睾去势术

患隐睾的公猪性欲强烈，生长缓慢，肉质低劣，饲养管理困难。猪的隐睾多位于腰区肾脏的后方，有时位于腹腔下壁或下外侧壁，腹股沟内环的稍前方；少数位于腹下壁的脐区或骨盆腔膀胱的下面。任何年龄的隐睾公猪都可去势。术前禁饲12h，以减少腹内压。

【麻醉】局部浸润麻醉或不麻醉。

【保定】髂区手术途径取隐睾侧向上的侧卧保定；腹中线切口取倒悬式保定或仰卧保定。

【术式】

1. 髂区手术通路　适用于单侧性腹腔型隐睾。切口位于髋结节向腹中线引的垂线上，在此线上距髋结节4～5指处为术部。

（1）切开腹壁：做长度为3～4cm的弧形皮肤切口，术者食指伸入切口内，将肌层和腹膜戳透。

（2）探查隐睾：食指伸入腹腔内，切口外的中指、无名指和小手指屈曲，用力下压腹壁切口创缘，以扩大食指在腹腔内的探查范围。探查应按一定顺序，动作要轻柔，严禁食指在肠系膜间或肠袢间做粗暴动作，以防造成肠损伤。食指伸入肾脏后方腰区、腹股沟区、耻骨区和髂区。当猪体过大而食指无法达到对侧腰区时，可将猪体的对侧腹壁垫高，以增加食指在腹内的探查范围。

（3）外置、切除隐睾：确定隐睾位置后，术者用食指指端钩住睾丸后方的精索移动至切口处，另一手将大挑刀刀柄伸入切口内，用钩端钩住精索，在食指的协助下拉出隐睾。用4～7号丝线对精索进行结扎后切除隐睾。将精索断端还纳腹腔内，清洁创口，检查创内有无肠管涌出，然后间断缝合全层腹膜、肌肉与皮肤。

2. 腹白线手术通路　在倒数第2～3对乳头之间的腹白线上切开腹壁5～6cm，注意避开阴茎。术者食指和中指伸入腹腔内，按照下列顺序进行探查：肾脏后方腰区、腹股沟区、耻骨区、髂区。找到隐睾后将其引出切口外，结扎精索后除去睾丸。如为两侧性隐睾，按同法将另外一个隐睾引出切口外进行结扎和切除。腹壁切口进行全层间断缝合。

【术后护理】注射广谱抗生素3d，防止感染；保持栏舍清洁干燥，加强护理；饲喂应少食多餐；破伤风流行地区，术后注射破伤风抗毒素。

（二）公马隐睾去势术

【术前准备】术前经腹股沟区触诊和直肠检查，确定隐睾类型和部位。禁饲24～36h。

【麻醉】全身麻醉和术部浸润麻醉。

【保定】腹股沟区手术通路采用健侧卧保定，屈曲健侧后肢跗关节与系部，用绳索做系部与附关节后方跟滑头处的"8"字缠绕，上后肢向后外方转位，以暴露腹股沟区。髋部手术通路采用侧卧保定。

【术式】

1. 腹股沟区手术通路　当隐睾位于皮下环者，切口对准皮下环切开；当隐睾位于腹股沟管内时,切口为沿皮下环前外方向后内方斜向切开,切口长 10～12cm。切开皮肤、皮下组织和浅筋膜,继续分离深部脂肪组织,即可找到腹外斜肌腱膜中的裂缝状的腹股沟皮下环。可用食指与中指向腹股沟管内探查包有隐睾的鞘突。有时鞘突恰位于皮下环处(图 12-22)。当皮下环处没有隐睾时,手指向腹股沟管内伸入,在腹股沟管内可触及鞘膜突。在鞘突的远端切断睾丸引带,然后切开鞘突即可暴露睾丸和精索。高位结扎精索,除去睾丸。

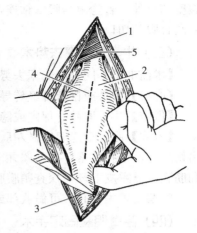

图 12-22 在皮下环处显露阴睾
1. 腹外斜肌腱膜 2. 鞘突及其内的隐睾
3. 切断睾丸引带 4. 鞘突切开线
5. 腹肌

有时在切开腹股沟管内的鞘突后,只有下降的附睾,而睾丸仍位于腹腔内。这是因为此公马的附睾韧带和睾丸系膜的相应部分发育过长,使得睾丸和附睾分离。睾丸引带的腹部长 20～25cm,附睾韧带延长 10～15cm,因而常常在腹股沟管内仅有附睾而无睾丸。遇此情况,用组织钳夹精索向外徐徐牵引,术者的食指经鞘膜管直至腹环进入腹腔内进行探查。若因睾丸大于腹环而牵拉不出来时,则需对狭小的腹环扩张或切开,再将其引出切口外,结扎后除去睾丸和附睾(图 12-23)。

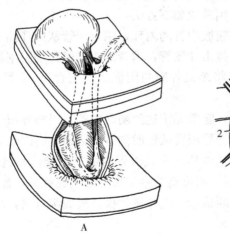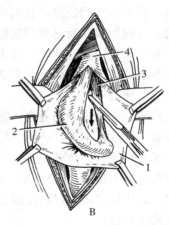

图 12-23 附睾在皮下环处,睾丸在腹腔内模式图
A. 附睾在皮下环处,睾丸在腹腔内 B. 向外牵引睾丸:1. 切开鞘突,伸展开
2. 附睾 3. 用止血钳夹住精索向外牵引 4. 鞘膜管

对于附睾和睾丸均位于腹腔内者,手术暴露皮下环后而未发现鞘突,食指和中指应沿腹股沟管伸入腹环并进入腹腔,触摸睾丸引带、输精管或睾丸并将其引出切口外,经结扎后切除睾丸和附睾。

切口的缝合:在没有切开腹内环的情况下,应连续缝合鞘突与间断缝合皮下环,间断缝合皮下筋膜和皮肤。在腹内环已扩大和剪开的情况下,应间断缝合内环,连续缝合鞘膜管,间断缝合皮下环和皮肤切口。

2. 肷部手术通路 采用左肷部中切口切开腹壁,打开腹腔。术者手进入腹腔内探查隐睾,注意探查骨盆腔、膀胱背侧和尿生殖道褶以及腹股沟管内环附近。发现隐睾将其牵引至腹壁切口外。若隐睾与腹壁粘连，剥离粘连后将睾丸引出切口外。结扎精索，除去睾丸，最后闭合腹部切口。

（三）牛、羊隐睾去势术

【术前准备】同马的隐睾去势术。

【麻醉】腰旁或椎旁神经传导麻醉，或局部浸润麻醉。

【保定】牛采取站立保定或隐睾侧在上的侧卧保定，羊采取侧卧保定。

【术式】腹腔型隐睾应做左肷部中切口，切开腹壁，手进入腹腔内探查隐睾。找到后引出切口外，结扎精索，摘除睾丸。若为腹股沟管或皮下环型隐睾，则应对准皮下环切开皮肤和筋膜，显露皮下环，探查鞘膜腔，找到隐睾后，结扎精索，摘除睾丸。

隐睾公羊去势时，可做肷部或腹中线旁切口，探查腹腔内隐睾，其摘除睾丸方法同牛。

（四）隐睾阴囊固定手术

【麻醉】全身麻醉。

【保定】仰卧保定或半仰卧保定。

【术部】在下腹部后方阴茎侧方 3～4cm 处，距耻骨前缘 10～15cm。

【术式】按剖腹术的方法打开腹腔。单侧隐睾者在无睾丸侧切开腹腔，切口长约 10cm。打开腹腔后寻找隐睾，多在肾脏后方或腹股沟内环处，也可在腹股沟管内。

找到隐睾后，视其精索的长短，分别采取如下方法：

对精索长的，在同侧腹壁后寻找到腹股沟管的内环，用导尿管从内环插入腹股管内，探查其底部位置。若直通至阴囊底部时，拔出导尿管，术者用手轻轻拉动隐睾从内环向腹股管内推送，直至阴囊底部。切开阴囊后，将睾丸外膜与阴囊底壁缝合 1～2 针，使睾丸固定。再以同样方法固定对侧隐睾。

对精索短或腹股沟管未达到阴囊内，隐睾无法达到阴囊内的，可将导尿管从腹股沟管内环插入，探至腹股沟管的最末端，然后将导尿管从腹股沟管内拔出。有时最末端在股内侧距阴囊有段距离。术者用手轻轻拉动隐睾从内环向腹股沟管的最末端推送，送至不能再送时，暂时将睾丸固定在此处。待 3～4 个月后，再度造管牵引睾丸至阴囊底部，加以固定。

牵拉睾丸时，动作应轻柔，以防拉断精索。用导尿管探查腹股沟管时，尽量向管的左右扩大，以便睾丸易于通过。

按剖腹术的方法闭合腹腔。手术创部以碘酊消毒，整理创缘。

【术后护理】术后给予抗生素或磺胺类药物治疗 1～2 周。动物应放在干燥、清洁的地方，防止污染。术部按创伤处置。7～10d 后拆线。

第十三节　卵巢、子宫摘除术
（ovariectomy and uterectomy）

摘除卵巢能改变动物的内分泌状态，使肉质柔嫩，体重增加；以治疗为目的摘除卵巢时，常用于治疗因卵巢疾患而引起的性机能异常亢进。犬、猫卵巢子宫切除术常用于绝育和治疗子宫积脓、感染、生殖道肿瘤、乳腺肿瘤和增生症等，也用于糖尿病或因难产而伴发子宫坏死的情况。

一、卵巢、子宫的局部解剖

各种动物的卵巢、子宫的形态及位置不一，现就猪、犬、猫的卵巢、子宫的局部解剖叙述如下。

（一）猪的卵巢、子宫

1. 卵巢　位于骨盆腔入口顶部两旁，左右各一。其位置因年龄大小不同而稍有差异。一般小母猪靠上，大母猪稍靠下。性成熟前，即出生后 2～4 个月龄小猪的卵巢呈卵圆形或肾形，小豆大，表面光滑，颜色淡红，位于第一荐椎岬部两旁稍后方、腰小肌腱附近，或骨盆腔入口两侧的上部。接近性成熟期，即 5～6 个月龄的母猪，卵巢表面有高低不平的小卵泡，形似桑葚，卵巢位置也稍下垂前移，在第六腰椎前缘或髋结节前端的断面上。达性成熟以后，在性周期的不同时期，卵巢有大的卵泡、红体或黄体凸出于卵巢表面，因而形成结节状。卵巢游离地连于卵巢系膜上。在性成熟以后，卵巢系膜加长，致使卵巢位置又稍向前向下移动；从前后来看，卵巢在髋结节前缘之前约 4cm 的横断面附近。

2. 输卵管　位于卵巢和子宫角之间的一条细管，呈粉红色，其前端为一膨大的漏斗，称为输卵管漏斗。漏斗的边缘为不规则的皱褶，称为输卵管伞。输卵管系膜发达，卵巢囊很大，常将卵巢包在其内。

3. 子宫　包括子宫角、子宫体和子宫颈 3 部分。子宫为双角子宫中的长角子宫，位于骨盆腔入口两侧，游离地连于子宫阔韧带上。两个子宫角会合的粗短部分称为子宫体。子宫的粗细因猪的年龄不同而有很大差别。在 2～4 月龄，子宫角类似鸡小肠状。在接近性成熟期，子宫角增粗，经产母猪的子宫角如人的手指粗，摘除时应注意与小肠、膀胱圆韧带的鉴别。子宫角与膀胱圆韧带的不同点是：圆韧带为乳白色，比子宫角细得多，但比输卵管稍粗，是一闭锁状态的实心管，质地较硬，向外牵引该韧带可显露出膀胱。子宫角与小肠的不同点是：子宫角管壁较厚较圆，质地稍硬，而小肠管腔较粗，管壁较薄且松软，颜色较深，色泽也不甚均匀。子宫体很小，子宫颈与阴道之间无隆起线，直接相连（图12-24）。

（二）犬、猫的卵巢、子宫

1. 卵巢　细长而表面光滑，犬卵巢长约 2cm，猫卵巢长约 1cm。卵巢位于同侧肾脏后方1～2cm 处。右侧卵巢在降十二指肠和外侧腹壁之间，左卵巢在降结肠和外侧腹壁之间，或位于脾脏中部与腹壁之间。怀孕后卵巢可向后、向腹下移动。犬的卵巢完全由卵巢囊覆盖，而猫的卵巢仅部分被卵巢囊覆盖。在性成熟前卵巢表面光滑，性成熟后卵巢表面变粗糙和有不规则的突起。卵巢囊为

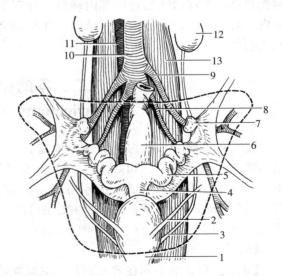

图 12-24　2 月龄小母猪卵巢位置关系
1. 膀胱　2. 膀胱圆韧带　3. 输尿管　4. 子宫体
5. 子宫角　6. 直肠　7. 卵巢　8. 髂内动脉　9. 髂外动脉
10. 腹主动脉　11. 后腔静脉　12. 肾脏　13. 腰小肌

壁很薄的一个腹膜褶囊，它包围着卵巢。输卵管在囊内延伸，输卵管先向前行（升），再向后行（降），终端与子宫角相连。卵巢通过固有韧带附着于子宫角，通过卵巢悬吊韧带附着于最后肋骨内侧的筋膜上。

2. 子宫 犬和猫的子宫很细小，甚至经产的母犬、母猫子宫也较细。子宫由颈、体和两个长的角构成。子宫角背面与降结肠、腰肌和腹横筋膜、输尿管相接触，腹面与膀胱、网膜和小肠相接触。在非怀孕的犬、猫，子宫角直径不变，几乎是向前伸直的。子宫角的横断面猫近似于圆形，而犬呈背、腹压扁状。怀孕后子宫变粗，怀孕 1 个月后，子宫位于腹腔底部。在怀孕子宫膨大的过程中，阴道端和卵巢端的位置几乎不改变，子宫角中部变弯曲向前下方沉降，抵达肋弓的内侧。

子宫阔韧带是把卵巢、输卵管和子宫附着于腰下外侧壁上的脏层腹膜褶。子宫阔韧带悬吊除阴道后部之外的所有内生殖器官，可区分为相连续的 3 部分：子宫系膜，来自骨盆腔外侧壁和腰下部腹腔外侧壁，至阴道前半部、子宫颈、子宫体和子宫角等器官的外侧部；卵巢系膜为阔韧带的前部，自腰下部腹腔外侧壁，至卵巢和固定卵巢的韧带；输卵管系膜附着于卵巢系膜，并与卵巢系膜一起组成卵巢囊。

卵巢动脉起自肾动脉至髂外动脉之间的中点，大小、位置和弯曲的程度随子宫的发育情况而定；在接近卵巢系膜内，分作两支或多支，分布于卵巢、卵巢囊、输卵管和子宫角；至子宫角的一支，在子宫系膜内与子宫动脉相吻合。子宫动脉起自阴部内动脉，分布于子宫阔韧带内，沿子宫体、子宫颈向前延伸，并与卵巢动脉的子宫支吻合（图 12-25）。

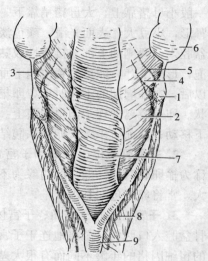

图 12-25　犬的子宫
1. 卵巢　2. 子宫系膜　3. 子宫悬吊韧带
4. 卵巢静脉　5. 卵巢动脉　6. 肾脏
7. 直肠　8. 子宫动脉　9. 子宫体

二、猪的卵巢摘除术
(ovariectomy of the porcine)

猪的卵巢摘除术有多种方法，现仅介绍小挑花，即卵巢子宫切除术。本法适用于 1～3 月龄、体重 5～15kg 的小母猪。术前禁饲 8～12h，选择清洁的场地和晴朗的天气进行，用小挑刀进行手术（图 12-26）。

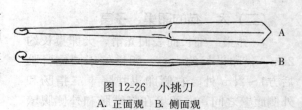

图 12-26　小挑刀
A. 正面观　B. 侧面观

【麻醉】不麻醉。

【术式】使猪的头部在术者右侧，尾部在术者左侧，背向术者。当猪头部右侧着地后，术者右脚立即踩住猪的颈部，脚跟着地，脚尖用力，以限制猪的活动。与此同时，将猪的左后肢向后伸直，肢背面朝上，左脚踩住猪左后肢跗部，使猪的头部、颈部及胸部侧卧，腹部呈仰卧姿势。此时，猪的下颌部、左后肢的膝关节部至蹄部构成一斜对的直线，并在膝前出现与体轴近似平行的膝皱襞。术者呈"骑马蹲裆式"，使身体重心落在两脚下，小猪则被充分固定。

【术部】准确的切口定位是手术成败的重要环节之一。目前，常用的切口定位方法有以下两种：

1. 左侧髋结节定位法　术者以左手中指顶住左侧髋结节，然后以拇指压迫同侧腹壁，向中指顶住的左侧髋结节垂直方向用力下压，使左手拇指所压迫的腹壁与中指所顶住的髋结节尽可能的接近，拇指与中指连线与地面垂直，此时左手拇指指端的压迫点稍前方即为术部。此切口相当于髋结节向左列乳头方向引一垂线，切口在距左列乳头缘 2～3cm 处的垂线上。

由于猪的营养、发育和饥饱状况不同，切口位置也略有不同。猪只营养良好、发育早，子宫角也相应的增长快而粗大，因而切口也稍偏前；猪只营养差、发育慢，子宫角也相应增长慢而细小，因而切口可稍偏后；饱饲而腹腔内容物多时，切口可稍偏向腹侧；空腹时切口可适当偏向背侧，即所谓"肥朝前、瘦朝后、饱朝内、饥朝外"，要根据具体情况灵活掌握。

2. 左侧荐骨岬定位法　最后腰椎窝与荐椎结合处的左侧荐骨岬在椎体的腹侧面形成一个小"隆起"，它可以作为定位标志。将小母猪保定后，将膝皱襞拉向术者，俗称"外拨膝皱襞"，然后在膝皱襞向腹中线划的一条假想垂线上，距左侧乳头 2～3cm 处，术者左手拇指尽量沿腰肌向体轴的垂直方向下压，探摸"隆起"，俗称"内摸隆起"，左手拇指紧压在隆起上，此时拇指端的压迫点为术部。

猪的日龄不同，切口位置稍有不同。生后 20～30 日的小猪（体重在 5kg 以内），切口应向后方移动 3～5mm；生后 1～2 月龄的小母猪（体重在 5～12kg），切口在"隆起"处（图 12-27）。

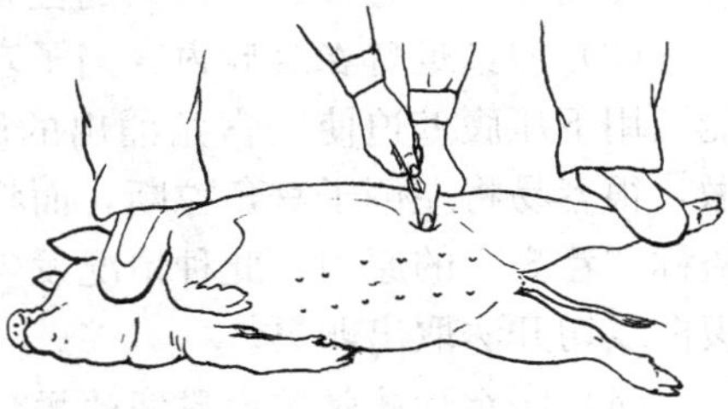

【术式】

1. 切透腹壁　术部消毒后，将皮肤稍向术者方向（外剥）牵引，再用力下压腹壁，下压力量越大，就越

图 12-27　小挑花切口部位

离子宫角近，则手术更容易成功。术者右手持小挑刀，用拇指和食指控制刀刃的深度，切口与体轴方向平行，用刀垂直切开皮肤，当刀一次切透腹壁各层组织时，可感到刀下阻力突然消失的空虚感，随之腹水从切口中涌出，停止运刀。在退出小挑刀时，将小挑刀旋转 90°角，以开张切口，子宫角随即自动涌出切口外。一次切透腹壁，子宫角随即涌出切口者称为"透花法"。

一刀切透腹壁各层组织时，若下刀用力过猛，下刀过深，则易刺破腹腔内脏器及髂内、外动脉和旋髂深动脉及其静脉，为避免此种情况的发生，术者在切开皮肤后，将下压腹壁的左手拇指向上轻轻一提，刀尖再往下按即可切透腹肌和腹膜。一旦切透腹膜，腹水和子宫角瞬间从切口内自动涌出。若子宫角不能自动涌出，可将小挑刀柄伸入切口内，使刀柄钩端在腹腔内呈弧形划动，子宫角可随刀柄的划动而涌出切口外。

2. 摘除子宫角及卵巢　当部分子宫角涌出切口外后，术者左手拇指仍用力下压腹壁切口边缘，防止过早抬手，以免子宫角缩回腹腔内。术者右手拇指、食指捏住涌出切口外的部分子宫角，并用右手的拇指、中指和无名指背部下压腹壁，以替换下压腹壁切口的左手拇指。再用左手拇指、食指捏住子宫角，手指背部下压腹壁，两手交替地导引出两侧子宫角、卵巢和部分子宫体。亦可用两手其他三指的第一、二指节的侧面交换压迫腹壁切口，再用两手拇指、食指交替导引出两侧子宫角、卵巢和部分子宫体。然后用手指钝性锉断或用小挑刀切断子宫体后，术者两手抓住两侧子宫角、卵巢，撕断卵巢悬吊韧带，将子宫角、卵巢一同摘除。切口不缝合，碘酊消毒后，术者提起猪的后肢使猪头下垂，并稍稍摆动一下猪体后松解保定，让猪自由活动。

手术中可能出现的几个问题：

（1）子宫角不能自动涌出：由于运刀无力，仅切透了皮肤和肌肉，而腹膜没有切透，没有见到腹水涌出，子宫角就无法涌出；刚喂饱的猪，腹内压大，子宫角常常被充满食物的肠管挤到右侧腹腔或骨盆深处，虽然已切透了腹膜，但仍不见子宫角涌出，在这种情况下，术者一方面用左手拇指用力下压腹壁，一方面用小挑刀刀柄伸入切口内，将肠管向前方划动，给子宫角涌出创造条件。子宫角不能涌出的原因还有：保定方法不正确，或在手术过程中由于猪的骚动，保定位置发生了改变；切口位置不正确、创口内外不一致、术者左手下压无力、手脚配合不当等。

（2）切口位置不当，切透腹膜后自动涌出膀胱圆韧带和肠管：首先应注意识别。自切口自动涌出膀胱圆韧带的原因多为切口偏后，术者用小挑刀柄将其还纳，将左手拇指抬起重新按压，使切口位置向前移动，以利于子宫角的涌出；自切口自动涌出肠管的原因多为切口位置偏前，应立即用刀柄将肠管还纳回腹腔内，左手拇指重新按切口，并尽量使切口位置向后移，使切口的位置接近子宫角的位置，以便子宫角涌出。

（3）卵巢遗留在腹腔内：当子宫角从切口涌出后，用两手导引两侧子宫角和卵巢时，没能运用下压腹壁迫使子宫角涌出的原则，而是用力向外牵引子宫角。小母猪子宫角细而柔嫩，很容易将左侧子宫角拉断，而将左侧卵巢及右侧子宫角及卵巢遗留在腹腔内，这是造成俗称"茬高"的原因。此种情况发生后，应停止手术，待猪的卵巢发育较大后，用大挑花或腹白线切开法取出卵巢。

（4）防止切破腹腔内器官的操作方法：术者用右手食指、拇指控制刀刃的深度，在猪嚎叫时（此时腹肌紧张）运刀刺透腹壁各层组织。另外，在确定好切口位置后，拇指尽量下压腹壁切口，使荐腹侧与腹壁之间没有任何器官夹持，刀口下没有肠管，只要入刀不是过深，就不会刺破髂内、外动脉和旋髂深动脉。若手术中一旦有大出血时，应立即停止手术。

三、犬的卵巢、子宫切除术
（canine ovariohysterectomy）

【适应症】雌性犬、猫绝育术，健康犬、猫在5～6月龄是手术适宜时期，成年犬、猫在发情期、怀孕期不能进行手术。卵巢囊肿、肿瘤，子宫蓄脓经抗生素等治疗无效，子宫肿瘤或伴有子宫壁坏死的难产，雌性激素过剩症（慕雄狂），糖尿病，乳腺增生和肿瘤等的治疗。这些疾病行卵巢子宫切除术时，不受时间限制。卵巢子宫切除术不能与剖腹产同时进行。如果手术是单纯的绝育手术，则只需摘除卵巢而不必切除子宫。

【术前准备】术前禁饲12h以上，禁水2h以上，对犬、猫进行全身检查，对因子宫疾病进行手术的动物，术前应纠正水、电解质代谢紊乱和酸碱平衡失调。

【手术通路】脐后腹中线切口，根据动物体型大小，切口长 4～10cm。也可选择腹侧壁手术通路。

【保定和麻醉】全身麻醉，仰卧保定。

【术式】

（1）从脐后方沿腹正中线切开皮肤、皮下组织及腹白线、腹膜，显露腹腔，切口的大小依动物个体大小而定。用小创钩将肠管拉向一侧，当膀胱积尿时，可用手指压迫膀胱使其排空，必要时可进行导尿和膀胱穿刺。

（2）术者手伸入骨盆前口找到子宫体，沿子宫体向前找到两侧子宫角并牵引至创口，顺子宫角提起输卵管和卵巢，钝性分离卵巢悬韧带，将卵巢提至腹壁切口处。

（3）在靠近卵巢血管的卵巢系膜上开一小孔，用 3 把止血钳穿过小孔夹住卵巢血管及其周围组织（三钳钳夹法），其中一把靠近卵巢，另两把远离卵巢；然后在卵巢远端止血钳外侧 0.2cm 处用缝线做一结扎，除去远端止血钳（图 12-28），或者先松开卵巢远端止血钳，在除去止血钳的瞬间，在钳夹处做一结扎；然后从中止血钳和卵巢近端止血钳之间切断卵巢系膜和血管（图 12-29），观察断端有无出血，若止血良好，取下中止血钳，再观察断端有无出血，若有出血，可在中止血钳夹过的位置做第二次结扎，注意不可松开卵巢近端止血钳。

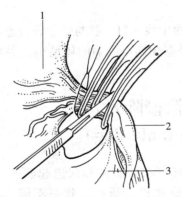

图 12-28　三钳钳夹法结扎卵巢血管
1. 肾脏　2. 卵巢　3. 卵巢系膜

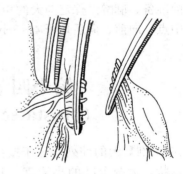

图 12-29　在松钳的瞬间结扎卵巢血管，
然后切断卵巢系膜和血管

（4）将游离的卵巢从卵巢系膜上撕开，并沿子宫角向后分离子宫阔韧带，到其中部时剪断索状的圆韧带，继续分离，直到子宫角分叉处。

（5）结扎子宫颈后方两侧的子宫动、静脉并切断（图 12-30），然后尽量伸展子宫体，采用上述三钳钳夹法钳夹子宫体，第一把止血钳夹在尽量靠近阴道的子宫体上，在第一把止血钳与阴道之间的子宫体上做一贯穿结扎，除去第一把止血钳，从第二、三把止血钳之间切断子宫体（图 12-31），去除子宫和卵巢。松开第二把止血钳，观察断端有无出血，若有出血可在钳夹处做第二针贯穿结扎，最后把整个蒂部集束结扎。如果是年幼的犬、猫，则不必单独结扎子宫血管，可采用三钳钳夹法把子宫血管和子宫体一同结扎。

（6）清创后常规闭合腹壁各层。

【术后护理】创口处做保护绷带，全身应用抗生素，给予易消化的食物，1 周内限制剧烈运动。

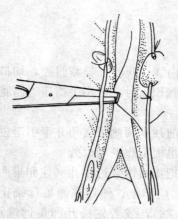

图 12-30　贯穿结扎子宫血管

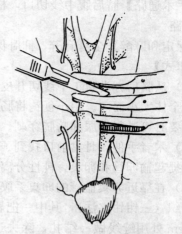

图 12-31　三钳钳夹法切断子宫体

四、猫的卵巢、子宫切除术
（feline ovariohysterectomy）

术前准备、麻醉、保定与犬的相同。手术通路取腹中线切口，脐与骨盆耻骨连线的中点为切口中点，向前、向后切开 4～8cm。术式和犬的基本相同，因猫的体型小，手术应更加细心。

第十四节　犬前列腺摘除术
（prostatectomy of the male dog）

【局部解剖】犬的前列腺位于或接近耻骨前缘，环绕在膀胱颈和尿道起始部，呈环形卷曲的球状，为两个叶的小器官。其位置因膀胱充盈度和直肠扩张状态不同而有差异。当膀胱空虚时，位于骨盆腔内；当膀胱膨满时，位于耻骨前缘附近。小型犬从直肠内容易触摸到，大型犬，抬高前躯，一手从腹后部向后方压迫膀胱，另一手指从直肠内可以触摸到。

【适应症】前列腺肥大和前列腺肿瘤的外科疗法。

【保定和麻醉】仰卧保定，全身麻醉。

【术部】阴茎侧方、耻骨前缘。

【术式】在阴茎侧方 3～4cm、距耻骨前缘 5cm 处向前切开皮肤 10cm 左右，术者左手握住阴茎头部，右手将导尿管从尿道口插入直至膀胱内，将尿导出。常规切开腹壁，腹壁后静脉用双重结扎后切断。打开腹腔后，将肠管轻轻推向前方，暴露膀胱、前列腺及尿道，把膀胱和前列腺向前拉至切口外。分布于前列腺上的血管从膀胱外侧韧带的后方、左右腹膜皱襞内进入前列腺。将前列腺分支双重结扎后切断。把导尿管从膀胱中向后牵拉退至前列腺前端，在前列腺前端环形切断膀胱颈与前列腺的连接，将膀胱分开固定。在前列腺后端环形切断尿道与前列腺的连接，在未切断前先将尿道用 4 根缝线从上、下、左、右固定，以防切断后尿道退至骨盆腔内。双重结扎前列腺前方与输精管并行的血管并切断，使前列腺与其他组织完全分离。将膀胱颈部的断端与尿道断端对接，将导尿管徐徐地插入膀胱内，将两断端用连续缝合法缝合连在一起。常规闭合腹腔。用碘酊消毒术部。

　　【术后护理】给予抗生素或磺胺类药物治疗 1～2 周。切口局部按创伤处置。术后导尿管留置 48h，防止尿闭和尿道粘连。

第十三章　乳腺手术

第一节　牛的乳腺及乳头手术

一、牛的乳腺解剖

　　牛的乳房分为 4 个区，被乳房中间悬韧带隔开，分为左右两半。每个乳房有一个乳头。乳房的皮下为一层有腹浅筋膜延续而来的乳腺浅筋膜，在浅筋膜内有一层深筋膜，构成深悬韧带，紧裹于乳腺上。乳腺是实质部分，包括腺泡和输乳管。每一腺区内的腺泡和输乳管都自成系统与临区不通，有许多腺泡及其小导管（排乳管）汇成中等导管（乳管），再汇成大导管（输乳管或乳道），最后流入每一个乳区的乳池，构成每个乳腺区的输出系统。乳池实际上是输乳管的扩大部，也是乳汁的储库。乳池可分为上部乳腺池和下部乳头池，两者之间的分界位于乳头基部内的环状皱襞。每个乳头内连接于乳头乳池末端的乳头管，乳头管口周围有乳头管括约肌（图 13-1）。

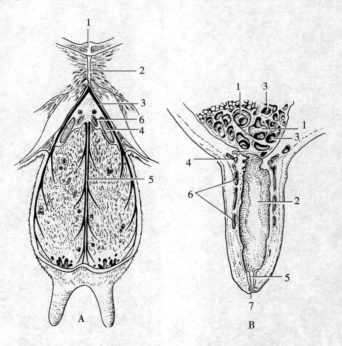

图 13-1　牛乳房及乳头解剖
A. 乳房：1. 骨盆联合　2. 联合腱　3. 深悬韧带
4. 乳腺淋巴结　5. 中悬韧带　6. 阴部外静脉分支
B. 乳头：1. 乳腺乳池　2. 乳头乳池　3. 输乳管开口
4. 黏膜下静脉环　5. 乳头管　6. 乳头壁静脉丛　7. 乳头管口

乳腺的主要动脉来自阴部外动脉及会阴动脉，前者经腹股沟管到达乳腺基部，称为乳腺底动脉，进入乳腺后分为两支，称为乳腺前、后动脉干并分出大量较细的分支，分布到乳腺实质中。乳房后动脉还分出单独一支，到达乳腺淋巴结。

乳腺的静脉比动脉发达的多，除了与动脉伴行的同名静脉外，还有大量的附属静脉。主要的静脉有 3 对，即腹下皮下静脉、阴部外静脉和会阴静脉。

分布于乳腺上的神经是来自第一腰神经、髂下腹神经、髂腹股沟神经、生殖股神经的会阴神经支（感觉支）和盆神经结合成神经纤维分布到乳腺组织。

乳上淋巴结位于乳腺后叶的基部，每一淋巴结又分成两条大淋巴管，一条走向会阴，另一条走向腹股沟部。

二、乳房及乳头损伤处理

奶牛、奶山羊乳房和乳头的损伤易发生，损伤类型通常为撕裂创。乳房、乳头穿透不深的撕裂创，可按一般撕裂创处理，即整修创缘，除掉失活组织，做 Edmons 褥式缝合，必要时进行整形术。如伤口有微量的漏乳，影响不大。括约肌损伤时，易引起乳道狭窄，要注意缝合，并插入与乳头管内径一致的灭菌塑料管引流，有利于黏膜面愈合，伤痕平整，并便于排乳。这类损伤常有后遗症形成瘘管，手术处理时需特别注意。泌乳期的乳头损伤，因挤奶疼痛，易诱发乳房炎。

深达乳头管的裂创，应做乳头管黏膜、皮肤分层缝合，插入乳导管。若乳头损伤严重，缝合有困难时，可行乳头切除术。

【手术处理】①柱栏内站立保定，用后肢固定器控制后肢活动。②盐酸普鲁卡因乳头基部浸润麻醉。③乳头基部用橡胶圈结扎预防出血和流乳。④修整创缘，切除失活的皮瓣，插入乳导管，褥式缝合（图13-2）。⑤切除乳头后，黏膜与皮肤连续缝合，压迫止血。⑥用乳头绷带（图 13-3）包扎，先用两条胶带相对粘于乳头两侧，创口上敷灭菌纱布，用卷轴带由上向下螺旋包扎，然后将胶带向上折转，用卷轴带再由下向上螺旋包扎数圈，最后用胶带固定绷带末端。

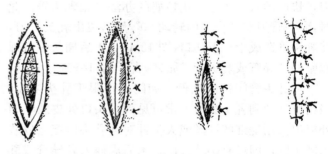

图 13-2　褥氏缝合

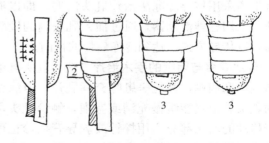

图 13-3　乳头包扎法
（1～3 为操作顺序）

【注意事项】①彻底清除创内异物。②避免用碘酊消毒。③缝合间距以 5mm 为好。④黏膜与皮肤的缝合部注意消除死腔。⑤选择乳导管，建议使用硬塑料管，优于金属管，为防止滑脱，需做一针缝合。

三、乳头管和乳池狭窄与闭锁治疗手术

【适应症】乳头管、乳池损伤（挤奶不良或踏伤）引起的慢性炎症、结缔组织增生、瘢痕收缩；乳头括约肌、乳池先天性或获得性肥大或新生物等所致的乳头管、乳池狭窄或闭锁，均可用手术纠正。

【麻醉】乳头基部做环形浸润麻醉，乳头乳池内注入 2% 利多卡因 5～10mL。

【保定】柱栏内保定，必要时施侧卧位保定。

【术式】

1. 乳头管狭窄或闭锁的手术治疗方法　手术目的包括使乳头括约肌的张力松弛或将瘢痕组织切开。括约肌肥厚或收缩过紧时，选用不同规格的扩张塞（可用金属、电木和塑料等材料制成），强迫扩大乳头管。乳头清洗消毒后，用涂抹石蜡油或抗生素油膏的扩张塞插入。扩张塞大小以紧密塞入乳头管不滑脱为宜。一般最初用较细的扩张塞，逐渐用较粗的，以免一次塞得过紧而压伤黏膜或使括约肌破裂，导致更多的组织增生。每天扩张 1～2 次，每次不超过 30min。

2. 有严重瘢痕收缩病例，可施行乳头管切开术　消毒乳头后，先挤去一些乳汁，借以排除可能存在乳头管末端的细菌。然后用消毒过的双刃或多刃乳头管刀，快速插入乳头管，用挤奶的办法扩张乳头管。此时，乳头管刀在乳头管内转动 90°，然后拔出乳头管刀，使乳头管造成十字形切口（图 13-4）。术后插入带有螺丝帽的乳导管或乳头管扩张塞，直至创口痊愈为止。

在乳头管闭锁的病例，如闭锁仅限于乳头末端，当挤压乳汁到乳头管时，常可见到乳头口处皮肤略向外突出。用烧红的铁丝或大头针对准乳头口穿通皮肤入乳头管，即可有奶汁逸出。术后需插入乳导管或乳头管扩张塞，防止新开的皮肤孔缩小和闭合。近年来，有报道采用传导冷冻法治疗乳头闭塞，即以液氮为冷源，采用各种治疗器，通过插入乳头内的针头或细铁棒，以传导方式，达到冷冻病灶的目的。

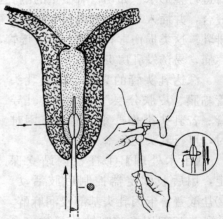

图 13-4　乳头管刀操作

3. 乳池狭窄与闭锁的手术治疗方法　乳头乳池局部狭窄或堵塞病例，其乳房患叶充满乳汁，但病变部以下的乳头乳池只能缓慢充满或空虚，触诊乳头可发现不能移动的增厚部分。用探针或乳导管探诊也可感到增厚或阻塞部分。严格消毒后，小心插入冠状刀或乳头锐匙，将增厚病灶或堵塞的息肉去除。或用上皮切割器插入乳头乳池内，将其切面对着病灶，用手指通过乳头壁压迫病灶，在刀刃上来回活动，将病灶取除（图 13-5），使乳汁顺利流出。术后为了避免粘连

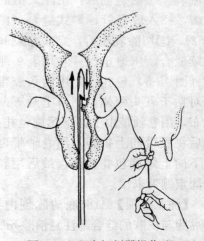

图 13-5　上皮切割器操作法

和感染，需插入扩张器，或抗生素药栓。对于乳池狭窄或堵塞也可试行冷冻疗法。

对于大的病灶，有时需要在干乳期做乳头乳池切开手术。如整个乳头乳池狭窄或闭锁，可见整个乳头壁变硬变厚，触诊感到乳头内有索状物，手术治疗难以见效。

乳头基部堵塞也称为膜状阻塞，通常是干乳期由环形皱襞慢性炎症所致，乳窦黏膜从乳管分离并又导致粘连。因而虽然乳房乳池有波动，乳头乳池不能充满或表现空虚。阻塞膜薄或厚。用探针小心地插入乳管，通过粘连的环形皱襞中央穿破阻塞膜。然后拔出探针，将双刃隐刃刀伸入已穿破的阻塞膜孔，按不同方向扩大膜的切口。或用 Hudson 氏乳管螺簧转入乳头口和乳头管，通过阻塞膜破口进入乳窦，旋转 3～4 周，使其进一步进入乳房乳池。然后，抓住乳头端，快速向下拔出乳管螺簧，将阻塞膜撕开（图 13-6）。在创伤愈合前，完全不挤奶有助于创口的愈合，因乳房乳池与乳头乳池中的乳汁充满于创口之间，有防止粘连的效果。

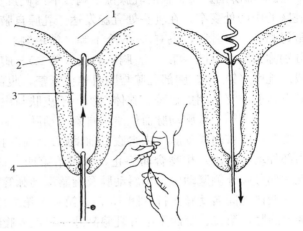

图 13-6　乳池环状皱襞穿破及撕开
1. 乳窦　2. 环形皱襞　3. 乳管　4. 乳头管

过厚的膜样阻塞时，预后较差，因复发狭窄或闭锁的可能性很大。

四、乳腺切除术

【适应症】乳房（乳腺）一部或全部发生坏疽、肿瘤、放线菌病或难治的乳房炎危及生命时可进行乳腺切除术。牛的乳腺切除术可分为全切除与部分切除两种。

【保定】部分乳腺切除时，动物侧卧保定，患侧在上；全切除时，动物右侧卧保定。

【麻醉】本手术有以下几种麻醉方法：①全身麻醉配合局部浸润麻醉。②全身麻醉配合腰旁、会阴神经传导麻醉。③尾椎硬膜外麻醉配合局部浸润麻醉。

【术式】局部剃毛，常规消毒。从乳房的前方正中线向乳房后上缘切开皮肤并延伸至股内侧，接着钝性分离包在乳腺外侧的筋膜直至腹股沟。此处可触到乳房动脉的搏动。将分布于此处的乳房动脉、静脉及神经做上下两道集束结扎，间距 5～6cm，于其中间剪断。然后，钝性分离乳腺与腹筋膜间结缔组织，直至其基底部。分离腹皮下静脉，并将其两次结扎、切断。最后，于靠近腹底壁处切断悬吊乳腺的韧带。这样一侧乳腺即被切除。若做全乳腺摘除，按同样方法切除另一乳腺。

充分止血，对合皮肤创缘做结节缝合。在术部最低部位留排液孔或放置引流管及纱布引流。

【术后护理】按一般常规外科手术进行。注意术后补液。

【注意事项】由于局部解剖的特点，本手术涉及的血管较多，如止血不全，失血过多，有可能引起休克，术中应特别注意止血。

第二节　犬、猫乳腺切除术

【局部解剖】犬、猫的乳腺位于胸腹下两侧皮下，左右各一排，呈纺锤形排列，在前后乳区的中间处变窄，在乳头处乳腺发达。乳腺自腋窝胸部向后延伸至股内侧耻骨前缘。犬正常每侧有5个乳腺，也有4～6个不等；猫每侧有4个乳腺。根据部位不同，乳腺从前向后分别称为胸前乳区（第一）、胸后乳区（第二）、腹前乳区（第三）、腹后乳区（第四）及腹股沟乳区（第五）。胸部乳腺与胸肌连接紧密，腹部与腹股沟部乳腺则连接疏松而悬垂，尤其发情期或泌乳期更显著。腺体组织位于皮肤与皮肌、乳腺悬韧带之间。

　　第一和第二乳腺动脉血供给来自胸内动脉的胸骨分支和肋间及胸外动脉的分支，第三乳腺主要由腹壁前浅动脉（来自腹壁前动脉）和胸内动脉分支，后者与腹壁后浅动脉分支（由阴部外动脉分出）相吻合而终止，并供给第四、第五乳腺动脉血。不过，前腹壁深动脉穿支、部分腹外侧壁动脉、阴唇动脉及旋髂深动脉等也参与腹部和腹股沟乳腺的血液循环。静脉一般伴随同名动脉而行（图13-7）。第一、第二乳腺静脉血回流主要进入腹壁前浅静脉和胸内静脉，第三、第四及第五乳腺静脉主要汇入腹壁后浅静脉。小的静脉有时越过腹中线至对侧腋淋巴结位于胸肌下，接受第一、第二乳腺淋巴的回流。腹股沟浅淋巴结位于腹股沟外环附近，接受第四、第五乳腺淋巴的回流。第三乳腺淋巴最常引流入腋淋巴结，但在犬也可向后引流。不过，如仅有4对乳腺时，第二与第三乳腺间无淋巴联系（图13-8）。

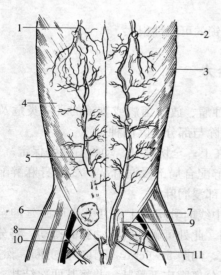

图13-7　乳腺动静脉分布
1. 腹壁前浅动静脉　2. 腹前乳头　3. 第十三肋骨
4. 腹外斜肌　5. 腹壁后浅静脉　6. 缝匠肌
7. 腹股沟外环　8. 股动静脉　9. 壳膜囊
10. 耻骨肌　11. 阴部外动静脉

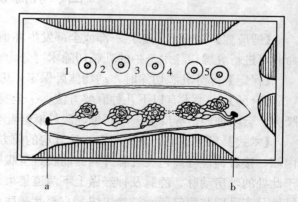

图13-8　乳腺及其淋巴回流
a. 腋淋巴结　b. 浅腹股沟淋巴结
1～5. 乳腺

【适应症】乳腺肿瘤是乳房切除术的主要适应症。另外，乳房外伤或感染有时也需做乳腺切除术（犬、猫在1岁半以前做绝育手术切除乳房，可防止乳腺肿瘤及生殖系统疾病的发生）。

【麻醉】全身麻醉。

【保定】仰卧位保定，四肢向两侧牵拉固定，以充分暴露胸部和腹股沟部。

【术式】乳腺切除的选择取决于动物体况和乳房患病的部位及淋巴流向。有以下 4 种乳腺切除方法，可选其中一种：

（1）单个乳腺切除：仅切除一个乳腺。

（2）区域乳腺切除：切除几个患病乳腺或切除同一淋巴流向的乳腺（图 13-9 之 b、c）。

（3）一侧乳腺切除：切除整个一侧乳腺链（图 13-9 之 a）。

（4）两侧乳腺切除：切除所有乳腺。

皮肤切口视使用方法不同而异。对于单个、区域或同侧乳腺的切除，在所涉及乳腺的周围做椭圆形皮肤切口。切口外侧

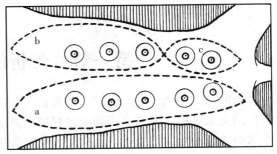

图 13-9　乳腺切除示意图
a. 同侧乳腺的切除　b. 第一、第二及第三乳腺的切除
c. 第四及第五乳腺的切除

缘应是在乳腺组织的外侧，切口内侧缘应在腹中线。第一乳腺切除时，其皮肤切口可向前延伸至腋部以便将腋下淋巴结摘除；第五乳腺的切除，皮肤切口可向后延伸至阴唇水平处，应将腹股沟淋巴结一同摘除。对于两侧乳腺全切除者，仍是以椭圆形切开两侧乳腺的皮肤，但胸前部应做"Y"形皮肤切口，以免在缝合胸后部时产生过多的张力。

皮肤切开后，先分离、结扎大的血管，再做深层分离。分离时，尤其注意腹壁后浅动、静脉。第一、第二乳腺与胸肌筋膜紧密相连，故需仔细分离使其游离。其他乳腺与腹壁肌筋膜连接疏松，易钝性分离开。若肿瘤已侵蚀体壁肌肉和筋膜，需小心分离肌肉和筋膜一同切除。如胸部乳腺肿瘤未增大或未侵蚀周围组织，腋淋巴结一般不予切除，因该淋巴结位置深，接近臂神经丛。腹股沟浅淋巴结紧靠腹股沟乳腺，通常连同腹股沟脂肪一起切除。

缝合皮肤前，应认真检查皮肤内侧缘，确保皮肤上无残留乳腺及肿瘤组织。皮肤缝合是本手术最困难的部分，尤其切除双侧乳腺。大的皮肤缺损缝合需先做水平褥式缝合，使皮肤创缘靠拢并保持一致的张力和压力分布。然后做第二道结节缝合以闭合创缘。如皮肤结节缝合恰当，可减少因褥式缝合引起的皮肤张力。如有过多的死腔，特别在腹股沟部易出现血清肿，应在手术部位安置引流管。

【术后护理】使用腹绷带 5～7d，用厚的纱布块压迫术部，消除死腔，防止血清肿或血肿、污染和自我损伤。如创腔比较大可放入引流管，并保持引流管通畅。术后应用抗生素 3～5d，控制感染。术后 2～3d 拔除引流管，并于术后 4～5d 拆除褥式缝线，以减轻局部刺激和瘢痕形成。术后 10～12d 拆除结节缝线。

第十四章　四肢手术

第一节　骨折的整复与固定

骨折的治疗包括整复与固定。整复是将移位的骨折段恢复正常或接近正常解剖位置，重建骨骼的支架结构；固定是用固定材料加以固定以维持整复后位置，使骨折愈合牢固。本章以小动物骨折治疗为主描述，同样对大动物骨折治疗亦有参考价值。

一、骨折的整复

骨骼与其附着的肌肉类似于一个附设弹性的杠杆系统。肌肉一直处于收缩状态（正常强力），屈肌群与伸肌群彼此拮抗，维持关节的对抗平衡。一旦发生骨折，所有骨骼肌会竭力地收缩，骨断端重叠移位，骨变短。如局部软组织损伤则加剧肌肉挛缩，由肌肉收缩引起的拉力则恒定而连续，即使在全身麻醉条件下。最初的收缩和骨重叠移位主要是肌源性的，应用全身麻醉、肌松药及对抗牵引均有效。但几天后，由于局部浸润性炎性反应，会使收缩性变得更为持久，整复也会愈加困难。保护好软组织、良好的血液供给、准确的复位和有效的固定，均会在很大程度上促进骨折的愈合。其中整复尤为重要，因为骨折片段得到解剖性复位，并配合固定，可确保骨折端更大程度的稳定。整复可分为闭合性整复和开放性整复两种。

（一）闭合性整复

闭合性整复即用手法整复，并结合牵引和对抗牵引。闭合性整复适用于新鲜且较稳定的骨折，容易触摸的动物。如猫、小型犬的骨折，用此法复位可获得满意的效果。建议用下列几种方法：

（1）利用牵引、对抗牵引和手法进行整复。

（2）利用牵引、对抗牵引和反折手法进行整复。

（3）利用动物自身体重牵引、反牵引作用整复。动物仰卧于手术台上，患肢垂直悬吊，利用身体自重，使痉挛收缩的肌肉疲劳，产生牵引、对抗牵引力，悬吊 10～30min，可使肌肉疲劳，然后进行手法整复。

（4）戈登伸展架（Gordon extender）整复。通过缓慢逐渐增加压力维持一定时间（如 10～30min），待肌肉疲劳、松弛时整复。使用时，逐步旋扭蝶形螺母，增加患肢的牵引力，每间隔 5min 旋紧螺母，增加其牵引力。

（二）开放性整复

开放性整复指手术切开骨折部的软组织，暴露骨折段，在直视下采用各种技术，使其达到解剖复位，为内固定创造条件。开放性整复技术在小动物骨折利用率很高，其适应症为：骨折不稳定和较复杂；骨折已数天以上；骨折已累及关节面；骨折需要内固定。

开放性整复操作的基本原则是要求术者熟知局部解剖，操作时要求尽量减少软组织的损伤（如骨膜的剥离，骨、软组织、血管和神经的分离等操作）。按照规程稳步操作，更要严防组织的感染。具体的操作技术可归纳如下几种：

（1）利用某些器械发挥杠杆作用，如骨刀、拉钩柄或刀柄等，借以增加整复的力量（图14-1）。

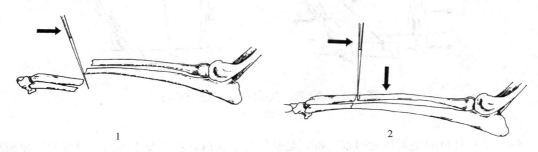

图 14-1　利用杠杆力整复骨折

（1～2 为操作顺序）

（2）利用抓骨钳直接作用于骨断段上，使其复位（图 14-2）。

（3）将力直接加在骨断段上，向相反方向牵拉和矫正、转动，使骨断端复位；用抓骨钳或创巾钳施行暂时固定（图 14-3）。

图 14-2　利用抓骨钳整复骨折

（1～2 为操作顺序）

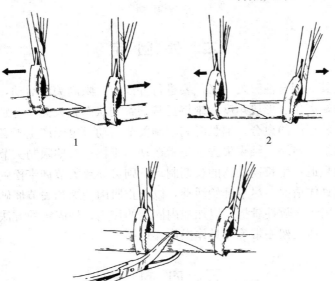

图 14-3　利用抓骨钳使骨折片复位，用创巾钳暂时固定

（1～3 为操作顺序）

（4）利用抓骨钳在两骨断段上的直接作用力，同时利用杠杆原理用力（图 14-4）。

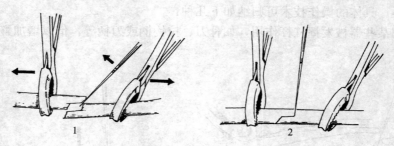

图 14-4　抓骨钳和杠杆同时应用整复骨折
（1～2 为操作顺序）

（5）重叠骨折的整复较为困难，特别是受伤若干天后，肌肉发生挛缩。整复时，先翘起两断端，然后对准并压迫到正常位置（图 14-5）。

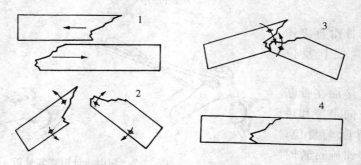

图 14-5　重叠骨折的整复
（1～4 为操作顺序）

二、外 固 定

整复之后，尤其是闭合性整复，必须要进行外固定，限制关节活动，其目的是减轻病畜疼痛，减少骨折断端离位、形成角度和维持正常的解剖状态。大关节特别是肘、膝关节的固定有利于保持硬、软组织的愈合。但长时间限制关节活动，也能产生不必要的副作用，最常见的是纤维化、软组织萎缩，结果失去了正常运动的步幅；长期限制关节活动，其关节软骨将产生不同程度的衰退；生长期动物的长期制动，则可导致关节韧带松弛。所以限制关节活动的病畜，应根据具体情况，尽早开始活动，以防止肌肉萎缩和关节僵硬。外固定主要用于闭合性骨折，也可用于开放性骨折，以加强内固定的作用。外固定的方法有多种，如硬化绷带、夹板绷带、托马斯支架绷带等（具体操作详见第六章）。

三、内 固 定

凡实行骨折开放复位的，原则上应使用内固定。内固定技术需要有各种特殊器材，包括髓内针、骨螺钉、金属丝和接骨板等。上述器材有较长一段时间滞留在体内，故要求使用特制的金属，对组织不出现有害作用和腐蚀作用。当不同的金属器材相互接触，由于电解和化学反应，会对组织产生腐蚀作用，也会影响骨折的愈合。

（一）内固定的基本原则

内固定技术是治疗骨折的重要方法，能在动物的不同部位进行。为确保内固定取得良好的效果，操作者要遵循下列最基本的原则：

（1）操作者要具有解剖知识，如骨的结构，神经和血管的分布或供应，肌肉的分布，腱和韧带的附着等。

（2）骨的整复和固定，要利用力学作用原理，如骨段间的压力、张力、扭转力和弯曲力等，有助于合理的整复，促进骨折的愈合。

（3）手术通路的选择、内固定的方法确定要依据骨折的类型、部位的不同，做出合理的设计和安排。

（4）对 X 射线摄片要具备正确的判断能力。X 射线摄片是骨损伤的重要依据，不仅用于诊断，也可指导治疗。

（二）内固定技术

1. 髓内针固定　适用于长骨干骨折。髓内针的成角应力控制较强，而对扭转应力控制较差。髓内针有多种类型，依针的横断面可分为圆形、菱形、三叶形和"V"形 4 种。使用最多的是圆形髓内针，有不同的直径和大小。髓内针用于骨折治疗，既可单独应用，又可与其他方法联合应用。

对稳定性良好的骨折，髓内针能单独使用。坚硬的钢针能稳定骨折的角度和维持其长度。将针插入骨折两端的骨质层内。针太短，固定难奏效，但也不能过长，否则影响关节活动。针的直径与骨折腔内径最狭部相当，有针的挤力才能产生良好效果。

髓内针固定有非开放性固定和开放性固定两种。对于稳定、容易整复的单纯闭合性骨折，一般采用非开放性髓内针固定，即整复后，针头从体外骨近端

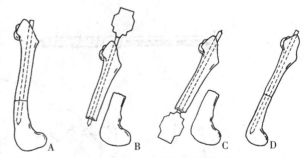

图 14-6　骨干骨折的髓内针插入

A、B. 自骨近端顺行插入

C、D. 自近端骨折片逆行插入后，再做顺行插入

钻入。对某些稳定、非粉碎性长骨开放性骨折也可采用开放性髓内针固定，有两种钻入方式：一种是髓内针从体外骨的一端插入；另一种则是髓内针从骨折近端先逆行钻入，再做顺行钻入（图 14-6）。

髓内针多用于股骨、胫骨、肱骨、尺骨和某些小骨的单纯性骨折。如髓内针固定达不到稳定骨折的要求，可加用辅助固定，以防止骨断段的转动和短缩。常用的辅助技术有以下几种：

（1）两道金属丝环形结扎和半环形结扎（图 14-7 之 A、B）。

（2）外固定支架（半 Kirschner 夹板）辅助固定（图 14-7 之 C）。

（3）插入骨螺钉（图 14-7 之 D）。

（4）同时插入两个或多个髓内针（图 14-7 之 E）。

（5）金属丝绕髓内针跨骨折线固定（图 14-7 之 F）。

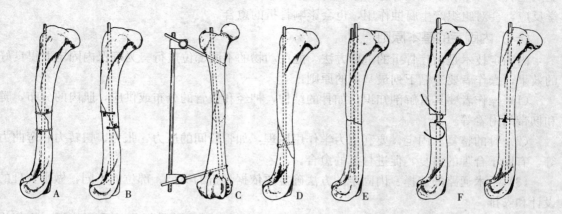

图 14-7　常用辅助技术

A. 环形结扎　B. 半环形结扎　C. 半 Kirschner 夹板　D. 插入骨螺钉　E. 两个髓内针　F. 金属丝辅助固定

2. 骨螺钉固定　有皮质骨螺钉和松骨质骨螺钉两种。松骨质骨螺钉的螺纹较深，螺纹距离较宽，能牢固的固定松骨质，多用于骺端和干骺端骨折固定。松骨质骨螺钉在靠近螺帽的 2/3～1/3 长度缺螺纹，该部直径为螺柱直径。当固定骨折时螺钉的螺纹越过骨折线后，再继续拧紧，可产生良好的压力作用（图 14-8）。

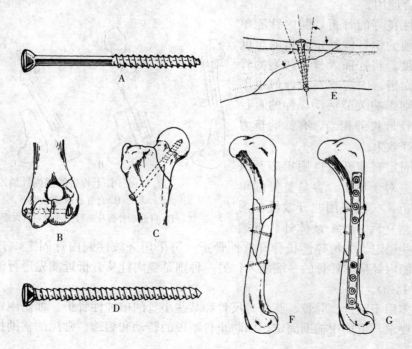

图 14-8　骨螺钉

A、B、C. 松骨质骨螺钉及其使用　D、E. 皮质螺钉及其使用　F、G. 骨螺钉的辅助固定

皮质骨螺钉的螺纹密而浅，多用于骨干骨折固定。为了加强螺钉的固定作用，先用骨钻打孔，现用螺纹攻旋出螺纹，最后装螺钉固定。当骨干斜骨折固定时，螺钉的插入方向应在

皮质垂直线与骨折面垂直线夹角的二等分处。为了使皮质骨螺钉发挥应有的加压固定作用，可在近侧骨的皮质以螺纹为直径的钻头钻孔（滑动孔），而远侧皮质的孔以螺钉柱为直径的钻头钻孔（螺纹孔），这样骨间能产生较好的压力作用（图 14-8）。

在骨干的复杂骨折，骨螺钉能帮助骨端整复和辅助固定作用，对形成圆筒状骨体的骨折整复有积极作用（图 14-8）。

3. 环形结扎和半环形结扎金属丝固定 该技术很少单独使用，主要应用于长斜骨折或螺旋骨折以及某些复杂骨折，为辅助固定或帮助使骨断段稳定在整复的解剖位置上。使用该技术时，应有足够的强度，又不得力量过大而将骨片压碎。要注意保证血液循环畅通，保持和软组织的连接。如果长的斜骨折需多个环形结扎，环与环之间应保持1～

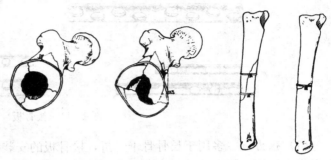

图 14-9　用金属丝建立骨的圆筒解剖结构

1.5cm 的距离，过密将影响骨的活动。另外，用金属丝建立骨的圆筒状解剖结构时，不得有骨断片的丢失（图 14-9）。

4. 张力带金属丝固定 多用于肘突、大转子和跟结等的骨折，与髓内针共同完成固定。张力带的原理是将原有的拉力主动分散，抵消或转变为压缩力。其操作方法是：先切开软组织，将骨折端复位，选肘突的后内或后外角将针插入，针朝向远侧皮质，以稳定骨断端。若针尖达不到远侧皮质，只到骨髓腔内，则其作用将降低。针插进之后在远端骨折段的近端，用骨钻做一横孔，穿金属丝，与钢针剩余端之间做"8"字形缠绕并扭紧。用力不宜过大，否则将破坏力的平衡（图 14-10）。

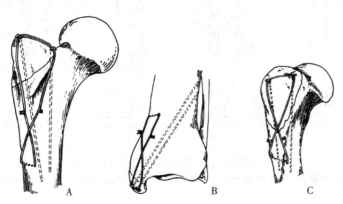

图 14-10　张力带金属丝的使用
A. 股骨大转子骨折　B. 胫骨内侧踝骨折　C. 肱骨大结节骨折

5. 接骨板固定 接骨板固定和骨螺钉固定是最早应用的接骨技术。接骨板的种类很多（图 14-11）。经验表明，接骨时两侧骨断端接触过紧或留有间隙，都得不到正常骨的愈合过程，会出现断端坏死或大量假骨增殖，延迟骨的愈合。在临床上经常使用各样压力器，或改进接骨板的孔形等，目的是使断端紧密相接，增加骨断段间的压力，防止骨断端活动。假骨的形成不能达到骨的第一期愈合时，则拖延治疗时间，严重影响骨折的治愈率。接骨板依其功能分为张力板、中和板及支持板 3 种。

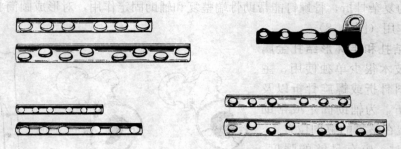

图 14-11　接骨板

（1）张力板　多用于长骨骨干骨折，接骨板的安装位置要从力学原理考虑。应将接骨板装在张力一侧，能改变轴侧来的压力，使骨断端密接，固定力也显著增强。以股骨为例，长骨体重的压力是偏心负担，其力的作用形式像一弯圆柱，若将张力板装在圆柱的凸侧面，能抵抗来自上方的压力，从而提供有效的固定作用。相反，如装在凹侧面，将起不到固定作用，由于张力板承受过多压力，会再度造成骨折。股骨骨干骨折，选择外侧为手术通路，是力学的需要（图 14-12）。

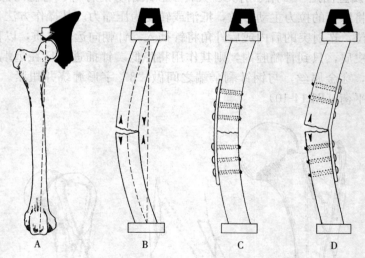

图 14-12　张力板的应用原理

A. 股骨为偏心负担　B. 其力学关系似弯圆柱　C. 凸面装接骨板　D. 凹面装接骨板

（2）中和板　将接骨板装在张力的一侧，能起中和或抵消张力、弯曲力、分散力等的作用，上述的各种力在骨折愈合过程中均可遇到。在复杂骨折中为使单骨片保持在整复位置，常把中和板与骨螺钉同时并用，以达到固定的目的。在复杂骨折中也可用金属丝环形结扎代替骨螺钉，完成中和作用（图 14-13）。

（3）支持板　用于松骨质的骨骺和干骺端的骨折。支持板是斜向支撑骨折断段，能保持骨的长度和适当的功能高度，其支撑点靠骨的皮质层（图 14-14）。

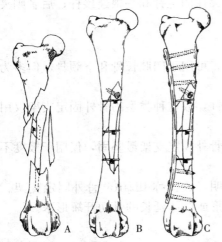

图 14-13　中和板、螺钉、环形结扎金属丝的应用

A. 复杂性骨折　B. 螺钉和环形金属丝

C. 中和板、螺钉和环形金属丝

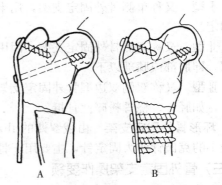

图 14-14　支持板的应用

A. 适合大转子的弯度，固定股骨颈骨折

B. 接骨板固定骨干

四、骨外固定支架固定技术

骨外固定支架是骨折治疗的重要方法。它是在两骨折段近心端与远心端经皮穿入固定针（钉），并在皮外用连接杆及固定夹将其连接，达到固定骨折的目的。其基本原理是利用力的平衡，通过钢针变形对骨折断面产生纵向压力，避免了坚强内固定的应力遮挡作用。由于该技术可在体外操作，组织损伤小，出血少，骨折愈合快，功能恢复早，故归属于生物学内固定和微创外科的范畴。

骨外固定支架最大优点是适用于骨折化脓性感染，或骨愈合延迟和骨不连接，也可用于稳定性或不稳定性骨折、开放性骨折及某些关节的固定。

（一）骨外固定支架组成

1. 固定针　为穿透皮质骨构成外固定支架与骨骼相连的不锈钢针，分半固定针和全固定针两种。前者穿透一侧皮肤及两侧皮质骨；后者穿透两侧皮肤和两侧皮质骨。

2. 连接杆　用于连接固定针，有不锈钢、碳纤维或钛合金等材质。碳纤维或钛合金连接杆可增加直径和刚性，但不增加重量。临床常用 3 种型号连接杆，即小型、中型及大型。

3. 固定夹　又称锁针器，用于固定固

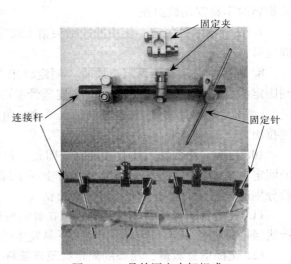

图 14-15　骨外固定支架组成

（引自 Brinker, Piermattei, Flo's, Handbook of Small Animal Orthopedics and Fracture Repair, fourth edition, 2006）

定针和连接杆。有单固定夹和双固定夹两种。前者夹住固定针和一根连接杆；后者则夹住两根连接杆。

（二）骨外固定支架分类

1. Ⅰ型　又称单侧骨外固定支架，用半固定针，可用于四肢长骨和下颌骨，但多为一侧骨的固定。

2. Ⅱ型　又称双侧骨外固定支架，因用全固定针，故这种类型的骨外固定支架仅用于肢体下部，即肘部或膝部以下。

3. Ⅲ型　又称双侧双边型骨外固定支架，这种骨外固定支架最坚固，仅用于极度不稳定的骨折，如胫骨、桡骨粉碎性骨折。

4. 环形骨外固定支架　由俄罗斯的 Ilizarov 发明，故又称 Ilizarov 骨外固定支架。用多根直径小的克氏针作为固定针，主要用于骨成角畸形或肢体延长的骨切开矫形术。

（三）骨外固定支架操作要领

1. 无菌操作　包括动物准备、手术室、手术器械、手术人员准备，术后护理等。

2. 选择适宜的骨平面进针　胫骨单侧骨外固定支架的最好骨面是内侧，桡骨为前内侧或内侧面；肱骨是前外侧面；股骨为外侧面。

3. 使用适宜类型的骨外固定支架　Ⅰ型单侧骨外固定支架可用于所有长骨和下颌骨，但双侧骨外固定支架限用于胫骨、桡尺骨和下颌骨，以避免干扰体壁。

4. 使用辅助固定材料　根据骨折类型，在插入固定针时配合使用拉力螺丝、髓内针、克氏针、环扎术等，有助于维持复位和加强其稳定性。

5. 应在维持复位状态下安置骨外固定支架　骨折整复后，其周围软组织恢复到正常位置，插入固定针就不受软组织干扰。

6. 钻入固定针不能旋损软组织　在皮肤上切一小口（2～3mm）。如需穿过肌肉，可用止血钳插入肌肉钝性分离出一通道，然后张开止血钳以便固定针通过该通道抵至骨头，这样针旋转时不易损伤软组织。

7. 钻针技术是关键　使用低速钻头钻入固定针。高速钻会产生过多热量，引起骨坏死，固定针松动。

8. 固定针必须穿透两层皮质骨　固定针未全部插入两层皮质骨，其针会松动，不能达到固定的目的。一般针尖穿透至对侧皮质骨手可触摸到为止。

9. 固定针与骨轴呈 70°角方向钻入　这个角度对外固定支架可产生最大的强度和最大的抗拉出力。

10. 在同一平面钻入所有固定针　即先在骨折骨的远、近端钻入两根针，将欲钻固定针的固定夹全部套入固定杆，再将连接杆上两个远端固定夹分别安置于骨远、近端固定针，最后分别通过剩余的固定夹针孔将固定针钻入。

11. 在适宜的骨折断段进针　一般在骨断段远、近端进针其稳定性最大。固定针应与骨折线保持骨直径一半的距离，否则太近易发生骨裂。

12. 选择适宜数量、粗细的固定针及连接杆　每个主要骨断段钻入固定针最少 2 根，最多 4 根。中型固定夹配 4.6mm 连接杆，配 2.4～3.2mm 固定针；小型固定夹配 3.2mm 连接杆和直径 2mm 固定针。

13. 固定夹与皮肤间连接杆的最佳长度　其长度取决于动物的大小和术后肿胀程度。一般为 10～13mm。

14. 骨缺损需骨移植 如骨折缺损多，可在自体其他骨骼（如肱骨头或髂骨结节）采集松质骨填入骨缺损处，促进骨愈合。

第二节　髋关节开放性整复与关节囊缝合固定
（open reduction and capsulorrhaphy of coxofemoral joint）

【适应症】当髋关节脱位用闭合方式不能完成整复和维持其功能时，采用本手术。此处以犬为例描述，本技术也可用于犊、驹和矮马。

【保定和麻醉】侧卧保定，全身麻醉。

【手术通路】采用髋关节背侧通路，弧形切开皮肤，开始在髂骨后 1/3 的背侧缘，越过大转子向下伸延到大腿近端 1/3 水平，切口正好落在股二头肌的前缘。皮下组织、臀筋膜和股阔筋膜张肌在同一线上切开。其后将股阔筋膜张肌和股二头肌分别向前后拉开，识别臀浅肌，在该肌的终止点前将腱切断，把臀浅肌翻向背侧。再找臀中肌和臀深肌，在股骨的外侧，用骨凿或骨锯切断大转子的顶端，包括臀中肌、臀深肌的终止点，大转子的骨切线与股骨长轴成 45°角（图 14-16）。将臀中肌、臀深肌和被凿断的大转子顶端一并翻向背侧，暴露关节囊，再在髋臼缘的外侧3～4mm 距离将关节囊切开和向两侧伸延，即可显露全部关节。

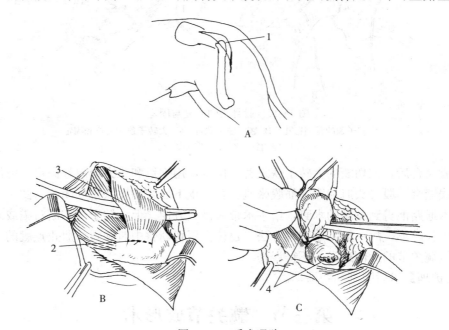

图 14-16　手术通路
A. 皮肤切口　B. 切断浅臀肌　C. 凿断的大转子
1. 大转子　2、3. 浅臀肌切断线和浅臀肌　4. 凿断的大转子

【术式】手术通路打开后，对髋臼和股骨进行全面检查，看是否有骨折和关节软骨的损伤。从股骨头和关节窝切除被拉断的圆韧带，髋臼用灭菌生理盐水冲洗，清除组织碎片。脱位整复，用吸收缝线闭合关节囊，宜用间断水平褥式缝合，使撕裂的关节囊闭合。

在许多情况下，由于关节囊的破损，造成缝合困难。在这种情况下，在股骨的颈部背侧钻一孔，取 0～2 号合成不吸收缝线，在金属丝的辅助下通过该孔，与骨盆髋臼缘预先安置的小骨螺钉拧在一起，其位置在 11 点和 1 点位置，将前述大转子颈部的缝合线与螺钉缠绕和打结（图 14-17）。

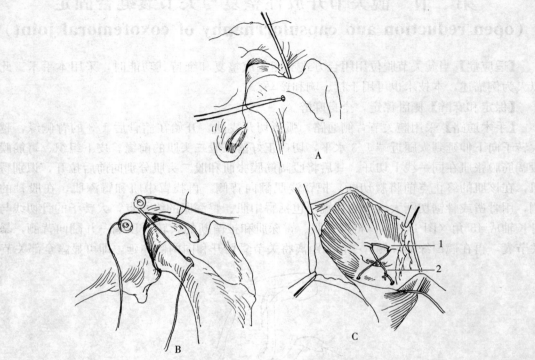

图 14-17　股骨头的整复与固定
A. 大转子颈的背侧钻孔　B. 髋臼缘装螺钉　C. 大转子顶端复位和固定
1. 髓内针　2. 张力带金属丝

关节囊闭合后，把切断的大转子恢复解剖位置，用钢针和张力金属丝固定。臀浅肌腱用非吸收缝线缝合，股二头肌和股阔筋膜张肌缝合，皮下筋膜和皮肤常规闭合（图 14-17）。

本手术通路能得到宽敞的术野，给手术带来极大方便。但大转子的切断对猫或未成年的犬能出现生长畸形，故一般不用这种方法。建议使用切断臀中肌和臀深肌止点腱的方法。坐骨神经是从髋关节的后侧通过，不得误伤。

【术后护理】术后限制动物活动。

第三节　髋关节成形术
(arthroplasty of coxofemoral joint)

【适应症】本手术将犬的股骨头和颈切除，然后在局部形成纤维性假关节，故称为股骨头切除和关节造形术，其目的是减少髋关节长期不能治愈的疼痛。

主要应用于犬。当患有髋关节变形性骨软骨、各种原因引起的慢性髋关节炎、髋臼或股骨头粉碎性骨折、股骨头骨折和慢性髋关节脱位伴有股骨头糜烂等，均为适应症。

【保定和麻醉】侧卧保定，全身麻醉。

【手术通路】一般采用髋关节前侧通路，其优点是臀肌群不受损伤。从髋关节前侧的髂骨向大转子，再转向股骨中央做弧形皮肤切开。清理皮下组织，显露股筋膜、臀中肌和股二头肌。在股二头肌的前缘，从大转子向下，分离股二头肌的筋膜，再将股阔筋膜张肌和臀中肌分开，显露股直肌。最后将股直肌和股外侧肌分离，髋关节囊即可显现（图 14-18）。

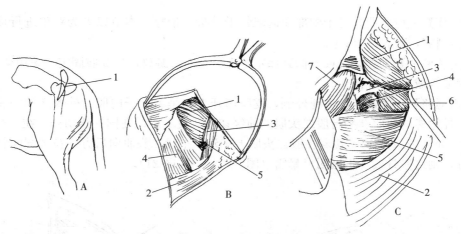

图 14-18　髋关节成形术的手术通路及解剖

A. 髋关节前侧手术通路：1. 大转子

B. 浅层解剖：1. 中臀肌　2. 股二头肌　3. 浅臀肌　4. 股阔筋膜张肌　5. 股骨大转子

C. 深层解剖：1. 中臀肌　2. 股二头肌　3. 髋臼缘　4. 股骨头　5. 股外侧直肌　6. 深臀肌　7. 股直肌

【术式】髋关节囊暴露后，用拉钩将臀中肌拉向背侧。将拉钩插入关节囊内，用抓骨钳固定大转子，使髋关节脱位，用弯剪剪断圆韧带和部分关节囊，把股骨垫高。利用骨凿从股骨颈将其凿断，这时要用骨钳固定股骨。对大型犬，骨凿的宽度应不小于 2.5cm。骨凿是从大转子基部垂直于中轴线横断，断后不得留下锐角（图 14-19）。股骨头游离之后，用骨钳或巾钳抓住股骨头并除去（要剪断软组织）。

关节功能恢复的前提取决于髋臼与股骨间软组织的增生。有两种方法可促进软组织的增生：其一是将臀深肌的前 1/3 从大转子分离，缝合至小转子的髂腰肌上。其二是把股二头肌一部分做成蒂，包围在股骨颈的周围，缝合于臀和股外侧肌上，可加快关节的恢复。

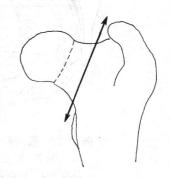

图 14-19　股骨头的颈部切线

操作完毕，清理创口，进行闭合。股二头肌的前缘与股外直肌后缘缝合，用可吸收或非吸收缝线结节缝合，股阔筋膜张肌与臀筋膜缝合，股筋膜和皮肤常规闭合。

【术后护理】早期，病肢应加强活动，实行被动活动练习，每天 3～4 次，每次 20～30 回。在拆线之前建议牵遛，或鼓励限制在一定范围活动。术后 2 周做跑步训练或游泳运动。病犬趾尖着地 10～14d，大部分负重在 3 周之后，患肢完全活动约需 4 周。若双侧患病，两次手术间隔为 8～10 周。

预后判断往往取决于手术的操作技术及适度的活动。据统计，38％结果显著，26％结果优良。其预后与体重、体型与品种之间没有明显差异。

第四节　股骨干骨折内固定术
（internal fixation of the femoral shaft fracture）

【适应症】适应于股骨骨干中部和远端骨干骨折的治疗。本节以犬为对象进行描述，也可供其他动物骨折治疗时参考。

【保定和麻醉】动物侧卧或半仰卧保定，患肢在上，游离，另3肢固定。采用全身麻醉，均可应用吸入或非吸入麻醉。

【手术通路】手术通路在大腿外侧，皮肤切开方向是大转子向股骨外髁之间的联线，切口沿股骨外轮廓的弯曲和平行股二头肌的前缘切开，皮下组织在同一线切开。在股筋膜板上造一个2～3mm的小切口，接着在股二头肌上扩延，把股二头肌向后方牵拉，同时将股筋膜拉向前方，则使股骨或骨折区明显暴露（图14-20、图14-21）。

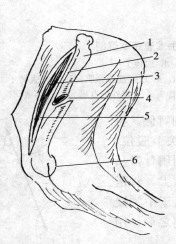

图 14-20　股外侧手术通路
1. 大转子　2. 皮肤切口
3. 肌膜切口　4. 股骨骨干骨折
5. 股外侧直肌　6. 股骨外侧髁

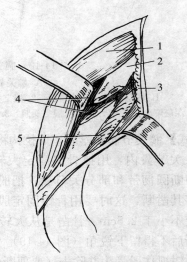

图 14-21　股外侧手术通路深层解剖
1. 股外侧直肌　2. 股骨干　3. 股二头肌
4. 骨折部位　5. 内收肌

为充分显露骨干的远端，将股外侧直肌和股二头肌用拉钩分别拉向前后，找到股动脉分支并进行结扎。

【术式】先对患部进行检查和清理，除去凝血块、挫灭组织及骨碎片。利用骨钳将骨断端复位，再用抓骨钳把整复的两断段骨暂时固定。

在大转子的顶端内侧后部做一皮肤小切口，骨钻从此钻孔并将髓内针引入，沿大转子的内侧进入股骨大转子窝，针的方向是沿着后侧皮质向下伸延，其尖端从骨折近端骨的远端露出。然后将近端骨与远端骨整复在同一线上，用手或抓骨钳固定，髓内针沿近端骨远端，插入远端骨近端，针尖一直到达远端骨远端骨松质内（图14-22）。

髓内针也可先在近端骨逆行插入，再改顺行插入远端骨。

补充固定用不锈钢丝半环扎术。将骨断端复位，在钻入髓内针之前，在骨折线的两侧，距骨折线 0.5cm 钻孔，穿过金属丝，先从一孔穿入，再从另孔穿出，在骨髓腔内形成一套状。待髓内针从金属丝套穿过后，在骨折整复的基础上，金属丝做半环结扎。髓内针则被金属丝牢固控制，使骨折断端保持规定的角度和长度，减少转动（图 14-22）。

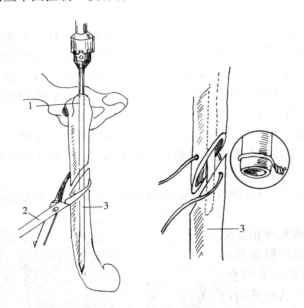

图 14-22　髓内针和矫形金属丝固定骨折
1. 大转子　2. 复位钳　3. 髓内针

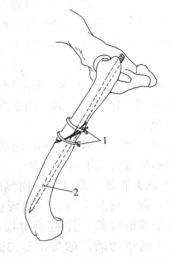

图 14-23　股骨金属丝全环结扎固定骨折
1. 金属丝全环结扎　2. 髓内针

斜骨折也可用金属丝全环结扎辅助固定。应用全环结扎时，骨折的斜长应是骨折部直径的 2 倍，否则将降低金属丝的固定效果（图 14-23）。

骨干骨折也可用接骨板和骨螺钉固定。显露骨折部位后，清除骨碎片和血肿，先将骨折断端整复到正常解剖位置，用延迟螺钉或环扎金属丝固定，再装接骨板。装接骨板一般没有必要剥离骨膜，因为这样将更有利于骨的愈合（图 14-24）。

接骨完毕，清理和切口闭合。股二头肌的前缘与股外侧直肌的后缘，用可吸收缝线或非吸收缝线间断缝合。筋膜、皮下组织和皮肤常规缝合。

【术后护理】骨折整复之后，在骨愈合期间，早期限制关节活动，在屈膝关节的同时使跗关节伸展，并使胫骨近端后侧呈现下沉位置。用改良托马斯夹板绷带，或一般的夹板绷带包扎，直至骨连接为止。注意早期进行活动，防止关节僵硬。

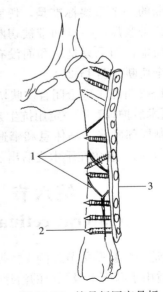

图 14-24　接骨板固定骨折
1. 粉碎性骨折　2. 骨螺钉　3. 接骨板

第五节　膝内侧直韧带切断术
（medial patellar desmotomy）

【适应症】是治疗马、牛膝盖骨上方脱位的一种手术。在兽医临床广泛应用，我国南方水牛膝盖骨脱位发病率很高。

【局部解剖】膝关节包括股膝和股胫两个关节。股膝关节由股骨滑车与膝盖骨关节面组成。股胫关节由股骨髁、胫骨近端与两骨之间的半月状板组成。在膝关节囊外有膝外侧韧带和膝内侧韧带，在膝盖骨与胫骨嵴之间，有3个很强的韧带：膝外侧直韧带，起于膝盖骨的远侧角，止于胫骨嵴内侧；膝中直韧带，起于膝盖骨的远角，止于胫骨嵴内侧；膝内侧直韧带，起于膝盖骨内缘的纤维软骨，止于胫骨嵴近侧韧带沟。

【保定和麻醉】手术一般采用站立位置，柱栏内保定和局部麻醉。如果动物不安静，可给予安定剂或化学保定剂。站立保定时，要注意尾的固定，避免污染手术部位。也可侧卧保定，患肢朝下。

局部麻醉时，取2～4mL局部麻醉药在膝中直韧带下半部内侧缘做一点注射，再在韧带的内侧远端进行皮下浸润麻醉。

【术式】在膝中直韧带的内侧缘，靠近韧带的止点胫骨嵴，做一皮肤小切口。用弯止血钳穿过肌膜伸向膝内直韧带的深侧，注意不得损伤韧带下的关节囊，造成一个通道为插入球头切腱刀做准备。从皮肤切口将切腱刀沿韧带的深侧平行韧带插入，然后把刀身翻转90°角，刀刃对准预切的韧带。左手食指摸刀的尖端，隔皮矫正刀的位置，再用锯的动作，将腱切断。腱切断的一个重要标准是，切韧带之前，感到刀被膝内直韧带紧压，一旦韧带被切断，缝匠肌的腱由紧绷变为松弛，如果只是缓和而没有松弛，则表明其韧带未完全切断（图14-25）。

1～2针结节缝合闭合皮肤切口。

【术后护理】不一定用抗生素治疗。牵遛运动有利于控制局部肿胀，马休息和牵遛至少需2周，最好达到4～6周。偶尔在手术之后出现严重的肿胀和跛行。

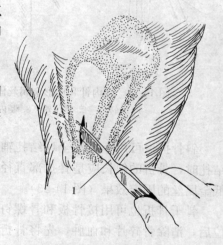

图14-25　膝内直韧带切断术术部
1. 切腱刀

第六节　膝关节外侧支持带重叠术
（lateral retinacular imbrication of stifle joint）

【适应症】膝关节外侧支持带的重叠手术是治疗犬膝盖骨内侧脱位的一种关节稳定技术，尤其适用于膝盖Ⅰ级脱位的治疗。

【保定和麻醉】侧卧保定，全身麻醉，患肢朝上。

【术式】膝关节外侧手术通路的皮肤切开线是起自近端外侧滑车嵴，伸展至远侧滑车嵴，横过关节腔，到外侧胫骨嵴的远端。分离皮下组织，切开深筋膜和关节囊，打开关节腔。检查关节表面和韧带的状态。

用单股非吸收缝线做支持带的重叠缝合。缝合的设计为两排：第一排用水平褥式缝合，将关节的内侧创缘拉向外侧缘的深侧。第二排缝合是把外侧缘与内侧缘的表面做单纯间断缝合（图 14-26）。外侧支持带由于重叠缝合，增加了外侧的张力，故能矫正膝盖骨内侧脱位。同样在膝关节内侧做手术，也可矫正膝盖骨的外侧脱位。

皮肤用非吸收缝线间断缝合。

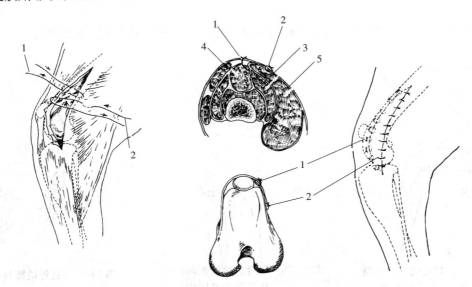

图 14-26　支持带重叠术
1. 第一排缝合　2. 第二排缝合　3. 股外侧肌　4. 股直肌　5. 股二头肌

【术后护理】术后 24h 做有垫绷带包扎，对易活动的犬，局部绷带应多保留几天。术后限制活动 1～2 周，如需要可给予止痛剂。

本手术除矫正膝盖骨脱位之外，还可与其他关节固定术合并应用，除用于犬、猫，牛和其他动物也有报道。

第七节　胫骨近端骨折内固定术
(internal Fixation of the fractured proximal tibia)

【适应症】适应于胫骨近端骨骺分离和胫骨结节撕裂的治疗。本手术以犬为例。

【保定和麻醉】全身麻醉，侧卧或半仰卧保定，患肢在卧倒的对侧。

【手术通路】膝盖骨旁做皮肤切口，开始于膝盖骨的近端，向下伸展到胫骨嵴下 2～3cm。沿此切线钝性或锐性分离皮下组织、筋膜，显露胫前肌，切断近端胫前肌前缘，并将其反折，即暴露骨折位置。一般不需要切开膝关节囊（图 14-27）。

【术式】骨骺骨折端多半斜向胫骨骨干的后外侧。清除凝血块，破碎组织，整复骨骺。用细钢针分别从骨骺的内外缘非关节部分钻入，并交叉于胫骨干骺处（图 14-28）。在成年的犬也可以用松质骨螺钉。

当胫骨结节撕裂，宜选用张力带金属丝的固定方法。胫骨结节的骨折和撕裂，是股四头肌牵拉的结果，所以骨折段常常位于胫骨近端，复位时使膝关节伸展，利用钩状器械或创巾钳抓住，慢慢拉向确定的位置。在未成熟的动物，胫骨结节软而易碎，在整复过程要特别留意。

未成熟的动物内固定时，可用细钢针 2 根，通过胫骨结节进入胫骨的干骺端，不要干扰生长板。当动物骨端生长板早期闭锁时，可用松质骨螺钉或张力带金属丝进行固定（图 14-29）。

闭合时，先将胫前肌还复到原来解剖位置。筋膜、皮下组织和皮肤常规缝合。

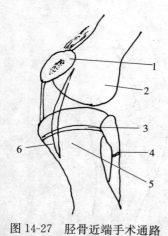

图 14-27　胫骨近端手术通路
1. 膝盖骨　2. 股骨外髁
3. 胫骨骺骨折线
4. 腓骨骨折　5. 胫骨近端
6. 皮肤切开线

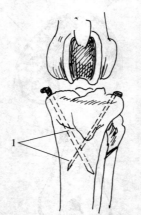

图 14-28　胫骨近端骨骺断
离和髓内针固定
1. 金属针

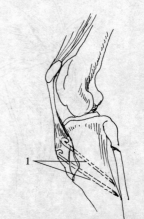

图 14-29　胫骨结撕裂，张力
带金属丝固定
1. 金属针

【术后护理】术后在胫骨部放置带垫绷带 24h。早期，逐步进行运动，开始要用牵引绳控制。针的取出要根据骨折愈合情况而定。

第八节　胫骨干骨折固定术
(fixation of the fractured shaft of tibia)

【适应症】本手术适应各种胫骨骨干的骨折。

【保定和麻醉】动物侧卧保定，全身麻醉，患肢在上或在下。

【手术通路】胫骨干的手术通路多数在小腿的内侧，也可在小腿外侧。内侧没有肌肉覆盖，易于显露骨干。为避免覆盖在皮下的大接骨板或环扎金属丝的不良影响，对某些动物也可采用外侧手术通路。

1. 胫骨内侧通路　在胫骨内侧皮肤切口，其方向是从胫骨结节向内踝的连线。分离皮下组织时，注意手术通路上的隐动脉和静脉的分支，可采用保护或将其结扎，该支与骨干相交叉，很容易发现。牵拉胫骨前肌、长趾屈肌和腘肌，能获得较为宽阔的视野（图 14-30）。

2. 胫骨外侧通路　皮肤切口是在胫骨结节的前外侧向外踝引线，筋膜沿着胫骨骨干的前侧切开。将胫骨前肌和长趾伸肌拉向后侧，则能很好地暴露其骨干。外侧隐静脉的前支横过切口的远端 1/3，是避开还是结扎，应根据具体情况而定（图 14-31）。

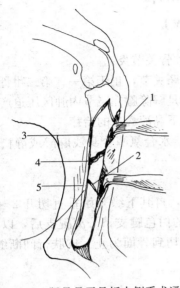

图 14-30　胫骨骨干骨折内侧手术通路
1. 胫骨前肌　2. 隐动脉前侧分支
3. 腘肌　4. 骨折线　5. 长趾屈肌

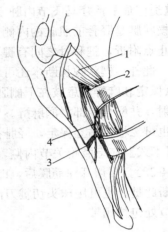

图 14-31　胫骨骨干骨折外侧手术通路
1. 胫骨前肌　2. 拉钩　3. 骨折线
4. 外侧隐静脉前支

【术式】

1. 应用髓内针　选大小适宜的髓内针，从胫骨近端插入，先在膝韧带的内侧皮肤做一小切口，经此切口，针从胫骨结节内侧缘稍向内、向后方钻入近端骨的皮质骨，进入髓腔后，向远端延伸，待远、近端骨整复，髓内针继续钻向远端骨，直至其远端内侧踝的水平处。胫骨骨干骨折时，髓内针不推荐用逆行钻入，这样可避免损伤关节腔、十字韧带止点和股骨髁。

2. 金属丝半环形结扎　目的是防止远端骨转动和错位，其方法是在骨折线两侧各钻一孔，金属丝从近端孔穿入骨髓腔，并围绕髓内针，再从远端骨孔穿出，两端金属丝拧紧，有辅助髓内针的功效。对长斜骨折或螺旋骨折，也可使用环扎法辅助固定。

3. 应用接骨板和骨螺钉　在横骨折的情况下，可用接骨板和骨螺钉在胫骨内侧予以固定。

第九节　四肢黏液囊手术

【适应症】结节间滑液囊炎、肘头皮下黏液囊炎、腕前皮下黏液囊炎、跟骨头皮下黏液囊炎等。

【保定和麻醉】全身麻醉。仰卧或俯卧保定，充分暴露黏液囊肿大部。

【术式】沿肢体长轴，于肿大部外后侧做一弧形切口。钝性分离黏液囊，使之与周围组织完全剥离。结节缝合手术创口，插一细引流管，并做纽孔减张缝合或压迫绷带。

【术后护理】压迫绷带保持 3 周，并多次更换。给以软垫，抗菌素治疗。视状况而定，最迟在术后 2 周拔除引流管。

第十节　楔状腱切断术
（cuneate tenotomy）

【适应症】治疗马飞节内肿（跗间和跗跖关节的变性性骨关节炎）。

楔状腱是胫骨前肌腱的内侧支，腱斜向通过跗间和跗跖关节，止于第一、第二跗骨，在腱的止点附近，腱和骨之间有腱下滑膜囊。本手术的目的是解除腱在飞节内肿区压迫产生的疼痛。此外，楔状腱切断术还可作为运动马易患的楔状腱下黏液囊炎的治疗。

【保定和麻醉】患肢在下侧卧保定，健后肢前方转位。水合氯醛全身浅麻醉或静松灵肌肉注射，并配合局部浸润麻醉。

也可二柱栏站立保定，胫腓神经传导麻醉。

【术式】在患肢跗关节内侧，确定距骨内侧韧带结节，自其下缘开始垂直切开 2～3cm（图 14-32）。当切开深筋膜后，即显露由前上向后下斜走的白色腱支，分离腱支后，以外向式切断此腱。也可用球头切腱刀向下直接切断该腱，一直切到骨面为止。皮肤行间断缝合，跗关节处包扎绷带。

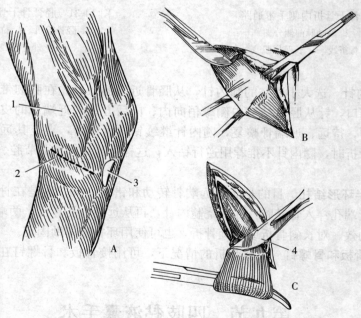

图 14-32　楔状腱切断
A. 手术通路　B. 腱的显露　C. 腱切断
1. 跗关节内侧　2. 皮肤切口　3. 附蝉　4. 外科刀

另一种方法是沿腱纤维的走向切开，先找到附蝉，它是腱的远端界限，切口在腱的径路上，为前上后下走向。腱显露后，用钳子插入腱下，打开钳口，将钳口中间的腱组织切断。皮肤间断缝合，局部包扎绷带。

【术后护理】术后 10d 拆线，然后可进行适当训练。

第十一节　趾外侧伸肌腱切除术
（lateral digital extensor tenotomy）

【适应症】用于鸡跛治疗，术后7～10d，大约80%的病例症状可得到改善。

【局部解剖】趾外侧伸肌是一细小的肌肉，位于小腿外侧，起于股胫外侧韧带及小腿骨近端外侧，肌腹圆，至胫骨下端延续为一长腱。经胫骨下端外侧踝的纵沟，沿跗关节的外面向前下方延伸，至跖部上1/3处与趾长伸肌腱会合。此腱经跗关节处包有腱鞘，腱鞘上端起自外侧踝上方2～3cm处；下方达两腱结合上方3～4cm处。腱鞘分别被两条环状韧带固定。

【保定和麻醉】健肢在下侧卧保定，全身麻醉或胫、腓神经传导麻醉。

【术部】本手术需要通过上、下两个切口切除腱组织，先做下切口，再做上切口（图14-33）。

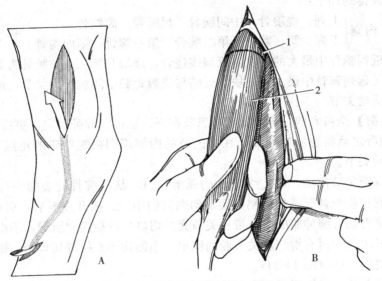

图14-33　趾外侧伸肌腱切除术
A. 手术通路及腱的抽出　B. 肌腹横切
1. 肌腹横切线　2. 趾侧伸肌肌腹

（1）下切口：跗关节外侧下方，在第三、四跖骨沟中，跖背外侧动脉的稍前方，有一根稍斜向前下方与趾长伸肌腱会合的腱——趾外侧伸肌腱的末端。在此腱上做约2cm纵切口。

（2）上切口：在胫骨下端外踝沟的稍上方处，按趾外侧伸肌腱的延续径路，做长约3cm的纵切口。此处为趾外侧伸肌肌腹与腱的移行部。

【术式】先做下切口，切开皮肤、深筋膜后，显露此段斜向前上方与趾长伸肌腱会合的腱——趾外侧伸肌腱末端。用弯止血钳钝性分离此腱，将止血钳插入腱下，频频抽动该腱，可看到上切口内肌腹的相应活动。然后再在上切口切开、分离皮下较厚的筋膜。一旦其肌腹充分游离，术者再回到下切口切断趾外侧伸肌腱。在上切口肌肉与腱联合处下方插入一把止血钳，向上提拉止血钳，使该肌腱从其腱鞘中抽脱出来。再在上切口趾外侧伸肌肌腹近端将其切断。这样整个趾外侧伸肌及肌腱全部被切除。缝合两切口创缘，包扎绷带。术后鸡跛即可减轻，也有的在 10d 后跛行逐渐减轻或消失。术后注意控制感染。

若两侧同时手术，必须在全身麻醉下进行，一侧手术完毕，转换侧卧方位，手术技术相同，只是肌腹的切除量应适当减少。

第十二节　腕间关节切开术
(arthrotomy of the intercarpal joint)

【适应症】切开腕间关节的目的是除去骨赘或骨碎片。这样的病理变化往往发生于速步马，术前必须有 X 射线摄片的确定诊断。因为腕间关节的损伤部位不同，手术通路也有差异。本节根据临床发病率较高的桡腕骨远端和第三腕骨的近端损伤进行描述。

【局部解剖】马的腕骨由 7 块或 8 块组成，分为上下两列，近端接桡骨，远端接掌骨。各腕骨的名称及排列如下：

内侧 { 上列：桡腕骨　中间腕骨　尺腕骨　副腕骨
　　　下列：第一腕骨　第二腕骨　第三腕骨　第四腕骨 } 外侧

桡腕骨是近列腕骨中最大的一块，近端接桡骨，远端与第二、三腕骨为关节。

第三腕骨是远列腕骨中最大的一块，近端与桡腕骨和中间腕骨为关节，远端与掌骨为关节。远端为不活动关节。

【保定和麻醉】全身麻醉，侧卧保定，患肢在下。也可以仰卧保定，更有利于自然止血。

【术式】侧卧之后将患肢半屈曲，在腕关节的内侧识别桡腕伸肌的止点、腕斜伸肌腱、桡腕关节和腕间关节。

皮肤切口在腕关节内侧，做长约 5cm 的弧形切口，从桡腕骨的表面中部向第三腕骨的中部，弧形基底在桡腕伸肌腱的内侧，弧顶朝向肢的中线。掀开皮瓣后，肌膜做垂直切口，长约为 5cm。接着切开腕伸肌的支持带和关节囊。切口平行桡腕伸肌腱，不得损伤桡腕伸肌的腱鞘。当切开关节囊时有滑液从关节腔内流出。用创钩小心拉开切口缘，则暴露第三腕骨的近端和桡腕骨的远端（图 14-34）。

如果发现碎骨片，可用钳子取出。找不到骨碎片时，要用弯钳轻轻探查第三腕骨和桡腕骨的远端边缘，仔细观察。因为破碎骨片常常埋在纤维组织内，很少松散孤立存在。用镊子、刀刃或小的骨膜起子将松动的骨片撬开并取出，再用骨膜刮将损伤部刮平，确保骨面整齐（图 14-34）。

创口闭合一般为 3 层。关节囊和支持带用单股合成可吸收或非吸收缝线结节缝合。缝合不得穿透关节滑膜层，使关节囊和支持带精确地对合、密闭。关节闭合后用 80 万 IU 青霉素溶解到 4～5mL 林格氏液中，通过创口注入，如发现有液体从关节囊渗漏，马上进行修补缝合。皮下肌膜用可吸收缝线连续缝合。皮肤用非吸收缝线结节缝合或垂直褥式缝合（图 14-34）。同时用强力绷带包扎。

【术后护理】术部用强力绷带包扎，持续 3 周，期间绷带可根据情况做若干次调整。10～12d 后拆线。

将马饲养在马厩，恢复情况视疾病的程度和手术技术而定，虽然 4～11 个月能得到显著改善，但完全恢复需要 6～12 个月。如果不再生骨疣则预后良好。

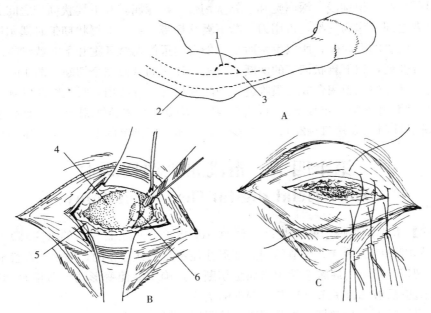

图 14-34　腕关节切开

A. 手术通路　B. 骨碎片示意　C. 切开闭合

1. 皮肤切口　2. 桡腕伸肌腱　3. 腕关节内侧　4. 第三腕骨桡侧面

5. 关节囊和支持带　6. 碎骨片

第十三节　下翼状韧带切断术
（inferior check ligament desmotomy）

【适应症】由于指（趾）深屈肌腱的挛缩而引起的指（趾）屈曲变形，用保守疗法无效时，可采用本手术，优于深屈腱切断术。

【局部解剖】指（趾）深屈肌腱下行至掌（跖）骨中央部，接以强纤维韧带——下翼状韧带。此韧带为腕关节后韧带的直接延续部，又称指深屈肌腱副头。

【麻醉和保定】全身麻醉，侧卧保定，固定患肢。

【手术通路】手术既可选肢的内侧通路，又可选外侧通路，都要注意避开内侧的总指动脉（跖背侧动脉）。

【术式】在掌（跖）骨深屈腱的前侧，近掌（跖）骨端的 1/4 处向远端做一 5cm 长的皮肤切口，钝性分离皮

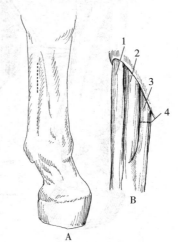

图 14-35　下翼状韧带切断术

A. 深屈肌腱副头切断术的手术通路　B. 腱副头与各腱的位置关系

1. 指浅屈腱　2. 指深屈腱　3. 指深屈腱副头　4. 主手术部位

下组织。显露屈腱，识别浅、深屈腱和下翼状韧带，在深屈腱和下翼状韧带之间分离。将止血钳插入两者之间，作为支架，再用刀切断下翼状韧带。在切下翼状韧带时偶尔遇到由于手术操作而破坏腕管的滑膜鞘，所以手术时尽可能多向远侧端劈开腱和下翼状韧带的结合。手术时将蹄充分伸展，如下翼状韧带的两断端分离，证明韧带被完全切断（图14-35）。

闭合时，腱旁的肌膜用合成可吸收缝线做间断缝合，皮肤用非吸收缝线常规缝合。

【术后护理】将灭菌纱布敷于创口，从掌（跖）近端向蹄做卷轴绷带。要使蹄逐渐恢复到正常状态，静脉注射保太松（1～2g），可减少术后疼痛和促进蹄的下沉。不一定使用抗生素。

第十四节　指浅屈肌腱切断术
（superficial digital flexor tenotomy）

【适应症】指浅屈肌腱切断术是治疗球节（掌指关节）屈曲变形的（突球）一种方法，即临床上对屈腱挛缩的治疗。球节的屈曲变形往往不是单独存在的，在一些慢性病例牵涉到深屈腱或系带。单纯的屈腱挛缩用指屈腱切断术，确实能使变形的球节恢复到正常位置。本手术同样适应后肢跖趾关节（球节）变形的治疗。

有人建议切断上翼状韧带（指浅屈肌腱的附属韧带）治疗球节屈曲变形。但上翼状韧带的分离和切断技术，要比下翼状韧带或指浅屈肌腱切断复杂得多，还会出现某些并发症。

【保定和麻醉】可以采用局部麻醉，一般侧卧保定。也可以全身麻醉施术。

【手术通路与术式】可以从皮肤小切口，用切腱刀将腱切断，也可以在眼的直视之下，通过大的皮肤切口进行手术。大的皮肤切口的术部在掌的中部、浅屈肌腱和深屈肌腱之间的界线上，做一2cm的纵向皮肤切口，用止血钳分离皮下组织，暴露屈肌腱。并将浅、深屈肌腱分开，再用切腱刀把浅屈肌腱切断（图14-36）。

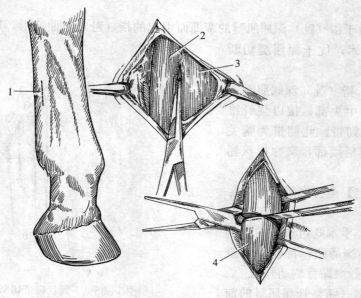

图14-36　浅屈肌腱切断
1. 皮肤切口　2. 浅指屈肌腱　3. 深指屈肌腱　4. 切断的浅指屈肌腱远端

皮肤闭合用非吸收缝线，结节缝合。

非直视的切腱技术是一种简单手术，切腱刀从皮肤小切口插入深、浅屈肌腱之间，将刀转动 90°，使刀刃对准浅屈肌腱，将腱切断，皮肤切口做简单缝合。

【术后护理】将无菌纱布垫在创口，装上肢绷带。术后 10～12d 拆线。若指浅屈肌腱的切断技术不能矫正关节变形，可进行下翼状韧带切断术，以期出现效果。

第十五节　球节切开和籽骨顶端骨折片摘除术
(arthrotomy of the fetlock joint and
removal of apical sesamoid chip fracture)

【适应症】取出近端籽骨顶端骨折骨片，多用于赛马。

【局部解剖】球节由第三掌（跖）骨的远端、第一指（趾）骨的近端和近端籽骨组成。关节囊附着于关节周围，关节的背侧囊强厚，内腔较大，与指（趾）伸肌腱之间有滑膜囊。掌（跖）侧囊是一薄壁囊，经掌（跖）骨和悬韧带之间，向上达悬韧带分支处。囊壁外有两条侧韧带。

【保定和麻醉】手术在全身麻醉下进行，侧卧保定，也可采用仰卧保定。当仰卧保定时将肢吊起，手术时容易获得自然止血。如侧卧保定，在手术前装上止血带，防止术中出血。

【手术通路与术式】皮肤切口在球节内侧，手术时肢体保持伸展状态，在球节处很容易认出悬韧带的分支。切口在掌（跖）球隐窝的直背侧，并平行悬韧带和掌（跖）骨的远端（图 14-37）。

从小掌（跖）骨末端下 1cm 起向籽骨侧韧带的近侧缘切开皮肤 5cm，等长切开很薄的皮下组织，扩开创口即可暴露关节囊。关节囊切开约 3cm（包括滑膜层和纤维层）。

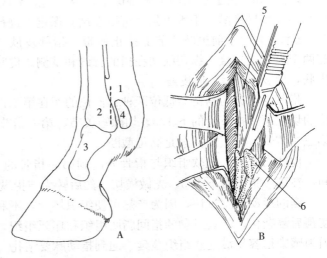

图 14-37　球节切开

A. 手术通络　B. 关节囊切开

1. 皮肤切口　2. 掌骨　3. 第一指骨　4. 近端籽骨

5. 系韧骨　6. 骨折片

小心避开籽骨侧韧带和掌（跖）骨远端的血管丛。此时将球节屈曲，开张关节囊，显露第三掌（跖）骨掌侧关节面和近端籽骨关节面。

用一弯形刀将抵止在骨折片的悬韧带和籽骨间韧带分离开，分离周围的软组织，用骨钳取出骨折片后，刮平骨折面，用生理盐水充分冲洗关节腔（图 14-37）。

关节的纤维囊闭合，用合成可吸收或非吸收缝线间断缝合，纤维囊的缝合不得穿透滑膜层，缝合完毕，取 8～10mL 的林格氏液加上 1.6×10^7 IU 青霉素灌注关节囊内。若有液体渗漏，应进行补充缝合。

皮下肌膜闭合用合成的可吸收缝线，单纯连续缝合。皮肤闭合用非吸收缝线单纯结节缝合或垂直褥式缝合。解除止血带，切口放置无菌敷料，用绷带牢固包扎。

【术后处理】术后 10～12d 拆线，绷带要继续保持 10d。术后 24h 内 X 射线摄影，作为以后观察对比。骨折恢复一般要 4 个月时间，6 周后可开始运动。预后依赖于悬韧带和其他组织损伤的程度。

第十六节　牛截指术
(digit amputation of cow)

【适应症】严重的腐蹄病用保守疗法无效时，或并发骨髓炎、形成脓肿、指腱鞘炎和指关节感染；难医的指骨骨折、复位困难的指关节脱位等。本手术同样用于后肢的趾骨。

【局部解剖】牛每蹄有内侧指和外侧指及两个悬蹄，蹄匣覆盖在指端部，呈锥状，与第三指节骨（蹄骨）形状类似。第二指节骨和第一指节骨分别与远端第三指节骨、近端掌骨构成蹄关节和系关节，第一指节骨和第二指节骨构成冠关节。指骨的背侧有伸腱，掌侧有屈腱。牛的内、外侧指截断其一，仍可以站立。

【保定和麻醉】患指向上侧卧保定，给予镇静剂或化学保定剂，使动物保持安静，局部用掌神经传导麻醉。手术虽然也可以在站立保定下进行，但是操作不便。

【术式】手术前患肢球节上扎止血带。指部皮肤"U"形切开，横切开线在蹄冠带处，与两个纵切线连接，纵切线切在指的背侧和掌侧。皮肤和皮下组织切开深达骨的表面，分离皮肤，形成一"U"形皮瓣。

指截断可分为高位与低位两种：低位的切在第二指骨上，去掉蹄关节和第三指节骨。高位的切在第一指节骨的下 1/3，切除冠关节、第一指节骨的一部分、第二指节骨、蹄关节和第三指节骨。以下的描述是高位截断。

皮肤切开后，把软组织与指骨分离到第一指骨的 1/2 高度水平。取线锯放置在两指之间，在第一指节骨下 1/3，先做横切，然后转为与指纵轴成 45°角，将骨斜行锯断。

锯的运动不宜过快，因为产热可使组织坏死，不利于创伤愈合，要避免侵入关节囊内，使预后复杂化。除去过剩的指间脂肪组织和坏死组织，尤其应将坏死的腱和腱鞘完全去除，因为感染很容易沿这些组织蔓延。遇到指动脉要结扎，注意清创。

闭合时，皮肤瓣尽可能的全部缝合，如有感染或皮肤发生坏死，则不宜缝合，必要时要做引流，局部撒布抗生素粉末。压迫绷带包扎，防止解除止血带后的出血（图 14-38）。

【术后护理】将病畜饲养在干燥的地面上。绷带 2～3d 更换 1 次，保持绷带的作用，直到皮瓣愈合。有些病例于断指后 10～14d 愈合，而有的则需几周，以

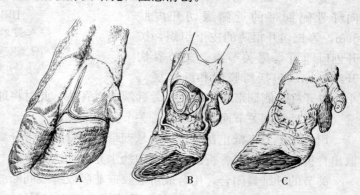

图 14-38　牛截指术
A. 手术切口　B. 分离皮瓣、锯断骨体　C. 皮肤闭合

第二期方式愈合。

第十七节　猫截爪术
（feline onychectomy）

【适应症】适应于两种情况：猫爪的基部损伤，用保守疗法无效时；健康猫破坏家具、地毯，主人请求去爪。后者常仅截除前肢的爪，后肢的不截除。

【局部解剖】猫的远端指（趾）节骨［第三指（趾）节骨］由两个主要部分组成：爪突和爪嵴。爪突是一个弯的锥形突，伸入爪甲内；爪嵴是一个隆凸形骨，构成第三指（趾）节骨的基础，其近端接第二指节骨的远端。指（趾）深屈肌腱附着于爪嵴的掌（跖）侧，指（趾）总伸肌腱附着于爪嵴的背侧。

爪的生发层在近端爪嵴，是切断爪的部位，只有将生发层全部除去，方能防止爪的再生长。若有残留生发层存在，在几周或 1 个月，能长出不完全的或畸形的角质（图 14-39）。

【保定和麻醉】动物全身麻醉，侧卧或仰卧保定，爪鞘的基部对疼痛的反应极为敏感，局部麻醉会给操作带来困难。

【手术通路与术式】指（趾）端剪毛、无菌处理。为减少术后出血，可在截爪肢上部装上止血带。用手术刀在爪基部环形切开皮肤，然后再分离深部的软组织，直到第三指（趾）节骨断离为止，出血时用高频电刀止血，皮肤做 1～2 针缝合，装上压迫绷带。手术结束后解除止血带。

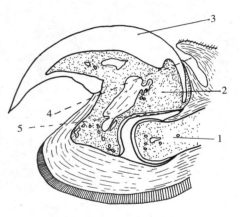

图 14-39　猫截爪术
1. 第二指（趾）骨　2. 第三指（趾）骨
3. 爪甲　4. 不正确断爪　5. 正确断爪

从图 14-39 的指示线切断第三指（趾）骨，可减少对脚垫的破坏，从而减少术后的长期疼痛。创口缝合或开放各有利弊，经验证明缝合 1～2 针，可减少出血和疤痕形成。

【术后护理】术后 1d 拆除绷带，10d 后拆线。1 周内限制猫到室外活动。

第十八节　悬指（趾）切断术
（dewclaw amputation）

【适应症】第一指切断术多应用于宠物犬，切除后可方便剪毛和修饰。猎犬前肢的悬爪在复杂地形活动，极易被撕裂，故要求切除。

【局部解剖】悬指（趾）又叫悬爪或副爪，是犬的第一指（趾）。前肢第一指有两个指节骨，与第一掌骨成关节；某些品种犬的后肢第一趾已退化，仅有残迹。

【保定和麻醉】幼犬一般无需麻醉，由助手予以保定即可。

手术一般选在出生后 3～4d 与断尾同时进行。用剪刀或刀在第一和第二指节间切断，用指压迫止血。皮肤简单缝合或只用绷带包扎，创口取肉芽愈合。

　　若错过早期切除时间，要等到 2 月龄时进行较为合理。操作前进行皮肤准备，围绕手术指做一椭圆形皮肤切口，分离皮下组织，暴露第一掌骨和近端指节骨。牵引指并分离深部组织，直到指节骨与掌骨断离。出血的动、静脉用钳夹或结扎止血。也可以用骨剪从掌骨切断，取下指骨。

　　皮下组织结节缝合，皮肤常规缝合，局部垫上灭菌敷料后装保护绷带。

第十五章 脊椎外科

第一节 概　述

（一）概念

　　椎间盘疾病是一种由多因素引起的椎间盘退行性病变，表现为椎间盘突出或椎间盘髓核脱出进入椎管，压迫脊髓或脊神经根。若椎间盘的髓核或者纤维环突出到椎管内，脊髓就会受到冲击及物理性压迫，继而引起受压处前后脊髓神经功能障碍，表现为疼痛或是肢体功能障碍，甚至瘫痪，称为椎间盘突出症。

　　犬发生退行性椎间盘疾病的年龄通常在 3～6 岁。这纯粹是自发性疾病，受到遗传因素调控的可能性更高一些。最易发生椎间盘脱出或是突出的犬主要是软骨营养障碍类型的犬，主要有：腊肠、比格犬、京巴犬、法国斗牛犬、巴基度、威尔士柯基犬、可卡犬、西施犬和西藏狮子犬。有些品种的犬，如德国牧羊犬、杜宾犬，尽管也发生椎间盘疾病，但发病率低一些。某些品种的犬从不发生退行性椎间盘疾病。

　　椎间盘突出的易发位置一般在颈椎和胸腰椎。颈椎主要发生于 C2/C3 到 C6/C7 之间；其中 C2/C3 和 C3/C4 处主要表现为疼痛，而很少出现神经功能障碍。胸腰椎超过 50% 的发病部位在 T12/T13 和 T13/L1，同时超过 85% 的案例发病部位在 T11/T12 和 L2/L3 椎间盘之间。偶然情况下可以见到 T9/T10 处的椎间盘突出。

（二）发病机理

　　椎间盘由两部分组成：外层比较坚韧，为厚的外壳，由坚韧的纤维组成，称为纤维环，其顶端部分最薄，刚好位于脊髓之下；中央部分由膏状的浓稠物质构成，比外层柔软的多，称为髓核。

　　椎间盘突出症的原因是椎间盘对压力的顺应能力发生改变，该顺应力主要取决于两方面：①髓核的亲和性（该亲和性与多糖类蛋白质的含量有直接关系，随年龄增长亲和性降低）。②纤维环机能的统一及其弹性。当纤维环发生病变，在比较大的压力下，可造成椎间盘髓核从纤维环较为薄弱的部位脱出或是膨出。由于外层纤维环的最薄处位于脊髓之下，因此脱出的物质通常向上进入椎管，而压迫脊髓。由于脊髓位于骨质的椎管内，当受到下方压力时，无法向其他方向移动，也就无法避开压迫物。因此当突出的椎间盘压迫脊髓时，脊髓只能受到挤压而受伤。退行性椎间盘疾病是由于椎间盘外层发生自发性的变性，致使椎间盘中心部分的脱出。尽管很多病例通常在剧烈活动后出现椎间盘突出，但从根源上分析椎间盘突出与外伤、年龄、缺钙等无直接关系。

　　椎间盘突出的发生及严重程度与下列因素有关：①脊髓与其相对应椎管的直径关系。胸腰部的突出比颈部的突出更为严重。②椎间盘突出或脱离的程度。③压迫脊髓的物质（椎间盘物质增生与钙化、血块、类疝组织）的量。④突出物对脊髓的冲击作用。椎间盘物质膨出的速度越快，对脊髓神经损伤越严重。

（三）椎间盘疾病的类型

椎间盘突出按照发病特点，分为 Hansen I 型和 Hansen II 型。

1. Hansen I 型 指椎间盘髓核经破裂的纤维环突出至椎管内，压迫脊髓（图 15-1）。最易发生椎间盘脱出或突出的犬是软骨营养障碍类型的犬，这些犬髓核的软骨样形成存在异常，幼犬阶段（8 月龄到 2 岁之间）易发生髓核的软骨化，继而髓核发生变形。通常 1 岁左右犬全身 75% 的椎间盘会发生程度不一的变性（椎间盘软骨化，髓核变成颗粒状，逐渐失去缓冲能力）。变性的髓核渐渐发生营养障碍性钙化，甚至连平常的运动都会引发急性的背侧纤维环的完全破裂，导致髓核挤入椎管。在此过程中，随胶原浓度的变化，水分和糖蛋白逐渐丧失，有时会继发上行性及下行性的出血性脊髓软化。此型椎间盘突出症多发生于年轻的犬，表现为急性经过，发病后有时会出现急性麻痹。突然发病后，从对侧麻痹发展到四肢麻痹，从上位运动神经元障碍发展到下位运动神经元障碍，直至最终发展为瘫痪。

2. Hansen II 型 指整个椎间盘向上突出，压迫脊髓。多发于大型犬及老龄犬，呈慢性经过（图 15-2）。椎间盘的变性至老龄时都不明显，虽然发生了潜在性的纤维化，但髓核仍保持凝胶状，蛋白多糖含量高，胶原含量也保持在较高的水平。8～10 岁的犬多易发生以纤维环部分破裂和半圆形突出为特征的病症。在椎间盘对脊髓的慢性压迫过程中，由于局部缺氧会造成脱髓、轴索变性、软化。此时，由较粗神经纤维构成的运动神经通路比细的感觉神经纤维更容易受到损伤。此型椎间盘突出症多为慢性进行性脱出，呈不完全麻痹和疼痛，其知觉几乎不消失。

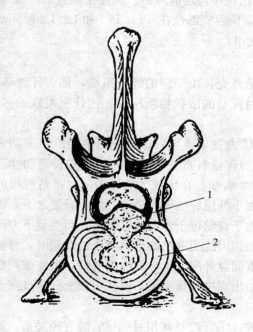

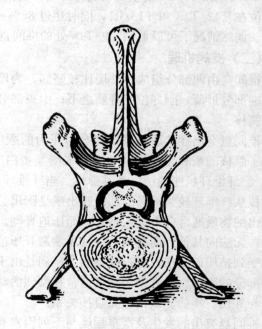

图 15-1 Hansen I 型椎间盘突出
1. 脱出的髓核 2. 纤维环

图 15-2 Hansen II 型椎间盘突出

（四）开窗术与减压术

1. 开窗术　指在两椎体间椎间盘上切一小窗口，从窗口去除椎间盘组织，以防髓核再度突入椎管，此法仅在临床症状较轻和椎管内突出物有限时才有治疗意义。从椎间盘腹侧、背侧或边侧用 11 号刀片切一小口，用 3-0 或是 4-0 锐匙挖出椎间盘组织。开窗术除用作治疗之目的，也可作为预防性手术，即在做治疗性开窗术、减压术的同时，再对其他邻近椎体做预防性开窗术，以防其他椎间盘发生突出。当小型犬出现摇摆病时，禁止施行开窗术，否则会由于背侧纤维环鼓起而使病情恶化。

2. 减压术　指切除椎弓骨组织、取出椎管内椎间盘突出物或做神经硬膜切开术等操作，以减轻或解除脊髓的压迫。有半椎板切除术、迷你半椎板切除术、椎体切除术、背侧椎板切除术、腹侧开槽术和神经硬膜切开术等。根据颈、胸、腰部脊椎的解剖特点，颈部宜施行颈椎腹侧开槽术，胸腰部适宜做半椎板切除术和背侧椎板切除术等。

（五）椎间盘突出症的诊断

椎间盘突出症的诊断主要依据临床症状、神经学检查以及影像学检查。依据临床症状及神经学检查可以初步确定发病区域、疾病严重程度，在此基础上再进行影像学检查。影像学检查包括 X 射线平片、脊髓造影（图 15-3）、X 射线断层扫描（CT）（图 15-4）以及核磁共振（MRI）（图 15-5）等。X 射线平片主要观察椎体是否有错位、骨刺，椎间盘是否有钙化，椎间隙是否狭窄，椎间孔是否有云雾状物质等。脊髓造影主要观察脊髓是否有占位性病变以及病变部位所处位置（硬膜外、蛛网膜外硬膜内或是髓内），椎管是否狭窄，脊髓是否水肿等。CT 及 MRI 观察椎间盘突出症则更为直观。

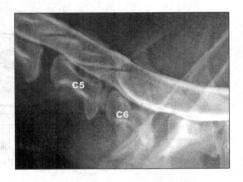

图 15-3　10 岁西施犬颈部脊髓造影显示 C5/C6 椎间隙狭窄，椎间盘钙化、突出，C5/C6 处脊髓神经受压迫而变形。表现为颈部疼痛，无功能障碍

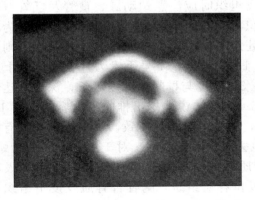

图 15-4　10 岁西施犬颈部 C5/C6 处 CT 影像可见椎间盘物质突入椎管（与图 15-3 为同一病例）

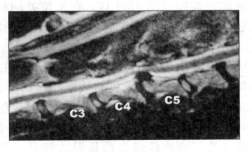

图 15-5　7 岁德国牧羊犬颈部核磁共振影像可见第四、五颈椎之间椎间盘突出压迫背侧颈部脊髓，此犬表现为四肢瘫痪

第二节　颈椎间盘腹侧开窗术

【适应症】颈椎椎间盘突出常压迫神经根而导致剧烈疼痛。前后肢发生跛行的病例用 X 射线检查，可发现各种钙化的椎间盘和狭窄的椎间隙。椎间盘实质未向脊椎管内膨入时，通过患部开窗术来减轻对脊髓和脊神经的压迫。

【麻醉和保定】神经外科手术对于麻醉要求及摆位要求很高，在手术过程中要避免动物活动、有害反射，因此吸入麻醉为首选麻醉方式。动物麻醉诱导后行气管插管，吸入麻醉维持，配合镇痛。仰卧保定，前肢向后绑定，头部向前牵引，颈下垫毛巾枕，颈部朝向术者，用胶带固定动物下颌及胸部，使动物颈部处于左右对称位置（图 15-6）。

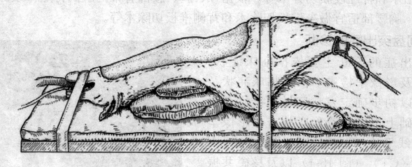

图 15-6　颈椎腹侧开窗术的保定
头部稍作牵引，胸部及头部用胶带固定

【术式】颈部腹侧剪毛、消毒、铺设创巾。用手术刀从甲状软骨的后缘向胸骨做皮肤及皮下组织的正中线切开，充分止血，用手术剪剥离皮下组织直至筋膜（图 15-7）。用手术剪剪开筋膜，确认其下的一对胸骨舌骨肌间的正中线。从胸骨舌骨肌正中线纵向切一小口，后用手指及刀柄做钝性分离，显露气管（图 15-8）。进一步分离气管及周边组织（图 15-9），将气管等组织向左侧牵拉，则显露出腹侧的颈长肌。分离胸骨舌骨肌时应注意保护后甲状腺静脉。在牵拉和分离组织时应注意颈动脉、食管及气管背侧面得右侧返神经，必须注意不要伤及这些组织。以寰椎两翼及第六颈椎的横突作为椎骨定位参照（图 15-10）。在定位处的椎间盘处用手术剪沿颈椎前后分离颈长肌，则可显露椎间盘和椎间盘邻近椎体（图 15-11、图 15-12）。用 11 号手术刀片在椎间盘上方切一个长方形切口，长度约为椎间盘直径的 1/3，宽度与椎间盘厚度等长，深度直达髓核位置，取出切下的纤维环（图 15-13）。用 3-0 或 4-0 锐匙挖出椎间盘内容物（图 15-14）。有时钙化的髓核会从椎间盘切开处流出，这是由于压迫所致。过深探入器械有伤及椎管、静脉窦和脊髓的可能，故不要过多地去除椎间盘实质。对于出血可使用骨蜡、明胶海绵或纱布块压迫止血。取出椎间盘物质后，用生理盐水冲洗伤口，用可吸收缝线结节或连续缝合颈长肌。解开牵开器，复位各层组织。胸骨舌骨肌及皮下组织用 2-0 聚乙醇酸缝线或其他可吸收缝线结节缝合。皮肤用丝线结节缝合或可吸收线皮内缝合。

术后 7～10d 拆线，疼痛可于术后 4～7d 得到缓解。椎管内存在椎间盘实质时手术效果不明显或无效，应考虑施行颈椎腹侧开槽术。

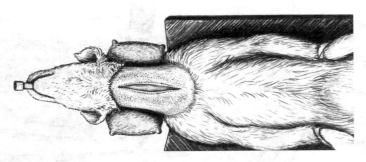

图 15-7 颈椎腹侧开窗术手术径路
皮肤切口位于颈部腹侧正中线，起于甲状软骨处止于胸腔入口处

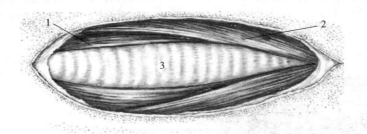

图 15-8 颈椎腹侧开窗术手术径路
分离胸骨舌骨肌，显露气管
1. 胸头肌 2. 胸骨舌骨肌 3. 气管

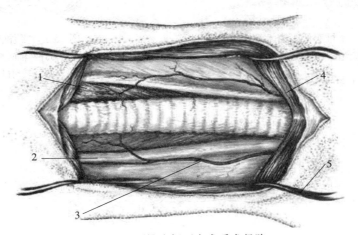

图 15-9 颈椎腹侧开窗术手术径路
使用 Gelpi 自动牵开器牵引胸骨舌骨肌，显露颈动脉、食道、气管
1. 食道 2. 颈动脉 3. 颈内静脉 4. 胸骨舌骨肌 5. Gelpi 牵开器

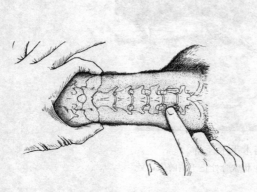

图 15-10　颈椎腹侧开窗术术中椎间盘定位
用手指触摸寰椎横突或第六颈椎横突来进
行定位

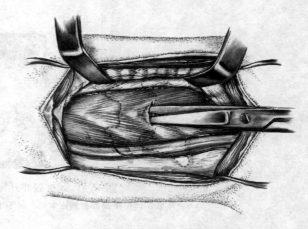

图 15-11　颈椎腹侧开窗术手术径路
将显露的食道、气管等组织向动物左侧牵
引，显露颈长肌，在定位处用剪刀锐性分
离颈长肌

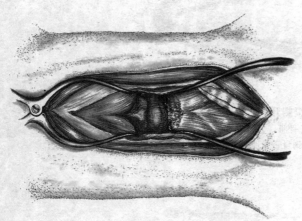

图 15-12　颈椎腹侧开窗术手术径路
分离颈长肌，显露颈椎间盘

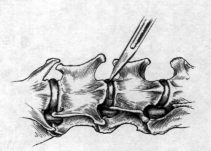

图 15-13　颈椎腹侧开窗术
用 11 号刀片在椎间盘上做一个矩形
切口

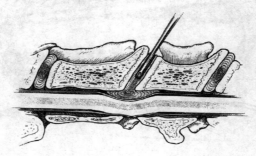

图 15-14　颈椎腹侧开窗术
用 3-0 或 4-0 锐匙挖出椎间盘物质

第三节　颈椎间盘腹侧开槽术

【适应症】减轻脊髓和神经根的压迫，尽可能除去发生损害的椎间盘，单纯开窗术不能取得预期效果、大面积（范围）椎间盘椎管内突出、韧带肥大及椎间盘破裂时，均为该手术的适应症。

【麻醉和保定】同颈椎间盘腹侧开窗术。

【术式】手术径路及显露椎间盘的操作同颈椎间盘腹侧开窗术。腹侧开槽的范围，从前一椎体之后，在发病部位的两侧椎体正中线上用高速电钻或气钻打磨一个细槽（图15-15）。注意一定要沿着正中线，以防止损伤两侧的静脉窦而导致使手术无法进行。打磨过程中使用生理盐水冲洗降温。槽的宽度不可超过椎体宽度的 1/3，一般为 2～3mm；向前扩展槽的长度一般为椎体长度的 1/2，向后扩展槽的长度一般不超过椎体长度的 1/4（图15-16）。依次钻透外侧骨皮质、骨松质层及内侧骨皮质。当钻透内侧骨皮质时，则说明已经进入椎管（图15-17）。用镊子或是锐匙等将突入椎管的椎间盘物质取出（图15-18）。用生理盐水冲洗干净创口，除

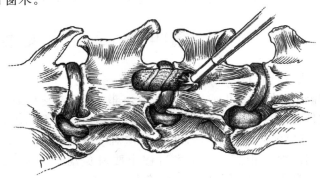

图 15-15　用电钻或气钻在椎间盘前后椎体上开槽

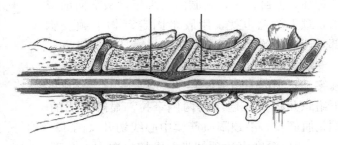

图 15-16　根据椎间隙确定开槽前后范围
开口位于椎间隙中心偏前一点

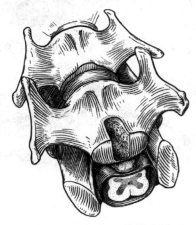

图 15-17　腹侧开槽模式图

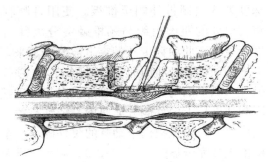

图 15-18　通过腹侧开槽取出椎间盘物质
显示腹侧槽与椎间盘突出物的关系

去脊椎管内残留的椎间盘实质，止血后缝合颈长肌，卸去开张器。气管、食管恢复原位，胸骨舌骨肌及皮下组织用 2-0 聚乙醇酸缝线单纯结节缝合，皮肤用丝线结节缝合或可吸收线皮内缝合。

对于开槽过程中的出血可用骨蜡、明胶海绵或纱布块等压迫止血。但是由于出血一般均由损伤静脉窦引起，手术将无法继续，应立即停止手术。

术后 7～10d 拆线，疼痛可于术后第二天得到缓解。若术第四天后仍然存在疼痛，或是症状逐渐加重，有可能手术后有出血，则需立即进行手术探查。

第四节　颈椎背侧椎板切除术

【适应症】第二至第七颈椎处背侧黄韧带增生、背侧骨质增生引起椎管狭窄，或背侧及腹侧椎体同时增生或变形等压迫颈部脊髓引起疼痛或是神经功能障碍；单纯颈椎间盘开窗术或是颈椎腹侧开槽术不能解决问题，均为该手术的适应症。

【麻醉和保定】神经外科手术对于麻醉要求及摆位要求很高，在手术过程中要避免动物活动、有害反射，因此吸入麻醉为首选麻醉方式。动物麻醉诱导后行气管插管，吸入麻醉维持，配合镇痛。俯卧保定，前肢向后绑定，头部向前牵引，颈下垫毛巾枕，用胶带固定动物下颌及胸部，使动物颈部处于左右对称位置（图 15-19）。

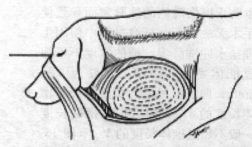

图 15-19　颈椎背侧椎板切除术的保定

【术式】皮肤切口沿颈部背侧中线起于枕骨隆突，止于第一胸椎棘突处（图 15-20）。分离皮下组织并将皮肤创缘向两侧牵拉，显露透明的颈阔肌筋膜。沿颈阔肌筋膜中心线切开（图 15-21），切口深度直达项韧带。沿切口向左右分离颈部肌肉，并把颈部肌肉向两侧牵拉以显露项韧带（图 15-22）。在项韧带的下方可以触摸到颈椎棘突。在项韧带一侧沿项韧带依次切开头背侧大直肌、棘肌、颈半棘肌、多裂肌，切口深度为从项韧带外侧至椎板。使用骨膜剥离器将切口处的肌肉组织与颈椎棘突分离并向一侧做牵拉。至此项韧带从棘突上被分离下来。分离下来的项韧带及肌肉向切口对侧牵拉。项韧带的另外一侧仍旧与另外一侧颈部肌肉牢固连接。应限制从椎板上向外侧分离肌肉，特别是关节突外侧部位，以避免损伤椎动脉的腹外侧支。至此颈椎椎板被完全显露（图 15-23）。利用寰椎及枢椎的特殊解剖构造做好发病部位的椎体定位。定位完成后，使用咬骨钳去除发病部位棘突，使用咬

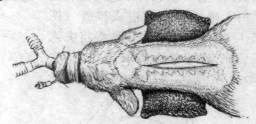

图 15-20　颈椎背侧椎板切除术手术径路
显示皮肤切口

图 15-21　颈椎背侧椎板切除术手术径路
显示颈阔肌筋膜及切开位置

骨钳、高速电钻或是气钻切除椎板直至显露脊髓神经。对于多处发病或是椎管狭窄者可以做连续多个椎板切除术（图 15-24）。为防止术后手术部位脊髓外侧形成纤维束缚，可于手术结束时在脊髓神经外侧覆盖一层薄脂肪片。手术结束后充分止血及使用生理盐水冲洗伤口。项韧带与分离的肌肉使用非吸收缝线做连续缝合。皮下各肌层可用吸收缝线做结节缝合。皮肤及皮下组织常规闭合。

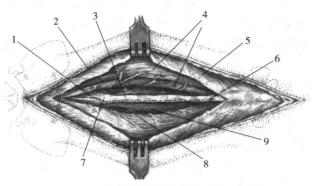

图 15-22 颈椎背侧椎板切除术手术径路

颈阔肌筋膜切开后，分离颈部各肌层，显露项韧带

1. 头背侧大直肌 2. 颈阔肌 3. 项韧带 4. 头半棘肌 5. 锁头肌
6. 切口 7. 棘突 8. 颈多裂肌 9. 颈部棘肌和半棘肌

此手术创伤大、出血多，并且术后最大的问题是有可能因为神经外膜出现纤维膜而发生神经束缚，再次出现疼痛或功能障碍，因此不到万不得已的情况下，极少使用此手术。

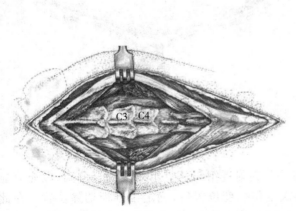

图 15-23 颈椎背侧椎板切除术手术径路

显露背侧脊椎

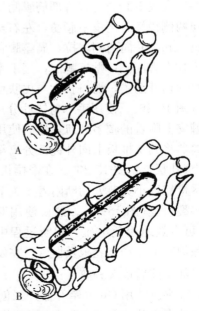

图 15-24 颈椎椎板切除术

A. 单个椎板切除术 B. 连续多个椎板切除术

第五节　胸腰椎间盘半椎板切除术

【适应症】胸腰椎椎间盘突出症引起的严重脊髓和神经根的压迫，单纯开窗术不能取得预期效果；大面积（范围）椎间盘椎管内突出、黄韧带肥厚或怀疑脊髓神经出现软化需要做脊髓神经探查，均为该手术的适应症。

【麻醉和保定】神经外科手术对于麻醉及摆位要求很高，在手术过程中要避免动物活动、有害反射，因此吸入麻醉为首选麻醉方式。动物麻醉诱导后行气管插管，吸入麻醉维持，配合镇痛。俯卧保定，前肢向前绑定，后肢向后绑定，腹下垫毛巾枕，动物胸腰部要求处于左右对称位置。

【术式】根据 X 射线平片及脊髓造影结果确定半椎板切除部位。与背正中线平行，偏离

图 15-25　胸腰椎半椎板切除术手术径路
显示皮肤切口

1cm 的位置处一次性切开皮肤和皮下组织（图 15-25）。切口长度一般包含至少 5 个棘突。在皮下脂肪与腰背部筋膜间用手术剪向两侧锐性分离皮下脂肪，左右至少各分离 1cm，并向两侧牵拉，显露腰背部筋膜。在术者同侧，贴近棘突，用手术刀从前至后切开筋膜，切口长度与皮肤切口相等（图 15-26）。使用手术剪锐性分离每一个棘突上附着的腰多裂肌，然后使用骨膜剥离器将其从椎板上向外钝性分离至小关节突（乳状突）（图 15-27）。在牵拉状态下，在尽量靠近小关节处切断附着于关节突的腰多裂肌腱（图 15-28）。建议使用双极电刀，可有效地避免出血。切断过程中应注意保护其下方脊神经根及血管。在发病椎

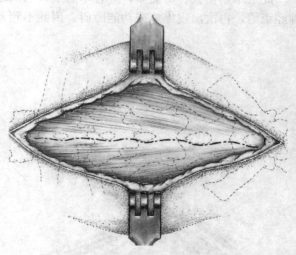

图 15-26　胸腰椎半椎板切除术手术径路
分离皮肤及皮下组织，显露腰背部筋膜并示切口

间盘部位前后依次分离 1~2 个关节突，并将关节突附近组织从骨组织上完全分离，以充分显露关节突。使用 Gelpi 牵开器开张创口。再次定位病变位置后，确定半椎板切除位置。在此位置处剥离关节突下方附突，上面附着背最长肌腱；切断此肌腱，显露其下方神经血管束，内有脊髓动脉主分支、静脉及神经根（图 15-29）。切断此肌腱时极易误伤动脉及神经根，应注意。

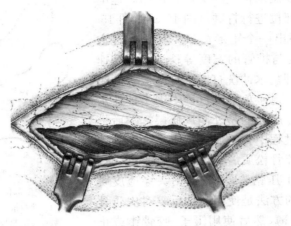

图 15-27　胸腰椎半椎板切除术手术径路
分离多裂肌

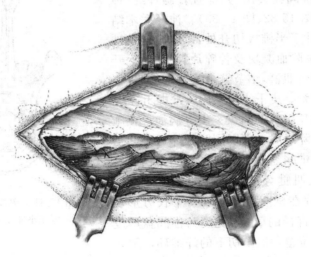

图 15-28　胸腰椎半椎板切除术手术径路
显示关节突与多裂肌切除部位

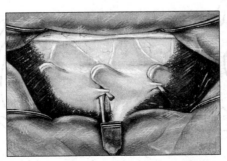

图 15-29　胸腰椎半椎板切除术手术径路
显露关节突、附突及神经根

使用咬骨钳切除发病部位关节突后，使用高速电钻或气钻在原关节突部位进行打磨（图 15-30、图 15-31）。在椎板侧面打磨出一个矩形窗口，其长度各占前后椎体的 1/2，高度与椎管的宽度等长。使用高速电钻过程中应使用生理盐水冲洗打磨部位降温，同时使用吸引器吸除液体，也避免手术过程中因生理盐水过多影响术野。首先打磨掉的是外侧皮质层，随后是骨松质。若是在打磨过程中骨松质出现出血，则需用骨蜡进行止血。打磨掉骨松质后，再打磨内侧骨皮质，此时应注意不可用力下压钻头，以避免钻头穿透皮质骨损伤脊髓。可采用的方法是使用磨钻反复对皮质骨进行打磨，使皮质骨变薄，然后使用镊子、咬骨钳或止血钳等器械将内侧皮质骨移除。切除椎板后，显露脊髓神经，可进行取出椎间盘突出物、探查脊髓神经、神经外膜切开等操作（图 15-32、图 15-33）。神经手术结束后，可移植薄脂肪片于半椎板切开处，以防粘连及神经束缚。冲洗伤口，去除血凝块及骨碎片等组织，松开Gelpi 牵开器，复位腰部肌群，结节缝合腰背部筋膜，创口内设置密闭式引流管。皮下组织及皮肤常规闭合。

为预防邻近椎间盘出现椎间盘突出等病症，在施行发病部位半椎板切除术时，可以同时在邻近椎间盘处施行预防手术——椎间盘开窗术。术后无需切断背最长肌腱，在背最长肌腱旁钝性分离即可显露椎间盘。用 11 号手术刀片在椎间盘上方切一个长方形切口，长度约为椎间盘直径的 1/3，宽度与椎间盘厚度等长，深度直达髓核位置，取出切下的纤维环，用 3-0 或 4-0 锐匙挖出椎间盘内容物。

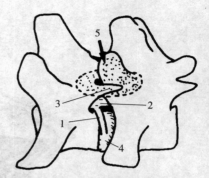

图 15-30　胸腰椎半椎板切除术
阴影部位为半椎板切除范围
1. 神经根　2. 椎间孔　3. 附突
4. 椎间盘　5. 关节突

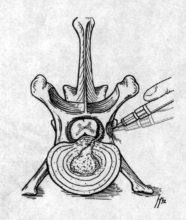

图 15-31　胸腰椎半椎板切除术
显示半椎板切除术打磨位置

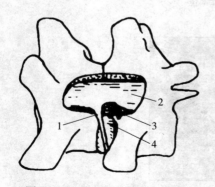

图 15-32　胸腰椎半椎板切除术
显示半椎板切除术完成时的结构图
1. 神经根　2. 脊髓　3. 椎间盘突出物　4. 椎间盘

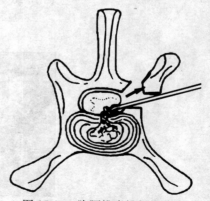

图 15-33　胸腰椎半椎板切除术
取出椎间盘突出物

第十六章 臀尾部手术

第一节 犬断尾术
(amputation of the canine tail)

【适应症】某些品种的犬为了美观需断尾。尾部严重创伤、骨折、肿瘤、麻痹等也需施断尾术。

根据断尾犬的年龄分为仔犬断尾术、幼犬断尾术和成年犬断尾术。

(一)仔犬断尾术

仔犬断尾手术一般应在生后 7～10d 进行，这时断尾出血少和应激反应小。断尾长度根据不同品种要求及畜主的意愿来决定。

【麻醉】0.25％盐酸普鲁卡因局部浸润麻醉或不麻醉。

【术式】尾局部常规剪毛消毒后，用橡皮筋扎住尾根。在预定截断处前约 0.2cm 环形切开皮肤及皮下软组织。然后向尾根移动皮肤及皮下组织约 0.2cm，用剪刀齐尾根侧皮缘剪断尾椎。对合背、腹侧皮肤后，做 3～4 针结节缝合。除去止血带，用灭菌纱布轻轻挤压并擦去创口的血液，每日涂擦碘酊。7～8d 拆除皮肤缝线。若为可吸收缝线，一般可在术后被吸收或被母犬舔掉。

(二)成年犬断尾术

【麻醉】全身麻醉或硬膜外腔麻醉。

【术式】尾术部剪毛消毒，尾根部用橡皮筋结扎止血。用手指触及预定截断部位的椎间隙。在截断处做背、腹侧皮肤瓣切开，皮肤瓣的基部在预定截断的尾椎间隙处。结扎截断处的尾椎侧方和腹侧的血管。横向切断尾椎肌肉，从椎间隙截断尾椎（图 16-1）。稍松开橡皮筋，根据出血点找出血管断端，用可吸收性缝线穿过其周围肌肉、筋膜进行结扎止血。对合截断断端背、腹侧皮瓣，覆盖尾的断端。然后应用非吸收缝线做间断皮肤缝合。术后应用抗生素 4～5d，保持尾部清洁，10d后拆除皮肤缝线。

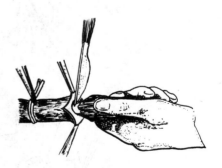

图 16-1 犬断尾手术

第二节 犬尾肌部分切除术
(partial myotomy in canine tail)

【适应症】矫形翻转弯曲尾。

【麻醉】局部浸润麻醉或低位硬膜外腔麻醉。

【术部】在尾背侧弯曲开始处，常有一变形或增粗的尾椎骨。沿其背中线做皮肤切口。在变形尾椎骨前（或后）椎间隙横断或切断荐尾背侧外肌腱。

【术式】术部按常规剪毛消毒。尾根部用橡皮筋结扎止血。用手固定尾的基部，另一手伸展尾背侧皮肤。沿背中线切开皮肤和筋膜2～3cm。用拉钩扩大创口。用镊子将脂肪剥向一侧。在筋膜下两侧可见荐尾背侧外肌腱，呈白色腱质。用剪伸入腱下，钝性分离，使腱质松动，然后剪除或切断腱质1～2cm，止血。

应用同样方法剪除尾部另一侧荐尾背侧外肌腱。

荐尾背侧内肌位于荐尾背侧外肌腱的下面，组织分离时，不要使其损伤。按常规闭合创口。

第三节　犬肛门囊摘除术
（removal of canine anal sac）

【适应症】肛门囊的慢性炎症、脓肿、瘘、肿瘤等。

【局部解剖】肛门囊有两个，分别位于肛门下方两侧的肛门内、外括约肌之间，开口向着肛门口。肛门囊内含有顶泌腺和皮脂腺的分泌液，其液体为棕黑色、黏稠、气味难闻。排粪时由于肛门括约肌收缩，其分泌物被挤出。

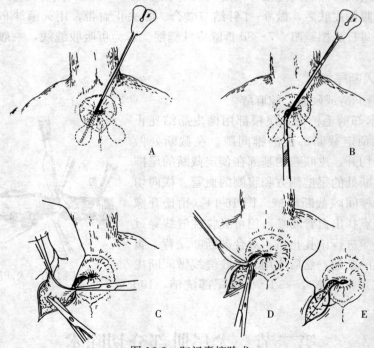

图 16-2　肛门囊摘除术
A. 用有沟探针探查肛门囊的深度　B. 在探针指引下，切开肛门囊导管和肛门囊
C. 对于中型或大型品种犬，可用食指插入肛门囊，使其与肛门外括约肌分离
D. 牵引肛门囊，钝性分离其下层组织
E. 结节缝合肛门外括约肌和皮下组织，再分别做皮内和皮肤结节缝合

【麻醉】全身麻醉，配合局部浸润麻醉。

【保定】胸卧保定，后躯抬高，尾根向前折转固定。

【术式】术前禁食24h，用生理盐水灌肠，清除直肠内蓄粪。挤空囊内脓液，并用消毒液清洗干净。肛门周围彻底消毒，直肠内塞一块纱布，以防粪便排出污染手术区。用探针从肛门囊开口处插入囊底，探明其深度和范围。沿探针方向从肛门口切开肛门外括约肌和肛门囊开口，并向下切开皮肤、肛门囊导管和肛门囊，直至肛门囊底部，暴露灰色的肛门囊黏膜。分离肛门囊与周围的纤维组织，切断排泄管。对于中、大型品种犬，术者可将手指插入已切开的肛门囊上端，在手指引导下从最底壁向上钝性分离肛门囊和肛门外括约肌。最后除去肛门囊及其导管和开口，仔细检查肛门囊，以确保其完整切除。分离时不要损伤肛门内括约肌，对直肠动脉分支需结扎止血。从创腔底部开始缝合，不得留有死腔。肛门外括约肌对齐做结节缝合，皮肤做结节缝合（图16-2）。

【术后护理】术后连续7d给予抗生素防止感染，局部每日涂抗生素软膏或碘酊两次。如有感染，应及时拆线开放创口，灌注药物进行治疗。为防动物舔咬术部，可给其套上颈枷。术后10d拆除皮肤缝线。

第十七章 试验外科手术

第一节 犬肾移植术
(canine renal transplantation)

肾移植术包括自体移植和同种移植两种。自体肾移植是将肾取下后再植入同一个体内，供者与受者为同一个体。例如，肾动脉起始部狭窄时，可将该肾移植到自体的髂窝。同种肾移植是一个种属的不同个体间的肾移植术，存在不同程度的免疫对抗，受肾者对移植肾产生排斥反应。

【适应症】自体肾移植多用于肾动脉起始部具有不可修复的病变，或复杂的肾内结石或肾畸形，采用一般方法难以解决时，可将离体肾修复后，再移植至髂窝（即 Bench 手术）。同种肾移植多用于患有不可恢复的肾疾病并有慢性肾衰竭的病犬。例如，肾小球肾炎、间质性肾炎、肾盂肾炎、肾血管硬化症和多囊肾等肾病，发展到一定程度后常规疗法无效，出现不可复性病变。若双侧肾均出现此种严重病变或肾衰，需要做异体肾移植术。此外，外伤导致双肾或孤立肾丧失者，也需要做异体肾移植术。

【术前准备】异体肾移植时，用"三滴聚集试验法"检查供肾、受肾犬的血型是否符合：在洁净载玻片上滴 1 滴生理盐水，然后分别取 1 滴受肾犬和供肾犬的血，用细棒充分混合，室温下（20℃）不时晃动玻片，20min 后观察有无凝集现象。如果混合血液呈均匀一致，无任何凝集现象，则可视为血型相符。或检查供肾、受肾犬白细胞抗原（HLA）氨基酸残基配型（组织相容性抗原）是否符合，以降低排异反应。手术犬术前禁食 24h；安置静脉穿刺留置针，常规补液和应用抗生素。

【麻醉和保定】全身麻醉，仰卧保定。

【术式】手术操作包括取肾、肾灌注和肾移植三部分。

1. 取肾 供肾犬腹底部剃毛，常规消毒、隔离。自剑状软骨后方向后做一 12～15cm 长的腹中线切口，切口超过脐孔 3～5cm。常规切开腹壁，打开腹腔。将肠管移向对侧，以盐水纱布保护，暴露左侧或右侧供肾。先从肾外侧开始游离，然后按照前极、腹侧、后极、背侧的顺序逐渐游离肾周围的结缔组织，暴露、游离肾门血管并分离至靠近腹主动脉和后腔静脉处。将输尿管连同周围组织一起游离至靠近膀胱处剪断，结扎膀胱侧的输尿管残端。静脉注射肝素，每千克体重 1mg，用 1％普鲁卡因浸泡肾蒂组织。于靠近腹主动脉和后腔静脉处将肾动脉、静脉结扎、切断；分别双重结扎肾动脉、静脉的残端。检查无活动性出血后将肠管、网膜复位，以少量抗生素生理盐水湿润后逐层关闭腹壁。

2. 肾灌注 肾灌注液（HCA 液）可用高渗枸橼酸腺嘌呤溶液（每升溶液含枸橼酸钾 8.6g，枸橼酸钠 8.2g，硫酸镁 10.0g，甘露醇 30.2g，腺嘌呤 0.38mEq），灌注压力为 8.0～12.5kPa（60～90mmHg），或灌注液离供肾高度为 1m（1mH₂O），液体的温度为 0～4℃。方法是将肾置于 0～4℃肾灌注液中，灌注管与肾动脉连接后进行连续灌注，直至肾表面呈现均匀苍白色，肾静脉流出清亮的液体为止。一般用灌注液 200～300mL。然后，修整供肾，除去多余的脂肪，分离肾动脉、肾静脉、输尿管至肾门。肾修整好后放入盛有 0～4℃ 肾灌注液的肾袋内，置入 0～4℃冰桶内保存。灌注、修整供肾的整个过程在 0～4℃器官保存液或肾灌注液中进行，注意无菌操作。所用的器械用无菌冰块冰浴（在无菌盆内放置 2 500～3 000g 无菌冰块，将器械包放在冰块上，外用双层灭菌塑料袋与冰块隔离）。

3. 肾移植 脐后腹中线切口，切口后端至耻骨前缘；或自腰椎横突下方向后做肷部弧形切口。常规打开腹腔，暴露右髂窝，在右侧髂血管鞘内注入 0.25％盐酸利多卡因，充分游离髂外动脉与静脉。将供肾取出，以无菌盐水纱布袋包裹或用肾袋包裹，夹层裹以无菌冰屑。以血管夹阻断髂外静脉，在髂外静脉上按供肾静脉口径大小剪一纵向小口，用肝素生理盐水（每 500mL 生理盐水加 12 500U 肝素）冲洗后将供肾置入移植区。以 7-0 无损伤缝线，将肾静脉前、后两角分别与髂外静脉切口的前、后两角做一针外翻缝合。然后，将前、后壁分别连续外翻缝合，缝合最后一针前以肝素生理盐水驱除管腔内的气泡。缝合完毕后，以血管夹阻断肾静脉远心端，检查吻合口有无漏液或漏血。若有漏液，需要补充缝合。用同法将肾动脉与髂外动脉做端侧吻合术（图 17-1 之 A）。动、静脉分别吻合完毕后，自补液所用静脉中推注 25％甘露醇和速尿后，开放血流，移植肾迅速充盈，色泽变为鲜红，肾动脉搏动有力，静脉适度扩张，1～3min 开始泌尿。

以 7-0 缝线结扎输尿管断端营养血管，防止移植后在膀胱内形成血栓。显露受肾犬膀胱

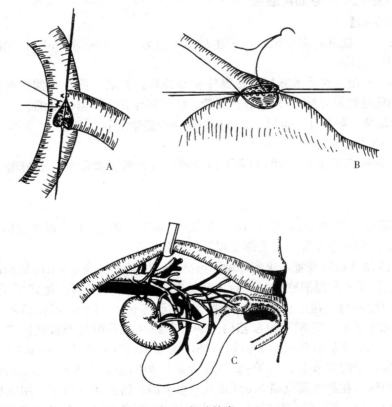

图 17-1　肾移植术
A. 血管吻合　B. 输尿管和膀胱吻合　C. 肾移植完成后的示意图

基部，在膀胱壁正中偏右侧用剪刀剪一小口（长 1～1.5cm），用血管钳提起膀胱黏膜，以 5-0 可吸收缝线将膀胱黏膜与输尿管全层间断外翻缝合（图 17-1 之 B）。然后，将膀胱浆膜肌层内翻缝合。移植完毕后，切除病犬自身的病变肾（图 17-1 之 C）。

【术后护理】术后 3～5d 内每日静脉滴注葡萄糖糖氯化钠及抗生素，注意保暖。注意观察犬的行为、饮食、粪便、尿液、睡眠等情况。及时应用免疫抑制剂，可以用环孢素 A 或他克莫司、霉酚酸酯和泼尼松的三联治疗方案，以降低肾移植术后急性排斥反应的发生率。检测血液肌酐和尿素氮的含量，以评价肾小球的滤过功能。

第二节　血管插管技术
（vascular catheterization）

实验动物血管插管技术是动物和人类生理学、病理学、药理学、麻醉学、免疫学、营养学、临床医学等研究的重要手段。在各试验性研究中，对实验动物施行血管插管术，可在较长时间内连续采集血液样本、监测生理指标等，系统地观察试验项目的动态变化。由于试验目的不同，所选择的实验动物、实施插管的血管等差异较大，但较为常用的实验动物有大鼠、兔、犬等，实施插管的血管主要是颈动脉和静脉、股动脉和静脉、脐动脉和静脉、肠系膜血管、胎儿股动脉和静脉等。

（一）犬胎儿股动脉血管插管

【材料和动物】

1. 药品　2％盐酸利多卡因，灭菌生理盐水肝素液（1 000U/mL），孕酮注射液，60％复方泛影葡胺注射液。

2. 设备　显微外科手术器械，硬膜外麻醉器具，大动物胸骨骨髓穿刺针，17G 动脉穿刺针，3F 动脉导管及导丝，4F 动脉扩张管，C 型臂导管床及监视系统。

3. 实验动物　妊娠 45～55d、B 超和临床检查健康的妊娠犬。

【保定】仰卧保定。

【麻醉】在腰荐部用 2％盐酸利多卡因经硬膜外留置管做硬膜外腔麻醉。或者根据实验需要进行全身麻醉。

【术式】

1. 术前准备　禁食 12h，禁水 4h，清洁全身被毛。术前 1d 按每千克体重 0.25mg 肌肉注射孕酮，2 次/d。左胯部和腹底部常规手术准备。

2. 胎儿股动脉血管插管　腹底部做无菌准备，由耻骨前缘 3～4cm 处向前，沿腹正中线用 0.5％盐酸利多卡因浸润麻醉，然后切开腹壁，暴露妊娠子宫。将妊娠子宫角拉出创外，用无菌巾与腹腔隔离。在子宫壁血管较少处切开子宫壁 2～3cm，不要切开羊膜，用 100mL 注射器抽取部分羊水，置 37℃恒温箱内。切开羊膜并用舌钳与子宫壁固定、提起，防止羊水溢出。将胎儿一侧后肢牵引至子宫切口外，剃去小腿外侧胎毛，用 0.25％盐酸利多卡因局部浸润麻醉，于跗关节上方 1.5～2.5cm 处沿腓沟向上切开皮肤 1～1.5cm，在胫骨前缘分离出胫前动脉，在其表面点滴 0.5％盐酸利多卡因，防止血管痉挛。用微型蚊式止血钳将血管轻轻挑起，用 17G 动脉穿刺针呈约 20°角斜刺入胫前动脉，在 C 型臂导管床监视下，由穿刺针注入适量造影剂（20mL60％复方泛影葡胺注射液配 15mL 盐水），直至胎儿股动脉显影。插入 4F 动脉扩张管，去除穿刺针，将 3F 导丝在导管床监视下由扩张管经胫前动脉仔细插入到股动脉，再将 3F 动脉导管在导丝引导下缓慢插入到股动脉（注意避免反复多次插入）。缓慢抽出导丝，见有血液回流后，重新向导管内注入略大于导管容量的抗凝剂。去除扩张管，用眼科缝线环绕结扎固定血管与导管。

3F 动脉导管在插入前，一端的连接部件带上 2～5mL 的注射器，向导管中注满灭菌生理盐水肝素液，同时定量导管的总容量，以便决定术后抽吸冲洗导管和采样后向导管内注入抗凝剂的量。

用眼科缝线缝合胎儿后肢皮肤切口并将其还纳羊膜腔。考虑到胎儿娩出的需要，在子宫内留置导管 20～30cm，然后在子宫壁切口处缝合固定导管，羊膜和子宫壁一次闭合，将抽出的羊水重新注入羊膜腔中，再做 2～3 针子宫壁切口的内翻缝合。将子宫还纳腹腔，腹腔中留置导管 15～20cm，然后将导管在腹壁切口处缝合固定，腹膜、腹壁肌肉一次对合缝合。用大动物胸骨骨髓穿刺针从腹底壁切口处经皮下刺到左胁部穿出皮肤，将导管一端的连接部件和注射器去掉，从穿刺针中抽出导管，去除穿刺针，导管中重新注入适量抗凝剂后用不锈钢金属栓子塞紧，缝合 1～2 针将导管固定在皮肤上。在导管的皮肤出口处涂以抗生素软膏，并覆盖干敷料。缝合腹底壁皮肤切口。

【术后护理】

（1）术后 5d 内全身应用抗生素，控制感染，同时根据犬的全身状况，静脉输注水电解质液、能量合剂、氨基酸等。术后 2d 内按每千克体重 0.25mg 肌肉注射孕酮，2 次/d。

（2）术后 3d 内每 6～8h 用抗凝剂抽吸冲洗导管 1 次，防止导管堵塞，3d 后改为 2 次/d。每次抽吸冲洗或采样时，先弃去回抽液，以注射器中见到血液为度，再重新注入抗凝剂，注入的量应略大于导管容量。

（3）采取胎儿血样时，不宜抽吸过快，反复抽吸时，注意不能有空气注入，每次采样量以 0.5～1mL 为宜。

（4）采样或抽吸冲洗后，一定要用金属栓子塞紧导管端，谨防漏气，同时用干敷料覆盖，注意观察，防止舔咬。在冲洗抽吸的整个过程中应严格遵守无菌操作原则，以免造成感染而导致胎儿死亡或流产。

（二）犬股动脉血管插管

【材料】

1. 药品　2％盐酸利多卡因，灭菌生理盐水肝素液（1 000U/mL），60％复方泛影葡胺注射液。

2. 设备　显微外科手术器械，硬膜外麻醉器具，18G 动脉穿刺针，4F 动脉导管及导丝，5F 动脉扩张管，C 型臂导管床及监视系统。

【保定】侧卧保定。

【麻醉】在腰荐部用 2％盐酸利多卡因经硬膜外留置管做硬膜外腔麻醉。或者根据实验需要进行全身麻醉。

【术式】术前禁食 12h，禁水 4h，清洁全身被毛，左后肢（或右后肢）小腿外侧腓沟处无菌准备，1％盐酸利多卡因浸润麻醉。在跗关节上方 10～12cm 处沿腓沟向上纵向切开皮肤 2～3cm，钝性分离腓沟中的筋膜后，在胫骨前缘的神经血管束中钝性分离出胫前动脉。按"胎儿股动脉血管插管"方法，经胫前动脉将动脉导管插入到股动脉。所用插管器具的规格为：18G 动脉穿刺针，4F 导管和导丝，4F 或 5F 动脉扩张管。插管完成后，去除扩张管，用眼科缝线环绕结扎固定血管和导管。闭合皮肤切口，将导管转折向上，导管中重新注入适量抗凝剂后用不锈钢金属栓子塞紧，缝合 1～2 针将导管固定在皮肤上。在导管的皮肤出口处涂以抗生素软膏，并用弹力绷带包扎。

【术后护理】

（1）术后 3～5d 内全身应用抗生素，控制感染。

（2）术后 3d 内每 10～12h 用抗凝剂抽吸冲洗导管 1 次，防止导管堵塞，3d 后改为 2次/d。每次抽吸冲洗或采样时，先弃去回抽液，以注射器中见到血液为度，再重新注入抗凝剂，注入的量应略大于导管容量。注意抽吸时不能有空气注入，采样或抽吸冲洗后，用金属栓子塞紧导管端，谨防漏气。同时注意观察，防止舔咬。

（3）严格遵守无菌操作原则，以免造成感染。

（三）兔、犬颈部血管插管术

【材料】

1. 药品 2%盐酸利多卡因，灭菌生理盐水肝素液（1 000U/mL），60%复方泛影葡胺注射液。

2. 设备 显微外科手术器械，17G、18G 动脉穿刺针，3F、4F 动脉导管及导丝，4F、5F 动脉扩张管，C 型臂导管床及监视系统。

【保定】仰卧保定。

【麻醉】在颈部正中线皮下注入 1%普鲁卡因局部浸润麻醉，亦可选用全身麻醉。

【术式】

1. 术前准备 禁食 12h，禁水 4h，清洁全身被毛。

2. 颈部血管分离

（1）颈总动脉分离：颈部正中线切开皮肤及皮下筋膜，钝性分离皮下组织，暴露肌肉。覆于气管上、与气管平行的肌肉为胸骨舌骨肌，呈 "V" 形向左右两侧分开的肌肉为胸锁乳突肌。用镊子轻轻夹住一侧的胸锁乳突肌，用止血钳在两层肌肉的交接处（即 V 形沟内）将其分开（注意不要锐性切开肌肉，以防出血）。在沟底部即可见到有搏动的颈总动脉鞘。用眼科镊子（或蚊式止血钳）细心剥开鞘膜，避开鞘膜内神经，分离出长 3～4cm 的颈总动脉。分离血管的同时要注意保护与血管伴行的神经。

（2）颈动脉窦分离：在剥离两侧颈总动脉基础上，继续小心地沿两侧上方深处剥离，直至颈总动脉分叉处膨大部分，即为颈动脉窦，剥离时勿损伤附近的血管、神经。

（3）颈外静脉分离：颈外静脉浅，位于颈部皮下，颈部正中切口后，用手指从皮肤外将一侧组织顶起，在胸锁乳突肌外缘，即可见很粗而明显的颈外静脉。仔细分离长 3～4cm 的颈外静脉。

3. 颈部血管插管

（1）颈总动脉插管术：在插管前，准备好直径适宜、充满抗凝剂的动脉套管。用蚊式弯头止血钳轻轻将分离出的颈总动脉挑起，在颈总动脉近心端装置动脉夹。助手用镊子夹持血管壁轻轻向远心端牵引，术者左手持张开的蚊式弯头止血钳，在助手夹持点和血管钳之间将血管挑起，右手持锐利的眼科剪，与血管呈 45°角，在靠近血管钳一端剪开动脉壁周径的1/3 左右（注意切不可重复数剪才将血管壁剪开，否则插管时易造成动脉内膜内卷或插入层间而失败），然后持动脉套管，以其尖端斜面向上，向心方向插入动脉内，同时由助手去除近心端动脉夹。见有血液回流后，重新向套管内注入略大于套管容量的抗凝剂。用细线扎紧并在套管分叉处打结固定。最后将动脉套管做适当固定。若需要长时间保留插管，将套管在皮肤切口处缝合固定。

（2）颈外静脉插管术：在插管前，将准备插入的导管充盈含肝素的生理盐水，并根据实验项目的需要，在导管插入长度处做一记号。

将静脉远心端结扎，靠近结扎点的向心端做一剪口，将导管插入剪口，然后一边拉结扎线头使颈外静脉与颈矢状面、冠状面各呈 45°角，一边轻柔地向心端缓慢插入，遇有阻抗即退回改变角度重插，切不可硬插（易插破静脉进入胸腔），直至到达导管上记号为止。用眼科缝线环绕结扎固定血管和导管。

或者在 C 型臂导管床监视下，先将与导管配套的导丝仔细插入所需血管位置，再将导管在导丝引导下缓慢插入（注意避免反复多次插入）。

若需要长时间保留插管，导管在插入前，一端的连接部件带上 2～5mL 的注射器，向导管中注满灭菌生理盐水肝素液，同时定量导管的总容量，以便决定术后抽吸冲洗导管和采样后向导管内注入抗凝剂的量。

【术后护理】同股动脉血管插管。

（四）兔股动脉血管插管术

【材料】显微外科手术器械，肝素注射液，60％复方泛影葡胺注射液，4F 血管鞘，4F 导管，3F 微导管，C 型臂导管床及监视系统。

【保定和麻醉】1％普鲁卡因局部浸润麻醉，或戊巴比妥钠全身麻醉。

【术式】

1. 术前准备　术前禁食、禁水 12h，耳缘静脉留置 26G 留置针，经留置针注入戊巴比妥钠溶液进行静脉麻醉。麻醉起效后，取仰卧位固定于兔台上，腹股沟区常规准备。

2. 血管分离　沿股动脉纵向切开皮肤，分离皮下组织，钝性分离肌肉组织，暴露股动脉鞘，小心剪开股动脉鞘，分离出长 1.5～2cm 的股动脉，近端及远端分别穿手术缝线备用。

3. 插管　提紧近端缝线，暂时阻断血流，用 18G 穿刺针穿刺成功后，退出针芯引入短导丝，退出穿刺针外鞘管，将 4F 导管鞘沿导丝向股动脉近端插入。经鞘管引入 4F Cobra 导管。注入造影液行腹腔动脉造影，在 C 型臂导管床指导下，在 T12 到 L1 间寻找到腹腔动脉，确认肝固有动脉。引入 3F 微导管，超选择至肝固有动脉，经造影证实肝实质显影，并可进一步超选择肝左或肝右动脉进行造影。

介入操作结束后，用肝素盐水冲洗导管，拔除导管及鞘管的同时结扎股动脉近端及远端，逐层缝合并包扎切口。

【注意事项】

（1）分离插管动脉时操作要轻柔，与周围结缔组织要充分分离，以便于血管结扎、剪切口、插导管及固定导管。

（2）插管手术中，必须注意在腹腔内注入一定量的生理盐水，以补充因出血而造成的血容量降低。

（3）操作结束时，在手术切口的上方和下方均需结扎股动脉，以防止术后出血。

（五）大鼠血管插管术

【保定和麻醉】 用 3％戊巴比妥钠按每千克体重 1mL 进行腹腔注射麻醉。注射时左手捉拿动物，将腹部朝上，头部略低于尾部，右手将针头迅速刺入左（或右）下腹部，注意刺入不易过浅，否则会注入皮下，麻醉效果不佳而影响插管效果。麻醉成功后将大鼠仰卧位固定。手术部位剃毛、常规消毒。

【术式】

1. 组织分离 根据试验要求确定血管切口的部位及大小，按解剖层次逐层切开皮肤及皮下组织，暴露出血管。结缔组织采用血管钳钝性分离，肌肉组织在肌间隙顺纤维方向做钝性分离。肌肉组织内含小血管，若需切断，应事先用血管钳做双重钳夹，结扎后才可剪断。血管、神经的分离是顺其直行方向，用玻璃分针小心分离，以减少对动物的刺激。血管分离完成后，应保证血管周围无筋膜、脂肪、肌肉等组织相连，避免插管时误入组织中。

2. 插管 选择粗细合适的插管，将其内充满肝素抗凝液并排尽气泡备用。插管前，在分离出的血管周围滴几滴普鲁卡因使其充血。插管时，首先结扎血管的远心端，再用动脉夹将血管的近心端夹住，之间的血管长度保持至少 2～3cm。然后用眼科镊轻轻托起血管，在结扎线和动脉夹之间靠近结扎线一侧血管上做一约 45°角的斜切口，切口大小不能大于管径的一半，以防血管断裂。用蚊式止血钳挑起血管，将准备好的插管由切口处向近心端插入，同时去除动脉夹。见有血液回流后，重新注入适量肝素抗凝液，将三通关闭。结扎固定插管尖端，同时用远心端的结扎线固定插管，将两组线系在一起，以免插管脱落。

若血管插管失败，如血管刺破、断裂或插管脱出，可用纱布压迫出血点，再用止血钳夹住血管断端，钳夹要准确、牢固，少夹周围组织，然后用丝线结扎止血。止血后换用可达到同样试验目的的血管进行插管，双侧血管则换用对侧血管，无对称血管则换其他血管。例如股动脉插管失败后可选用腹主动脉，由于腹主动脉血管粗、管壁厚，动脉插管很容易完成。

【术后护理】

（1）插管后消毒，用生理盐水纱布覆盖伤口，再将其舌拉出至嘴外一侧，防止因舌后坠阻塞呼吸道。

（2）固定大鼠四肢的棉带不应过紧，以免造成肢体缺血、水肿。气温较低时应给予保暖，可采用保温灯照射。

（3）术后 1～2h 用肝素抽吸冲洗导管 1 次，防止导管堵塞。每次抽吸冲洗或采样时，先弃去回抽液，以注射器中见到血液为度，再重新注入肝素，注入的量应略大于导管容量。

（4）需大鼠及早苏醒的试验，宜从腹腔注射少量麻醉药，同时注意大鼠是否存在呼吸抑制。观察大鼠存活的试验，要在大鼠苏醒前结扎血管，缝合皮肤，将大鼠妥善处理后，待苏醒。

（5）饲养损伤后的大鼠应注意补充水分和营养。

第三节　胃肠瘘管手术
（operation for preparation of stomach and bowel fistula）

利用胃或肠瘘管收集胃或肠内容物，向胃或肠内给予外源性物质，观察、记录和分析胃肠道的活动规律，在动物生理学和动物营养学等学科的科研和教学中，具有重要意义。

（一）胃瘘管手术

胃瘘管手术是研究单胃和复胃功能及其活动规律的常用方法。对于复胃动物常根据各胃室的名称不同，分称为瘤胃瘘、网胃瘘、瓣胃瘘和皱胃瘘，家禽的则称为腺胃瘘和肌胃瘘。各胃瘘制备方法，除在手术通路有所差异外，在制备原理和手术方法上基本相似。现主要介绍瘤胃瘘的制备方法。

【瘤胃瘘管制作】瘘管可选用多种材料（硬橡胶、塑料、锈钢、铜等），加工制作成图 17-2 的样式，其管径需根据试验要求而设定。

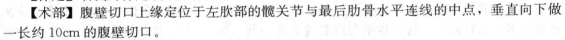

图 17-2　胃瘘套管式样
1. 底盘　2. 直管
3. 外套　4. 套管帽

【麻醉】牛、羊全身镇静配合局部麻醉，或采用电针麻醉。

【保定】右侧卧保定或站立保定。

【术部】腹壁切口上缘定位于左肷部的髋关节与最后肋骨水平连线的中点，垂直向下做一长约 10cm 的腹壁切口。

【术式】术部常规剃毛、消毒和隔离。

根据手术部位不同，按第十一章腹腔手术通路介绍的方法打开腹壁。把胃的一部分牵拉至腹壁切口外，并用生理盐水纱布填塞在胃壁和腹壁切口之间，以防腹腔污染。

在瘤胃壁少血管区，采用 10 号丝线做一长轴稍大于胃瘘套管底盘直径的荷包缝合，其缝线仅穿透浆膜与肌肉层，暂不收紧打结。在荷包缝合线的正中区，沿长轴做一比胃瘘管底盘直径稍小的胃壁切口（图 17-3 之 A）。将套管底盘卡入胃壁切口的一端，边转动边推进，将套管底盘慢慢地旋入胃腔内。注意用棉花塞住套管的管口，防止胃内容物从管口漏出。用

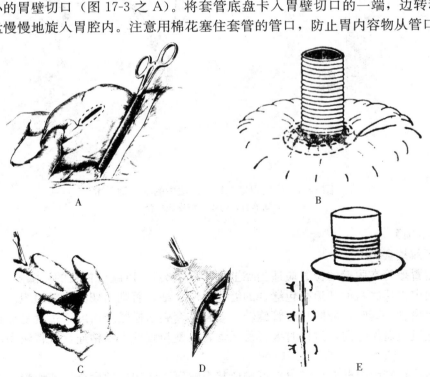

图 17-3　瘤胃瘘制备方法
A. 瘤胃置荷包缝合，在荷包中央切开瘤胃
B. 置入瘘管，抽紧第一道荷包缝合线打结，再做第二道荷包缝合　C. 原切口旁切开皮肤，做一腹壁小刺孔
D. 止血通过小刺孔将瘘管直管拉出　E. 装上瘘管外套和套管帽，原切口分层缝合

生理盐水纱布清理胃壁创口，收紧荷包缝线并结扎。收紧缝线时要用力适中并使胃壁内翻，打结一定要牢靠。在距第一道荷包缝线约1cm处，做第二道荷包缝合，其收口打结常在第一道荷包缝合结扎的对侧（图17-3之B）。用生理盐水纱布清洗胃壁，去除填塞在胃壁和腹壁切口之间的生理盐水纱布，将胃还纳入腹腔内。约在原腹壁切口侧旁3cm处，做一与胃瘘管套管直管外径相当的腹壁小刺口（先切开皮肤，然后术者右手伸入腹腔衬垫于皮刺口对应的部位，左手持止血钳钝性分腹壁肌肉并刺破腹膜）（图17-3之C）。用止血钳将套管直管从该刺口处拉出到腹壁外（图17-3之D）。上好胃瘘套管的外套，塞在直管口内的棉塞最好不要拿出，但要注意更换，以保持套管处的清洁。上好套管盖后，在外套和腹壁皮肤之间，垫上碘酊纱布块，其既可使胃壁浆膜与腹膜壁层紧贴，促进粘连愈合，又可消毒局部创口。最后按常规分层缝合原腹壁切口（图17-3之E）。术后7～10d拆除皮肤缝线。

对于牛的瘤胃瘘管制备，除上述一期手术法外，还可采用两期手术法。第一期手术是在腹腔手术通路打开后，将瘤胃壁与皮肤缝合在一起（图17-4），然后手术区涂布医用凡士林，并将一块手术创布缝合在皮肤上以遮盖手术区5～6d。第二期手术是在胃壁与腹壁粘连的基础上，切除暴露的胃壁，安置瘤胃瘘管。小心护理，防止粘连的胃壁松脱。

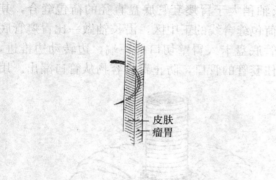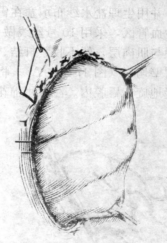

皮肤
瘤胃

图 17-4　牛瘤胃瘘二期手术法中的第一期手术
暴露瘤胃，瘤胃壁与皮肤缝合

【注意事项】

（1）术前禁食24h。

（2）瘤胃瘘管在腹壁的位置应适当靠上（腰椎横突），以减少胃液的渗漏。

（3）固定胃瘘底盘的两道荷包缝合的缝线不应过细，否则易切割胃壁组织。

（4）上瘘管外套时，应防止瘘管旋转。瘘管外套旋扭松紧应适度，过紧易导致瘘管周围胃壁和腹壁组织血循障碍，过松时瘘管易活动，胃壁与腹壁不易粘连，或胃液易从直管周围漏出。

（5）瘘管直管由腹壁刺口穿出，可避免其影响原腹壁切口的愈合。若瘘管直管直接固定在原腹壁切口处，则在分层缝合腹壁时注意对齐，靠近套管直管处要紧密。

（6）术后6～7d注射抗生素，以防感染。每天清理和消毒瘘管口及其周围，注意瘘管外套松紧、局部有无感染或渗漏等情况，发现问题及时做好针对性处理。

（7）牛瘤胃的蠕动力较大，采用二期手术法可避免瘘管发生渗漏。但采用一期瘤胃瘘管手术法，胃瘘管外套松紧适度时，一般胃壁与腹壁也可形成良好的粘连。瘘管安置时间过长，可能因摩擦脱落。此时，腹壁瘘已形成，并与瘤胃相通，胃液一般不会漏入腹腔，胃瘘管重新置入后，可继续用于试验。

（二）肠瘘管手术

根据肠段的不同，可分为十二指肠瘘、空肠瘘、回肠瘘等。现仅介绍猪的回肠瘘手术。

【麻醉】全身麻醉。

【保定】将猪右侧卧保定于手术台上，用绳固定好头部。

【术式】按外科常规处理术部，铺上手术巾，并用巾钳固定。

在髋结节与最后肋骨后缘水平连线的中点，垂直向下做一长约 10cm 的腹壁切口。确认盲肠后，即可利用回盲韧带找到回肠，将回肠牵拉到腹壁切口外，置于生理盐水纱布上。

将回肠内容物向后压送入盲肠内，在距回盲口约 10cm 处用软肠钳夹持，用另一软肠钳夹持距回盲口约 25cm 处的回肠。在两把软肠钳之间的回肠中部（要注意位向），做一长约 2cm 的纵向切口，用 70% 酒精棉球处理好切口局部，将"T"形肠套管的底盘插入肠腔内，腹壁切口前缘，直管口内用棉花塞住，从紧靠直管后缘开始，连续内翻缝合肠壁切口，再距直管周缘约 0.5cm 的肠壁上做一道荷包缝合，根据情况可再在肠壁切口上做一次连续内翻缝合，缝合时勿穿透黏膜层，并要防止内翻肠壁过多。

松开夹持在回肠上的肠钳，用生理盐水纱布清理。将回肠送回腹腔内，在距腹壁切口上缘前方约 2cm 处，做一与套管直管外径相当的腹壁切口，把直管从此切口引到腹壁外，旋紧外套和外盖（直管口内的棉花塞最好不要去掉，但要注意更换），在外套和腹壁皮肤间垫上碘酊纱布块，确定肠套管的位向正确后，分层缝合腹壁切口。术后 10d 拆除皮肤缝线。

【术后护理】术后全身使用抗生素 1 周，以防感染。注意对回肠瘘管处的消毒，防止动物将套管擦脱。

第四节　腹腔镜技术

腹腔镜技术是借助腔镜设备、在直视腹腔内部结构情况下，进行诊断或实施手术的一项技术。其具体操作包括通过腹腔充气扩张腹壁后安置腔镜套管系统，打通腹腔通路，然后将镜头或手术器械放入腹腔，对腹腔进行活组织取样或外科手术操作。腹腔镜技术与传统开腹手术相比，可使机体损伤程度降到最低，同时做出更准确的诊断。小动物的腹腔镜技术不仅发展成为一种诊断工具，近年来更多地被用于进行各种外科手术。

（一）腹腔镜器械

腹腔镜基本器械有：镜头、穿刺针/穿刺套管、冷光源和气腹针；各种腹腔镜抓钳及其辅助的仪器。

常规腹腔镜诊断一般用直径为 5mm 的 0° 和 30° 腹腔镜头。0° 腹腔镜头，可以直接准确的看到其前面真实的手术环境。30° 腹腔镜头可以看到 0°～30° 之内的范围。腹腔镜必须连接冷光源，现在广泛使用的为氙灯光源，其特点是亮度高，可准确辨别腹部器官的颜色。

常用的气腹针为 Veress 针，通过它将气体充入腹腔。CO_2 是比较理想的气腹气体，它比较安全，在手术电凝止血过程中不会发生燃烧及气体栓塞等。

气腹之后安置穿刺针/穿刺套管，建立手术通路。腹腔镜和器械可以通过套管进入腹腔。穿刺套管安置后与气腹管相连维持气腹压。

在腹腔镜诊断中，一些辅助的器械很重要。这些器械必须经过另一个套管进入腹腔，包括：探针，用于触摸腹腔内的器官；多功能活检钳，经常用作肝脏、脾脏、胰脏、腹腔内容物和淋巴瘤的活组织检查。

腹腔镜外科手术还要配有一整套的特殊设计的器械，包括分离钳、抓钳、剪刀、吸引管、剪切器、单极电凝钳、双极电凝钳、超声刀等。

（二）腹腔镜基本技术

1. 术前准备、禁忌和注意事项　患畜必须在术前禁食 12h、禁水 6h，同时膀胱必须排空，以防止穿刺时损伤。

腹腔镜手术一般采用吸入麻醉，但也可采用镇静剂配合局部麻醉进行手术。

套管通路位置的选择，通常采用两种方法，分别是右侧通路和中线通路。右侧通路适于评价肝脏、胆囊、胰脏的右侧、十二指肠、右肾和右侧肾上腺。中线通路套管一般安置在脐下中线处，此处缺点是镰状韧带可阻碍腔镜视野，特别是对于肥胖动物更明显。此外，左侧通路也可以使用，但是脾脏正好位于穿刺口下面，套管穿刺时很容易伤及脾脏。无论采用哪种方法，通路必须能从颅侧或尾侧方向提供充足的视野范围，同时可以进行手术。

2. 基本手术操作技术　施行腹腔镜手术的第一步是建立气腹。Veress 针头的设置可以在临近套管入口处或是在被用来放置腹腔镜的相同位置。针一旦通过腹壁，必须确保 Veress 气腹针确实在腹腔中，不能在皮下、腹壁肌肉或腹腔器官中。一旦将 CO_2 气体吹入皮下组织，手术必须终止。当腹腔充入 CO_2 充分扩张后，叩诊腹部可听见鼓音。大多情况下，腹腔压力不要大于 1999.83Pa（15mmHg）。1333.22Pa（10mmHg）的压力就足以保持腹壁扩张，可以满足实施小动物腹腔镜手术。

第二步，将腹腔镜套管插管装置通过腹壁切口放入腹腔，皮肤切口尽可能的大，以便容纳插管。当它进入充气后的腹腔时，可以听见从套针中发出的"POP"和"嘶嘶"的气流声。插入腹腔后，将尖形的套针立即从插管中移出，以防损伤腹腔脏器。

插管设置完成后，将腹腔镜放入腹腔，接上光源，便可通过显示器观察腹腔内的影像。

如果镜头在进入腹腔时，被组织、腹腔液或血液弄脏，影像变得模糊，可将镜头简单的在组织上（如肠管）进行擦拭。如果影像仍然模糊，将其导出，用浸有生理盐水的纱布清洗干净。

接下来是对第二个套管通路进行选择。位置的确定取决于相关手术是否能够实施。附属套管的设置可以在对腹腔直视情况下进行。一旦大致的位置确定下来，就用手指下压腹壁，确定的位置在下压的中心，记住触摸处。此口可以确保在穿刺时不会损伤腹腔脏器。

腹腔的探查是借助探针来完成的，如必要时可移动器官。腹腔镜器械进入腹腔必须在腹腔镜的监视下完成，防止损伤其他器官。

手术结束时，先将器械和腹腔镜移出，排出气体。然后拔掉套管。刺入部位常规方法缝合。

3. 腹腔镜技术在兽医临床上的应用

（1）诊断与活组织检查：临床上已广泛利用腹腔镜进行肝脏、胰脏、肾脏、脾脏和肠的活组织检查。腹腔镜检查技术与其他传统取样进行活组织检查的技术比较，它可以直接观察到取样部位，已经被用于肿瘤学的诊断和确定恶性肿瘤发展的程度。腹腔镜可以发现微小的（0.5cm 或更小的）腹膜上的或转移到其他组织中的肿块，而这些都是通过其他诊断技术不容易发现的。

（2）腹腔手术：对于小动物，如隐睾摘除术手术、卵巢子宫切除术、预防性胃固定术、空肠造口术、胃造口术、腹部设置饲喂管造口术和肾上腺切除术都可以通过腹腔镜外科手术技术来完成。腹腔镜外科手术在兽医学中的前景与技术革新和外科设施发展有密切关系。与传统开放外科探查术相比，腹腔镜手术的优点是手术创口小、患畜恢复快、术后感染率低和术后疼痛轻。

第五节　人工培植牛黄手术
(operation for cultivating calculus bovis)

牛黄是牛的胆结石，属名贵中药材。根据天然牛黄的形成机理，可在活牛胆囊内和模拟胆囊内培植牛黄。培植的牛黄与天然牛黄有相似的药理作用。

（一）牛活体胆囊内培植牛黄手术

【术前准备】凡 1.5 岁以上的健康牛，不论性别、品种、用途均可用于植黄。术前 24～36h 禁饲，8～12h 禁止饮水。牛黄床是由低密度聚乙烯塑料热压注塑而成（图 17-5），外包一层低密度织纱的棉布，底部系有牛黄床固定线。用福尔马林熏蒸消毒、生理盐水冲洗后使用，或用 ^{60}Co 辐射消毒后直接使用。牛黄菌种是在肉汤培养基中用梯度胆汁培

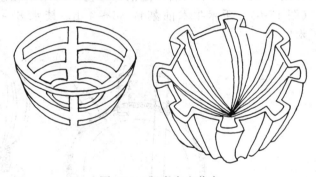

图 17-5　胆囊内牛黄床

养法培养的非致病性耐牛胆汁大肠杆菌，含菌量为每毫升 50 亿个以上，每头牛胆囊内接种 10～15mL。

【麻醉和保定】肌肉注射镇静剂量的静松灵。局部用盐酸普鲁卡因或利多卡因浸润麻醉。采用二柱栏或六柱栏内站立保定。

【术部】在倒数第二或第三肋间切开。右侧肩端与髋关节的连线与倒数第二或第三肋间交点处为切口的中点，切口长 8～10cm。

【术式】在肋间正中依次切开皮肤、皮肌、肋间肌、膈肌和腹膜。在切口偏上或胸腔较大的牛，如切口经过肋膈窦则可发生气胸，处理方法是将肋间肌、胸膜和膈肌进行环形连续缝合，以闭合气胸。然后，切开腹膜，显露胆囊。

若胆囊未自动涌出切口，用手指伸入腹腔内探查胆囊，并将其向切口处轻轻拨动，用艾利氏钳夹持胆囊底部将其引至切口外，用生理盐水纱布与切口隔离。在胆囊底部血管稀少区预定切开线的两侧，缝针穿过浆膜肌层缝两根牵引线，由助手牵引固定胆囊。用手术刀刺透胆囊壁，用手术剪扩大胆囊切口，切口长度以能植入牛黄床为宜。经胆囊切口植入牛黄床，牛黄床固定线留在胆囊切口外。胆囊壁切口做全层连续缝合后，用生理盐水冲洗胆囊，牛黄

床固定线的线尾穿过切口一侧胆囊壁浆膜肌层并打结，以防牛黄床上行至胆囊颈部。胆囊内注入牛黄菌种，用抗生素生理盐水冲洗胆囊，对胆囊壁切口再进行连续伦勃特氏缝合。缝合完毕，拆除胆囊牵引线，还纳胆囊于腹腔内。关闭腹壁切口，单独连续缝合腹膜，肋间肌、膈肌和皮肌一同进行连续缝合，皮肤与皮下组织做间断缝合。

【术后护理】术后一般不用抗生素，特别禁用链霉素、庆大霉素等抑制大肠杆菌的药物。8～10d后拆除皮肤缝线。正常的饲养和使役。经过两年以上的培植期，即可进行手术取黄，取黄手术方法与植黄手术相似。取黄后，可以同时再次植黄，二次植黄不需要胆囊内接种牛黄菌种。

（二）牛模拟胆囊内快速培植牛黄手术

【术前准备】模拟胆囊用高压聚乙烯材料注塑而成，呈扁圆柱体，两端一面为平面，另一面为凸面。在圆柱体的3、6、9点钟处分别设有三个固定挂耳。模拟胆囊腔内壁衬皱褶状低密度织纱的棉布作为牛黄床，总容积460mL。

导管的材料均为硅胶，规格（内、外径）为8mm×13mm。胆囊导管的前端连接胆囊内牛黄床，距牛黄床2cm处有一圆形压垫（材料为硅胶、乳胶或人造纤维）。模拟胆囊和导管用0.1%新洁尔灭液浸泡消毒，使用时用生理盐水冲洗。或用^{60}Co辐射消毒后直接使用（图17-6）。手术术前禁食36～48h，禁水8～12h。牛黄菌种同"胆囊内培植牛黄手术"。

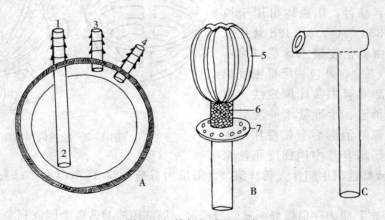

图 17-6　模拟胆囊及导管

A. 模拟动物胆囊　B. 带有牛黄床的胆汁引流管　C. L型管
1. 胆汁排出管接头　2. 内接头　3. 排气管接头　4. 胆汁引流管接头
5. 牛黄床　6. 尼龙布　7. 固定压垫

【麻醉和保定】腰旁神经传导麻醉或术部浸润麻醉，肌肉注射镇静剂量的静松灵。六柱栏内站立保定。

【术部】从右侧髋结节向前引一条水平线，与第十二肋骨交点处为切口上端，沿肋骨切开并截除第十二肋骨，切口长18～20cm。

【术式】本手术包括三部分内容，即胆总管插管术、胆囊插管术和体内或体外安置模拟动物胆囊术。

1. 胆总管插管术　将肝尾叶向后背侧牵拉，显露肝十二指肠韧带，钝性分离胆总管。注意不要误伤与之并行的血管。显露胆总管2～2.5cm。在显露的胆总管近心端和远心端各系一根牵引线，在两牵引线之间截断胆总管。缝合封闭胆囊侧的胆总管断端，十二指肠侧胆总管的断端插入 L 型导管，导管的短臂顶端不能超过十二指肠奥狄氏括约肌。预置的牵引线打结后将 L 型导管的短臂固定在十二指肠侧的胆总管上，以防导管脱落。在 L 型导管与肠管之间，填充大网膜瓣；L 型导管末端经腹壁切口后方的旁切口引至体外（图 17-7）。

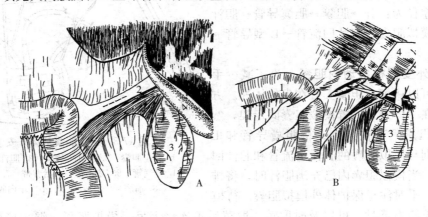

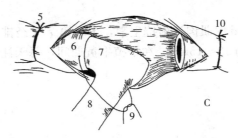

图 17-7　胆总管插 L 型管示意图
A. 胆总管解剖　B. 用米氏钳分离胆总管　C. 插 L 型管
1. 十二指肠　2. 胆总管　3. 胆囊　4. 肝脏　5. L 型管环形结扎线　6. 胆总管
7. L 型管的短壁　8. L 型管的长臂　9. L 型管固定线　10. 胆总管结扎环形结扎线

2. 胆囊插管术　将胆囊牵引至腹壁切口外，在胆囊底部血管稀少区预定切开线两侧各缝一根牵引线，在两牵引线之间切开胆囊壁 3.5～4cm，将胆囊导管的牛黄床端植入胆囊腔内。全层连续缝合胆囊切口，用生理盐水冲洗后，再用连续伦勃特氏缝合法做第二层缝合。缝合完毕，将胆汁引流管上的胆囊压垫与胆囊壁浆膜肌层做固定缝合。胆囊导管末端经腹壁切口后方的旁切口引至体外。

3. 腹腔内安置模拟胆囊　将模拟胆囊植入牛腹腔右下部、侧腹壁与大网膜之间，模拟胆囊的顶部与胆囊底处在同一水平高度上。方法是：用 10 号四股缝线，分别拴系于模拟胆囊的三个固定挂耳上，经腹壁切口将模拟胆囊送入腹腔，但固定线线尾留在切口外。然后，在右侧腹壁上，三个固定挂耳相对应的部位各做一 1cm 长的皮肤小切口，术者右手指夹持每一点的两股固定线带入腹腔内，左手持止血钳经皮肤小切口刺入腹腔，夹持腹腔内右手上的线尾并拉出体外，同法再将另两股固定线拉出体外，此时已完成一个固定点的引线。用同样的方法，完成其他两个固定点的引线。助手一边缓慢拉紧三个固定挂耳上的牵引线，术者一边将模拟胆囊推送到右侧腹壁上，使之与右侧腹壁贴紧。将三个点的固定线分别拉紧打结后，在模拟胆囊的胆汁引流管、排气管和胆汁回流管的对应位置分别做三个皮肤小切口，用止血钳将导管末端引至体外。通过单向玻璃接头，将胆囊导管末端、L型导管末端分别与模拟胆囊上的胆汁引流管、胆汁回流管连接。当模拟胆囊内充满胆汁时，关闭排气管。牛胆汁流动的途径为：肝→胆囊→胆囊导管→胆汁引流管→模拟胆囊→胆汁回流管→L型导管→十二指肠。

4. 体外安置模拟动物胆囊 为了减少手术难度，可以将模拟胆囊安置在牛的体外。方法是：先在牛体外先安置模拟胆囊固定架，然后将模拟胆囊固定在架上。将胆囊导管和L型导管分别与模拟胆囊的胆汁引流管和胆汁回流管连接。当模拟胆囊内已充满胆汁时，将排气管关闭。平时注意保护体外模拟胆囊。待模

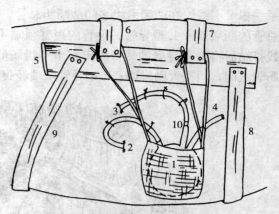

图 17-8　模拟胆囊的体外安装
1. 模拟胆囊　2. 胆汁引流管　3. 胆汁回流管
4. 排气管　5. 固定架　6. 后背带　7. 前背带
8. 前腹带　9. 后腹带　10. 单向阀门

拟胆囊内长满牛黄时，可以及时取黄；取黄后再连接上另一模拟胆囊，继续培植牛黄（图17-8）。

【术后护理】术后 3～5d 内肌肉注射抗生素，术后第 7 天经排气管向模拟胆囊内接种非致病性耐胆汁大肠杆菌肉汤 10～15mL。在培植牛黄期间，每天注意观察玻璃接头处胆汁流通情况。

主要参考文献

汪世昌，陈家璞.1995.家畜外科学.第3版.北京：中国农业出版社.

韦加宁.2003.韦加宁手外科图谱.北京：人民卫生出版社.

中国农业大学主编.1999.家畜外科手术学.第3版.北京：中国农业出版社.

中国畜牧兽医学会兽医外科研究会主编.1992.兽医外科学.北京：农业出版社.

Hickman J，Walker R G.1981.兽医外科手术图谱.陈家璞，译.南京：江苏科学技术出版社.

Dennis M M.1985. Clinical textbook for veterinary technicians. Philadelphia：W. B. Saunders Company.

Ganesh T N.2003. Bone grafting techniques in small anlmal. WSAVA 2003 Congress Proceedings. Bangkok.

Hall L W C，Clark K W.1991. Veterinary anesthesia. 9th edition. Baillere Tindall.

Jolle Kirpensteijn.2003. Advance skin reconstruction：rotation，pedicle and axial pattern flaps. WSAVA 2003 Congress Proceedings. Bangkok.

Knecht C，et al.1987. Fundamental techniques in veterinary surgery. 3rd edition. Philadelphia：W. B. Saunders Company.

Leo Brunnberg.2003. Treatment of long bone fractures in cats. WSAVA 2003 Congress Proceedings. Bangkok.

Luisito S. Pablo.2003. Management of anesthetic complications. WSAVA 2003 Congress Proceedings. Bangkok.

Luisito S. Pablo.2003. Totol intravenous anesthesia in small animals. WSAVA 2003 Congress Proceedings. Bangkok.

Nagaoka K，Orima H.1995. A new surgical method of canine congenital patellar luxation. *J Vet Med Sci*，57：105-109.

Pavletic M M.1999. Atlas of small animal reconstructive surgery. 2nd ed. Philadelphia：W. B. Saunders.

Sandra Forsyth.2003. Anesthetic induction. WSAVA 2003 Congress Proceedings. Bangkok.

Sandra Forsyth.2003. Perioperative analgesia. WSAVA 2003 Congress Proceedings. Bangkok.

Sandra Forsyth.2003. Monitoring the anesthetized patient. WSAVA 2003 Congress Proceedings. Bangkok.

Stephan M Perren.2002. Evolution of the internal fixation of long bone fractures. J Bone Joint Surg（Br），84-B：1093-1110.

Swaim S F，Henderson R A.1997. Small animal wound management. 2nd ed. Baltimore：Williams and Wilkins.

Theresa W Fossum.2003. Intestinal surgery：how to reduce mortality. WSAVA 2003 Congress Proceedings. Bangkok.

图书在版编目（CIP）数据

兽医外科手术学/林德贵主编．—5 版．—北京：
中国农业出版社，2011.6（2024.6 重印）
普通高等教育"十一五"国家级规划教材 "十二五"
普通高等教育本科国家级规划教材
ISBN 978-7-109-16192-4

Ⅰ．①兽… Ⅱ．①林… Ⅲ．①兽医学—外科手术—高
等学校—教材 Ⅳ．①S857.12

中国版本图书馆 CIP 数据核字（2011）第 212789 号

中国农业出版社出版
（北京市朝阳区农展馆北路 2 号）
（邮政编码 100125）
责任编辑 武旭峰 王晓荣
文字编辑 武旭峰

北京中兴印刷有限公司印刷 新华书店北京发行所发行
1980 年 5 月第 1 版 2011 年 6 月第 5 版
2024 年 6 月第 5 版北京第 14 次印刷

开本：787mm×1092mm 1/16 印张：20.5
字数：479 千字
定价：48.50 元
（凡本版图书出现印刷、装订错误，请向出版社发行部调换）